남북한 어명 사전

Annotated Checklist of South and North Korean Fishes

남북한
어명 사전

Annotated Checklist of
South and North Korean Fishes

박종영, 강언종
Park Jong-Young, Kang Eon-Jong

 전북대학교출판문화원

머리말

　지구 표면의 약 70% 이상은 물로 덮여 있으며, 이러한 수생태계에 서식하는 어류는 척추동물의 약 1/2을 차지할 정도로 생물다양성이 높고, 형태, 서식처, 생리 및 행동이 다양하여 진화에 대한 이해를 돕는 중요한 생물군이다(Nelson *et al.* 2016). 인류는 축산이 발달하기 이전부터 손쉽게 구할 수 있는 물고기를 단백질원으로 이용하였고, 근래 세계 인구의 1인당 연간 물고기 소비량이 20kg에 달하며, 이의 바탕이 되는 수산업과 양식업이 계속 발달하고 있다(FAO 2016). 그러나 생산 위주의 수산업 발달은 자연과 사회 환경에 부정적 영향도 많이 끼치고 있어 산업 자체가 위기를 맞고 있으며 (Perdikaris and Paschos 2011), 인류의 생존과 발전을 지속하기 위해서는 수산업의 기반이 되는 어류학 연구의 중요성이 커지고 있다.

　모든 육지 생물의 생존에 필수적이고 기본물질인 담수는 세계 수자원의 1% 이내에 불과해 세계는 식량위기 뿐 아니라 담수자원 위기에 시달리고 있다. 특히 식수로 이용 가능한 표면 담수자원은 전체 수자원의 0.3%에 불과하므로 이러한 담수생태계를 유지시키는 담수생물 다양성의 보존 및 관리가 시급한 실정이다(Wetland International 2010). 특히 아시아는 농업과 연계된 생태계 기반 내수면 양식업이 BC 475년부터 시작된 지역으로 담수 어류가 생활에 가장 밀접하게 연관되어, 그 중요성이 더욱 강조되는 지역이다(Liao and Chao 2009).

　분류학은 생물다양성 보존을 통한 인류의 생존방안 탐색과 지속적인 산업발전을 위한 기초 자료로, 학문에서 사용하는 언어와 같으므로 매우 중요한 분야이다. 오늘날 인류는 기후변화라는 중대한 환경 변화와 직면하여 생존에 필수물질인 수자원의 관리와 이의 생물학적 기반이 되는 생태계에 대해 언급하고 강조하지만, 그 기능이 구동되는 단위 요소는 지역 개체군으로 대표되는 생물학적 종(species)이다. 이 개념에서 종이란 "상호 교배하는 자연개체군으로 다른 그러한 개체군과 생식적으로 격리되어 있다"고 표현된다. 이러한 종은 생물학적 모든 정보를 종합하여 규정되기 때문에 '종명'의 차이는 곧 '생물학적 정보의 차이'를 의미한다(Mayr and Ashlock 2007).

우리나라의 어종에 대한 기록은 15세기부터 나타나며, 자산어보 등 전문적인 서적이 저술되어(김 2016, 한 2009) 역사가 길지만 형태와 생태 및 이용도에 대한 것이 대부분이었다. 현대의 분류체계에 따라 세계에 처음으로 보고된 우리나라 물고기는 1848년 Richardson이 신종으로 보고한 "창치" *Vellitor centropomus*이다. 이 어류는 둑중개과(Cottidae)의 소형 어류로, Richardson(1848a)은 제주도의 인근 해역에서 발견하여 *Podabrus centropomus* 의 학명으로 발표하였다. 이후 북한의 강원도 풍동(北占)지역에서 채집된 민물고기인 "돌고기" *Pungtungia herzi*가 신종으로 발표되어 외국에 소개되었다(Herzenstein 1892). 해방 이전까지 우리나라 물고기는 Jordan and Stark(1905), Jordan and Metz(1913), Mori (1928b), Uchida(1939) 등 외국인에 의해 정리되어 650종이 기록되었다.

1948년 해방 이후 한반도는 남한과 북한으로 분단되었고, 남한은 북한의 생물정보 접근 및 교류가 어려워져 어류학 분야도 독자적으로 연구가 진행되었다. 해방 후 일본으로 돌아간 Mori 박사는 Uchida 박사와 모은 자료를 바탕으로 정리하였고, 1952년에 Berg의 분류체계에 따라 824종의 한국산 어류 목록을 발표하였다. 한편 한국인 어류학자도 일본인 등 외국학자들이 남긴 자료를 바탕으로 추가 연구를 진행하여 鄭(1954, 1977)은 한국산 어류를 정리하였으나 833종에 그쳐 이전 기록에 비해 9종이 추가되었을 뿐이다. 그러나 1980년대부터는 내국인 학자들에 의해 신종 발표(Jeon and Choi 1980, Kim and Son 1984)를 시작으로 다양한 분야의 연구가 이루어져 왔다. 최 등(1990)은 우리나라 담수어를 145종으로 정리하였고, 김과 강(1993)이 해산어를 포함한 우리나라 물고기 400여종의 표본을 직접 채집하여 재조사하고 이전의 분류학적 연구를 재검토하였으며, 최 등(2002)의 바닷물고기 도감 발간에 이어 김 등(2005, 2011)은 외래종을 포함하여 한국산 어류가 1,159종에 달하는 것으로 기록하였다.

한편 북한에서는 최(1960, 1964), 김(1972, 1977a, 1980) 등의 기초 연구에 이어 산업 대상종에 대한 생태, 유전 연구가 활발하게 수행되었다. 북한에 서식하는 어류의 종 수에 대해서 최(1964)는 이전의 기록을 참고하고 자체 조사된 결과를 추가하여 647종을 기록하였으나, 북한의 생물다양성 국가보고서는 고유종 33종을 포함한 865종으로 발표하였고 (DPRK 1998), 최근 김과 길(2006, 2007, 2008)은 3책으로 구성된 조선동물지(어류편 1, 2, 3)에서 866종으로 정리하였다.

그러나 해방 이후 남한과 북한은 오랫동안 단절된 상태에서 서로 사용하는 용어조차 달라져 이에 대한 실태 조사가 이루어진 바 있고(국어연구소 1990), 생물학 용어에서의 통일 필요성도 언급된 바 있다(김 2009). 어류학 분야의 연구 역시 독자적으로 진행되었으므로 남한과 북한에 서식하는 어류 종 수의 차이가 동물지리학적인 차이인지, 북한의 어류에 대한 분류학적 연구가 미흡한 때문인지 알 수 없는 상태이다. 더욱이 어류학 연구의 기초가 되는 학명 사용에 있어서도 상호 검토된 바 없었고, 동 종에 대해서 서로 다른 국명을 사용하는 등 문제가 심각해지고 있는 실정이다. 해방 이후 남한의 학자들은 북한, 특히 동해 중부 이북수역과 생물지리학적으로 아무르강 영향을 받는 두만강 및 압록강의 어류에 대해 현대적인 방법으로 검토할 기회가 없었으므로, 이전 목록에 포함되었으나 세부 검토자료가 없었던 어종들의 종 상태를 확인하지 못하였다. 따라서 북한의 동해 중부 이북수역에 분포하는 해산 냉수성 어종의 재확인 및 대동강, 압록강, 두만강의 담수 어류에 대한 북한의 연구 결과는 세밀하게 재확인하여 한국의 어류 목록으로 종합 정리할 필요가 있다.

2000년에 이은 2007년 제2차 남북한 정상회담 후 남한과 북한은 경제 분야에서 협력

사업이 진행되는 등 교류가 활발해지고 있으며 통일에 대비하여 과학기술분야에서의 협력 필요성이 강조되었으며(이와 김 2016, 이 등 2016), 해양수산분야에서도 협력방안이 논의되었다 (강 등 2006). 이러한 사업의 기본이 되는 어류학 분야는 김(2012)의 북한 어류 804종에 대한 목록과 대응하는 남한의 국명에 대한 자료가 있으나 여기에서 누락된 종들에 대해서는 설명이 없었다. 김 등(2019)은 북한 생물정보 DB 구축 연구에서 남북한 국명과 학명이 일치하는 종이 63종일 뿐으로 북한에 기록된 어류 866종의 7.2%에 불과하며, 북한에만 분포하는 어종이 155종인 것으로 보고하였으나 이는 남북한에 기록된 학명 및 국명을 단순하게 비교한 결과로 남북한 동질성 구축 및 생물다양성 확보가 힘든 실정이다.

이 책은 남한과 북한에서의 어류학 연구 문제점을 파악하고 발전 방안을 탐구하는 연구의 일환으로 우선 가장 기본이 되는 남한과 북한에서 사용하는 어류 종류 및 명칭을 비교하여 한국의 어류 목록을 작성하고자 하였으며, 나아가서 남북한 통일 이후 순수과학 분야 및 산업분야 협력을 위한 기반조성에 기여하고자 하였다. 이 책의 목적은 같은 종이라도 남한과 북한의 어명이 상이하여 사회적, 학술적 및 상업적으로 큰 혼동이 일어날 수 있으며 앞으로 혼동이 더욱 심화될 것으로 예상되므로 추후 대비를 위한 것이다. 다만 북한의 연구 결과는 가장 최신의 자료를 수집하여 인용하기 어려운 점이 있고, 북한의 사회적 상황에서 남한의 최근 연구 결과를 인용하여 포괄하는 활동이 어려운 실정이므로, 여기에서는 남한과 북한의 기준 어류 목록을 정해두고 비교함으로서 추후 계속될 연구에서 참고가 되도록 하였다. 이 조사에서 남한의 어류는 김 등(2011)의 42목 217속 1,159종을 기준으로 하였고, 북한 어류는 김와 길(2006-2008)의 866종을 기준으로 하였다. 아울러 이들 목록에서 동종이명은 이전의 간행물 및 최근 연구 결과에 따라 추적하여 남한과 북한에서 사용되는 학명 및 국명을 정리하였다.

이 연구는 명칭에 관한 것으로 제한되었고, 명칭을 배열하는 분류 체계에도 기준이 있어야 하므로 여기에서는 김 등(2011)의 분류체계를 따랐으며, 이에 따라 북한의 학명을 비교하여 배열하였다. 어종의 학명은 가급적 최근의 연구 내용이 반영된 학명을 적용하려고 노력하였으나, 종의 상태가 애매하거나 속 이상 수준에 견해가 서로 다를 경우에는 김 등(2011)의 체계를 따랐다. 다만 국제동물명명규약에 의거하여 조정이 필요한 부분, 모식종 또는 모식표본의 재검토로 변경된 결과, 그리고 국내에서 동종이명에 의한 명칭 중복 등은 이번 목록에서 수정하였다. 아울러 어종의 속이 바뀜에 따라 기존의 속이 여러 개로 나뉘어졌을 경우 새로운 속에 대해서는 새로운 국명을 제안하였다. 미기록속이나 과이지만 새로운 종을 보고할 때 그에 대해 언급하지 않은 경우에는 발표된 종명을 상위 체계에 적용하였다.

이 책자는 책의 발간 목적상 검토된 우리나라 어류 전체에 대해 최신의 자료를 추가하여 분류학적 의미를 재검토하지는 못했지만, 남북한 어명을 비교하기 위해 최대한의 자료를 이용하여 어류 목록으로 정리하였다. 이 책자의 준비 과정에서 각 분류군에 대해 더 정밀한 검토가 이루어져야 함을 깨닫게 되었고, 서로 달리 사용하는 어명의 이해에 국한시켜 정리하였음을 부족하게 여기지만 추후 이루어질 연구의 기반이 될 것으로 생각하며 위안을 삼는다.

이 책자를 준비하고 발간하는데 기본적인 연구 과정의 틀을 마련해 주신 전 전북대학교 김익수 교수님, 북한의 문헌을 찾는데 도움을 주고 제공해 주신 한반도 야생동물연구소장 한상훈 박사님, 전주교육대학 이용주 박사님, 각 분류군별로 조언을 아끼지 않으신 군산대학교 최윤 교수님, 국립생물자원관 김병직 박사님, 그리고 전북대학교 어류학 실험실의 여러 후배님들에게 깊은 감사를 드립니다.

2022년 9월
저자일동

차 례

척삭동물문 phylum Chordata

척추동물아문 subphylum Vertebrata

먹장어강 class Myxini

1. 먹장어목 Myxiniformes

Fam. 1. 꾀장어과 Myxinidae

두갑강 class Cephalaspidomorphi

2. 칠성장어목 Petromyzontiformes

Fam. 2. 칠성장어과 Petromyzontidae

연골어강 class Chondrichthyes

전두아강 subclass Holocephali

3. 은상어목 Chimaeriformes

Fam. 3 은상어과 Chimaeridae

판새아강 subclass Elasmobranchii

4. 괭이상어목 Heterodontiformes

Fam. 4 괭이상어과 Heterodontidae

5. 수염상어목 Orectolobiformes

Fam. 5 수염상어과 Orectolobidae

Fam. 6 얼룩상어과 Hemiscylliidae

Fam. 7 고래상어과 Rhincodontidae

6. 흉상어목 Carcharhiniformes

Fam. 8 두툽상어과 Scyliorhinidae

Fam. 9 표범상어과 Proscylliidae

Fam. 10 까치상어과 Triakidae

Fam. 11 흉상어과 Carcharhinidae

Fam. 12 귀상어과 Sphyrnidae

7. 악상어목 Lamniformes

Fam. 13 강남상어과 Pseudocarchariidae

Fam. 14 환도상어과 Alopiidae

Fam. 15 돌묵상어과 Cetorhinidae

Fam. 16 악상어과 Lamnidae

8. 신락상어목 Hexanchiformes

Fam. 17 신락상어과 Hexanchidae

9. 돔발상어목 Squaliformes

Fam. 18 돔발상어과 Squalidae

10. 전자리상어목 Squatiniformes

Fam. 19 전자리상어과 Squatinidae

11. 톱상어목 Pristiophoriformes

Fam. 20. 톱상어과 Pristiophoridae

일러두기

1. 이 책의 주요 목적은 남한과 북한에서 각각 사용하는 어류 명칭의 차이를 파악하여 통일에 대비하는 것이므로 과거에 사용된 학명의 타당성 추적, 현재 종 상태의 유효성 검토 및 상호비교가 이루어졌다. 이를 위해서 저자들은 관련 논문 및 서적에 나타난 어류의 학명과 국명을 비교하여 동일종 여부를 확인하였으며, 그 결과는 현재 사용하는 학명에 대한 남북 양측의 국명으로 표기하였다. 참고자료 및 설명은 서술 체계의 복잡성을 피하기 위해 본문에 두지 않고 첨자와 주석을 달아 표기하였다. 비교를 위한 남한측 어종의 목록, 국문 명칭 및 배열은 김 등(2011)의 분류체계에 따랐으며, 김 등(2011) 이후 개별 논문으로 발표된 신종 및 미기록들은 북한의 어류 목록에 반영되지 않았으므로 비교 작업에 포함시키지 않았다.

2. 남·북한 어명의 국명을 비교하기 위해 동종이명을 추적하였으며, 학명의 변천 과정은 정(1977, 1998), 김 등(2011), Fricke *et al.*(2021) 그리고 각 종에 관련된 개별 논문들을 참고하였다. 현재 유효한 학명은 특이사항이 없는 경우 김 등(2011)에 따랐으나 국제동물명명규칙에 따른 지정, 고서적 서지사항의 연구 결과 및 내용의 재해석 결과, 모식종의 검토 결과 등에 따라 변경이 불가피한 경우에는 수정하였다. 동종이명이 여러 개이더라도 그에 따라 국문 명칭이 변화되지 않은 경우에는 하나의 국명으로 통합하여 최근 학명과 국문 명칭만을 표기하였으나, 동종이명인 각각의 학명에 국문 종명이 표기되었을 경우에는 추후 연구 자료로 남기기 위해 문단을 나누어 이를 표기하였다. 한편 오동정으로 인해 다른 종의 학명을 적용한 경우에는 의미상 종을 추적하여 일치되는 종명을 표기하였다.

3. 남한측 비교 기준에 대응하는 북한의 어류 목록은 가장 최근의 출판물이고 내용이 풍부한 김과 길(2006, 2007, 2008)을 기준으로 하였다. 그러나 북한의 국문 명칭은 같은 종

이라 하더라도 저자에 따라 어명을 다르게 사용한 경우가 있으며, 북한측의 통일된 국명이 통합되지 않은 상태이므로 이들 명칭을 모두 병기하였고, 각 명칭은 첨자로 출처를 명기하였다. 이들 저자별 표준명 외의 방언은 학자에 따라 다소 달랐지만 출처를 구분하지 않고 ( )에 가나다순으로 묶어 표기하였다. 여기에서 사용한 북한 어류 목록의 출처와 첨자는 다음과 같다.

a. 김리태·길재균 2006, 2007, 2008. 조선동물지 어류편 1, 2, 3
b. 최여구 1964. 조선의 어류
c. 김리태 1972. 조선담수어류지
d. 김리태 1977. 조선서해어류지
e. 손용호 1980. 조선동해어류지
f. 김리태·김우숙 1981. 압록강 어류
g. 김광주 등 2007. 조선서해연안생물다양성
h 김리태 1995. 백두산지구 물고기
i. 김리태 1975. 조선서해어류 조사목록. 생물학 4호

4. 속, 과 및 목 수준의 명칭은 연구의 진행 상태에 따라 변화될 수 있으므로 김 등(2011)의 분류체계를 기준으로 하였다. 단, 북한에서 특정 과나 목에 대해 사용하는 국문 명칭의 비교가 필요하므로 북한 학자들이 제안한 명칭을 주석에 표시하였다.

5. 남한 어류의 국문 속명은 담수어에 대해서는 김(1997)에, 나머지 어류에 대해서는 정(1977)에 따랐으며, 연구가 심화됨에 따라 기존 속이 분리되거나 이전되었고 혹은 신속이 적용되는 등의 이유로 아직 국명이 표기되지 않는 경우에는 대표종의 이름을 따서 속명을 새로 제시하였다. 한편 새로운 속에 해당하는 국내 미기록종을 보고할 때 국문 속명을 명기하지 않은 경우에는 처음 발표한 국문 종명을 국문 속명이나 과명으로 표기하였다.

6. 각 종이나 속에 대한 동물(종)이명 변경의 세부사항은 서술의 복잡성을 피하기 위해 표

기하지 않았으며, 종의 국명을 표기한 문단 아래에 원종의 기재사항을, 그 다음 문단에 현재 유효한 학명을 표시하였다. 속명은 현재 유효한 학명만을 표시하였다.

7. 국명 비교 결과의 표기 방법
- 남한명은 문단의 좌측에, 북한명은 문단의 우측에 두되, 북한명의 앞에 " = " 부호를 표기하여 구분하였다.
- 북한명의 방언은 " = 표준명(방언)" 의 형식으로 표기하였다.
- 북한명은 가장 최근의 결과인 김과 길(2006, 2007, 2008)의 기록을 대표 표준명으로 하되 첨자로 구분하여 나타내었고, 기타 저자들의 북한 명칭도 첨자를 붙여 병기하였다.
- 남북한에서 사용했거나 사용중인 국문 속명 및 종명이 서로 동물(종)이명에 해당하지만, 별도의 종 및 속으로 취급되어 다른 명칭이 적용되었던 경우에는 단락을 바꾸고 "남한 명칭(저자) = 북한 명칭"의 형식으로 표기하여 추후 연구자들이 검토하고 재검증하기 용이하도록 하였다.
- 남한에서 비교적 최근에 기록되어 아직 북한에서 기록되지 않은 어종은 문단 죄측에 "남한 명칭(저자)"만을 표기하였다.
- 북한에서 기록되었으나 남한에 기록되지 않은 어종은 동종이명 검토결과에 따라 문단 좌측 남한명의 자리에 북한명을 기반으로 표준화한 어명을 제안하여 "종명(출처)"로 표기하고 관련 종의 세부 내용을 설명하였다.

(표기의 예)
① 남북한 명칭이 완전히 같은 경우 :   먹장어 = 먹장어 (묵장어, 푸장어, 헌장어)
② 남북한 명칭이 서로 다른 경우 :   묵꾀장어 = 푸장어 (꾀장어, 먹장어)
③ 북한에서 학자에 따라 제안한 표준명이 다를 경우 : 첨자의 내용은 3항 참조
갈겨니 = 갈겨니[acf], 불지네[b] (눈검쟁이, …)
왕관해마 = 관해마[ab], 뿔바다말[deh] (뿔해마, 해마)

8. 각 어종의 속명 및 학명에 포함된 저작권, 서지사항, 모식산지와 모식종 등 사항은 종합

적으로 잘 정리된 Fricke *et al.*(2021)에 따랐으며, 원 논문이나 책자의 전자자료를 확보하여 참고하였다. 고서적 및 원문의 출처는 세계에서 가장 큰 전자도서관인 Biodiversity Heritage Library (BHL)에서 확보하였다.

9. 정(1977) 이후 신종 또는 미기록종이 계속 추가되었으며, 북한의 어류 목록에는 반영되지 않은 부분이 많았다. 이들 새로운 어종 또는 새롭게 사용한 속과 과의 국명에 대해서 국명 뒤에 발견자를 표기하여 남북한 목록의 차이를 비교할수 있도록 하였다. 한편 분류학적 연구 결과의 중요성은 정확성과 논문 또는 간행물의 출판 시기이므로 참고문헌에 가급적 출판 일자를 명기하였다. 한편 국내 학자들의 영문 논문에서 저자의 영명은 알파벳 순서에 따라 정렬하였으나 본문 내에서 이들의 참고 표기는 추후 연구자들의 편이성을 위해 검색이 편리하도록 제2 저자까지는 성과 이름의 약자를 모두 표기하였다.

- 외국학자의 경우 : Jordan and Snyder 1901a
- 국내 학자의 경우: Kim IS, Park JY *et al.* 1997

남북한
어류 명칭의 비교

남북한 어류 명칭의 비교

　해방 후 우리나라 어류의 연구는 정(1954)의 업적 이후 정(1977)이 872종으로 종합하여 정리하였고, 한국동물분류학회에서 편찬한 한국동물명집(곤충 제외)에서 김과 김(1997)은 935종을 기록하여 20년 사이에 63종이 추가되었다. 2000년대에는 어류에 대한 연구와 간행물의 발간이 활발해져 최 등(2002)의 바닷물고기, 김과 박(2002)의 민물고기 도감이 발간되었다. 가장 집약적이고 근래에 이루어진 연구 결과는 김 등(2005, 2011)의 "원색 한국 어류대도감"으로 2005년 초판에서는 정(1977) 이후 발표된 신종 26종과 미기록종 225종이 포함되어 어종수는 그 전에 비해 약 1.3배로 늘었으며, 다시 2011년 4월까지 발표된 74종이 추가되어 2011년 발간된 재판에서는 모두 42목 217과 652속 1,159종이 수록되었다. 최근에도 최 등(2021)의 등가시치아목 미기록종이 보고되는 등 새로운 어종의 탐구와 연구가 지속되고 있고, 기후변화로 일부 아열대성 어류의 이동이 예측되는 상황이므로 앞으로도 새로운 종이 많이 발견될 것으로 예상된다.

　북한에서 어류에 대한 종합적인 연구는 최(1964)의 "조선의 어류", 김과 길(2006, 2007, 2008)의 "조선동물지(어류편 1, 2, 3)"가 있으며, 기타 압록강(김과 김 1981), 두만강(김 1995), 서해(김 1977b), 동해(손 1980), 담수어(김 1972) 등 분야별 결과가 있다. 최(1964)는 어류를 2강(원구강 Cyclostomata, 어강 Pisces)으로 나누고, 어강을 3아강(판새어아강 Elasmobranchii, 전두아강 Holocephali, 조기어아강 Actinopterygii)으로 하였으며, 모두 23목 144과 647종 및 아종을 기록하였다. 그러나 일부 어종의 국명은 ( )에 표시하여 제안하는 단계의 효시적인 것임을 스스로 나타내 이후 학자들에 의해 변경된 명칭이 많았다. 이후 이어진 여러 학자들의 연구 결과는 2003년 "조선어류지"에서 3강 3아강 38목 191과 7아과 531속 864종으로 정리되었으며(김과 길 2006: 9), 김과 길(2006, 2007, 2008)은 그간 알려진 어류를 종합하고 근대적인 방법으로 정리하여 어류상강 (Pisces)에 3강 (원구류강 Cyclostomata, 연골어강 Chondrichthyes, 경골어강 Osteichthyes), 36목 188과 531속 866종 및 아종을 기록하였다.

북한의 어류 연구는 Mori and Uchida(1934), Mori(1952), Tomiyama *et al.*(1962)의 목록에서 출발하여 중국 및 러시아에서 정리된 결과를 바탕으로 검토된 경향이 뚜렷하였다. 대표적인 예는 "버들치속" *Rhynchocypris*에서 나타나는데, 초기 연구에서는 "연준모치"만 *Phoxinus*속을 사용하고, 버들치류에 대해서는 이전의 연구결과에 따라 *Moroco*속을 사용하였으나 (최 1964), 이후 "연준모치"를 비롯한 모든 종이 *Phoxinus*속으로 통일되어(김과 길 2006) 남한의 연구 결과와 달라졌다.

한편 Jordan and Starks(1905)의 목록 중 "레쿨치 (북한명: 한강냇뱅어)" *Culter recurviceps* (Richardson)는 최(1964)에만 기록되었으나 "청백치 (북한명: 솔치)" *Ochetobius lucens* (Kner), "조치 (북한명: 늪치)" *Pseudolaubuca jouyi engraulis* (Jordan and Starks) 등은 남한의 어류 목록에는 없으나 북한의 어류 목록으로 남아있으며, Mori (1930)의 목록을 따른 "인텔치 (북한명: 산종개)" *Nemacheilus intermedia* (Kessler)도 종의 상태와 분포가 애매하여 남한에서는 어류목록에서 제외되었으나 북한에서는 기록되는 등 차이를 보였다.

북한의 경우 다음과 같이 신종이나 신아종이 주체사상의 영향을 받아 기록된 경우가 있어 추후 학술적인 재검토가 필요할 것으로 생각된다.

삼지연붕어   *Carassius auratus samjiyonensis* Kim. 백두산 삼지연못에 고립 분포된 크기가 작고 체고가 낮은 붕어

기념어   *Hypophthalmichthys molitrix* (Valenciennes). 김일성이 직접 채집한 것을 학자들이 미기록종으로 보고

대동강애기뱅어 *Neosalanx taedong-gangensis* Kim. 대동강 하류 갑문에 의해 조성된 저수지에 나타나는 개체군을 신종으로 기재

대동강뱅어 *Protosalanx taedong-gangensis* Kim. 중국 태호의 생태종과 비교

고려산천어 *Salvelinus malma coreanus* Kim. 압록강 및 대동강 상류 고원지대

천지산천어   *Salvelinus malma morpha chonjiensis* Kim. 두만강 및 압록강
            의 하천형 곤들메기가 천지연에 호소형 곤들메기로 정착된 어종
            으로 기록
원봉산천어   *Salvelinus wonbongensis* Kim. 일생 백두산 원봉저수지에 서식
            하는 특산종으로 기록

해방이후 우리나라는 남한과 북한으로 분단되었고, 한국전쟁 이후 여러 면에서 교류가
어려웠으며, 특히 학술적인 면에서 주목을 받지 못하는 분야는 정보교류가 거의 없어 상호
의사소통이 어려운 상태에 다다랐다. 어류의 경우 동일 종에 대한 학명이 다르게 사용될 뿐
아니라 국명의 차이가 너무 크고, 심지어 서로 다른 종에 사용하는 국명이 서로 같은 경우
까지 나타나 정보전달에 어려움이 심각하였다. 특히 초기 연구(최 1964)에는 기존 목록에
서 동종이명에 대한 처리가 거의 없이 수록되었다. 예를 들어 "왜몰개"의 경우 Jordan and
Metz(1913)가 납자루류로 오동정한 *Rhodeus chosenicus*의 학명이 그대로 수록되었으며,
원기재인 *Aphyocypris chinensis* Günther(1868) 뿐만 아니라 Jordan and Starks(1905)의
Fusania ensarca 까지 목록에 그대로 반영되어 "왜몰개" 1종이 "농달치, 눈달치, 서호망성
어"의 서로 다른 국명 및 학명으로 기록되었다.

2011년 4월까지의 남한의 연구 기록이 반영된 이번 검토 결과, 한국의 어류는 총 219과
678속 1,197종으로 추산되었다. 이는 김 등(2011)의 결과보다 38종이 증가한 것이다. 추가
된 종은 해방 이후 북한의 한대성 기후를 반영하는 어종의 이해가 깊어져 남한에서 관찰할
수 없는 어종이 북한에서 기록되었고, 이와 관련하여 이전에 동종이명으로 처리되었던 기
록이 재해석되어 미기록종으로 추가되는 등 결과가 반영되었기 때문이다. 한편 양측 어종
의 정확한 비교를 위해 어종별 국문 명칭의 유래, 중복된 명칭의 비교와 정리, 학술 체계의
변경에 따라 달라진 새로운 명칭의 추가, 새롭게 추가된 어종에 대한 검토가 이루어졌기에
이를 정리하였다.

1. 기존 어명 목록의 정리 결과

남북한 어명의 비교를 위해서는 가장 먼저 학술적으로 동일한 종을 같이 인식하고 있는지 아니면 다르게 인식하고 있는지에 대한 판단이 필요하였다. "동종이명 (synonym)"이나 "이종동명 (homonym)"의 상태를 파악하였고, 어종을 보고한 각 학자들의 연구 기록과 최근의 연구자료를 적용하여 정리하였다. 그 결과 분명하게 학명 및 국명 자체에 수정이 필요한 내용은 이번 연구 결과인 한국 어류 목록에서 정리하여 나타내었다.

1-1. 어류 연구사 내용 및 국명 등 오류 수정

우리나라 어류 연구의 기본은 유감스럽지만 일제강점시기에 일본인 학자들에 의해 이루어졌으며, 그중에서도 Mori(1936b)는 한국의 어류에 대해 연구한 외국 학자들과 어종들의 기록을 소개한 바 있다. 여기에서 외국인으로서 한국산 어류에 관한 연구를 제일 먼저 시작한 사람은 Herzenstein(1872)과 Steindachner(1872)로 특히 Herzenstein은 우리나라 중부의 풍동지방에서 발견한 물고기를 *Pungtungia herzi*로 발표하였으며, 이 결과가 우리나라 어류가 서양에 과학적인 체계로 처음 알려진 것으로 기록하였다. 이후 국내의 학자들은 Mori의 기록을 인용하였으나(정 1977, 김과 길 2006, 김 등 2011), 이번 조사 결과 우리나라 물고기 중 가장 처음 외국에 알려진 기록은 Herzenstein의 1872년보다 24년 빠르게 1848년에 이루어진 Richardson의 보고로, 그 어종은 바닷물고기인 "창치" *Podabrus* (= *Vellitor*) *centropomus*인 것으로 나타났다. Richardson(1848a)은 "창치"를 제주도 해역에서 발견하여 신종으로 보고하면서 주요 특징을 다음과 같이 기술하였다.

"몸이 많이 측편되어 납작하며 등지느러미 극조부 아랫부분이 몸 두께의 2배 이상으로 가장 높아서 등쪽 윤곽이 반 타원형에 가깝다. … 입은 수평으로 크게 벌릴 수 있으나 개구부가 눈 뒤까지 닿지는 않으며 … 턱에는 돋보기로 보아야 형태를 알 수 있는 이빨들이 띠모양으로 나타난다. … 제1등지느러미는 극조가 있고, 제2등지느러미는 분지기조가 있다. … 몸은 갈색으로 목부분과 배는 주황색이며, 체측에 은색의 길쭉한 반점이 있는데 첫 번째는 눈에서 아가미 개구부로

뻗으며 … 3번째는 가슴지느러미의 끝 부분, 측선이 반듯해지기 시작하는 부위에 나타난다. … "

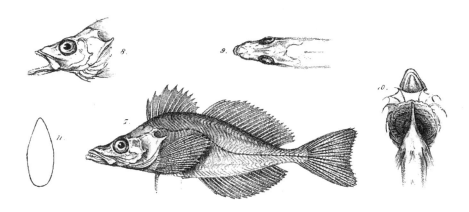

그림 1. "창치" *Vellitor centropomus* (Richardson 1848) [Richardson 1848a: 11, Pl. I, fig. 7-11]

1-2. 남한의 어류 목록에서 제외된 종 목록의 복원

우리나라 어류가 종합적으로 소개된 최초의 기록은 미시간대의 교수인 Reeves(1927)가 발표한 "북동 중국과 한국의 어류 목록(A catalogue of the fishes of Northeastern China and Korea)"으로 중국 동북지방의 어류를 중심으로 하고 한국에도 출현하는 어종을 실었다. 이후 Mori(1928b), Mori and Uchida(1934), Uchida(1939), Mori(1952)의 목록으로 정리되었다. 해방 후 우리나라 학자로서는 정(1954)이 처음으로 정리를 시작하여 정(1977) 및 김 등(2011)의 결과로 종합되었다. 이 과정에서 초기의 어류 목록이 검토되었고, 일부 종은 출현이 의심스러우므로 목록에서 삭제되었다. 이번 조사에서는 남북한에 각기 기록된 어종과 어명의 정확한 비교를 위해 각 어종에 대한 최소한의 분류학적 재검토가 이루어졌고, 그 결과 남한 어류 목록에서 삭제된 종들 중 다음의 7종은 한국산 어류 목록에 포함시키는 것이 합리적이라 판단되었다(표 1).

표 1. 남한의 어류 목록에서 제외되었으나 한국 어류 목록으로 복원이 필요한 어종

국명 [북한명]	발표된 학명	기록자와 정리된 학명
[알락누치]	*Hemibarbus maculatus* Bleeker	최 (1964), *Hemibarbus maculatus*; Bănărescu and Nalbant (1973)
[한강생새미]	*Longurio athymius* Jordan and Starks	최 (1964), *Saurogobio dumerili*; Bănărescu and Nalbant (1973)
청백치 [솔치]	*Ochetobius lucens* Jordan and Starks	최(1964), 정(1977), *Ochetobius elongatus* ; Bogutskaya and Naseka (1996), Kottelat (2013)
조치 [늪치]	*Parapelecus jouyi* Jordan and Starks	최(1964), 정(1977), *Pseudolaubuca jouyi* ; Bănărescu (1971)
인텔치 [산종개]	*Barbatula intermedia* (Kessler)	최(1964), 정(1977), *Triplophysa intermedia* ; Prokofiev (2001), Kottelat (2012)
껄동사리 [강뚝지]	*Eleotris potamophila* Günther	최(1964), 정(1977), *Odontobutis potamophilus* ; Iwata *et al.* (1985), Li *et al.* (2018)
갈밀어 [밀양매지]	*Coryphopterus bernadoui* Jordan and Starks	최(1964), 정(1977), *Acentrogobius caninus* ; Rainboth (1996), Yoshigou and Yoshino (1999)

"알락누치" *Hemibarbus maculatus* Bleeker: Jordan and Metz(1913)는 *H. labeo*의 표본을 직접 확인하지 못하여 *H. maculatus*와 동일종인지 확신할 수 없다고 하면서 평양에서 채집한 3개체의 표본을 *H. maculatus*로 동정하고 형태적 특징을 기록하였다. 이후 Mori(1928b), Mori and Uchida(1934)는 *H. labeo*만을 기록하였는데, 분포지를 서울과 평양으로 표시한 것으로 보아 *H. labeo*와 *H. maculatus*를 동일종으로 취급한 것으로 판단되며, Uchida(1939)는 대동강의 표본을 포함하여 *H. labeo*로 기록하였을 뿐 *H. maculatus*는 제외하였고, Mori(1952)는 이전의 기록들을 *H. labeo*로 정정하였다. 한편 *H. labeo*와 *H. maculatus*는 종 수준에서 구분되며, Bănărescu and Nalbant(1973)는 이 종은 주둥이가 짧은 등 특징으로 *H. labeo*와 잘 구분되고 아무르강 수계와 남중국에는 분포하지만 한

국, 일본, 대만 및 해남도에는 분포하지 않는 것으로 기록하였는데, 이전 한국에서의 기록에 대해서는 언급하지 않았다. 김(1997) 및 정(1977)은 이 종을 *H. labeo*의 동종이명으로 기록하였으나 뚜렷한 근거를 들지 않았다. 북한의 기록들은 초기 Mori(1928b), Mori and Uchida(1934)의 기록이 인용되지 않았고, 분포지역이 기존의 대동강에서 압록강까지 확대되었으며, 주요 특징인 주둥이가 짧은 점을 기술한 것으로 보아 표본 검토가 이루어졌음을 암시하므로 *H. maculatus*가 북한지역에 출현하는 것으로 판단하고 목록으로 남겼다.

"한강생새미" *Saurogobio dumerili* Bleeker: 이 종은 Jordan and Starks(1905)가 제물포에서 채집한 1개체를 신종 *Longurio athymius*로 보고하였으며, Jordan and Metz(1913)가 *Saurogobio*속으로 정리하였다. *S. dabryi*와 *S. dumerili*는 등지느러미 기조의 수가 8개와 7개로 구분되고, 반문 등에 있어서도 분명하게 구별되는 종이다(Dai *et al.* 2014, Tang *et al.* 2018). Jordan and Starks(1905)가 기재한 종에 대해 Berg(1914)는 *S. dumerili*일 것으로 언급했으며, Bănărescu and Nalbant(1973)는 모식표본을 조사한 결과 Berg(1914)의 견해와 같이 *S. dumerili*임을 밝혔다. Bănărescu and Nalbant(1973)는 이 표본이 자연분포가 아니라 경제성 치어를 수입하는 과정에서 유입되었을 것으로 추정하였으나, 원기재에 따르면 표본의 크기가 250mm에 달하므로 달리 해석해야 할 것이다. 표본의 존재가 분명하므로 우리나라 어류 목록으로 기록해 둔다.

"청백치" *Ochetobius elongatus* (Kner): Jordan and Starks(1905)는 Jouy가 인천 제물포에서 채집한 전장 20cm 1개체를 *Ochetobius elongatus* (Kner)와 유사하지만 그보다 눈이 크고 상악이 훨씬 뒤까지 뻗는 점 등이 다른 신종인 *O. lucens*로 보고하였으나 이는 전자의 동종이명으로 확인되었다(Bogutskaya and Naseka 1996, Kottelat 2013). 우리나라에서 신종으로 처음 기록된 이후 실제 표본이 출현된 바는 없으나, 원기재 산지인 장강에서는 과거 경제성 어종으로 이용될 정도로 풍부하게 출현했던 어종(Fan *et al.* 2006, Yang *et al.* 2018)이었으나 현재 감소되었으며, 우리나라에 희소하지만 출현했을 가능성이 있으므로 한반도와 중국의 지사적인 연결점이 되는 어종이고, 실제 표본(USNM 51496; Fricke *et al.* 2021)이 소장되어 있으므로 어류목록에서 제외시킬 필요는 없다고 본다.

"조치" *Pseudolaubuca jouyi* (Jordan and Starks): Pierre Louis Jouy가 채집한 표본을 Jordan and Starks(1905)가 신종 *Paraleucus jouyi*으로 발표하였으며, 정(1977)은 목록으로 남겼지만 우리나라에서는 더 이상 발견되지 않아 김 등(2011)에서는 목록에서 제외되었다. 중국에서는 Nichols(1925c)에 의해 별도의 종인 *Hemiculterella* (=*Parapelecus*) *engraulis*이 보고되었고 *P. jouyi*를 *P. engraulis*의 동종이명으로 보기도 하였으나 (Yih and Wu 1964: 83), 양 종이 동일종이라면 우선권의 원칙에 따라 *P. jouyi*를 사용해야 하므로 타당하지 않다. 한편 Bǎnǎrescu(1964: 83, 85)는 이 종을 *Pseudolaubuca*속으로 정리하였고, 중국의 *Hemiculterella* (=*Pseudolaubuca*) *engraulis*를 *Pseudolaubuca jouyi engraulis*로 하였으나, 1971년에는 양 종의 정모식표본을 재검토한 결과 같은 종으로 확인하였고, 우선권의 원칙에 따라 *jouyi*의 학명을 사용하였다. 현재 Nichols의 *P. engraulis*는 별종으로 구분되고 있으며 (Wang 1984: 52, Chen in Chu and Chen 1989: 50, Kottelat 2001: 37), 그보다 앞서 발표된 종인 *P. jouyi*가 우리나라 어류 목록에서 제외된다면 분류학적으로 혼란이 있을 수 있다.

"산종개" *Triplophysa intermedia* (Kessler): Mori(1928b)가 "종개" *Orthrias toni*와 유사하지만 미병부가 가는 특징을 보이는 두만강의 어류로 *Barbatula intermedia* (Kessler)를 기록하였으며, 1930년에는 두만강에서 표본을 많이 채집한 것으로 기록하였다. 정(1977)은 한어에서 유래한 "인텔치"로 기록하였으나 종소명인 *intermedia*에서 온 것으로 추정된다. 우리나라의 종개류 Balitoridae 어류는 "쌀미꾸리" *Lefua costata*와 "종개" *Orthrias toni*의 2종으로 정리되었으나(김 1997), 김과 박(2002)은 강릉 남대천 이북에 분포하는 "종개" *O. toni*와 그 이남에 분포하는 "대륙종개" *O. nudus*로 구분하여 모두 3종이 기록되었지만, 후자는 *Barbatula barbatula nudus* (=*Orthrias nudus*)로 취급(Zhu 1995: 108)되어 우리나라 목록에서 삭제되었다. 그러나 Prokofiev(2001)는 총모식표본을 비교하여 *O. nudus*와 구분되며 오히려 별속에 해당하는 *Triplophysa intermedia*를 기록하였으며, 북한에서는 김(1995), 김과 길(2006)은 북부 산간지대 하천에 서식하는 "산종개" *Barbatula* (=*Triplophysa*) *intermedia*를 기록하고 있다. 분포 범위가 *O. toni*와 일치하지만 미병부 형질의 차이가 분명하므로 북한 표본의 재검토가 필요하며, "인텔치"라는 명칭은 이미 목록에서 사라졌으므로 김과 길(2006)에 따라 "산종개"로 남기고자 하였다.

"껄동사리" *Odontobutis potamophilus* (Günther): Regan(1908a)이 충북 청주에서, 정 (1977)은 서남해로 유입하는 하천에 서식하는 *O. potamophila*를 기록했지만 분포지가 중 부지방이므로 북부지방에 분포하는 *O. potamophila*가 아닌 "동사리" *O. platycephalus* 혹은 "얼룩동사리" *O. interrupta*의 오동정인 것으로 판단된다. 한편 Mori(1928b), Mori(1936a), 최(1964)는 이 종이 압록강을 포함한 북부지역에서 출현하는 것으로 기록했 으며, 김과 길(2008) 역시 부분적으로 압록강 하류에 풍부한 종으로 기록하였다. Iwata *et al.*(1985)은 북한의 표본을 조사하지 못했음을 밝혔고 중국 동부와 아무르 유역에 이 종이 분포한다면 한국에도 분포할 것으로 부기하였다. 동종이명의 정리에서 *O. platycephalus* 와 *O. interrupta*의 발견과 함께 이전 기록이 삭제되었으나 압록강을 포함하는 북부지방의 종에 대해서는 재검토가 필요하므로 목록으로 남겨둘 필요가 있다고 판단하였다.

"갈밀어" *Acentrogobius caninus* (Valenciennes): Jordan and Starks(1905)는 Jouy collection에서 한국에서 채집한 것으로 생각되는 13 cm의 1개체를 신종 *Coryphopterus bernadoui*로 보고하면서 일본 인접 지역에서 *C. abei*를 제외하면 유일하게 새개골 상부 에 비늘이 있는 종류이고 *C. cirgatulus* 및 *C. pflaumi*와 유사한 것으로 소개하였다. Mori and Uchida(1934)는 밀양의 표본을 *Rhinogobius*속의 종으로 기록하였으며, Mori(1952) 는 *Gobius caninus*인 것으로 정정하였다. 이 종은 정(1977)이 "갈밀어"로, 북한에서는 "밀 양매지"로 기록하였으며, 현재 *Acentrogobius caninus*의 동종이명으로 정리되었다. 이 종은 인도양에서 중국과 일본까지 분포하며(Wu and Ni in Kuang *et al.* 1986, Yoshigou and Yoshino 1999, Shibukawa in Kimura *et al.* 2018), "밀어"의 오동정일 수 있으나 다 른 종의 동종이명으로 기록되었으며 우리나라는 그 분포범위에 해당하므로 우리나라 표본

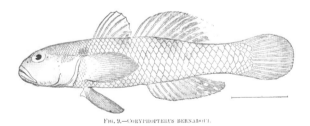

FIG. 9.—CORYPHOPTERUS BERNADOUI.

그림 2. "갈밀어" [*Coryphopterus bernadoui* Jordan and Starks 1905: 207, fig. 9]

이 재검토되어야 한다.

이 외에도 "곤어리" *Thrissa koreana* (Kishinouye)는 근래 *Thryssa chefuensis* (Günther)의 동종이명이라는 주장이 제기된 바 있어 종의 추가가 필요하나 우리나라 표본의 확보가 어려워 학자들이 충분히 검토하지 못하였다. "얄중고기" *Sarcocheilichthys lacustris* (Dybowski) 역시 압록강의 어류로 기록되었으며 *S. wakiyae* 혹은 *S. sinensis*의 동종이명으로 사용된 적이 있어(Zhu 1931, Bănărescu and Nalbant 1973), 김과 이(1984b)가 동종이명이나 종 상태에 대한 상세한 검토 없이 종 목록에서 삭제하였으나 근래 형태적 분자적으로 *S. sinensis*와의 차이가 분명하여 유효한 종으로 인식되었다(Bogutskaya *et al.* 2008; Zhang *et al.* 2008). 김과 길(2006)은 압록강에 드물게 서식하는 것으로 기록하고 있어 북한의 표본을 확보하여 검토해야 한다.

1-3. 기존 목록에서 삭제 및 정리되어야 할 종

한국의 어류 목록을 검토하면서 기존 기록에서 동종이명의 어종은 목록을 정리하고 중복된 어종의 기록은 삭제하는 등 노력을 하였으나 아직 다음의 종에 대해서는 재검토가 필요한 것으로 나타났다.

"걸장어" *Macrognathus aculeatus* (Bloch)의 정리[= 실베도라치 *Sinobdella sinensis* (Bleeker)]. Jordan and Metz(1913)는 *Zoarchias aculeatus* (Basilewsky) (원기재: *Ophidium aculeatum* Basilewsky 1855)를 소개하면서 *Zoarchias veneficus*에 가장 유사한 것으로 기록하였다. 이후 Mori(1928b), Mori and Uchida(1934)는 *Zoarchias aculeatus* (Basilewsky)로, Mori(1952)는 *Rhynchobdella aculeata* (Basilewsky)로 기록하였다. Basilewsky(1855)의 학명 *Ophidium aculeatum*은 Bloch(1786)가 이미 사용한 것으로 유효성이 없으므로 Bleeker(1870a)가 대체명칭 *Rhynchobdella sinensis*을 제안하였고 현재는 *Sinobdella sinensis* (Bleeker 1870)로 정리되었다. 한편 이전 문헌들에서 *Ophidium aculeatum* Basilewsky [= *Rhynchobdella sinensis* Bleeker = *Sinobdella sinensis* (Bleeker)]와 *Ophidium aculeatum* (= *Macrognathus aculeatus*) Bloch의 이종

동명이 정리되는 과정에서 서로 혼동되어 같은 종으로 혹은 한 종이 2종으로 잘못 기록되기도 하였다(Kottelat and Widjanarti 2005: 168, Kottelat 2013: 314).

Sinobdella sinensis (Bleeker)에 대해 Mecklenburg and Sheiko(2004: 2)는 Basilewsky의 원기재에서 표본 산지가 "sea off Peiking (= Beijing 북경)"으로 표기되었으나 기재 내용 원문은 "북경 인근"으로 담수산임을 의미한다고 지적하였다. 우리나라의 기록으로 Jordan and Metz(1913)는 "뒷지느러미가 꼬리지느러미와 유합되었고, 등지느러미극조수가 32개이며, 체측에 흑색 반점이 있는 종"을 기술하였다. 한편 정(1977: 583)은 꼬리지느러미가 등지느러미 및 뒷지느러미와 유합되었고, 비공이 육질의 주둥이 돌기형 쪽에서 돌출한 긴 비관의 끝에 있으며, 등지느러미기조수가 XXXII-XXXIV 61-64, 뒷지느러미기조수가 III 57-65개인 "걸장어" *Macrognathus aculeatus* (Bloch)를 기록하면서 *Rhynchobdella aculeatus* (Basilewsky)와 같은 종임을 부기하였다. 이와 달리 "실베도라치" *Zoarchias aculeatus* (Basilewsky)를 기록하면서 계수치를 *Macrognathus aculeatus* (Bloch)와 동일하게 표시하였고, *Ophidium aculeatus* Basilewsky는 *Macrognathus aculeatus* (Bloch)와 같으며, 대동강에 종 미상의 어류가 있는 것으로 부기하여(정 1977: 425), 정(1977)의 *Macrognathus aculeatus* (Bloch)는 실제로는 *Zoarchias aculeatus* (Basilewsky)를 의미하며, 담수에 서식하는 종임을 알 수 있다. 따라서 정(1977: 583), 김 등(2005: 209)의 "걸장어" *Macrognathus aculeatus* (Bloch)는 담수산 어류 *Sinobdella sinensis* (Bleeker) (그림 3)의 오류이며, 우리나라 어류 목록에서 삭제되어야 한다. 정(1977)은 양 종을 모두 기록하면서 담수산 종류를 "실베도라치"에서 언급하였으므로 "걸장어"를 삭제하고 "실베도라치"로 정정하여 기록한다. 그러나 Mori and Uchida(1934), Mori(1952), 최(1964), 정(1977)의 기록에서 산지가 부산, 평북 용암포, 강원도 연안 등으로 해산 또는 기수산으로 기록된 점은 의문으로 남으며, 별도의 유사종을 의미한 것으로 해석된다.

그림 3. "실베도라치" *Sinobdella sinensis.* 중국 강소성 무석시 소하천에서 채집. 2008. 05. 24

"동갈퉁돔" *Lutjanus vitta* (Quoy and Gaimard)의 삭제. Mori(1952)는 통영의 표본을 *L. vitta*로 기록하였고, 이후 우리나라에서는 "동갈퉁돔" *Lutjanus vitta* (Quoy and Gaimard)의 학명을 따랐다. 그러나 Iwatsuki *et al.*(1993)은 *L. vitta*의 동종이명으로 처리되었던 *L. ophuysenii*를 재검토하여 *L. ophuysenii*는 비늘, 색깔, 지리적 분포면에서 구분되는 별종으로 한국과 일본, 황해, 대만 서부 등 Ryukyu섬 이북에 분포하는 것으로 재규정하였다. 반면 그간 우리나라에 분포하는 것으로 알려졌던 *L. vitta*는 상기 지역을 제외한 인도-서태평양에 널리 분포하여 지리적으로도 구분되는 것으로 주장하였다. Lee and Cheng(1996) 역시 *L. vitta*와 *L. ophuysenii*는 유전적 및 형태적으로 다른 종임을 보고하였다. Kim HN and Kim(2016)은 부산 가덕도와 포항에서 채집한 표본을 검토하여 이러한 견해가 합당함을 지지하고, 우리나라 종에 대해 미기록종 "점줄퉁돔" *L. ophuysenii*으로 보고하였다. 이에 따라 한국 어명에서 "동갈퉁돔" *L. vitta*는 삭제하였다.

1-4. 남한의 어류 목록에 추가되어야 할 종

남북한의 어류 목록을 검토한 결과 다음의 27종은 미기록종으로 우리나라 어류 목록에 추가되어야 할 것으로 나타났다(표 2). 이 어종들은 주로 북한지역의 차가운 수온역에 분포하는 어종, 양식을 목적으로 외국에서 이식한 종, 그동안 동종이명으로 잘못 처리되었던 종의 3가지 형태로 나타났다.

"아무르잉어" *Cyprinus carpio haematopterus* Temminck and Schlegel: 최(1964)는 압록강(수풍)에 분포하는 종으로 *Cyprinus carpio haematopterus* Temminck and Schlegel를 기록하였다. 이 종명은 유효한 것으로 사용되거나 (Bogutskaya and Naseka 1996, Sheiko and Fedorov 2000), *C. carpio*의 아종 또는 동종이명으로도 기술되었다(Bogutskaya 1998: 92). 그러나 *C. haematopterus*라는 학명은 Rafinesque(1820a)에 의해 미리 선점된 학명으로 *Luxilus cornutus*의 이종동명이며 (Kottelat 2006, 2013, Dyldin and Orlov 2016), 동아시아에 분포하는 종은 *Cyprinus rubrofuscus* Lacepède이나 (Kottelat 2001, 2006) *C. carpio*의 아종으로 간주되었다(Zhu 1995: 98). 아무르강 수계의 영향을 받는 우리나라의 동북부 개체군은 잉어의 아종상태 검토를 위한 근거가 될 수

있으므로 어명 목록에서 남겨두었다.

"안경홍어" *Arctoraja smirnovi* (Soldatov and Pavlenko): Mori (1952), 김(1977b) 등
이 기록한 *R. smirnovi*는 *R. pulchra*를 이 종으로 혼동한 것이며, 김과 길(2006)은 이 종이
동해에만 분포하므로 이전에 서해와 중국에도 분포하고 있는 것으로 기록된 *R. smirnovi*
는 재검토해야 한다고 지적하였다. 김과 길(2006)은 양 종의 분포를 달리하였고 이전에 기
록되었던 *R. smirnovi*는 *R. pulchra*의 오동정임을 명확히 하고 있으므로 *A. smirnovi*는 우
리나라 북방계의 종 목록으로 포함시키는 것이 합리적이지만, 추후 표본에 대한 검토와 재
기재가 필요하다. 김과 길(2006)의 북한명을 국명으로 제안하였다.

표 2. 북한 어류 목록 중 우리나라의 어류 목록으로 유지시킨 종

제안한 국명	학명	문헌과 원 국명
아무르잉어	*Cyprinus rubrofuscus* Lacepède	최 1964
안경홍어	*Arctoraja smirnovi* (Soldatov and Pavlenko)	김과 길 2006
은붕어	*Carassius gibelio* (Bloch)	김과 길 2006
강청어	*Mylopharyngodon piceus* (Richardson)	김과 길 2006
편어	*Parabramis pekinensis* (Basilewsky)	김과 김 1981
능어	*Megalobrama terminalis* (Richardson)	김과 길 2006
단두어	*Megalobrama amblycephala* Yih	김과 길 2006, 변 2018
두만미꾸리	*Misgurnus mohoity* (Dybowski)	최 1964
수염메기	*Clarias batrachus* (Linnaeus)	김과 길 2006
두만열목어	*Brachymystax tumensis* Mori	최 1964
왕송어	*Oncorhynchus tshawytscha* (Walbaum)	손 1980
홍투라치	*Zu cristatus* (Bonelli 1820)	명 1994, 지 등 2009
놀노래미	*Hexagrammos lagocephalus* (Pallas)	최 1964
북횟대	*Mesocottus haitej* (Dybowski)	최 1964
함경둑중개	*Cottus amblystomopsis* Schmidt	함경뚝중개; 최 1964, 김 1972

제안한 국명	학명	문헌과 원 국명
북방점보리멸	*Sillago sinica* Gao and Xue	Bae *et al.* 2013 (점보리멸을 변경)
민가슴전갱이	*Carangoides malabaricus* (Bloch and Schneider)	민가슴전광어; 김 1975, 1977
흑기줄전갱이	*Alepes melanoptera* (Swainson)	국립수산진흥원 1988 (먹전광어; 김 과 길 2007)
한천갈치	*Zestichthys tanakae* Jordan and Hubbs	물웅치; 최 1964
흰점벌레문치	*Lycodes soldatovi* Taranetz and Andriashev	이리미역치; 김과 길 2007
쌍입술가시치	*Bilabria ornata* (Soldatov)	쌍입술미역치; 손 1980
독베도라치	*Zoarchias veneficus* Jordan and Snyder	등가시치; 손 1980
꽃베도라치	*Pholis picta* (Kner)	꽃괴또라지; 손 1980
무늬괴도라치	*Pholidapus dybowskii* (Steindachner)	손 1980
그물무늬괴도라치	*Stichaeopsis nana* Kner	그물무늬장괴이; 손 1980
눈동가리	*Parapercis ommatura* Jordan and Snyder	눈고도리; 김과 길 2007
북까나리	*Ammodytes heian* Orr, Wildes and Kai	최 1964
점삼치	*Scomberomorus guttatus* (Bloch and Schneider)	별삼치; 김과 길 2006)

"은붕어" *Carassius gibelio* (Bloch): 이 종은 유럽에서 먼저 기재되었으며, *C. auratus* 의 아종으로 취급되기도 하였으나, 근래 신모식(neotype)이 지정되는 등 지리적으로 유 럽과 북동아시아에 분포하는 종으로 정리되었다(Kottelat 2006, Kalous *et al.* 2012, Rylková *et al.* 2018). 김과 길(2006)은 우리나라의 북부에 분포하는 것으로 기록하였으 며, 아무르강 수계가 분포지이므로 북한의 표본에 대한 검토가 필요하다. 한편 이 종의 양 식품종은 통상 "Goldfish" *Carassius auratus*로 표기되었으며, 이 표기는 양식품종에 대 해 인정(ICZN 2003: Opinion 2027)되므로 이에 해당하는 양식품종을 분류학적으로 취급 할 경우 주의가 필요하다.

"강청어" *Mylopharyngodon piceus* (Richardson 1846): 이 종은 그간 우리나라 어류 목록에 나타나지 않았으며, 김과 길(2006)은 이식 기록의 언급 없이 우리나라 중부 이북의 서해로 흐르는 큰 강과 호수에 "초어"와 함께 서식하는 것으로 기록하였다. 양식종으로 세계 전역으로 이식되었으므로 현재 북한지역에 출현할 가능성이 높다.

"편어" *Parabramis pekinensis* (Basilewsky 1855): 김과 김(1981)이 압록강 어류로 기록하였고, 김과 길(2006)은 별 설명없이 압록강과 대동강에 분포 서식하는 것으로 기록하면서 중요한 양어대상 물고기로 표현하고 있어 이식된 것으로 생각된다. 자연분포종은 아니지만 현재 분포하는 종이므로 목록에 삽입시켰다. 김과 김(1981)의 북한명을 국명으로 소개한다.

"능어" *Megalobrama terminalis* (Richardson 1846): 김과 길(2006)은 별 설명없이 압록강과 대동강에 분포 서식하는 것으로 기록하였으나 중요한 양어대상 물고기로 기술하고 있어 이식된 것으로 생각된다. 자연분포종은 아니지만 현재 분포하는 종이므로 목록에 삽입시켰다. 북한명은 "릉어"이나 우리말 표기법으로 바꾸어 국명으로 하였다.

"단두어" *Megalobrama amblycephala* Yih 1955: 김과 길(2006)은 *Parabramis pekinensis, Megalobrama terminalis*와는 달리 이 종이 중국의 호북성 일대에서 이식하였음을 밝히고 있다. 남한에서도 붕어 등을 이식할 때 같이 유입된 경우가 있어 한강수계에서 발견된 바 있으며, 중국 한자명을 따라 "단두방"(团头鲂)으로 불리웠다(변 2018). 북한은 "둥근릉어"로 하였으나 최근 "단두방"으로 일반인에게도 알려진 어종이며, 우리말 표기법으로 바꾸어 "단두어"를 국명으로 하였다.

"두만미꾸리" *Misgurnus mohoity* (Dybowski 1869): Berg(1916)는 북한의 경계지역인 두만강에 *Cobitis fossilis anguillicaudatus*가 출현하는 것으로 보고했으며, 최(1964)는 *M. anguillicaudatus* 외에 두만강에서 채집한 어류로 *M. fossilis*를 기록하였으나, 특별한 설명이 없지만 Berg(1916)의 결과를 인용한 것으로 추정된다. Dybowski(1869)와 Berg(1907c, 1916)가 기록한 이 종은 *M. mohoity*의 동종이명으로 주장되었으며(Nichols 1925a, 1943, Chen 1981), Perdices *et al.*(2012)은 분자수준의 자료로 보았을 때 Tang *et al.*(2006)의 *M. bipartitus* 및 중국과 한국에서 *M. anguillicaudatus*로 동정되었던 일부

개체군은 *M. mohoity*로 처리되어야 한다고 하였다. 따라서 *M. mohoity*의 분포는 기존에 알려진 아무르강의 러시아 수계, 몽골 북동부, 중국 북동부에서 한국까지 확장될 것으로 추정하였으며, Jakovlić *et al.*(2013) 역시 *M. mohoity*가 아무르강과 한국에 분포하는 것으로 언급하여, 북한 수계에 서식하는 표본에 대한 재검토가 필요하다. 한편 Chen(1981)은 黑龍江泥鰍 *M. mohoity*와 北方泥鰍 *M. biparitius*를 구분하였는데, Xie(1986)는 후자가 압록강에 분포하는 것으로 기록하여 추후 검토가 필요하다. 최(1964)의 북한명을 국명으로 하였다.

"수염메기" *Clarias batrachus* (Linnaeus): 열대산 어류이지만 우리나라에는 식용으로 수입되고 있는 어종이며, 북한에서는 각지에 이식되어 양식하는 종으로 소개되어 있다(김과 길 2006). 김과 길(2006)은 "메기"로 하였으나 우리나라의 재래종 "메기"와 혼동되므로 김과 길(2006)이 속명으로 사용한 "수염메기"를 국명으로 하였다.

"두만열목어" *Brachymystax tumensis* Mori: 이 종은 신종을 기록하였던 Mori 스스로 1952년에 *B. lenok*의 동종이명으로 정정 발표하는 등 한국 어류목록에서 제외되었으나, 근래 사할린 등에 서식하는 종으로 유효성이 인정되었다(Kartavtseva *et al.* 2013, Dyldin and Orlov 2016, Meng *et al.* 2018).

"왕송어" *Oncorhynchus tshawytscha* (Walbaum): 원래 북태평양과 북극에 분포하는 어종으로 가장 가까운 분포 수역은 홋카이도이며, 세계 여러 곳으로 이식되었다. 손(1980)은 원산 이북의 수역에도 분포하는 것으로 기록하였다.

"홍투라치" *Zu cristatus* (Bonelli): 명 등(1994)은 제주도 연안에서 낚시로 채집한 등지느러미가 붉은 투라치과 어류를 "홍투라치"로 기록하였으나 상세하게 기재하지 않았고, 김 등(2001) 이후 국내에서는 이 종과 유사한 *Trachipterus trachypterus*에 대해서 "홍투라치"로 혼동하여 사용하였다. 양 종은 등지느러미 연조수와 체형 등에 있어서 구분되는 별종으로 지 등(2009)에 의해 정리되었다.

"놀노래미" *Hexagrammos lagocephalus* (Pallas): Dyldin and Orlov(2017b)는 황해를 포함하여 북태평양의 미국 캘리포니아까지 널리 분포하는 어종으로 기록하였고, 최(1964), 김과 길(2008)은 동서남해에서도 출현하는 것으로 기록하였다. 우리나라의 "노래미"류 표본에 대한 재검토가 필요하다. 최(1964)는 "놀메기"로 소개하였으나 "노래미"류이므로 국명을 "놀노래미"로 하였다.

"북횟대" *Mesocottus haitej* (Dybowski): 최(1964)가 압록강 및 두만강에 출현하는 것으로 기록하였고, 러시아 학자들이 북한지역의 압록강에 분포하는 것으로 기록하고 있어서 (Dyldin and Orlov 2017a, Saveliev *et al.* 2017) 우리나라 출현종으로 포함시켰다.

"함경둑중개" *Cottus amblystomopsis* Schmidt: Dyldin and Orlov(2017a)는 *C. amblystomopsis*가 남으로는 한반도까지 분포하는 것으로 기록하였으며, 최(1964)는 Mori(1930)의 "한둑중개" *C. hangiongensis*이 이 종의 동종이명인 것으로 처리하였다. Goto *et al.*(2001, 2014)은 동종이명의 논란이 있었던 *C. nozawae*와 *C. amblystomopsis* 에 대해 전자는 하천형, 후자는 회유형이며, 형태적 유전적으로 생식적 격리가 일어난 별종인 것으로 정리하고, 전자의 지리적 분포에 대해 세밀히 조사하였다. 그 결과 이전 분포지역으로 알려졌던 러시아에서는 발견되지 않았고 일본의 홋카이도와 혼슈 북동부에서만 채집되어 일본 고유종일 것으로 주장하였고, Dyldin and Orlov(2017a) 역시 러시아에서 표본을 확인하지 못한 것으로 기술하였다. 우리나라의 동북부지방(두만강)은 *C. amblystomopsis*의 남한계로 추정되지만 재검토가 필요하다.

"북방점보리멸" *Sillago sinica* Gao and Xue: Kim and Lee(1996)가 전남 여수시에서 1개체를 채집하여 미기록종 *Sillago parvisquamis*으로 보고하였고, 권과 김(2010)은 진도와 광양에서 추가 채집하여 일본산 표본을 검토하여 정리하였으며, 척추골수 및 체색에서 일본산과의 차이점이 있음을 지적하였다. 그러나 Bae *et al.*(2013)은 광양에서 채집된 1개체가 등지느러미 극조수가 XI개이며, 제2등지느러미막의 점열 무늬가 3~4줄이고, 분자수준에서 *S. sinica*로 동정되어 미기록종으로 보고하면서 이전에 보고된 *S. parvisquamis*는 *S. sinica*의 오동정인 것으로 주장하였다. 아울러 추후 진정한 *S. parvisquamis*가 밝혀질 수 있으므로 국명은 새롭게 "북방점보리멸"로 제안하였다.

"민가슴전갱이" *Carangoides malabaricus* (Bloch and Schneider): Wakiya(1924)는 색깔이나 반문이 *C. caeruleopinnatus*와 아주 유사하나 등지느러미 연조부 길이와 뒷지느러미에서 차이가 나는 종으로 기록하였으며, 같은 논문에서 신종으로 보고한 "유전갱이" *C. uii*는 현재 *C. coeruleopinnatus*의 동종이명으로 취급되기도 하여 *C. uii, C. coeruleopinnatus, C. malabaricus*는 서로 혼동되었던 것으로 생각된다. *C. malabaricus*는 현재 일본, 중국, 베트남, 홍해 등에 널리 분포하는 종(Lin and Shao 1999: 53, Nakabo 2000: 807, Fricke *et al.* 2018:182)으로 정리되어 우리나라에서 출현 가능성이 높고, 김(1975, 1977b), 김과 길(2007)이 서해 어류로 기록하였으므로 한국산 어명 목록에 포함시키고, 국명으로는 북한명 "민가슴전광어"의 의미를 따랐다. 종의 상세 분포와 형질 등에 대해 추후 정밀한 조사가 필요하다.

"흑기줄전갱이" *Caranx malam* (Bleeker): 김과 길(2007)이 "먹전광어"로 기록하였으며, 이는 현재 *Alepes melanoptera*의 동종이명으로 정리되었다. 국립수산진흥원(1988)은 원양산 어류의 명칭으로 "흑기줄전갱이"를 사용하였으며, 김과 길(2007)의 기록에 따라 우리나라 어류 목록에 포함시켰다.

"한천갈치" *Zestichthys tanakae* Jordan and Hubbs: 최(1964)는 원산에서 채집한 표본을 Tomiyama *et al.*(1962)에 따라 이 종으로 기록하였다. 이 종은 태평양 원양어류 중 포함된 것으로 기록되었으며(국립수산진흥원 1988), 우리나라 북부지역에 출현이 가능하므로 우리나라 어류 목록에 포함시켰다. 한편 이 종은 한대성으로 주로 일본 북부의 심해에서 기록되었으며 (Anderson *et al.* 2009), 제주도에서 기록된 것은 의문스럽다(Kim BJ, Kim IS *et al.* 2009). 최(1964)는 "물웅치"로 하였으며, 국립수산진흥원(1988)의 국명을 따랐다.

"흰점벌레문치" *Lycodes soldatovi* Taranetz and Andriashev: 김과 길(2007)은 "먹미역치" *L. nakamurae*와 "이리미역치" *L. soldatovi*를 기록하였다. 손(1980)은 후자를 "먹미역치"로 하였는데, 검은 색을 의미하는 "먹~"이 전자의 특징이므로 손(1980)의 명칭은 오기인 것으로 판단되어 국명은 김과 길(2007)에 따랐다. *L. soldatovi*는 세계적으로 북태평양 서부 (Okhotsk Sea, Sea of Japan, Bering seas)의 수심 400-800m 깊이에 분포하는 어종(Balanov *et al.* 2004)으로 손(1980), 김과 길(2007)은 우리나라 동해 북부수역에도 분포하는 것으로 기록하였다. 한편 "~미역치"는 "벌레문치"를 의미하며, "이리"의 의미가 불분명하고, 방언에 "흰점미역치"를 사용하였으므로 국명을 "흰점벌레문치"로 하였다.

"쌍입술가시치" *Bilabria ornata* (Soldatov): 사할린 등 북부지역에 분포하는 어종으로 손(1980)은 우리나라 동해 북부 수역에도 분포하는 것으로 기록하였다. 손(1980)은 "쌍입술미역치"로 기록하였으나 "~미역치"는 남한의 "미역치"와 어종이 사뭇 다르므로 유사 어종의 명칭을 빌어 "쌍입술가시치"로 하였다.

"독베도라치" *Zoarchias veneficus* Jordan and Snyder: 일본의 Muroran에서 Boshu 지방의 태평양쪽 연안에 분포(Lindberg and Krasyukova 1989)하는 종으로 손(1980)은 동해의 북부수역에도 분포하는 것으로 기록하였다. 이 종은 등지느러미 극조수가 28개로 *Z. uchidai* (극조수 15개), *Z. glaber* (극조수 32개)와 쉽게 구분되며(Matsubara 1932, Makushok 1961, Kimura and Sato 2007), 손(1980)은 그림과 함께 제시하였으므로 동해 북수에 출현하는 종으로 기록한다. 손(1910)이 사용한 "등가시치"는 *Zoarces gillii*와 혼동되므로 종소명의 의미를 따라 "독베도라치"로 제안하며, 우리나라에서 출현 여부를 면밀히 검토하여 정리해야 한다.

"꽃베도라치" *Pholis picta* (Kner): 손(1980)이 동해 북부 수역에 분포하는 종으로 기록했으며, Mecklenburg(2003) 역시 한국을 분포지역으로 기록하였다. 국명은 손(1980)의 "꽃~"을 살려 제안하였다.

"무늬괴도라치" *Pholidapus dybowskii* (Steindachner): Taranetz(1937)가 원산에 분포하는 것으로 기록하였고, 손(1980)은 "무늬괴또라지"로 소개하였다. Shiogaki(1984)는 *Pholidapus*속으로 취급하였으나 Rutenko and Ivankov(2009)는 감각관 체계에서 *Opisthocentrus*속과 구분할 특징이 보이지 않아 아속으로 규정하였고, Kartavtsev *et* *al.*(2009)이 분자수준의 분석으로 속의 유효성 주장하였다.

"그물무늬괴도라치" *Stichaeopsis nana* Kner: Jordan and Snyder(1902f)는 "세줄베도
라치" *E. hexagrammus* (Schlegel)의 동종이명으로 인용하였으나 Kner(1868)가 변이로
판단하였다가 1870년에 신종 *Stichaeopsis nana*으로 발표한 종이다(Kner in Steidachner
and Kner 1870). 손(1980)의 기재 내용은 *Stichaeopsis nana* Kner와 유사하다(Makushok
1961, Lindberg and Krasyukova 1989). 이 종은 일본의 하코다테, 오츠크해 등 북부수역
에 분포하며, 손(1980)은 동해의 중부이북 수역에 분포하는 것으로 기록하였다.

"눈동가리" *Parapercis ommatura* Jordan and Snyder: 이 종은 *Parapercis
caudimaculata* (Haly 1875)의 동종이명으로 취급되었으나 *Percis caudimaculatum* Haly
1875는 *Percis caudimaculata* Rüppell 1838이 선점하고 있어서 유효하지 않으며, 이후
가장 오랫동안 사용된 유효한 학명은 *Parapercis ommatura*임이 밝혀졌다(Imammura
and Yoshino 2007). 우리나라에서는 이 학명이 사용되지 않았으나 Cantwell(1964: 267),
Immamura and Yoshino(2007: 83) 등 외국 학자들이 한국에도 출현하는 것으로 기록하
였고, 김과 길(2007)이 우리나라 어류 목록에 실었다. 국명은 김과 길(2007)의 "눈고도리"
를 의미에 맞게 바꾸었다.

"북까나리" *Ammodytes heian* Orr, Wildes and Kai: Kim *et al.* (2017)은 우리나라의
"까나리" 표본에 대해 검토하여 Orr *et al.*(2015)의 신종 *A. heian*이 일본과 한국에만 분포
하는데, *A. japonicus*와 *A. heian*의 분포 범위가 동해의 남서부 및 일본의 Wakkanai에서
중첩되는 것으로 기록하였다. 한편 Turanov *et al.*(2019)은 동해에서 *A. heian*의 밀도는
북쪽으로 갈수록 증가하는 경향임을 기록하였다. 최(1964)는 원산을 채집지역으로 하여 *A.
hexapterus marinus*를 기록하였는데 이 종은 북대서양에 분포하는 *Ammodytes marinus*
Raitt 1934의 동종이명(Parin *et al.*, 2014)으로 우리나라에 서식하지 않으며, 분포 지역으
로 보아 *A. heian*을 의미하는 것으로 판단된다.

"점삼치" *Scomberomorus guttatus* (Bloch and Schneider): Lindberg and

Krasyukova(1989)는 이 종이 서해에 분포하는 것으로 기록하였고, 김과 길(2008)이 서해를 분포지로 하였다. 국립수산진흥원(1988)은 원양산 어류 목록으로 "점삼치"를 사용하였기에 이를 따랐다.

1-5. 남한 미기록종 보고의 우선권 검토

해방 이후 남과 북은 상호 교류가 제한되어 학술적 연구 내용을 서로 알 수 없었다. 이에 따라 동일한 어종에 대한 연구가 상대측의 기록을 반영하지 못하고 다시 이루어지는 반복적이고 중복적인 결과를 낳았다. 그러나 분류학에서 출판물의 우선권은 명칭의 유효성을 확보하는 기본적인 요소이므로 이를 정리하였다(표 3).

표 3. 남북한 미기록종 보고 년도의 비교

학명	남한	북한
Megalaspis cordyla	고등가라지 (Kim *et al.* 1995)	눈시울전광어 (손 1980)
Davidijordania lacertina	긴문자갈치 (Shinohara and Kim 2009)	갈색꽃미역치 (손 1980)
Myoxocephalus stelleri	개구리꺽정이 (Kim and Youn 1992)	망챙이 (최 1964)
Malacocottus zonurus	얼룩수배기 (Kim *et al.* 1993)	물망챙이 (손 1980)
Liparis chefuensis	노랑물메기 (Kim *et al.* 1993)	물메사구 (김 1977)
Zoarces elongatus	무점등가시치 (Ko and Park 2008)	얼룩미역치 (김과 길 2007)
Alectrias benjamini	벼슬베도라치 (김과 강 1991)	멘드미괴또라지 (김 1975)
Lumpenus sagitta	장어베도라치 (Kim and Kang 1991)	바두치 (최 1964)
Stichaeopsis epallax	큰줄베도라치 (Kim and Kang 1991)	줄장괴이 (손 1980)
Stichaeus nozawae	큰눈장갱이 (Ko *et al.* 2010)	어리장괴이 (최 1964)
Davidijordania lacertina	긴문자갈치 (Shinohara and Kim 2009)	갈색꽃미역치 (손 1980)
Cryptacanthoides bergi	귀신장갱이 (최 등 2021)	얼룩가시치 (손 1980)
Kopua minima	꼬마학치 (Han *et al.* 2008 September)	학치 (김과 길 2008 June)
Nomeus gronovii	가는동강연치 (Lee *et al.* 2015)	연어병치 (김과 길 2008)

학명	남한	북한
Monacanthus pardalis	육각무늬쥐치 (Kim *et al.* 2017)	검은쥐치 (최 1964), 먹쥐치 (김 과 길 2008)
Ostracion cubicum	노랑거북복 (유 등 2005)	상자복아지 (손 1980, 김과 길 2008)

표 3의 16종은 북한에서 먼저 기록이 있었던 종으로 대부분은 북한의 동해수역인 냉수역에서 발견되는 종들이며 남한의 학자들이 접근하기 어려웠던 종들이다. 아울러 아열대 해역의 종들도 포함되었는데, 이들은 이전 기록에서 오동정되었거나 다른 학명이 사용되었다가 정정된 경우이다. 분류학에서 발간년도에 따른 우선권의 차이를 잘 드러낸 종은 "꼬마학치 (Han *et al.* 2008)"이다. Han *et al.*(2008)의 논문 발간일은 9월로 김과 길(2008)은 6월에 발간되어 "학치"로 하였으므로 후자의 기록이 우선되어야 한다.

2. 남북한의 어명의 차이 및 북한 어명의 특징

기본적으로 남한과 북한에서 사용하는 어종의 명칭은 같은 종이라 해도 대부분이 달랐다. 예를 들어 분류 체계상 가장 앞에 나타나는 "꾀장어과 (Myxinidae)" 어류의 경우 남한의 표준명 "먹장어" *Eptatretus burgeri* (Girard)는 북한에서도 "먹장어"로 사용하지만, 다른 어종인 "묵꾀장어" *Eptatretus atami* (Dean)는 북한에서는 "푸장어"라 부르며, 북한의 방언은 '꾀장어' 또는 '먹장어'이다. 방언까지 포함하면 동일종이거나 유사한 종임을 알 수 있으나 표준명만으로는 종을 알 수 없다. 종의 수준에서 엄밀하게 같은 명칭(같은 철자의 명칭, 동종이명에 포함된 같은 철자의 명칭 포함)을 사용하는 경우는 129종이었으며 비교한 전체 어종의 10.8%에 불과하였고, 상이하게 부르는 어종명은 891종으로 전체의 74% 이상이었으며(강 등 2006), 나머지는 북한명이 없는 경우로 상호 소통을 위해서는 남북한 어명 번역 사전이 필요할 정도인 것으로 나타나 언어의 차이가 심각한 것으로 판단되었다.

어명에서 차이는 몇 가지 형태로 구분이 되었다. 즉, "날붕장어"와 "날개붕장어", "검붕장어"와 "검은붕장어" 처럼 의미가 상세화된 경우, "~납자루"와 "~납주레기", "모래무지"와 "모래무치", "~횟대"와 "~횟대어", "~망둑"과 "~망둥어", "모오캐"와 "모캐", "~돔"과 "~도미", "~가자미"와 "~가재미", "~복"과 "~복아지" 등 어미 부분의 변화가 있는 경우, "감~"과 "묵~", "황~"과 "노랑~", "백~"과 "흰~" 등 색깔에 대한 한자어와 어감의 차이가 반영된 경우, "괭이상어"와 "고양이상어", "열목어"와 "열묵어", "드렁허리"와 "두렁허리", "임연수어"와 "이면수", "둑중개"와 "뚝중개" 등 맞춤법 관련 차이를 보이는 경우 등으로 이들은 충분히 유추 가능한 형태이다.

북한의 예전 어명은 남한의 경우와 같이 지역 사투리 혹은 이름으로 유래되었던 종류를 대별하는 명칭에 형태와 색깔 및 생태 등 어종의 특징이 추가된 형태로 나타났지만, 미기록종에 대해 새롭게 작명을 할 경우 학명의 뜻을 번역하여 반영하기도 하였다. 예를 들어 *Niphon*속은 "왜농어속", *Sacura*속은 "벗농어속" 등으로 하였고, "꼬마민어" *Sciena goma* (= *Protonibea diacantha*)의 경우 종소명으로 사용된 일본어 goma를 해석하여 "깨알무늬민어"로, *Takifugu vermicularis*는 "벌레복"으로 하였다.

한편 "적~"을 "붉은~", "백~"을 "흰~", "황~"을 "노랑~", "~해마"를 "~바다말"로 하는 등 한자어를 피하려 한 흔적이 보였으며, "등에 점이 있는 버들치"의 의미로 "등점버들치"를 사용하는 등 설명형도 보여 우리말 연구에도 의미가 있을 것으로 사료되었다.

3. 남한과 북한에서 중복되는 어종의 명칭

대부분 어명의 차이점을 이야기할 경우 같은 종에 대해 서로 다른 명칭을 사용하여 의미가 통하지 않는 '동종이명'의 경우를 떠 올리기 쉽지만, 서로 다른 어종이지만 같은 명칭을 사용하는 '이종동명'의 형태는 그보다 더욱 소통을 어렵게 하는 혼동스러운 부분이다.

3-1. 동종이명의 형태

예를 들어 남한의 "목탁가오리"는 북한에서 "목대 (김과 길 2006)" 혹은 "박대 (최 1964)"로 기록되었는데, 남한에서 "박대"는 목탁가오리와 전혀 다른 어종을 의미하며, 북한에서는 "서치 (김과 길 2006, 최 1964)"로 부른다. 최(1964)의 기록은 북한에서 어류를 연구하던 초기 단계의 발간물로, 이전에 전해왔던 동종이명의 학명 목록을 거의 모두 수용하였으며, 북한 어명이 정해지던 초창기이므로 일부 어명에는 가칭임을 밝힌 상태이어서 이후 학자들이 어떻게 수용했느냐에 따라 많이 달라진 때문으로 해석된다. 남한의 "박대"에 대해서 김과 길(2006) 및 최(1964)의 의견이 "서치"로 통일되고 있으므로 "목탁가오리"에 대한 최(1964)의 "박대"는 부적합하고 "목대"가 표준화되어야 할 것으로 판단된다. 또 다른 예로 김과 길(2006)은 남한측의 "납자루" *Acheilognathus lanceolatus*는 종소명의 의미를 살려 "창납주레기"로 하였고, "묵잡자루" *A. signifer*는 "납주레기"로 하여 구분하였다. 그러나 연구 초기 단계에 이루어진 김(1972), 김과 김(1981)은 전자의 종을 "납주레기"로 인식하였으나 "묵납자루"와는 구분하지 못하였다. 이러한 동일종 내의 다른 명칭에 대한 통일은 우선 북한에서 자체 연구와 검토가 이루어져야 할 것이며 그 후 그 결과를 바탕으로 남북한 통일성을 추구할 수 밖에 없어 시일이 걸리는 일이다.

3-2. 이종동명의 형태

초기 연구 단계에서 학술적으로 종의 상태가 불분명하거나 오동정으로 동종이명상태이었던 경우 각 학명에 대해 다른 국명이 있었고, 이들이 나중에 같은 종으로 합쳐지거나 종이 구체화되면서 명칭이 같아지거나 달라졌다. 이들은 학술연구가 진행되면 그 결과에 따라 통합의견을 반영하기 쉽다. 그러나 원래부터 한 종을 다른 의미로 인식했던 용어는 사회문화적 및 학술적 견해 차이가 반영된 것이므로 표준화 작업이 힘들 것으로 생각되었다. 예를 들어 남한의 "몰개속" *Squalidus*은 이전에 "줄몰개속" *Gnathopogon*에 속해 있던 것이며, 북한은 아직 *Gnathopogon*속만 사용하므로 2개의 명칭이 하나의 명칭으로 불리운다. 더욱이 이의 명칭이 남한에서 전혀 다른 어종을 의미하는 "버들붕어속" *Gnathopogon*으로 사용한다. 남한의 "버들붕어속" *Macropodus* 또는 "버들붕어" *M. ocellatus*는 과 이상 수준에서 그와 전혀 다른 어종이다.

이러한 문제는 사실 북한만의 문제가 아니며, 남북한 모두에 얽혀있는 경우가 있고, 그 예는 "우레기"에서 찾아볼 수 있다. Mori and Uchida(1934: 15)는 압록강의 어류로 *Brachymystax coregonoides* (= *Coregonus ussuriensis*)를 기록하면서 보통명을 "Uregi" 로 표기하였다. 정(1977)은 이 명칭이 평북지역의 명칭인 것으로 소개하고, 이 종에 대한 국명을 "우레기"로 하였다. 그러나 북한에서 "~우레기"는 "양볼락과 (Scorpaenidae)"의 여러 어종에서 나타나는데 흔히 말하는 "~감펭"류, "~볼락"류를 의미하며, 정확하게는 "조피볼락" *Sebastodes schlegelii*를 "우레기"로 부른다. 이는 정(1977: 306) 역시 마찬가지로 담수어에 "우레기"가 있음에도 해산어인 "~우럭" 및 "~바리"류에 대해 "우레기속" *Epinephelus*을 사용하여 크게 혼동된다.

이러한 차이는 남북한 상호 소통이 이루어진 상태에서 각 어종의 정확한 의미를 밝힌 후 통일된 어명의 결정이 이루어져야만 하므로 역시 풀기 힘든 과제로 남겨둘 수 밖에 없다. 이들 명칭에 대한 자료는 표 4에 나타내었다.

표 4. 남북한 어류 속 및 종 수준의 중복 명칭

남한명	학 명	북한명 (관련학명) (저자)
목탁가오리	*Platyrhina sinensis*	목대(김과 길 2006), 박대 (최 1964)
박대	*Cynoglossus semilaevis*	서치 (김과 길 2008, 최 1964)
용상어	*Acipenser medirostris*	화태철갑상어 (최 1964) 철갑상어 (최 1964, 김과 길 2006, 기타) *Acipenser mikadoi*
철갑상어	*Acipenser sinensis*	줄철갑상어 (최 1964, 김과 길 2006, 기타)
은붕장어	*Gnathophis nystromi*	배붕장어 (김과 길 2007)
꾀붕장어	*Anago anago*	은붕장어 (김과 길 2007)
조선전어	*Clupanodon thrissa*	대전어 (김과 길 2006)
대전어	*Nematalosa nasus*	둥근전어 (김과 길 2006)
흰줄납줄개	*Rhodeus ocellatus*	망성어 (김과 길 2006)

남한명	학 명	북한명 (관련학명) (저자)
망상어	*Ditrema temminckii temminckii*	바다망성어 (최 1964, 김과 길 2006)
납자루	*Acheilognathus lanceolatus*	창납주레기 (김과 길 2006), 납주레기 (김 1972, 김과 김 1981)
묵납자루	*Acheilognathus signifer*	납주레기 (김과 길 2006), 청납저리 (최 1964)
중고기	*Sarcocheilichthys nigripinnis morii*	써거비 (최 1964, 김과 길 2006)
참중고기	*Sarcocheilichthys variegatus wakiyae*	남방써거비 (김과 길 2006), 써거비 (최 1964)
몰개속	*Squalidus*	버들붕어속 (*Gnathopogon*) (김과 길 2008)
참몰개	*Squalidus chankaensis tsuchigae*	버들붕어 (김과 길 2006)
버들붕어속	*Macropodus*	꽃붕어속 (김과 길 2006)
버들붕어	*Macropodus ocellatus*	꽃붕어 (김과 길 2006)
대황어	*Tribolodon brandtii*	황어 (김과 길 2006)
황어	*Tribolodon hakonensis*	붉은황어 (김과 길 2006), 강황어 (최 1964)
미꾸리속	*Misgurnus*	미꾸라지속 (최 1964, 김과 길 2006)
미꾸리	*Misgurnus anguillicaudatus*	미꾸라지 (최 1964, 김과 길 2006)
미꾸라지	*Misgurnus mizolepis*	서선미꾸라지 (김과 길 2006), 서선미꾸리 (최 1964)
우레기	*Coregonus ussuriensis*	강우레기
우레기속	*Epinephelus*	우레기속 *Sebastes*
조피볼락	*Sebastes schlegelii*	우레기
실뱅어	*Neosalanx hubbsi*	압록뱅어 (최 1964)
벚꽃뱅어	*Hemisalanx prognathus*	달거지뱅어 (최 1964, 김과 길 2006, 기타 저자) 실뱅어 (*Salanx coreanus*) (최 1964)
별빙어	*Spirinchus verecundus*	함북샛치 (최 1964), 나루매 (손 1980) 나루매 (*Spirinchus lanceolatus*) (김과 길 2006)
뱅어	*Salangichthys microdon*	나루매 (*Salangichthys kishinouyei*) (최 1964)
곤들메기	*Salvelinus malma*	산천어

남한명	학 명	북한명 (관련학명) (저자)
산천어	*Oncorhynchus masou masou*	송어, 고들매기 (김과 길 2006, 기타)
툼빌매퉁이	*Saurida wanieso*	매테비 *Saurida argyrophanes* (최 1964)
꽃동멸	*Synodus variegatus*	매테비 (김과 길 2006)
가숭어	*Chelon haematocheilus*	숭어 (김과 길 2007)
숭어	*Mugil cephalus*	은숭어 (김과 길 2007, 기타)
동갈치	*Strongylura anastomella*	항알치 (김과 길 2007, 기타)
항알치속	*Tylosurus*	항알치속 *Ablennes*
항알치	*Tylosurus acus melanotus*	장치 (김과 길 2007, 손 1980)
대주둥치속	*Macroramphosus*	주둥치속 (손 1980, 김과 길 2007)
붕대물치	*Macroramphosus japonicus*	주둥치 (손 1980, 김과 길 2007)
주둥치속	*Nuchequula*	--
주둥치	*Nuchequula nuchalis*	평고기 (김과 길 2007), 은평고기 (최 1964)
점주둥치	*Equulites rivulatus*	은평고기 (김과 길 2006)
실베도라치	*Zoarchias aculeatus*	등가시치 (최 1964)
독도베도라치	*Zoarchias veneficus*	등가시치 (손 1980)
등가시치	*Zoarces gillii*	미역치 (김과 길 2006)
미역치	*Hypodytes rubripinnis*	붉은쏠치 (김과 길 2006)
홍투라치	*Zu cristatus* (명 등 1994)	*Trachipterus trachypterus* (김 등 2001)
뿔줄고기	*Hypsagonus quadricornis*	--
네줄고기속	*Percis*	뿔줄고기속 (김과 길 2008, 손 1980)
네줄고기	*Percis japonicus*	뿔줄고기 (김과 길 2008, 손 1980)
날개줄고기	*Podothecus sachi*	날개줄고기 (김과 길 2008, 손 1980), 줄고기(최 1964)
말락줄고기	*Podothecus sturioides*	상어줄고기, 줄고기 (김과 길 2008) *Podothecus accipiter*
뚝지속	*Aptocyclus*	도치속 (김과 길 2008, 손 1980)
뚝지	*Aptocyclus ventricosus*	도치 (김과 길 2008, 손 1980)

남한명	학 명	북한명 (관련학명) (저자)
도치속	*Eumicrotremus*	흑멍텅구리속 (김과 길 2008, 손 1980)
도치	*Eumicrotremus taranetzi*	흑멍텅구리 (김과 길 2008, 손 1980)
노랑물메기	*Liparis chefuensis*	검풀치(물메사구) (김 1977, 김과 길 2008)
물메기	*Liparis tessellatus*	검풀치(최 1964, 손 1980, 김과 길 2008)
붉바리	*Epinephelus akaara*	붉은점도어(김과 길 2007), 홍도어 (최 1964)
홍바리	*Epinephelus fasciatus*	홍도어(김과 길 2007), 적도도어 (최 1964)
네동가리	*Parascolopsis inermis*	동갈금실어 (김과 길 2008), 옥돔 (최 1964)
옥돔	*Branchiostegus japonicus*	오도미 (김과 길 2008, 기타)
붉돔	*Evynnis japonica*	붉도미 (김과 길 2007, 손 1980)
녹줄돔	*Evynnis cardinalis*	분홍도미(김과 길 2007, 붉돔 (최 1964)
부세	*Larimichthys crocea*	수조기 (최 1964, 김과 길 2007)
수조기	*Nibea albiflora*	부세 (최 1964, 김과 길 2007)
참조기	*Larimichthys polyactis*	조기 (김과 길 2007)
보구치	*Pennahia argentata*	조기 (최 1964)
양벵에돔	*Girella mezina*	노랑줄깜도미 (김과 길 2007), 깜도미 (손 1980)
벵에돔	*Girella punctata*	깜도미, 깜돔 (김과 길 2007, 최 1964), 점무늬깜도미 (손 1980)
인상어속	*Neoditrema*	인상어속 (김과 길 2007), 은비늘치속 (손 1980)
인상어	*Neoditrema ransonneti*	인상어 (김과 길 2007), 은비늘치 (손 1980)
은비늘치속	*Triacanthus*	가시박피속 (김과 길 2008)
은비늘치	*Triacanthus biaculeatus*	가시박피 (김과 길 2008), 비늘복아지(손 1980)
얼룩가시치	*Neozoarces pulcher*	큰입미역치 (김과 길 2007), 무늬가시치 (손 1980)
무늬가시치	*Lycodes japonicus*	--
연어병치속	*Hyperoglyphe*	눈치병어속 (김과 길 2008)
가는연어병치속	*Nomeus*	연어병치속 (김과 길 2008)
남방동사리	*Odontobutis obscurus*	뚝지 (김과 길 2008), 껄껄이 (최 1964)
검정망둑	*Tridentiger obscurus*	매지(김과 길 2008), 뚝지 (최 1964)

남한명	학 명	북한명 (관련학명) (저자)
별목탁가자미	*Bothus myriaster*	별넙치 (손 1980, 김과 길 2008)
별넙치	*Pseudorhombus cinnamoneus*	쇠넙치 (손 1980, 김과 길 2008) 별넙치 (김 1977)
물가자미	*Eopsetta grigorjewi*	별가재미 (최 1964)
범가자미	*Verasper variegatus*	별가재미 (김과 길 2008)
술봉가자미	*Lepidopsetta mochigarei*	청가재미 (손 1980, 김과 길 2008) 점가재미 (최 1964)
점가자미	*Pseudopleuronectes schrenki*	점가재미 (김과 길 2008) 검은머리가재미 (최 1964)
흑백쥐치속	*Cantherines*	말쥐치속 (김과 길 2008)
말쥐치속	*Thamnaconus*	말쥐치어속 *Cantherines* (손 1980, 김과 길 2008)
복섬	*Takifugu niphobles*	졸복아지 (손 1980, 김과 길 2008), 복섬 (최 1964)
졸복	*Takifugu pardalis*	졸복아지 (최 1964), 표문복아지 (김과 길 2008)

4. 어종의 국명에 대한 고찰

4-1. 일반 사항

분류학은 생물을 다루는 분야의 언어 체계이다. 우리가 일상 생활에서 잘못된 또는 부정확한 의미의 단어를 사용하면 정확한 의사 소통이 어려운 것처럼 생물학에서도 정확한 종명을 사용하지 않으면 전혀 다른 의미를 전달하게 된다. 일반 사회 활동에서는 '오해'와 '이해'의 과정을 통해 쉽사리 오류가 수정되지만 학술적인 혹은 산업적인 면에서는 국가수준의 수치가 되고 경제적으로 큰 손실로 이어질 수도 있다. 예를 들어 수산물 무역에서 6자리로 된 HS Code라는 품목별 분류 번호가 있으며, 우리나라 역시 이에 따라 표시하여 무역 거래하는 수산물을 상대 외국에 알리게 된다. 예를 들어 '0301'은 살아있는 어류를 의미하며 그 안에서 '11'은 담수어류이다. 모든 종을 지정할 수 없으므로 주로 거래되는 어종에 대해 묶어 표시하는데 '0301-93-0000'은 'Carp (*Cyprinus* spp., *Carassius* spp., ...)'으로 되어 있지만, 실제 무역 허가서에는 종의 '학명' *Cyprinus carpio*이 지정된다. 만일 상대국에 도착한 수산물이 상대국 분류학자에 의해 유사종인 "*Cyprinus rubrofuscus*"로 밝혀진다면 반품이나 현지 폐기 등 조치를 받을 수 있다.

아울러 분류학에서 용어는 일상 언어에서 사용하는 기준보다 범주별 규정이 더욱 엄격하게 적용된다. 예를 들어 분류학에서는 '종' 수준에 대해 '모식표본'과 '모식산지', '속' 수준에 대해 '모식종', '과' 수준에 대해 과를 상징하는 형질의 대표적인 '속'이 지정된다.

잉어과   Cyprinidae
잉어속   *Cyprinus* Linnaeus 1758
         Cyprinus Linnaeus 1758: 320 (type species: *Cyprinus carpio* Linnaeus 1758)
잉어   *Cyprinus carpio* Linnaeus 1758: 320 (Europe). Syntypes: BMNH 1853.11.12.139 [Gronovius coll.] (1, skin)

우리에게 가장 흔한 어종인 "잉어"의 경우 위와 같은 체계이다. 먼저 종 수준에서 "잉어"는 Linnaeus가 1758년에 유럽에서 Gronovius가 채집(발견)한 표본(모식산지와 모식표본) 1개체로 표본 번호 BMNH 번호로 보존되어 있음을 알 수 있다. 이 표본이 "잉어"의 대표적인 형질을 가지는 것은 아니지만 다른 유사한 종의 표본과 비교할 경우에는 참고로 확인해야 한다. 이미 잘 알고 있는 사항이지만 학명에서 속명은 *Cyprinus*이며, 종소명은 *carpio*로 *Cyprinus*의 일반적 특징을 가진 종 *carpio*임을 의미하고, 이 종명을 기록하면 그 안에는 어떤 무리에 해당하며 지느러미의 형태와 지느러미살의 개수, 머리와 눈 그리고 비늘의 형태, 분포지역, 수심 등의 생태적 조건 등은 어떤지 하는 모든 생물학적 내용이 포함된다. 아울러 학명은 철자가 하나만 달라도 다른 생물로 간주되므로 철자법이 엄격하게 지켜져야 한다. 그 다음으로 '속' 수준에서 "잉어속"은 "잉어"를 대표적인 종(모식종)으로 지정한 무리이며, 역시 *Cyprinus*에 해당하는 모든 종과 그 종들이 공통적으로 지니는 생물학적 의미를 포함한다. 아울러 속을 지정한 저자와 논문의 발간 년도 그리고 "잉어"의 라틴어가 어떤 어미로 끝나야 하는지를 지정해 주는 성별도 포함된다. "잉어속"은 "잉어과"에 포함되며, "잉어속"을 나타내는 *Cyprinus*의 영어적 형태인 Cyprinidae로 표기한다.

이처럼 분류체계는 하나 하나의 단어가 의미를 정확하게 전달해야 하며, 일반적인 단어와 마찬가지로 각 단어는 대표적인 의미를 내포하므로 상위 수준까지 대표적이고 일정한 용어가 사용된다. 여기에서는 '잉어-잉어속-잉어과-잉어목'의 형태로 표시된다. 그러나 남북한 어종명의 표시 체계에서는 이러한 규칙이 어긋난 예가 많이 발견된다. 예를 들어 '꾀장어과-먹장어속-먹장어, 꾀장어과-묵꾀장어속-묵꾀장어'의 형태로 "꾀장어과"에 '꾀장어속과 꾀장어'가 없다. 물론 국명은 일반 언어 체계에서도 같이 사용되므로 예전부터 사용해 오던 명칭을 버리거나 바꾸기 쉽지 않지만, 학술적인 지식을 담지 않은 언어는 무의미하므로 수정되어야 할 것이다.

4-2. 오해에서 비롯된 국문 종명

위에 기술한 바와 같이 학명 혹은 국명은 그 생물집단의 특징을 잘 기술해야 하며, 외국에서 먼저 발견되어 우리나라에 미기록종으로 소개될 경우에는 해당 종의 속과 종의 의미를 잘 밝혀서 국명을 정해야 한다. 국명 역시 정확하지 않으면 일반적인 의사소통에 오해를 일으킬 수 있고, 추후 다른 종이 발견되어 명명해야 할 경우 이전 국명 때문에 정확한 의미를 전달하는 단어를 선택할 수 없을 수도 있으므로 신중해야 한다. 다음의 예는 의도적이지 않았겠지만 학술용어로서 사용할 때 오해하기 쉬우며, 이해하기 힘든 국명의 예이다.

"**꼬마민어**" *Protonibea diacantha* (Lacepède): Mori(1952)가 부산과 목포에서 발견한 것으로 *Sciaena goma* Tanaka 1915로 소개하였고, 정(1977)은 종소명 "*goma*"를 따라 "꼬마민어"로 기록한 것으로 추정된다. 우리말 "꼬마"의 어원 자체가 불분명하며, "작다"라는 의미를 나타내는 데 자주 사용하므로 '흔히 말하는 민어에 비해 크기가 작다'는 전체적인 의미는 전달되지만 아주 작은 것이라는 의미를 전달할 수 있어 부적절하다. 더군다나 종소명으로 사용되었던 일본어 "goma(胡麻)"는 "참깨"를 의미한다(Tanaka 1916b: 392). 보통

"깨"는 크기가 아주 작으므로 "작음"을 의미하는 "꼬마"를 사용하는 것도 좋겠지만 "깨"가 의미하는 정도로 아주 작은 크기가 아니며, Tanaka(1916c)는 종 특징으로 "몸에 작은 검은 반점이 성글게 흩어져 있다"고 설명하여 'goma(胡麻)'가 어체의 크기가 아닌 점박이 무늬를 의미한 것으로 해석된다. 이 종은 현재 *Protonibea diacantha*의 동종이명으로 정리되어 "*goma*"라는 종소명이 더 이상 사용되지 않으며, 영명도 speckled drum으로 현재의 국문 명칭은 종의 특징을 잘 나타내지 못하고 혼동을 주므로 국문 명칭을 "점무늬민어"로 수정할 것을 제안한다.

　　"꼬마망둑" *Inu koma* Snyder: 원래 *Inu*속으로 발표되었으나 Mori(1952)는 *L. guttatus*의 아종으로 기록하였고, 근래에는 다시 *Inu*속으로 취급되고 있다. Snyder(1909)는 이 종을 발표하면서 종소명이 일본어 "koma-inu"를 의미한다고 하였는데, 이 단어는 '절 앞에 놓인 개 모양의 상(=돌사자 혹은 해태)'을 의미하므로 두부의 전체적인 인상을 묘사한 것이다. 국명 "꼬마망둑"은 "작다"는 의미를 전달하고 있어 부적절하며, 추후 개명에 대한 검토가 필요하다.

　　한편 초기에 동종이명의 학명이 각각 다른 종으로 정리되었고 잘못 인용된 보통명이 국명으로 정착되면서 현재까지도 국명이 잘못 사용되는 경우가 있어 바로 잡는다.

　　"청대치" *Fistularia commersonii* Rüppell와 "홍대치" *F. petimba* Lacepède : Lacepède(1803)는 White(1790: 296)가 New South Wales 여행기에 실은 'the tobacco-pipefish, *Fistularia Tabacaria* of Linnasus' 그림을 기반으로 *Fistularia petimba*를 기재하였으며, 그의 기재 내용에 따르면 '살아있을 때 몸 색은 갈색이며, 측선에 날카로운 거치'가 있고, 한때 *F. villosa*으로 처리되었다(Fritzsche 1976: 198). 또한 *F. serrata*는 Cuvier(1816)가 대서양산 표본을 그린 Bloch(1797: 103, Pl. 387, fig. 2)의 그림에 근거하여 기재하였으며, White(1970)는 이들을 모두 동일종으로 살아있을 때 붉은색 혹은 주황갈색인 *F. petimba*인 것으로 정리하였다. 한편 *F. commersonii*는 한때 *F. petimba*로 오동정되어 기록된 바 있으나 등쪽을 따라서 1쌍의 청색 줄무늬 혹은 청색 반점이 열을 지어 나타나는 별개의 종이다(Fritzsche 1976: 201).

우리나라 어종에 대해 Mori(1952)는 동종이명인 *F. petimba*와 *F. serrata*를 각각 '홍색 대치'와 '청색 대치'로 기록하였고, 정(1977)은 동종이명인 "홍대치 (red cornetfish)" *F. villosa*와 "청대치 (bluespotted cornetfish)" *F. petimba* (Fritzsche 1976: 197, Mundy 2005: 321)를 별도의 종으로 기록하여 혼동을 주었다. 따라서 정(1977)의 기록까지는 하나의 종에 해당하는 동종이명 *F. petimba*와 *F. villosa*가 '홍대치'로, *F. serrata*가 '청대치'로 기록되었으며, 김 등(2011)에서야 *F. commersonii*가 기록되었는데 국명을 '홍대치'로 하였다. 현재 이들 종은 *F. commersonii* (blue spotted cornetfish)와 *F. petimba* (red cornetfish)의 2종으로 정리되었으며, 이들에 대한 명칭은 색깔을 기준으로 한 것이므로 전자가 홍대치에서 "청대치"로, 후자는 홍대치에서 "청대치"로 변경되어야 한다. 최 등(2002: 147)은 이를 지적하여 *F. petimba*를 "홍대치"로 정정한 바 있다.

4-3. 학명이나 영명을 국문 어명으로 채택한 경우

새로운 어종 혹은 미기록 어종을 발견하여 명명하는 경우 대부분 학명의 종소명은 그 어종의 형태, 색깔 등 그 의미가 반영된 것이다. 물론 관련 종에 큰 의미가 있는 학자이름이나 지방명을 바탕으로 정하는 경우도 있으나 그다지 많지는 않다. 그러나 학명은 동종이명으로 정리되거나 속이 바뀌는 경우가 있어 종의 특징을 반영하지 못하는 국명은 추후 혼동을 일으킨다. 우리나라 어종의 명칭 중 대부분은 전래되어오던 이름이 표준화된 경우가 많으나 일반명칭에서 유래되었으므로 학술적 의미를 제대로 반영하지 못한 경우가 많고, 과학적 발견이 추가되면서 전래되는 어휘로는 표현이 부족하여 지방명이나 외래어를 사용한 경우도 있다. 이러한 명칭은 추후 오해를 낳을 수 있으므로 정리해 두었다(표 5).

표 5. 영문에서 유래된 국명

국명	설명
인도장어	필리핀 등에 서식하는 열대어종으로 1952년 부산에서 발견된 것으로 기록되어 있으며, 근래 양식을 목적으로 이식된 적이 있다. 정(1977)은 모식산지가 인도이므로 국명을 따라 명명한 것으로 판단된다. (북한명: 태평양장어)
이스라엘잉어	이스라엘에서 개발된 품종이라는 의미이며, 양식 초기 향미가 깃든 상품이라는 의미로 향어(香魚)로도 불리웠으며 현재도 일반인들이 사용하지만, 중국에서는 은어 *Plecoglossus altivelis*를 향어(香魚)로 하고 있으므로 주의해야 한다.
아무르잉어	아무르강 유역에 분포하는 특징을 살린 명칭
케톱치	이전 학명인 *Coreius cetopsis*의 종소명을 따른 것으로 보이며, 학명이 *Coreius heterodon*으로 정리되었으므로 의미를 찾을 수 없다. (북한명: 긴수염돌고기)
인텔치	정(1977)은 한어에서 유래한 것으로 기록하였으나 학명 *Triplophysa intermedia*의 종소명 중 일부가 한어식으로 발음되어서 유래한 것으로 생각된다.
찬넬동자개	어종이 주로 서식하는 환경인 영어의 channel과 동자개가 합쳐진 명칭으로, 이전에는 "찬넬메기"로 하던 것을 "메기"종류가 아니므로 바뀐 것이다.
툼빌매퉁이	*Saurida wanieso*로 확정되기 이전에 잘못 사용하던 학명 *S. tumbil*의 종소명에서 유래된 것이나 현재 학명이 바뀌어 의미가 없다. (북한명: 악어매테비)
에보시감펭	*Ebosia bleekeri*의 속명에서 유래 (김 등 2001)
베로치	*Bero elegans*의 속명에서 유래 (북한명: 아롱횟대어)
아셀횟대어	정(1977)은 한어에서 유래된 것으로 기록하였으나 *Icelus uncinalis*의 속명 *Icelus*에서 "이셀"이 "아셀"로 오기된 것으로 생각된다. (북한명: 애기줄가시횟대어)
졸단횟대	*Triglops jordani*의 종소명에서 유래
아가씨물메기	*Liparis agassizii*의 종소명에서 유래
게르치와 게레치	정(1977)은 "게르치"를 부산지방의 방언으로 설명하고 있으나 이와 아주 흡사한 "게레치"는 학명 *Gerres*에서 유래한 것이다. 그러나 "반딧불게르치"는 과 수준에서 이들과 달라 혼동을 준다.
필립흙무굴치	*Synagrops philippinensis*의 종소명에서 유래
불루길	영어 보통명 *bluegill*에서 유래
배스	영명 보통명 bass에서 유래

국명	설명
벤텐어	속명 *Bentenia*를 한글 발음으로 한 것이나 속이 *Pteraclis*속으로 바뀌었고, 국문 명칭의 의미가 불분명하므로 영문 명칭(fanfish)의 의미가 담긴 국명으로 개칭할 필요가 있다. (북한명: 부채고기)
타락치	속명 *Taractes*를 한글 발음으로 한 것이나 국문 명칭의 의미가 불분명하다. (북한명: 납작새다래)
히메치	속명 *Hime*가 일본명 Hi-me로 되었고, 이 명칭이 한글 발음으로 한 것이나 현재 *Aulopus*으로 전속되어 의미가 없다. (북한명: 관족어)
히메성대	*Lepidotrigla hime*의 종소명에서 유래
인디안촉수	*Parupeneus indicus*의 종소명에서 유래
유전갱이	*Carangoides uii*의 종소명에서 유래
시클리과	Cichlidae의 영어 발음
나일틸라피아	*Oreochromis niloticus*의 나일강을 의미
모잠비크틸라피아	*Oreochromis mossambicus*의 모잠비크를 의미
사도먹갈치	*Lycodes sadoensis*의 종소명에서 유래
오셀망둑(속)	*Lophiogobius ocellicauda*의 종소명에서 유래
노메치과	Nomeidae에서 유래
고베둥글넙치	*Crossorhombus kobensis*의 종소명에서 유래
바실복	*Takifugu basilevskianus*의 종소명에서 유래

5. 재정리된 한국 어류의 종 수와 추후 연구

본 연구에서는 남한과 북한의 어종의 정확한 비교를 위해 어종별 국문 명칭의 유래, 중복된 명칭의 비교와 정리, 학술 체계의 변경에 따라 달라진 새로운 명칭의 추가, 새롭게 추가된 어종에 대한 전반적인 검토가 이루어졌으며, 그 결과 총 한국의 어류는 219과 678속

1,197종 및 아종으로 정리되었다. 이는 김 등(2011)의 결과보다 38종이 증가한 것으로 해방 이후 북한의 한대성 기후를 반영하는 어종의 이해가 깊어져 남한에서 관찰할 수 없는 어종이 추가된 결과로 생각된다.

그러나 비교 연구에서 남한측 자료만이 제한적이긴 하지만 비교적 최근 자료가 포함되어 있을 뿐 북한의 자료는 2008년 자료가 활용되었기 때문에 우리나라 어류 다양성을 논의하기에는 아직 부족하다. 즉 이 결과는 2011년 4월말까지의 자료를 바탕으로 이루어진 것이며, 근래에도 지속적으로 미기록종 및 신종이 보고되고 있어 1,300여종 가까이는 쉽사리 증가될 것으로 추정되며, 북한의 한류성 어류 검토와 남한의 아열대성 어류 유입이 고려된다면 그 범위는 더욱 확장되리라 확신한다.

한편 예전에 아종으로 구분된 후 아직 추가적인 분류군별 연구가 진행되지 않아 우리나라 종 상태가 불분명한 경우가 많아 새로운 정보를 이용한 분류학적 재검토와 정리의 필요성 등이 요구된다. 아울러 남북한 명칭의 상이성은 사회적, 학술적, 경제적으로 발전에 큰 장애가 되므로 이러한 연구가 지속적으로 이루어져야 할 뿐 아니라, 가까운 시일 내에 남북한 학자들이 합의한 통일된 어명의 사용이 정립될 수 있기를 기대한다.

한국 어류 목록과
남북한 명칭

한국 어류 목록과 남북한 명칭

──────── 1. 먹장어목 Myxiniformes = 푸장어목[ab]

    Fam. 1. 꾀장어과 Myxinidae = 푸장어과[ab]

Gen. 1 먹장어속 = 먹장어속[a 1)]

Eptatretus Cloquet (ex Duméril) 1819: 134 (type species: *Homea banksii* Fleming 1822)

1. 먹장어 = 먹장어[ab](묵장어, 푸장어, 헌장어)

  Bdellostoma burgeri Girard 1855 : 252 [48] (Simabara Bay, Japan)

  Eptatretus burgeri (Girard)

Gen. 2. 묵꾀장어속 = 푸장어속[a]

Paramyxine Dean 1904a: 14 (type species: *Paramyxine atami* Dean 1904a)

2. 묵꾀장어 = 푸장어[ab](꾀장어, 먹장어)[2)]

  Paramyxine atami Dean 1904a: 14, Fig. 2D, Pl. 1 (figs. 3-5) (Off Cape Manazuru, near hot springs of Atami, Japan, Sagami Sea)

  Eptatretus atami (Dean)

──────── 2. 칠성장어목 Petromyzontiformes = 칠성장어목[abcf]

    Fam. 2. 칠성장어과 Petromyzontidae = 칠성장어과[abcf]

Gen. 3. 칠성장어속[3)]

Lethenteron Creaser and Hubbs 1922: 6 (type species: *Lampetra wilderi* Gage 1896 in Jordan and Evermann 1896a)

= 칠성장어속[acf]

Lampetra Bonnaterre 1788: li, 1 (type species: *Petromyzon planeri* Bloch 1784)

---

1) 최(1964)는 "먹장어과" Eptatretidae에 배정하였다.

2) 최(1964)는 "푸장어"의 학명으로 *Myxine garmani*를 사용하였으나 이 학명은 일본에 분포하는 종(Jordan and Snyder 1901d)에 사용되며, 한때 "먹장어"의 동종이명으로 사용된 바 있어(McMillan and Wisner 2004) "먹장어"와 혼동되었다.

3) 정(1977)의 "다묵장어속" *Entosphenus* 및 "칠성말배꼽속" *Eudontomyzon*이 포함되었다.

3. 칠성장어   = 칠성장어[abc] (강칠성장어, 개칠성장어, 다묵장어, 뱀장어, 장어, 칠성고기, 칠성뱀)

Petromyzon marinus camtschaticus Tilesius 1811: 240, Pl. 9 (Jeddo and Yokohama, Japan)

Lethenteron camtschaticum (Tilesius)

4. 다묵장어   = 모래칠성장어[abc] (말배꼽, 뱀장어, 칠성고기, 칠성말배꼽)[4]

Petromyzon reissneri Dybowski 1869: 958 (Onon and Ingoda rivers, Amur River basin, Russia)

Lethenteron reissneri (Dybowski)

5. 칠성말배꼽[5]   = 보천칠성장어[abcf] (따뒤지, 말배꼽, 칠성고기, 칠성뱀)

Lampetra morii Berg 1931: 97, Pl. 5 (fig. 1) (Upper Yalu River, China/North Korea)

Lethenteron morii (Berg)

━━━━━━━ 3. 은상어목 Chimaeriformes   = 은상어목[abd]

Fam. 3 은상어과 Chimaeridae   = 은상어과[abd]

Gen. 4 은상어속   = 은상어속[ad]

Chimaera Linnaeus 1758: 236 (type species: *Chimaera monstrosa* Linnaeus 1758)

6. 은상어   = 은상어[abd]

Chimaera phantasma Jordan and Snyder 1900: 338 (Tokyo Bay, Japan)

Gen. 5 갈은상어속   = 갈은상어속[a]

Hydrolagus Gill 1862h: 331 (type species: *Chimaera colliei* Lay and Bennett 1839)

7. 갈은상어[6]   = 갈은상어[a]

Chimaera mitsukurii Jordan and Snyder (ex Dean) 1904a: 224 (Japan)

Hydrolagus mitsukurii (Jordan and Snyder)

---

4) 최(1964)는 Mori(1930)가 발표한 *Lampetra planeri reissneri* (Dybowski)를 따랐으나 Mori(1952)는 *Petromyzon reissneri*로 정정하였다.

5) 정(1977)은 "칠성말배꼽속" *Eudontomyzon*으로 하였으며, 근래 이를 인정하는 학자들이 있다.

6) Dean(1904b)은 일본 Misaki에서 난각에 대해 집중적으로 연구하여 "은상어" *C. phantasma* 외에 별도의 종이 있음을 알고 논문을 작성하였다. 이와 별도로 Jordan and Snyder(1904a)도 동일한 내용의 논문을 발표하였으며, 다만 Dean(1904b)의 논문이 작성중임을 알았으므로 종명은 똑같이 사용하였다. 출판일 우선권에 따라 저작권은 Jordan and Snyder에 부여되었다.

──────── 4. 괭이상어목 Heterodontiformes = 고양이상어목[ad]

Fam. 4 괭이상어과 Heterodontidae = 고양이상어과[abde]

Gen. 6 괭이상어속 = 고양이상어속[ade]

Heterodontus Blainville 1816: 121 (type species: *Squalus philippi* Bloch and Schneider 1801)

8. 괭이상어 = 고양이상어[abde] (괭상어, 괭이상어, 도랭이, 두텁상어, 무늬고양이상어, 애몸상어, 함북상어)

Heterodontus japonicus Miklouho-Maclay and Macleay 1884: 428, Pl. 20 (Tokyo, Japan)

9. 샷징이상어 = 얼룩고양이상어[ade] (무늬고양이상어, 무늬괭이상어, 범상어, 샷징이상어)

Centracion zebra Gray 1831b: 5 (Swatow, China)

Heterodontus zebra (Gray)

──────── 5. 수염상어목 Orectolobiformes

Fam. 5 수염상어과 Orectolobidae = 수염상어과[ad], 거북상어과[b]

Gen. 7 수염상어속 = 수염상어속[ad] (거북상어속)

Orectolobus Bonaparte 1834: 39 (type species: *Squalus barbatus* Gmelin 1789)

10. 수염상어 = 수염상어[a], 거북상어[b]

Orectolobus japonicus Regan 1906: 435 (Japan)

Fam. 6 얼룩상어과 Hemiscylliidae

Gen. 8 얼룩상어속 = 얼룩상어속[a]

Chiloscyllium Müller and Henle 1837: 112 (type species: *Scyllium plagiosum* Bennett 1830)

11. 얼룩상어[7] = 얼룩상어[a]

Scyllium plagiosum Anonymous [Bennett] 1830: 694 (Java Sea, Sumatra, Indonesia)

Chiloscyllium plagiosum Anonymous [Bennett]

Fam. 7 고래상어과 Rhincodontidae = 고래상어과[ae]

Gen. 9 고래상어속 = 고래상어속[ae]

Rhincodon Smith 1829: 443 (type species: *Rhincodon typus* Smith 1828)

12. 고래상어 = 고래상어[ae]

Rhincodon typus Smith 1828: 2 (Table Bay, South Africa, southeastern Atlantic)

---

7) 실제 저자는 명확하지 않지만 Bennett이 저자일 것으로 추정되는 문헌에 기재되었으며, 국제동물명명규약 51D 에 따라 Anonymous [Bennett]으로 수정되었다.

6. 흉상어목 Carcharhiniformes

Fam. 8 두톱상어과 Scyliorhinidae = 범상어과[abde]

Gen. 10 복상어속 = 이리상어속[ad]

Cephaloscyllium Gill 1862h: 407, 408 (type species: *Scyllium laticeps* Duméril 1853)

13. 복상어 = 이리상어[ad], 비로드상어[b] (복상어, 털상어)

Cephaloscyllium umbratile Jordan and Fowler 1903b: 602, Fig. 1 (Nagasaki, Japan)

Gen. 11 불범상어속 = 불범상어속[ad]

Halaelurus Gill 1862b: 407 (type species: *Scyllium buergeri* Müller and Henle 1838a)

14. 불범상어 = 불범상어[ad] (목포범상어)

Scyllium buergeri Müller and Henle 1838a: 8, [Pl. 2] (Japan)

Halaelurus buergeri (Müller and Henle)

Gen. 12 두톱상어속 = 범상어속[ade]

Scyliorhinus Blainville 1816: 121 (type species: *Squalus canicula* Linnaeus 1758)

15. 두톱상어 = 범상어[abde] (두테미, 두톱상어)

Catulus torazame Tanaka 1908b: 6, Pl. 2 (fig. 2) (Misaki, Sagami Sea, Japan)

Scyliorhinus torazame (Tanaka)

Fam. 9 표범상어과 Proscylliidae

Gen. 13 표범상어속 = 표범상어속[a]

Proscyllium Hilgendorf 1904: 39 (type species: *Proscyllium habereri* Hilgendorf 1904)

16. 표범상어[8)] = 검은점까치상어[a] (표범상어)

Proscyllium habereri Hilgendorf 1904: 39 (Kaohsiung, southwestern Taiwan)

Fam. 10 까치상어과 Triakidae = 별상어과[abde]

Gen. 14 행락상어속 = 날개상어속[a]

Hemitriakis Herre 1923: 70 (type species: *Hemitriakis leucoperiptera* Herre 1923)

17. 행락상어 = 날개상어[a] (행락상어)

Galeus japanicus Müller and Henle 1839: 58, [Pl. 22] (Japan)

---

8) 정(1977), 김과 길(2006) 등 이전 문헌에서 *Calliscyllium* (= *Triakis*) *venustum* (Tanaka)의 학명으로 사용하였으나 Nakaya(1983), Compagno(1984b) 등이 동종이명으로 정리하였다.

Hemitriakis japonica (Müller and Henle)

Gen. 15 별상어속   = 별상어속[ade]

Mustelus Linck 1790: 31 (type species: *Squalus mustelus* Linnaeus 1758)

18. 개상어   = 개상어[abd] (민도미상어, 흰상어)

   Mustelus griseus Pietschmann 1908: 132 [1] (Japan)

19. 별상어   = 별상어[abde] (참상어, 점백이상어)

   Mustelus manazo Bleeker 1854c: 126 (Nagasaki, Japan)

Gen. 16 까치상어속   = 까치상어속[ade]

Triakis Müller and Henle 1838b: 36 (type species: *Triakis scyllium* Müller and Henle 1839)

20. 까치상어   = 까치상어[abde] (죽상어)

   Triakis scyllium Müller and Henle 1839: 63, [Pl. 26] (Japan)

      Fam. 11 흉상어과 Carcharhinidae   = 상어과[ade]

Gen. 17 흉상어속   = 상어속[ade]

Carcharhinus Blainville 1816: 121 (type species: *Carcharias melanopterus* Quoy and Gaimard 1824)

21. 무태상어   = 짧은꼬리상어[d] (명다리, 무태상어)

   Carcharias brachyurus Günther 1870: 369 (Off Wanganui, New Zealand)

   Carcharhinus brachyurus (Günther)

22. 흰뺨상어 (Choi Y, Kim IS *et al.* 1998)   = ? 반달상어[a] [9]

   Carcharias (*Prionodon*) *dussumieri* Valenciennes in Müller and Henle 1839: 47p, [Pl. 19 (teeth)] (Red Sea)

   Carcharhinus dussumieri (Valenciennes)

23. 흉상어   = 큰입상어[ad] (광구상어, 넓은주둥이상어, 흉상어)

   Squalus plumbeus Nardo 1827: 26, 35 (no. 24) (Adriatic Sea)

---

9) 김과 길(2006)이 기록한 "반달상어" *C. menisorrah*는 *C. amblyrhynchos* , *C. dussumieri* , *C. sealei* 등의 동종이 명 목록으로 기록되었으며, 현재는 *C. menisorrah*는 *C. falciformis*의 동종이명으로 정리되었다(Garrick 1982: 160, Compagno 1984b: 470). *C. falciformis*는 범세계적인 종이지만 열대성 어종으로 김과 길(2006)은 이전 기록 에 따라 *C. dussumieri*를 의미한 것으로 판단하였다.

Carcharhinus plumbeus (Nardo)

= 흰눈상어[ade] (흉상어)[10]

Carcharinus gangeticus (not of Müller and Henle 1839)

24. 검은꼬리상어 (Choi Y, Kim IS *et al.* 1998)   = 큰입상어[d], 넓은주둥이상어[e] (광구상어)[11]

Carcharias (*Prionodon*) *sorrah* Valenciennes in Müller and Henle 1839: 45, [Pl. 16] (Indien, Java, Madagaskar)

Carcharhinus sorrah (Valenciennes)

25. 남방상어 (Choi Y, Kim IS *et al.* 1998)[12]

Carcharias (*Prionodon*) *limbatus* Valenciennes in Müller and Henle 1839: 49, pl. 19 (teeth) (Martinique)

Carcharhinus limbatus (Valenciennes)

Gen. 18 뱀상어속   = 족제비상어속[a]

Galeocerdo Müller and Henle 1837: 115 (type species: *Squalus arcticus* Faber 1829)

26. 뱀상어   = 족제비상어[a] (배암상어)

Squalus cuvier Péron and Lesueur in Lesueur 1822: 351 (Northwest coast of New Holland; Australia)

Galeocerdo cuvier (Péron and Lesueur)

Gen. 19 청새리상어속   = 푸른상어속[ae]

Prionace Cantor 1849: 1381 [399] (type species: *Squalus glaucus* Linnaeus 1758)

27. 청새리상어   = 푸른상어[abe] (두루상어, 물치상어, 청새리, 청새리상어, 청생아리)

Squalus glaucus Linnaeus 1758: 235 (Oceano Europaeo)

---

10) *Carcharias japonicus*는 *C. gangeticus* 또는 *C. melanopterus* 등으로 오동정되었으며, 우리나라에서는 *C. japonicus*로 소개되었으나(Mori 1952), 후에 *C. gangeticus*로 기록되었고(정 1977), 특히 정(1977: pl.10, fig. 1-3)의 *C. gangeticus* 사진은 "무태상어" *C. brachyurus*의 특징을 보여 종 동정에 많은 혼란을 보여주었다(Choi *et al.* 1998).

11) 김(1977)과 손(1980)은 동종이명 목록에 "흉상어" *C. plumbeus*의 동종이명인 *C. latistomus*를 열거하였으며, 서해와 동해에 출현하는 것으로 기록하여 제주도에서 표본을 채집한 Choi *et al.* (1998)와 분포지가 달라 오동정일 가능성이 크다.

12) 정(1977)의 *C. brachyurus*는 사진의 반문이 이 종에 가까워 우리나라 상어류 목록에 포함되었으나 (Choi *et al.* 1998, 최 2009) 표본이 채집되지 않아 확인이 필요하며, 김 등(2011)에서는 목록에서 누락되었다. 추후 연구를 위해 종명을 남겨두었다.

Prionace glauca (Linnaeus)

Gen. 20 펜두상어속   = 첨치상어속[a], 평두상어속[d]

Rhizoprionodon Whitley 1929: 354 (type species: *Carcharias (Scoliodon) crenidens* Klunzinger 1880)

28. 펜두상어   = 편두상어[a], 평두상어[bd] (펜두상어)[13]

  Carcharias acutus Rüppell 1837: 65, Pl. 18 (fig. 4) (Jeddah, Saudi Arabia, Red Sea)

  Rhizoprionodon acutus (Rüppell)

29. 아구상어   = 첨두상어[ad] (아구상어)[14]

  Rhizoprionodon (Protozygaena) oligolinx Springer 1964: 621, Figs. 12-13; Pl. 2 (fig. c) (Gulf of Thailand)

      Fam. 12 귀상어과 Sphyrnidae   = 귀상어과[abde]

Gen. 21 귀상어속   = 귀상어속[ade]

Sphyrna Rafinesque 1810b: 46, 60 (type species: *Squalus zygaena* Linnaeus 1758)

30. 홍살귀상어 (Choi Y, Kim IS *et al.* 1997)

  Zygaena lewini Griffith and Smith 1834: 640, pl. 50 (South coast of New Holland)

  Sphyrna lewini (Griffith and Smith)

31. 귀상어   = 귀상어[abde] (관상어, 귀안상어, 량반상어, 수구리, 안경상어)

  Squalus zygaena Linnaeus 1758: 234 (Europa, America)

  Sphyrna zygaena (Linnaeus)

     ━━━━ 7. 악상어목 Lamniformes   = 쥐상어목[ad]

      Fam. 13 강남상어과 Pseudocarchariidae

Gen. 22 강남상어속

Pseudocarcharias Cadenat 1963: 526 (type species: *Carcharias (Pseudocarcharias) pelagicus* Cadenat 1963)

                                            = 모래상어속[ad]

Carcharias Rafinesque 1810a: 10 (type species: *Carcharias taurus* Rafinesque 1810)

---

13) 최(1964), 김(1977), 김과 길(2006) 등은 동종이명인 *S. walbeehmi*으로 기록하였다.

14) 최(1964), 김(1977), 정(1977), 김과 길(2006) 등의 동종이명인 *S. palasorra*으로 기록하였다.

32. 강남상어   = 모래상어[ad] (강남상어)[15]

Carcharias kamoharai Matsubara 1936: 380 (Kôti fish market, Japan)

Pseudocarcharias kamoharai (Matsubara)

Fam. 14 환도상어과 Alopiidae   = 긴꼬리상어과[ad], 환도상어과 (Lamnidae)[b]

Gen. 23 환도상어속   = 긴꼬리상어속

Alopias Rafinesque 1810a: 12 (type species: *Alopias macrourus* Rafinesque 1810)

33. 환도상어   = 긴꼬리상어[ad], 환도상어[b] (장도상어, 환도상어, 환두치)

Alopias pelagicus Nakamura 1935: 3, 5, Pl. 1 (fig. 2), Pl. 3 (figs. 5-6) (Market at Suô, Taiwan)

34. 흰배환도상어   = 긴꼬리여우상어[a]

Squalus vulpinus Bonnaterre (ex Pennant) 1788: 9, Pl. 85 (fig. 349) (Mediterranean Sea; Scotland; Cornwall, England, northeastern Atlantic)

Alopias vulpinus (Bonnarterre)

Fam. 15 돌묵상어과 Cetorhinidae   = 거물상어과[ae]

Gen. 24 돌묵상어속   = 거물상어속[ae]

Cetorhinus Blainville 1816: 121 (type species: *Squalus gunnerianus* Blainville 1810)

35. 돌묵상어   = 거물상어[ae] (돌묵상어, 코끼리상어)

Squalus maximus Gunnerus 1765a: 33, pl. 2 (Nordland County, northern Norway, Northeastern Atlantic)

Cetorhinus maximus (Gunnerus)

Fam. 16 악상어과 Lamnidae   = 쥐상어과[ae]

Gen. 25 백상어속   = 흰배상어속[a]

Carcharodon Smith in Müller and Henle 1838b: 37 (type species: *Squalus carcharias* Linnaeus 1758)

36. 백상아리   = 흰배상어[a] (백상아리, 흰빰상어)

Squalus carcharias Linnaeus 1758: 235 (Europa)

Carcharodon carcharias (Linnaeus)

---

15) Mori(1952) 이후 우리나라에서 이 종의 표본은 확인되지 않았으며, 김과 길(2006)은 범세계적 온대성 어종인 유사종 *C. owstoni* (= *taurus*)로 기록하면서도 *C. kamoharai*를 동종이명으로 두어 혼동하였다.

Gen. 26 청상아리속　　　　　　　　　　　　= 재빛푸른상어속[a], 쥐상어속[e]

Isurus Rafinesque 1810a: 11 (type species: *Isurus oxyrinchus* Rafinesque 1810)

37. 청상아리[16)]　　　　　= 재빛푸른상어[a] (모두리, 모조리, 생아리, 청사리, 청상아리, 청상어)

　　Isurus oxyrinchus Rafinesque 1810a: 12p, Pl. 13 (fig. 1) (Sicilia, Mediterranean Sea)

Gen. 27 악상어속　　　　　　　　　　　　= 쥐상어속[a], 제주쥐상어속[e]

Lamna Cuvier 1816: 126 (type species: *Squalus cornubicus* Gmelin 1789)

38. 악상어　　　　　　　　= 쥐상어[abe], 제주쥐상어[e] (악상어)[17)]

　　Lamna ditropis Hubbs and Follett 1947: 194 (La Jolla, California, U.S.A)

━━━━━ 8. 신락상어목 Hexanchiformes　　　　　= 즐치상어목[ad]

Fam. 17 신락상어과 Hexanchidae　　　　= 줄치상어과[ae], 즐치상어과[d]

Gen. 28 꼬리기름상어속　　　　　　　　　　= 뾰족줄치상어속[a]

Heptranchias Rafinesque 1810a: 13 (type species: *Squalus cinereus* Gmelin 1789)

39. 꼬리기름상어　　　　　　　= 뾰족줄치상어[a] (꼬리기름상어, 칠새상어)

　　Squalus perlo Bonnaterre (ex Broussonet) 1788: 10 (Mediterranean Sea)

　　Heptranchias perlo (Bonnaterre)

Gen. 29 칠성상어속　　　　　　　　= 납작줄치상어속[ae], 납작즐치상어속[d]

Notorynchus Ayres 1855: 73 (type species: *Notorynchus maculatus* Ayres 1855)

40. 칠성상어[18)]　　　= 납작줄치상어[ae], 납작즐치상어[d] (꽃상어, 은행모도리, 칠성상어, 편두칠새상어)

　　Squalus cepedianus Péron 1807: 337 (Adventure Bay, Tasmania, Australia)

　　Notorynchus cepedianus (Péron)

---

16) 이전 기록은 *Isurus glaucus* (Müller and Henle)로 되어 있으나 *Isurus oxyrinchus*의 동종이명이다(Compagno 1984a: 242, Dyldin 2015: 46). 한편 최(1964)와 손(1980)은 표준명을 "쥐상어"로 하고 방언에 "청상아리"를 사용하여 다른 종인 "악상어"와 혼동된다.

17) 손(1980)은 이 종을 *Squalus cornubicus*의 동종이명으로 취급하였으나, *S. cornubicus*는 다른 종인 *Lamna nasus*의 동종이명이므로 오류이다(Compagno 1984a: 248, Dyldin 2015: 46).

18) 정(1977: 66), 김과 길(2006: 29) 등 이전에 사용하던 *N. platycephalus*는 이 종의 동종이명이다(Fowler 1941: 6, Dyldin 2015: 43).

━━━━━━ 9. 돔발상어목 Squaliformes = 뿔상어목[ad]

Fam. 18 돔발상어과 Squalidae = 뿔상어과[ade], 돔발상어과[b]

Gen. 30 가시줄상어속 = 심해뿔상어속[a]

Etmopterus Rafinesque 1810a: 14 (type species: *Etmopterus aculeatus* Rafinesque 1810)

41. 가시줄상어 = 심해뿔상어[a] (가시줄상어)

Etmopterus lucifer Jordan and Snyder 1902e: 79, Fig. 1 (Off Misaki, Japan)

Gen. 31 돔발상어속 = 뿔상어속[ade]

Squalus Linnaeus 1758: 233 (type species: *Squalus acanthias* Linnaeus 1758)

42. 곱상어[19)] = 기름뿔상어[a], 기름상어[bde] (곱상어, 곱바리, 돔바리상어, 흰점뿔상어)

Squalus acanthias Linnaeus 1758: 233 (Oceano Europaeo)

43. 도돔발상어 = 뿔상어[bde] (각상어, 단문극상어, 모조리상어, 짧은뿔상어)

Squalus japonicus Ishikawa 1908: 71 (Sagami, Kagoshima, Japan).

44. 돔발상어 = 돔발상어[abde] (긴주둥이뿔상어, 도돔발상어, 돔바리, 돔바리상어, 돔발이, 뿔상어, 가시상어)

Squalus mitsukuri Jordan and Snyder in Jordan and Fowler 1903b: 629, Fig. 3
(Misaki, Japan)

45. 모조리상어[20)] = 뿔상어[a], 짧은뿔상어[b] (모조리상어, 각상어)

Acanthias megalops Macleay 1881: 367 (Port Jackson, New South Wales, Australia)

Squalus megalops (Macleay)

━━━━━━ 10. 전자리상어목 Squatiniformes = 저자상어목[a 21)]

Fam. 19 전자리상어과 Squatinidae = 저자상어과[abd]

Gen. 32 전자리상어속 = 저자상어속[ad]

Squatina Duméril 1805: 102, 342 (type species: *Squatina vulgaris* Risso 1810)

46. 전자리상어 = 저자상어[abd] (수구리, 전자리, 죽상어)

Squatina japonica Bleeker 1858a: 40 (Nagasaki, Japan)

---

19) Mori(1928b)에 의해 *Squalus suckleyi*로 알려진 후 이를 따랐으나 Compagno(1984a)가 *S. acanthias*의 동종이명으로 처리하였다. 그러나 Ebert *et al.*(2010)은 형태적, 분자적 분석 결과 양 종이 구분되므로 북태평양의 종은 *S. suckleyi*로 구별하였고, 이 등(2016)도 우리나라에 표본에 대해 이와 동일한 결과를 보고하여 추후 검토가 필요하다.

20) 김과 길(2006)은 *S. brevirostris*로 사용하였으며, 근래 북서태평양(일본 남부에서 베트남 연안)에 분포하는 종은 호주에 분포하는 종과 다른 *S. brevirostris*로 구분하고 있어 검토가 필요하다(정 등 2016).

21) 김(1977), 김과 길(2006)은 "저자상어아목" Squatinoidea로 사용하였다.

47. 범수구리   = 검은저자상어[a] (범수구리)

Squatina nebulosa Regan 1906: 439 (Japan).

──── 11. 톱상어목 Pristiophoriformes   = 톱상어목[a 22)]

Fam. 20. 톱상어과 Pristiophoridae   = 톱상어과[abde]

Gen. 33 톱상어속   = 톱상어속[ade]

Pristiophorus Müller and Henle 1837: 116 (type species: *Pristis cirratus* Latham 1794)

48. 톱상어   = 톱상어[abde] (줄상어, 철판상어)

Pristiophorus japonicus Günther 1870: 433 (Japan)

──── 12. 홍어목 Rajiformes   = 가오리목[ade 23)]

Fam. 21 전기가오리과 Narcinidae   = 전기가오리과[abd]

Gen. 34 전기가오리속   = 전기가오리속[ad]

Narke Kaup 1826: 88 (type species: *Raja capensis* Gmelin 1789)

49. 전기가오리   = 전기가오리[abd] (도치, 밀가오리, 싯근가오리, 쟁개비)

Torpedo (*Astrape*) *japonica* Temminck and Schlegel 1850: 307, pl. 140 (Japan)

Narke japonica (Temminck and Schlegel)

Fam. 22 수구리과 Rhinidae

Gen. 35 목탁수구리속   = 뭉툭보섭가오리속[a]

Rhina Bloch and Schneider 1801: 352 (type species: *Rhina ancylostomus* Bloch and Schneider 1801)

50. 목탁수구리   = 뭉툭보섭가오리[a]

Rhina ancylostomus Bloch and Schneider 1801: 352 pl. 72 (India)

Gen. 36 동수구리속   = 상어가오리속[a]

Rhynchobatus Müller and Henle 1837: 116 (type species: *Rhinobatus laevis* Bloch and Schneider 1801)

---

22) 김(1977), 김과 길(2006)은 "톱상어아목" Pristiophoroidea로 사용하였다.

23) 김(1977), 김과 길(2006)은 "가오리목" Rajiformes에 "홍어아목" Rajoidea로 처리하였다.

51. 동수구리[24]　　　　　　　　　　　　　　　　　　　　　　= 상어가오리[a]

　　Raja djiddensis Forsskål in Niebuhr 1775: 18, viii (Jeddah, Saudi Arabia and Luhaiya, Yemen, Red Sea)

　　Rhynchobatus djiddensis (Forsskål)

Fam. 23 가래상어과 Rhinobatidae　　　　= 보섭가오리과[ade], 가래상어과[b]

Gen. 37 목탁가오리속　　　　　　　　　　　= 목대속 (박대속)[ad]

Platyrhina Müller and Henle 1838: 90 (type species: *Rhina sinensis* Bloch and Schneider 1801)

52. 목탁가오리[25]　　　　　　　= 목대[ad], 박대[b] (목탁가오리, 부채가오리)

　　Rhina sinensis Bloch and Schneider 1801: 352 (Off Guangdong, China)

　　Platyrhina sinensis (Bloch and Schneider)

Gen. 38 가래상어속　　　　　　　　　　　　= 보섭가오리속[ade]

Rhinobatos Linck 1790: 32 (type species: *Raja rhinobatos* Linnaeus 1758)

53. 점수구리　　　　　　　　　　　　= 무늬보섭가오리[ad] (점수구리)

　　Rhinobatos hynnicephalus Richardson 1846: 195 (China Seas; Canton, China)

54. 가래상어　　　　　　　　　= 보섭가오리[ade], 가래상어[b] (수구리)

　　Rhinobatos schlegelii Müller and Henle 1841: 123p, pl. 42 (Japan)

Fam. 24 홍어과 Rajidae　　　　　　　　　　　= 홍어과[abe]

Gen. 39 저자가오리속

Bathyraja Ishiyama 1958: 325 [133] (type species: *Raja isotrachys* Günther 1877)

55. 바닥가오리 (정 1954)

　　Bathyraja bergi Dolganov 1983: 70 (in key), fig. 95 (Mauka, western coast of Sakhalin Island, Russia)

56. 저자가오리　　　　　　= 깊은바다간쟁이[a], 심해홍어[e] (심해가오리, 저자가오리)

　　Raja isotrachys Günther 1877: 434 (Coast of southern Japan)

---

24) Last *et al.* (2013)은 동수구리속이 최소 7종으로 구성되며, *R. djiddensis*는 남아프리카, 모잠비크, 홍해 등 인도양 서부에 분포하는 종으로 주장하였으므로 우리나라를 비롯한 태평양 어종의 재검토가 필요하다.

25) Iwatsuki *et al.* (2011)은 *P. sinensis*는 꼬리부 배중부 가시가 2열이며, 아시아 지역에서 지금까지 *P. sinensis*로 기록된 표본들은 가시가 1열이어서 이들이 서로 다름을 밝히고 오동정되었던 표본들을 신종 *P. tangi*로 보고하였다. Ebert *et al.* (2013: 350)은 이에 따라 지금까지 베트남 북부에서 한국과 일본 남부까지 분포하는 *P. sinensis*로 알려진 종은 *P. tangi*인 것으로 기록하였다. 우리나라 표본에 대한 검토가 필요하다.

Bathyraja isotrachys (Günther)

Gen. 40 살홍어속 (정 1999)

Dipturus Rafinesque 1810: 16 (type species: *Raja batis* Linnaeus 1758)

57. 광동홍어 (정 등 1995)[26]

Raja kwangtungensis Chu 1960: 148, figs. 137-139 (Jia-Bo, China)

Dipturus kwangtungensis (Chu)

58. 도랑가오리[27]　　　　　　　　　　　　　　　　= 여우홍어[e] (도랑가오리, 여우가오리)

Raja macrocauda Ishiyama 1955: 43, figs. 1-2 (Miya fish market, Japan)

Dipturus macrocauda (Ishiyama)

59. 살홍어　　　　　　= 코뿔간쟁이[a], 홍어[b], 코뿔홍어[e] (긴코가오리, 뽀족홍어, 살홍어)

Raja tengu Jordan and Fowler 1903b: 654, fig. 8 (Matsushima Bay, Sendai, Japan)

Dipturus tengu (Jordan and Fowler)

Gen. 41 홍어속 (정 1999)[28]　　　　　　　　　　　　　　　= 홍어속[ad]

Okamejei Ishiyama 1958: 354 [162] (type species: *Raja fusca* Garman 1885)

60. 무늬홍어 (정 등 1995)

Raja (*Okamejei*) *acutispina* Ishiyama 1958: 358p [166], pl. 2 N, fig. 74 (off Shimane Prefecture, Japan)

Okamejei acutispina (Ishiyama)

61. 깨알홍어　　　　　　　　　　　　　　　　　　= 뽀족살홍어[ae 29]

Raja (*Okamejei*) *boesemani* Ishihara 1987: 248, Fig. 6 (East China Sea)

Okamejei boesemani (Ishihara)

---

26) 그간 "홍어" *Okamejei kenojei*로 오동정되어 왔던 표본을 정 등(1995)이 미기록종으로 하면서 "참홍어"로 신칭했으나, 이는 *Raja pulchra*의 국명(참홍어)과 혼동을 일으키므로 Yamada *et al.* (1995)의 의견을 받아들여 "광동홍어"로 개칭하였다(정 1999).

27) 손(1980)이 사용한 *Raja oxyrinchus*는 북해, 지중해, 대서양 동부에 분포하는 다른 종의 오동정이며, Ishiyama(1955)가 표본을 재검토하여 신종 *R. macrocauda*로 발표하였다(정 1999).

28) 김과 길(2006)은 "홍어속" *Raja*으로 하였으며, 이 속은 현재 여러 속으로 분리되었고 "홍어"의 속이 *Okamejei*속으로 바뀜에 따라 이에 대한 국명을 새로 제안하였다(정 1999).

29) 손(1980), 김과 길(2006)은 *R. hollandi*로 사용하고, 우리나라 동해 중부 이남, 서해 남부와 남해에 분포하는 것으로 기록하였으나 분포 범위가 맞지 않고 일본명을 *O. boesemani*의 *Isago-gangi-ei*로 사용하고 있어 오동정인 것으로 판단되었다(Ishihara 1987, 정 1999, Ebert *et al.* 2013).

62. 홍어   = 홍어[ade], 고동무치[b] (나무가부리, 물개미)

Raja kenojei Müller and Henle (ex Bürger) 1841: 149p, [Pl. 48] (Nagasaki market, Japan)

Okamejei kenojei (Müller and Henle)

       = 간쟁이[abde] (간쟁이홍어, 상어가오리, 오동가오리, 점가오리, 팔랭이)

Raja porosa Günther 1874a: 154 (China)

       = 검정간쟁이[a] (검은점가오리)

Raja fusca Garman 1885: 42 (Japan)

       = 가시홍어[e] (상어가오리)

Raja karagea Tanaka 1927: 784 (Off Toba, Mie Prefecture, Japan)

63. 오동가오리   = 무늬가오리[b]

Raja meerdervoortii Bleeker 1860c: 66 (Nagasaki, Japan)

Okamejei meerdervoortii (Bleeker)

Gen. 42 고려홍어속 (Jeong CH and Nakabo T 2009)

Hongeo Jeong and Nakabo 2009: 141 (type species: *Raja koreana* Jeong and Nakabo 1997)

64. 고려홍어 (Jeong CH and Nakabo T 1997)

Raja koreana Jeong and Nakabo 1997: 414, figs. 1-4 (Chongsan-myeion, Wando-gun, Chollanam-do, southwestern sea of Korea)

Hongeo koreana (Jeong and Nakabo)

Gen. 43 참홍어속 (정 1999) [30]   = 홍어속[ade]

Raja Linnaeus 1758: 231 (type species: *Raja miraletus* Linnaeus 1758)

65. 참홍어 (정 1999)[31]   = 눈간쟁이[ade], 안경홍어[e] (눈가오리, 눈간쟁이, 안경가오리)

Raja pulchra Liu 1932: 162, figs. 10-10a (Tsingtao, China)

---

30) 정(1977)은 *Raja*에 대해 "가오리속"으로 하였으나 "가오리"는 다른 종류의 물고기를 의미하며, 이후 여러 속으로 분리되었고, 현재 이 속에는 "참홍어" 한 종만이 남아있어 "참홍어속"으로 수정하였다(정 1999). 김과 길(2006)은 *Dasyatis*속에 대해 "가오리속"으로 사용하였다. 근래 이 속은 Ishihara *et al.* (2012)에 의해 *Beringraja*로 사용하고 있으므로 재검토가 필요하다.

31) 이전에는 "눈가오리"로 불리웠으나 가오리류가 아닌 홍어류기 때문에 정(1999)이 "참홍어"로 국명을 개칭하였다. 북한명에서 "눈간쟁이", "눈홍어" 등은 이전 명칭의 영향인 것으로 생각된다.

= 여우홍어[e] (도랑가오리, 여우가오리)

Raja oxyrhynchus (not of Linnaeus)

= 눈홍어[e] (남가오리, 눈가오리, 눈물개미, 안경가오리)

Raja smirnovi (not of Soldatov and Pavlenko 1915b)

Fam. 25 안경홍어과 (국명신칭) Arhynchobatidae
Gen. 44 안경홍어속 (김과 길 2006)

Arctoraja Ishiyama 1958: 337 [145] (type species: *Raja smirnovi* Soldatov and Pavlenko 1915)

66. 안경홍어 = 안경홍어[a] [32] (안경가오리)

Raja smirnovi Soldatov and Pavlenko 1915b: 162, pl. 5 (Peter the Great Bay, Sea of Japan)

Arctoraja smirnovi (Soldatov and Pavlenko)

Fam. 26 색가오리과 Dasyatidae = 가오리과[abde]
Gen. 45 노랑가오리속 = 가오리속[ade]

Dasyatis Rafinesque 1810a: 16 (type species: *Dasyatis ujo* Rafinesque 1810)

67. 긴코가오리 (Lee CL and Joo DS 1996)

Dasyatis acutirostra Nishida and Nakaya 1988: 115, figs. 1-2 (East China Sea)

68. 노랑가오리 = 가오리[abde] (가부리, 간재미, 노랑가오리, 참가오리)

Trygon akajei Müller and Henle (ex Bürger) 1841: 165, [Pl. 54 (left)] (Southwestern coast of Japan)

Dasyatis akajei (Müller and Henle)

69. 꽁지가오리 = 검정가오리[a] (꼭지가오리, 뭉툭가오리)

Trygon kuhlii Müller and Henle 1841: 164p, [Pl. 51 (right)] (Vanicoro, Solomon Islands)

Dasyatis kuhlii (Müller and Henle)

70. 흑가오리 (Lee CL and Joo DS 1996)

Dasyatis matsubarai Myosi 1939: 96, fig. 3 (Off Hyuga Nada, east coast of Miyazaki Prefecture, Japan)

---

32) Mori (1952), 김(1977), 손(1980) 등의 *R. smirnovi*는 *R. pulchra*를 이 종으로 혼동한 것이며, 김과 길(2006)은 이 종이 동해에만 분포하므로 이전에 서해와 중국에도 분포하고 있는 것으로 기록된 이들 *R. smirnovi*는 재검토해야 한다고 지적하였다. 김과 길(2006)은 양 종의 분포를 달리하였고, 이전에 기록되었던 *R. smirnovi*는 *R. pulchra*의 오동정임을 명확히 하고 있으므로 우리나라 북방계의 종 목록으로 포함시켰다. 추후 표본에 대한 검토와 재기재가 필요하다.

71. 갈색가오리 (Lee CL and Joo DS 1996)

Trygon sinensis Steindachner 1892: 382 [26] [133], Pl. 6 (Shanghai, China)

Dasyatis sinensis (Steindachner)

72. 청달내가오리   = 뾰족가오리[a] (청가오리)

Trygon zugei Müller and Henle (ex Bürger) 1841: 165, [Pl. 54 (right)]

Dasyatis zugei (Müller and Henle)

Fam. 27 흰가오리과 Urolophidae

Gen. 46 흰가오리속   = 흰가오리속[a]

Urolophus Müller and Henle 1837: 117 (type species: *Raja cruciata* Lacepède 1804)

73. 흰가오리   = 흰가오리[ab] (백가오리)[33]

Urolophus aurantiacus Müller and Henle 1841: 173 [Pl. 56 (right)] (Port Western, Victoria, Australia, Gotto Island)

Fam. 28 나비가오리과 Gymnuridae   = 제비가오리과[ad]

Gen. 47 나비가오리속   = 제비가오리속[ad]

Gymnura van Hasselt 1823: 316 (type species: *Raja micrura* Bloch and Schneider 1801)

74. 나비가오리   = 제비가오리[abd] (가비가오리, 나비가오리, 매개, 오동가오리)

Pteroplatea japonica Temminck and Schlegel 1850: 309, pl. 141 (Nagasaki Bay).

Gymnura japonica (Temminck and Schlegel)

Fam. 29 매가오리과 Myliobatidae   = 매가오리과[abd]

Gen. 48 쥐가오리속   = 쥐가오리속[ad 34]

Mobula Rafinesque 1810b: 48, 61 (type species: *Mobula auriculata* Rafinesque 1810)

75. 쥐가오리[35]   = 쥐가오리[abd] (실패가오리, 쥐가부리, 쥐가우리)

Cephaloptera japanica Müller and Henle 1841: 185 (Nagasaki, Japan)

Mobula japanica (Müller and Henle)

---

33) Jordan and Metz(1913)는 *Urolophus fuscus* Garman로 소개하였고, 최(1964) 역시 이를 따랐으나 이는 *U. aurantiacus*의 동종이명이다.

34) 김(1977), 김과 길(2006)은 "쥐가오리과" Mobulidae를 구분하여 배정하였다.

35) White *et al.*(2018)은 분자적 증거에 따라 *Mobula mobular*와 차이가 없어 동종으로 보고 우선권에 따라 *M. mobular*로 사용하였으므로 추후 검토가 필요하다.

Gen. 49 매가오리속 = 매가오리속[ad]

Myliobatis Cuvier (ex Duméril) 1816: 137 (type species: *Raja aquila* Linnaeus 1758)

76. 매가오리 = 매가오리[abd] (매가부리, 소리개가오리)

   Myliobatis tobijei Bleeker 1854c: 425 (Nagasaki, Japan)

Gen. 50 박쥐가오리속 (Oh J, Kim S *et al.* 2006)

Aetobatus Blainville 1816: 112 [= 120] (type species: *Raja aquila* Linnaeus 1758)

77. 박쥐가오리 (Oh J, Kim S *et al.* 2006)

   Raja flagellum Bloch and Schneider 1801: 361, Pl. 73 (Coast of Coromandel, India)

   Aetobatus flagellum (Bloch and Schneider)

━━━━━━━ **13. 철갑상어목 Acipenseriformes** = 철갑상어목[abcdef]

    Fam. 30 철갑상어과 Acipenseridae = 철갑상어과[abcdef]

Gen. 51 철갑상어속 = 철갑상어속[abcdef]

Acipenser Linnaeus 1758: 237 (type species: *Acipenser sturio* Linnaeus 1758)

78. 칼상어 = 칼철갑상어[abcdf] (칼상어, 활치, 황치)

   Acipenser dabryanus Duméril 1869: 98, pl. 22 (figs. 1, 1a-b) (Yangtze River, China)

79. 용상어[36)] = 화태철갑상어[b] (룡상어)

   Acipenser medirostris Ayres 1854: 15 (San Francisco, California, U.S.A)

= 철갑상어[abce]

   Acipenser mikadoi Hilgendorf 1892: 98 (Hokaido, Japan)

80. 철갑상어 = 줄철갑상어[abcf] (기시상어, 농상어, 당철갑상어, 심어, 용상어, 줄상어, 철갑상어, 호랭이상어)

   Acipenser sinensis Gray 1835: 122 (China)

━━━━━━━ **14. 당멸치목 Elopiformes**

    Fam. 31 당멸치과 Elopidae = 왕눈멸치과[a], 당멸치과[b]

Gen. 52 당멸치속 = 왕눈멸치속[a]

Elops Linnaeus 1766: 518 (type species: *Elops saurus* Linnaeus 1766)

---

36) *Acipenser medirostris*와 *A. mikadoi*는 형태적으로 구분이 어려워 동종으로 취급되었으며, 근래 분자 수준에서 별종으로 구분이 이루어지고 있다(Vasil'eva *et al.* 2009, Birstein *et al.* 2002). 별종으로 구분할 경우 *A. medirostris*는 북태평양에 서식하는 종을 일컬으므로 우리나라의 종은 *A. mikadoi*로 사용해야 한다.

81. 당멸치 = 왕눈멸치[a], 당멸치[b 37]

Elops hawaiensis Regan 1909: 39 (Hawaiian Islands)

Fam. 32 풀잉어과 Megalopidae = 풀잉어과[a]

Gen. 53 풀잉어속 = 풀잉어속[a]

Megalops Lacepède 1803: 289 (type species: *Megalops filamentosus* Lacepède 1803)

82. 풀잉어 = 풀잉어[a] (바다잉어)

Clupea cyprinoides Broussonet 1782: [39], Pl. [9] (Tanna, Vanuatu)

Megalops cyprinoides (Broussonet)

━━━━━ 15. 여을멸목 Albuliformes

Fam. 33 여을멸과 Albulidae = 외양멸치과 (여울멸치과)[a]

Gen. 54 여을멸속 = 외양멸치속[a]

Albula Scopoli (ex Gronow) 1777: 450 (type species: *Esox vulpes* Linnaeus 1758)

83. 여을멸[38] = 외양멸치[a]

Albula neoguinaica Valenciennes in Cuvier and Valenciennes 1847a: 350 (Northwestern Irian Jaya)

Fam. 34 발광멸과 Halosauridae = 도마뱀장어과 (발광고기과)[a 39]

Gen. 55 발광멸속 = 도마뱀장어속[a]

Aldrovandia Goode and Bean 1896: 129, 132 (type species: *Halosaurus rostratus* Günther 1878)

84. 발광멸 = 도마뱀장어[a] (발광고기, 발광멸)

Halosaurus affinis Günther 1877: 444 (South of Japan)

Aldrovandia affinis (Günther)

---

37) 최(1964)는 Mori(1928b)에 따라 *Elops machnata*를, 김과 길(2006)은 *E. saurus*를 사용하였으나 모두 분포 범위가 다른 별종이며, *Elops hawaiensis*의 동종이명으로 사용되었다.

38) 정(1977) 및 김과 길(2006)이 사용한 *A. vulpes*는 대서양에 분포하는 종이며(Fricke *et al.* 2021), 김 등(2011)은 우리나라에 분포하는 종은 *A. neoguinaica*로 사용하였다. 그러나 이 역시 *A. argentea*의 동종이명으로 보고되고 있어(Hidaka *et al.* 2008, Kim *et al.* 2019) 추후 검토가 필요하다.

39) 김과 길(2007)은 "도마뱀장어목 (발광고기목)" Halosauriformes에 배정하였다.

━━━ 16. 뱀장어목 Anguilliformes = 뱀장어목[abcdef]

Fam. 35 뱀장어과 Anguillidae = 뱀장어과[abcdef]

Gen. 56 뱀장어속[40)] = 뱀장어속[acdef]

Anguilla Schrank 1798: 304, 307 (type species: *Muraena anguilla* Linnaeus 1758)

85. 뱀장어 = 뱀장어[abcdef] (민물장어, 배암장어, 뱀장구, 뱀댕이, 장어, 장치, 참장어)

　Anguilla japonica Temminck and Schlegel 1846: 258, pl. 13 (fig. 1) (Japan)

86. 무태장어 = 제주뱀장어[abcd] (무태장어, 뱀장어, 큰뱀장어)

　Anguilla marmorata Quoy and Gaimard 1824: 241, pl. 51 (fig. 2) (Waigeo Island, Indonesia)

87. 인도장어 (정 1977) = 태평양뱀장어[a] (인디아장어)[41)]

　Anguilla bicolor McClelland 1844: 178, 202, 209, Pl. 6 (fig. 1) (Sandoway, Malay coast, India)

Fam. 36 곰치과 Muraenidae = 선대과[ab]

Gen. 57 곰치속 = 선대속[a]

Gymnothorax Bloch 1795: 83 (type species: *Gymnothorax reticularis* Bloch 1795)

88. 곰치 = 선대[ab] (곰치)

　Muraena kidako Temminck and Schlegel 1846: 266, pl. 117 (Nagasaki, Japan)

　Gymnothorax kidako (Temminck and Schlegel)

89. 가지굴 = 제주선대[a] (가지굴)

　Muraena albimarginata Temminck and Schlegel 1846: 267, pl. 118 (Nagasaki, Japan)

　Gymnothorax albimarginatus (Temminck and Schlegel)

90. 검은점곰치 (김 등 2001)

　Muraena isingteena Richardson 1845a: 108, pl. 48 (fig. 1) (China seas; Canton, China)

　Gymnothorax isingteena (Richardson)

91. 백설곰치[42)] = 눈선대[ab] (백설곰치)

　Muraena mieroszewskii Steindachner 1896: 222 (Japan)

---

40) 우리나라에서는 그간 *Anguilla* Shaw 1803로 사용되었으나 국제동물명명학회 (ICZN 1992)는 Opinion 1672를 발표하고 *Anguilla* Schrank 1978로 확정하였다.

41) 우리나라에는 양식을 목적으로 4종의 외래 뱀장어류가 이식되고 있으며(강 등 2000, 안 등 2015), 자연수계에 유출될 가능성이 높으므로 국내 기록이 필요하다. Mori(1952)는 부산에서 이 종을 기록하였으며, 등지느러미가 짧아서 쉽게 구분되는 종이므로 일시적이나마 출현했을 가능성이 높다.

42) *Gymnothorax prionodon* Ogilby 1895의 동종이명이라는 의견이 있으므로 추후 검토가 필요하다(Böhlke and McCosker 2001, Smith 2012).

Gymnothorax mieroszewskii (Steindachner)

92. 나망곰치 (Yamada *et al.* 2005)[43]

  Gymnothorax reticularis Bloch 1795: 85, Pl. 416 (Coromandel coast, India)

Gen. 58 알락곰치속   = 범선대속[a]

Muraena Linnaeus 1758: 244 (type species: *Muraena helena* Linnaeus 1758)

93. 알락곰치   = 범선대[ab] (알락선대, 알락곰치)

  Muraena pardalis Temminck and Schlegel 1846: 268, pl. 119 (Nagasaki, Japan)

Fam. 37 긴꼬리장어과 Synaphobranchidae

Gen. 59 긴꼬리장어속

Dysomma Alcock 1889: 459 (type species: *Dysomma bucephalus* Alcock 1889)

94. 긴꼬리장어 (Lee CL and Kim YH 2000)

  Dysomma anguillare Barnard 1923: 443 (Off Tugela River mouth, KwaZulu-Natal, South Africa)

Fam. 38 바다뱀과 Ophichthidae   = 바다장어과 (바다뱀장어과)[abe]

Gen. 60 자물뱀속   = 자바다뱀장어속[a]

Brachysomophis Kaup 1856a: 45 (type species: *Brachysomophis horridus* Kaup 1856)

95. 자물뱀   = 자바다뱀장어[a] (자물뱀)

  Ophisurus porphyreus Temminck and Schlegel 1846: 265, pl. 116 (Japan).

  Brachysomophis porphyreus (Temminck and Schlegel)

Gen. 61 날붕장어속   = 날개붕장어속[a] [44]

Echelus Rafinesque 1810a: 63 (type species: *Echelus punctatus* Rafinesque 1810)

96. 날붕장어   = 날개붕장어[a] (지느러미붕장어)

  Conger uropterus Temminck and Schlegel 1846: 261 (Nagasaki, Japan)

  Echelus uropterus (Temminck and Schlegel)

---

43) Smith and Böhlke(1997)는 *G. reticularis*에 대해 면밀히 검토한 결과 서태평양과 호주 지역에서 오랫동안 별종인 *G. minor*와 혼동되었음을 밝히고 양 종의 형태적 차이점을 기록하였으며, 우리나라에서도 Kim *et al.*(2012)이 이러한 점을 언급하고 *G. minor*로 기록하였으므로 추후 재검토 및 수정이 필요하다.

44) 김과 길(2007)은 "날개붕장어과" Echelidae를 구분하여 배치하였다.

Gen. 62 까치물뱀속   = 바다뱀장어속[a]

Ophichthus Ahl 1789: 5 (type species: *Muraena ophis* Linnaeus 1758)

97. 까치물뱀   = 바다뱀장어[a] (까치물뱀)

  Ophichthus evermanni Jordan and Richardson 1909: 172, pl. 67 (upper fig.) (Kaohsiung, Taiwan)

98. 갈물뱀   = 갈바다뱀장어[a] (갈물뱀)

  Conger urolophus Temminck and Schlegel 1846: 260, pl. 114 (fig. 1) (Japan)

  Ophichthus urolophus (Temminck and Schlegel)

99. 둥근물뱀 (Lee CL and Asano H 1997)

  Ophichthus rotundus Lee and Asano 1997: 549, Figs. 1-4 (Kyehwado, Puan-gun, Chollabuk-do, Korea)

100. 제주바다뱀 (Kim BJ, Choi JH *et al.* 2009)

  Ophichthus asakusae Jordan and Snyder 1901f: 872, Fig. 18 (Outside Bay of Tokyo, near Misaki, Japan)

Gen. 63 바다뱀속   = 바다장어속[ae]

Ophisurus Lacepède 1800: 195 (type species: *Muraena serpens* Linnaeus 1758)

101. 바다뱀   = 바다장어[abe] (바다뱀, 물뱀)

  Ophisurus macrorhynchus Bleeker 1852e: 28 (Near Kaminoseki Island, Japan)

Gen. 64 돛물뱀속   = 돛바다뱀장어속[a]

Pisodonophis Kaup 1856a: 47 (type species: *Ophisurus cancrivorus* Richardson 1848)

102. 돛물뱀   = 돛바다뱀장어[a] (돛물뱀)

  Pisodonophis zophistius Jordan and Snyder 1901f: 868, Fig. 15 (Outside Bay of Tokyo, near Misaki, Japan)

103. 돌기바다뱀 (Lee CL 2009)

  Ophisurus cancrivorus Richardson 1848b: 97, pl. 50 (figs. 6-9) (Port Essington, Northern Territory, Australia)

  Pisodonophis cancrivorus (Richardson)

Gen. 65 갯물뱀속 (Kim BG, Jeong CH *et al.* 2008)

Muraenichthys Bleeker 1853b: 505 (type species: *Muraena gymnopterus* Bleeker 1852)

104. 갯물뱀 (Kim BG, Jeong CH *et al.* 2008)

　　Muraena gymnopterus Bleeker 1852e: 52 (Jakarta, Java, Indonesia)

　　Muraenichthys gymnopterus (Bleeker)

　　　　Fam. 39 갯장어과 Muraenesocidae　　　　　　　　= 개장어과[abd]

Gen. 66 갯장어속　　　　　　　　　　　　　　　　= 개장어속[ad]

Muraenesox McClelland 1843: 408 (type species: *Muraenesox tricuspidata* McClelland 1843)

105. 갈창갯장어 (최 등 2002)

　　Muraena bagio Hamilton 1822: 24, 364 (Ganges River estuaries, India)

　　Muraenesox bagio (Hamilton)

106. 갯장어　　　　　　　　　= 개장어[abd] (갯장어, 록장어, 참장어)

　　Muraena cinerea Forsskål in Niebuhr 1775: 22 (Jeddah, Saudi Arabia, Red Sea)

　　Muraenesox cinereus (Forsskål)

Gen. 67 물붕장어속　　　　　　　　　　　　　　= 물붕장어속[a]

Oxyconger Bleeker 1864e: 19 (type species: *Conger leptognathus* Bleeker 1858a)

107. 물붕장어　　　　　　　　　　　　　　　　= 물붕장어[a]

　　Conger leptognathus Bleeker 1858a: 27, pl. 2 (fig. 2) (Nagasaki, Japan)

　　Oxyconger leptognathus (Bleeker)

　　　　Fam. 40 붕장어과 Congridae　　　　　　　　= 붕장어과[abde]

Gen. 68 꾀붕장어속　　　　　　　　　　　　　　= 은붕장어속[a]

Anago Jordan and Hubbs 1925: 191, 193 (type species: *Conger anago* Temminck and
　　Schlegel 1846)

108. 꾀붕장어　　　　　　　　= 은붕장어[a], 붕어지[b] (꾀붕장어, 바다장어)

　　Conger anago Temminck and Schlegel 1846: 259, pl. 13 (fig. 2) (Nagasaki, Japan)

　　Anago anago (Temminck and Schlegel)

Gen. 69 갈붕장어속 (이와 박 1994)[45]

Ariosoma Swainson 1838: 220 (type species: *Ophisoma acuta* Swainson 1839)

---

45) 이와 박(1994)은 "흰붕장어" *A . shiroanago shiroanago*를 미기록종으로 보고하면서 "먹붕장어" *A .anagoides*
　　와 더불어 "갈붕장어속"으로 신칭했으나 속 내에 "갈붕장어"가 없어 합리적이지 않다고 생각된다.

109. 먹붕장어[46)] 　　　　　　　　　　　　　　　　= 꽃붕장어[a] (먹붕장어)

Conger anagoides Bleeker 1853e: 76 (Banda Neira, Banda Islands, Indonesia)

Ariosoma anagoides (Bleeker)

110. 큰흰붕장어 (Lee CL and Joo DS 1999)

Alloconger shiroanago major Asano 1958: 191, 195, Fig. 1 (Off Shibushi, Kagoshima Prefecture, Japan)

Ariosoma majus (Asano)

111. 흰붕장어 (이와 박 1994)

Alloconger shiroanago shiroanago Asano 1958: 193, 195, Fig. 2 (Off Owashi, Mie Prefecture)

Ariosoma shiroanago (Asano)

Gen. 70 테붕장어속 　　　　　　　　　　　　　　　= 검은테붕장어속[a]

Bathycongrus Ogilby 1898: 292 (type species: *Congromuraena nasica* Alcock 1894)

112. 테붕장어 　　　　　　　　　　　　　　　　= 검은테붕장어[a] (테붕장어)

Leptocephalus retrotinctus Jordan and Snyder 1901f: 853, Fig. 6 (Tokyo market, Japan)

Bathycongrus retrotincta (Jordan and Snyder)

Gen. 71 붕장어속 (이와 박 1994)[47)] 　　　　　　　　　= 붕장어속[a]

Conger Bosc (ex Cuvier) 1817: 450 (type species: *Muraena conger* Linnaeus 1758)

　　　　　　　　　　　　　　　　　　　　= 별붕장어속[a], 붕장어속[de]

Astroconger Jordan and Hubbs 1925: 194 (type species: *Anguilla myriaster* Brevoort 1856)

113. 검붕장어[48)] 　　　　　= 검은붕장어[a], 검둥붕어지[b] (검둥아나고, 검붕장어, 돌장어)

Conger japonicus Bleeker 1879a: 32, pl. 2 (fig. 2) (Japan)

---

46) 정(1977), 김과 길(2007)의 *Conger flavirostris* (Snyder)은 이 종의 동종이명이다.

47) 이와 박(1994)은 정(1977)이 "먹붕장어속" *Conger*으로 하였으나 "먹붕장어" *C. flavirostris* (=*anagoides*)을 *Arisoma* 속으로 전속시키면서 "먹붕장어"가 대표적인 의미가 없으므로 국문 명칭을 "붕장어속"으로 개칭하였다.

48) Mori(1928b)는 "붕장어" *A. myriaster*를, 1952년에 "검붕장어" *C. japonicus*를 별종으로 보고하여 정(1977) 등은 이에 따르고 있으나 Kanazawa(1958)는 후자를 전자의 동종이명으로 처리하였고, Smith *et al* . (2016: 734)은 *C. japonicus*의 모식표본을 재검토하여 이 종이 *C. myriaster*의 동물이명인 것으로 주장하였으므로 추후 재검토가 필요하다.

114. 붕장어 = 별붕장어[a], 붕장어[bde] (꾀장어, 바다장어, 바다뱀장어, 붕어지, 붕장어, 장관뱅찬, 참바다장어)

Anguilla myriaster Brevoort 1856: 282, Pl. 11 (fig. 2) (Hakodate, Hokkaido, Japan)

Conger myriaster (Brevoort)

Gen. 72 은붕장어속   = 매붕장어속[a]

Gnathophis Kaup 1859a: 7 (type species: *Myrophis heterognathos* Bleeker 1858c)

115. 은붕장어   = 매붕장어[a] (은붕장어)

Leptocephalus nystromi Jordan and Snyder 1901f: 853, Fig. 5 (Nagasaki, Japan)

Gnathophis nystromi (Jordan and Snyder)

Gen. 73 검은꼬리붕장어속 (Lee CL and Joo DS 1999)

Rhynchoconger Jordan and Hubbs 1925: 192, 196 (type species: *Leptocephalus ectenurus* Jordan and Richardson 1909)

116. 검은꼬리붕장어 (Lee CL and Joo DS 1999)

Leptocephalus ectenurus Jordan and Richardson 1909: 171, pl. 66 (lower fig.) (Kaohsiung, Taiwan)

Rhynchoconger ectenurus (Jordan and Richardson)

Gen. 74 애붕장어속   = 꼬리붕장어속[a]

Uroconger Kaup 1856a: 71 (type species: *Congrus lepturus* Richardson 1845b)

117. 애붕장어   = 꼬리붕장어[a] (애붕장어)

Congrus lepturus Richardson 1845b: 106, pl. 56 (figs. 1-6) (Canton, China)

Uroconger lepturus (Richardson)

─────── 17. 청어목 Clupeiformes   = 청어목[abcdef]

Fam. 41 멸치과 Engraulidae   = 멸치과[abcdef]

Gen. 75 웅어속   = 싱어속[ac], 웅어속[bdf]

Coilia Gray 1830: Pl. 85 (v. 1) (type species: *Engraulis* (*Coilia*) *hamiltonii* Gray 1830)

           = 해검어속[b]

Thrissocles Jordan and Evermann in Jordan 1917: 98 (type species: *Clupea mustus* Linnaeus 1758)

118. 싱어   = 싱어[abcdf] (깨나리)

Clupea mystus Linnaeus 1758: 319 (Indian Ocean)

Coilia mystus (Linnaeus)

풀날가지 (정 1977) [49]   = 날제비전어[b]

Osteoglossum prionostoma Basilewsky 1855: 244 (Gulf of Tschiliensis, China)

Polydactylus prinostomus (Basilewsky)

119. 웅어   = 쇠웅어[b]

Coilia nasus Temminck and Schlegel 1846: 243, pl. 109 (fig. 4) (Japan)

               = 웅어[abcf] (웅에, 위어)

Coilia ectens Jordan and Seale 1905: 517, Fig. 1 (Shanghai, China)

               = 대동강위어[a] (기름반지)[50]

Coilia taedonggangensis Kim in Kim and Kil 2006: 115, fig. 3-93 (mouth of Daedong River)

Gen. 76 멸치속   = 멸치속[abdef]

Engraulis Cuvier 1816: 174 (type species: *Clupea encrasicolus* Linnaeus 1758)

120. 멸치   = 멸치[abdef] (매래치, 메르치, 멸오치, 수열치, 행어)

Engraulis japonicus Temminck and Schlegel 1846: 239, pl. 108 (fig. 3) (Japan)

               = 쇠운어리[b]

Spratelloides japonicus (Houttuyn 1782)[51]

---

49) 정(1977: 296)과 최(1964: 167)의 "풀날가지 = 날제비전어" *P. prionostomus* (Basilewsky)는 Mori(1952: 82)의 *O. prionostoma* Basilewsky를 따른 것으로 "싱어" *C. mystus*의 동종이명으로 정리되었다(Wongratana 1980: 328, Whitehead *et al.* 1988: 469, Kottelat 2013: 53).

50) 대동강하류 서해갑문이 생겨 저수지가 된 후 기수역에서 서식하던 "웅어"가 육봉화된 개체군을 서해 특산종으로 기록하였으며, 생물학적으로 중국 태호의 담수산 "웅어"와 같은 것으로 기록하였다. 중국의 경우 학자에 따라서는 담수산을 *C. brachygnathus*, 태호의 육봉형을 *C. nasus taihuensis*로 구분하기도 하지만 논란이 많으므로 (Liu *et al.* 2014, Yang *et al.* 2010, Whitehead 1988), 세부적인 자료의 검토와 논의 없이 "웅어"와 구분되는 별종으로 인정받기 힘들다.

51) 최(1964)가 사용한 학명 *Atherina japonica* Houttuyn 1782는 *Engraulis japonicus* Temminck and Schlegel 1846보다 발간년도가 빠르지만 국제동물명명학회(ICZN 1965: Opnion 749)가 모호명칭(nomen dubium)으로 처리하여 사용될 수 없는 학명이다. Boeseman and de Ligny(2004)은 Houttuyn(1782)이 발표한 일본산 어류 36종 중 *Atherina japonica* (= *Stolephorus japonicus*, *Spratelloides japonicus*)는 "멸치" *Engraulis japonicus*에 해당하는 종으로 정리하였다.

Gen. 77 반지속 = 반지속[abd]

Setipinna Swainson 1839: 186, 292 (type species: *Setipinna megalura* Swainson 1839)

121. 반지[52)] = 반지[abd] (반댕이, 반디)

    Engraulis tenuifilis Valenciennes in Cuvier and Valenciennes 1848: 62 (Irwaddy River at Rangoon, Myanmar)

    Setipinna tenuifilis (Valenciennes)

Gen. 78 풀반지속 = 풀반지속[af]

Thryssa Cuvier 1829: 323 (type species: *Clupea setirostris* Broussonet 1782)

122. 풀반댕이 (윤과 김 1996)

    Trichosoma adelae Rutter 1897: 65 (Swatow, Shantou, coast of southeastern China)

    Thryssa adelae (Rütter)

    풀반댕이 (정 1977)[53)] = 풀밴댕어[a] (남방멸치)

    Thryssa purava (not of Hamilton 1822)

    북멸 (정 1977) = 해검어[ab] (북멸)

    Thryssa mystax (not of Bloch and Schneider 1801)

123. 풀반지 = 풀반지[abd] (개반지, 덕나물)

    Thrissa hamiltonii Gray 1835: Pl. 92 (fig. 3) (India)

    Thryssa hamiltoni (Gray)

124. 청멸 = 뽀루머[a], 뽀루대[df] (동북멸치, 청멸, 턱자루개)

    Engraulis kammalensis Bleeker 1849c: 13 (Madura Straits near Kammal and Surabaya, Java, Indonesia)

    Thryssa kammalensis (Bleeker)

---

52) 최(1964) 등이 사용한 학명 *S. gilberti*는 Jordan and Starks(1905)가 제물포에서 채집된 표본을 *S. taty*와 비교하여 신종으로 보고하였으나 윤과 김(1996: 38)이 표본을 검토하여 이 종의 동종이명으로 정리하였다.

53) 윤과 김(1996)은 서해안과 남해안에서 채집된 표본을 검토한 결과 이전 기록(Mori 1952, 정 1977)이 실제 출현하지 않는 종임을 확인하고 기존의 이름 "풀반댕이"로 재기재하였다. *T. purava*, *T. mystax*는 인도양 북부의 페르시아만에서 미얀마까지 분포하는 종으로 우리나라에서는 출현하지 않는다.

곤어리 (정 1977)　　　　　　　　　　　　　　　　= 곤어리[abd] (기름반지, 대부리, 바리)[54]

Engraulis chefuensis Günther 1874a: 158 (Chefoo, Shantung Province, China)

Thryssa chefuensis (Günther)

Fam. 42 물멸과 Chirocentridae　　　　　　　　　　= 왕멸치과[ae]
Gen. 79 물멸속　　　　　　　　　　　　　　　　　= 왕멸치속[ae]

Chirocentrus Cuvier 1816: 178 (type species: *Clupea dorab* Forsskål 1775)

125. 물멸　　　　　　　　　　　　　　　　　　　= 왕멸치[abe] (물멸)

　Clupea dorab Fabricius in Niebuhr (ex Forsskål) 1775: 72, xiii (Jeddah, Saudi Arabia, Red Sea)

　Chirocentrus dorab (Fabricius)

Fam. 43 청어과 Clupeidae　　　　　　　　　　　= 청어과[abcdef]
Gen 80 조선전어속　　　　　　　　　　　　　　= 전어속[abcde 55]

Clupanodon Lacepède 1803: 468 (type species: *Clupea thrissa* Linnaeus 1758)

126. 조선전어[56]　　　　　　　　　　　　　　　　= 대전어[a]

　Clupea thrissa Linnaeus 1758: 318 (China)

　Clupanodon thrissa (Linnaeus)

　　　　　　　　　　　　　　　　　　　　　　　= 인천전어[b]

　Chatoessus osbeckii Valenciennes in Cuvier and Valenciennes 1848: 106 (Coasts of China)

　Clupanodon osbeckii (Valenciennes)

Gen 81 청어속　　　　　　　　　　　　　　　　= 청어속[abcde]

Clupea Linnaeus 1758: 317 (type species: *Clupea harengus* Linnaeus 1758)

127. 청어　　　　= 청어[abcde] (눈검쟁이, 눈검정이, 눈검덩이, 눈치, 동어, 비웃, 청어사리, 푸주치)

　Clupea pallasii Valenciennes in Cuvier and Valenciennes 1847b: 253 (Kamchatka, Russia)

---

54) Kishinouye(1908)는 한국의 남쪽 바다 Kinshu 반도에서 채집한 표본을 *Engraulis koreanus*로 기재하였으며, 여러 학자들이 "풀반지" (Whitehead *et al.* 1988) 혹은 "청멸" (윤과 김 1996)의 동종이명으로 처리하여 한국산 어류 목록에서 누락되었다(김 등 2011). 근래 이 종은 별종인 *Thryssa chefuensis*이며, 한국까지 분포하는 것으로 주장하는 학자들이 있으므로 (Whitehead *et al.* 1988, Wongratana 1987, Hata 2018, Hata and Nakae 2019) 우리나라의 표본에 대한 재검토가 필요하다.

55) 김(1977), 손(1980), 김과 김(1981), 김과 길(2006)은 "전어과" Dorosomatidae로 배정하였다.

56) Mori(1928b)에 의해 *Clupanodon osbeckii*로 소개되었으며 윤과 김(1998)이 이종의 동종이명으로 정리하였다.

Gen 82 눈퉁멸속 (윤과 김 1998)[57]   **= 눈치속[a], 눈퉁정어리속[e]**

Etrumeus Bleeker 1853a: 48 (type species: *Clupea micropus* Temminck and Schlegel 1846)

128. 눈퉁멸[58]   **= 눈치[ab], 눈퉁정어리[e]** (눈어리, 눈치, 눈퉁, 눈퉁멸, 왕눈이)

   Clupea micropus Temminck and Schlegel 1846: 236, Pl. 107 (fig. 2) (Southeastern coast
      of Japan)

   Etrumeus micropus (Temminck and Schlegel)

Gen 83 준치속   **= 준치속[abd]**

Iisha Richardson (ex Gray) 1846: 306 (type species: *Ilisha abnormis* Richardson 1846)

                                                          = 빈징어속[ae]

Pristigaster Cuvier 1816: 176 (type species: *Pristigaster cayanus* Cuvier 1829)

129. 준치[59]   **= 준치[abd]** (시어, 왕눈이, 준어)

   Alosa elongata Anonymous [Bennett] 1830: 691 (Sumatra, Indonesia)

   Ilisha elongata (Anonymous [Bennett])

때치 (정 1977)   **= 빈징어[abe]** (때치, 맥개)

   Pristigaster chinensis Basilewsky 1855: 243 (Gulf of Tschili, China, and eastern Seas)

Gen 84 전어속

Konosirus Jordan and Snyder 1900: 349 (type species: *Chatoessus punctatus* Temminck
   and Schlegel 1846)

                                                          = 전어속[acdef]

Clupanodon Lacepède 1803: 468 (type species: *Clupea thrissa* Linnaeus 1758)

130. 전어   **= 전어[abcdef]** (벤즈메, 빈즈미, 대전어, 전어사리, 전에)

   Chatoessus punctatus Temminck and Schlegel 1846: 240, pl. 109 (fig. 1) (Bays on
      coast of southwestern Japan)

   Konosirus punctatus (Temminck and Schlegel)

---

57) 정(1977)은 국명을 "운어리속"으로 하였으나 속 내에 "눈퉁멸" 1종뿐이어서 속명이 구성 종명과 일치하지 않으
    며, 윤과 김(1998)이 사용한 "눈퉁멸속"을 따랐다.

58) 과거 일부 학자들은 *E. micropus*를 *E. teres* (DeKay 1842)의 동종이명으로 보았으나 양자는 새파수에 있어서
    차이가 나며, 후자는 대서양에 제한 분포하는 *E. sardina*의 동종이명으로 밝혀졌으므로 전자의 학명을 사용한다
    (Jordan and Evermann 1896a, Randall and DiBattista 2012, Eagderi *et al.* 2019).

59) Jordan and Metz(1913)에 의해 *Zunasia chinensis*로 소개되었던 "때치(북한명: 빈징이)"는 이 종의 동종이명으
    로 정리되었다(Whitehead 1985: 265, 윤과 김 1998: 50).

Gen 85 대전어속 = 둥근전어속[a]

Nematalosa Regan 1917: 312 (type species: *Clupea nasus* Bloch 1795)

131. 대전어 = 둥근전어[a] (남포전어, 대전어)

  Nematalosa japonica Regan 1917: 313 (Inland Sea of Japan)

= 남포전어[b 60)]

  Clupea nasus Bloch 1795: 116, pl. 429 (fig. 1) (Malabar, India)

  Nematalosa nasus (Bloch)

Gen 86 밴댕이속 (윤과 김 1998) = 밴댕어속[adf], 밴댕이속[be]

Sardinella Valenciennes in Cuvier and Valenciennes 1847: 261 (type species: *Sardinella aurita* Valenciennes 1847)

132. 이와치[61)] = 무점정어리[abe] (이와치, 정어리)

  Clupea gibbosa Bleeker 1849a: 72 (Makassar, Sulawesi, Indonesia)

  Sardinella gibbosa (Bleeker)

133. 밴댕이 = 밴댕어[adf], 밴댕이[be] (뒹파리, 등파래, 맥개, 수문파리, 빈즈매, 빈즈미, 빈징어)

  Harengula zunasi Bleeker 1854c: 417 (Nagasaki, Japan)

  Sardinella zunasi (Bleeker)

= 민둥정어리[b]

  Sardinella zunashi (Temminck and Schlegel)

Gen 87 정어리속 = 정어리속[ade]

Sardinops Hubbs 1929: 264 (type species: *Meletta caerulea* Girard 1854a)

134. 정어리 = 정어리[abde] (눈치, 순붕이)

  Clupea melanosticta Temminck and Schlegel 1846: 237, pl. 107 (fig. 3) (Coast of Japan)

---

60) 정(1977)은 Matsubara(1955)에 따라 우리나라에 출현하는 종을 "대전어" *Nematolosa japonica*로 하였으며, 윤과 김(1998), 김 등(2005)도 이를 따랐다. 한편 최(1964)는 Mori and Uchida(1934)에 따라 우리나라 서남부 연해에 서식하는 종으로 *N. nasus*를 기록하였다. 이 종의 분포지는 우리나라 남해 연안까지로 (Hata 2018, Eagderi *et al.* 2019) 2종의 표본에 대한 검토와 종의 동정이 필요하다.

61) 이 종은 Mori and Uchida(1934)가 *Sardinella immaculata*로 소개하였으며, 이후 *Sardinella jussieui* 혹은 *Sardinella gibbosa*의 동종이명으로 주장되었다(Chan 1965: 9, Whitehead 1985, 윤과 김 1998, 김 등 2011). 최근 Fricke *et al.*(2018)는 *S. jussieui*와 *S. gibbosa* 2종이 Madagascar에서 모두 출현하는 것으로 기록하였고, Hata and Motomura(2019: 288)는 *S. jussieui*를 재기재하면서 이 종이 Madagascar와 Mauritius에만 분포하는 것으로 정리하였으므로 우리나라에 분포하는 종은 *S. gibbosa*에 해당한다.

Sardinops melanostictus (Temminck and Schlegel)

Gen 88 샛줄멸속   = 은저리속[a]

Spratelloides Bleeker 1851c: 214 (type species: *Clupea argyrotaeniata* Bleeker 1849a)

135. 샛줄멸   = 은저리[a] (샛줄멸, 쇠은저리, 은멸치)

  Clupea gracilis Temminck and Schlegel 1846: 238, pl. 108 (fig. 2) (Southeastern coasts
    of Nagasaki, Japan)

  Spratelloides gracilis (Temminck and Schlegel)

Gen 89 납작전어속   = 평전어속[ad]

Tenualosa Fowler 1934: 246 (type species: *Alosa reevesii* Richardson 1846)

136. 납작전어   = 평전어[ad] (납작전어)

  Alosa reevesii Richardson 1846: 305 (Chinese seas)

  Tenualosa reevesii (Richardson)

━━━━━ 18. 압치목 Gonorynchiformes

Fam. 44 갯농어과 Chanidae

Gen. 90 갯농어속 (Lee CL and Joo DS 1997)

Chanos Lacepède 1803: 395 (type species: *Chanos arabicus* Lacepède 1803)

137. 갯농어 (Lee CL and Joo DS 1997)

  Mugil chanos Fabricius in Niebuhr (ex Forsskål) 1775: 74p, xiv (Jeddah, Saudi Arabia,
    Red Sea)

  Chanos chanos (Fabricius)

Fam. 45. 압치과 Gonorynchidae   = 쥐문저리과[a]

Gen. 91 압치속   = 쥐문저리속[a]

Gonorynchus Scopoli (ex Gronow) 1777: 450 (type species: *Cyprinus gonorynchus*
  Linnaeus 1766)

138. 압치   = 쥐문저리[a] (압치)

  Gonorynchus abbreviatus Temminck and Schlegel 1846: 217, pl. 103 (figs. 5, 5a-b)
    (Japan)

━━━━━━ 19. 잉어목 Cypriniformes = 잉어목[abcdef]

Fam. 46 잉어과 Cyprinidae = 잉어과[abcef]

잉어아과 Cyprininae = 잉어아과[acf]

Gen. 92 붕어속 = 붕어속[abcf]

Carassius Jarocki 1822: 54, 74 (type species: *Cyprinus carassius* Linnaeus 1758)

139. 붕어 = 붕어[abcf] (부어, 부에, 붕아, 붕에, 붕타리)

Cyprinus auratus Linnaeus 1758: 322 (China; Japanese rivers)

Carassius auratus (Linnaeus)

= 삼지연붕어[a]

Carassius auratus samjiyonensis Kim in Kim and Kil 2008: 268, fig. 3-866 [62]

140. 떡붕어 (이식종)

Carassius cuvieri Temminck and Schlegel 1846: 194, 195, pl. 98 (figs. 3, 3a-b) (Japan)

141. 은붕어 (김과 길 2006)[63] = 은붕어[a], 긴붕어[b]

Cyprinus gibelio Bloch 1782: 71, pl. 12 (Olsche River pond, Odra River system, near Czech Teschen, Czech Republic)

Carassius gibelio (Bloch)

Gen. 93 잉어속 = 잉어속[abcf]

Cyprinus Linnaeus 1758: 320 (type species: *Cyprinus carpio* Linnaeus 1758)

142. 잉어 = 잉어[abcf] (느에, 능어, 능에, 니어, 닝어, 닝에, 이어, 패래미)

Cyprinus carpio Linnaeus 1758: 320 (Europe)

이스라엘잉어[64]

Cyprinus carpio Linnaeus

───────────────

62) 백두산 삼지연못에 고립 분포된 크기가 작고 체고가 낮은 붕어에 대해 아종으로 구분하였으나 다른 아종들에 대한 개념이 설명되지 않았으므로 유효하지 않다.

63) 이 종은 유럽에서 먼저 기재되었으며, *C. auratus*의 아종으로 취급되는 등 문제가 있었으나 근래 신모식(neotype)이 지정되는 등 지리적으로 유럽과 북동아시아에 분포하는 종으로 정리되었다(Kottelat 2006, Kalous *et al.* 2012, Rylková *et al.* 2018). 김과 길(2006)은 우리나라의 북부에 분포하는 것으로 기록하였으며, 아무르강 수계가 분포지로 기록되었으므로 북한의 표기에 따라 목록으로 두었다. 한편 이 종의 양식품종은 통상 "Goldfish" *Carassius auratus*로 표기되었으며, 이 표기는 양식품종에 대해 인정(ICZN 2003: Opinion 2027)되므로 이에 해당하는 양식품종을 분류학적으로 취급할 경우 주의가 필요하다.

64) "향어"라고도 불리우는 "이스라엘잉어"는 양식을 위해 이스라엘에서 Dor-70이라는 품종(변종)으로 개발한 것이며, 현재 우리나라에는 이 명칭에 "거울잉어" mirror carp 등이 섞여 있다(Balon 1974, Jhingran and Pullin 1985).

143. 아무르잉어 (최 1964)   = 아무르잉어[b 65)]

Cyprinus carpio haematopterus Temminck and Schlegel 1846: 189, 216, Pl. 96 (Japan)

Gen. 94 초어속   = 초어속[acf]

Ctenopharyngodon Steindachner 1866: 782 (type species: *Ctenopharyngodon laticeps*
　　Steindachner 1866)

144. 초어   = 초어[abcf] (초근어, 완어)

Leuciscus idella Valenciennes in Cuvier and Valenciennes 1844: 362 (China)

Ctenopharyngodon idellus (Valenciennes)

　납자루아과 Acheilognathinae   = 납주레기아과[a]

Gen. 95 납자루속   = 납주레기속[acff], 납저리속[b]

Acheilognathus Bleeker 1859: 259 (type species: *Acheilognathus melanogaster* Bleeker
　　1860c)

　큰납지리속 (정 1977, 김 1997)   = 가시납주레기속[acf], 큰가시납저리속[b]

Acanthorhodeus Bleeker 1871a: 39, 40 (type species: *Acanthorhodeus macropterus*
　　Bleeker 1871a)

　납지리속 (정 1977)   = 납저리아제비속[ab]

Paracheilognathus Bleeker 1863a: 213 (type species: *Capoeta rhombea* Temminck and
　　Schlegel 1846)

145. 가시납지리[66)]   = 가시납주레기[ac], 가시납저리[b] (납제리, 납주레기, 납줄갱이, 납지리)

Devario chankaensis Dybowski 1872: 212 (Lake Khanka, southeastern Russia)

Acheilognathus chankaensis (Dybowski)

146. 큰납지리   = 큰가시납주레기[ac], 큰가시납저리[b], 가시납주레기[f] (납저리, 납제리, 납주레기,
　　　　　　　　　　　　　　　　　납줄갱이, 납지리, 병어, 큰납지리, 큰납제리)

Acanthorhodeus macropterus Bleeker 1871a: 40, pl. 2 (fig. 2) (Chang Jiang, China)

Acheilognathus macropterus (Bleeker)

---

65) 최(1964)가 기록한 *C. c. haematopterus*는 유효하지 않은 학명이며, *C. carpio*와 다른 종으로 일본, 중국, 베
　　트남 등 동아시아에 분포하는 *C. rubrofuscus* Lacepède 1803의 동종이명으로 주장되기도 한다(Kottelat 2001,
　　Dyldin and Orlov 2016). 잉어의 아종 구분을 위한 야생 개체군의 자료가 될 수 있으므로 최(1964)에 따라 목록
　　에 남겼다.

66) Regan(1908a)에 의해 우리나라 고유종인 *Acanthorhodeus gracilis*로 기록되었으나 *Acheilognathus*
　　*chankaensis*의 동종이명으로 정리되었다(Kim and Kim 2009, 김 등 2011).

= 북가시납저리[bb]

Acanthorhodeus bergi Mori 1928a: 63 (Manjujin, Korea)

147. 칼납자루　　　　= 칼납주레기[a], 기름납저리[b], 청납주레기[c] (기름납주레기, 납주레기, 청납제리)

Acheilognathus limbata (not of Temminck and Schlegel 1846)

Acheilognathus koreensis Kim and Kim 1990: 47, figs. 1-2 (Chon-chon stream, tributary of the Kum River at Chonchon-myon, Changsu-gun, Chollabuk-do, Korea)[67]

148. 납자루　　　　　　= 창납주레기[a], 끌납저리[b], 납주레기[cf] (납제리, 납주레기)

Capoeta lanceolata Temminck and Schlegel 1846: 202, pl. 100 (figs. 3, 3a-b) (Streams about Nagasaki, Japan)

Acheilognathus lanceolatus (Temminck and Schlegel)

149. 큰줄납자루 (Kim IS and Yang H 1998)

Acheilognathus majusculus Kim and Yang 1998: 27, Figs. 1-2 (Somjin River, Dae-ri, Kwanchon-myon, Imsil-gun, North Cholla, Chollabuk-do Province, South Korea)

150. 납지리　　　　　　= 납저리아제비[abc] (납제리, 납주레기, 납줄갱이, 납지리)

Capoeta rhombea Temminck and Schlegel 1846: 204, pl. 100 (figs. 6, 6a-b) (Near Nagasaki, Japan)

Acheilognathus rhombeus (Temminck and Schlegel)

= 남가시납저리[b]

Acanthorhodeus rhombeum (Temminck and Schlegel)

= 납저리[b]

Acheilognathus coreanus Steindachner 1892: 366 [10] [133] (Seoul, Korea)

151. 묵납자루　　　　　= 납주레기[a], 청납저리[b] (묵납자루, 청납주레기)

Acheilognathus signifer Berg 1907b: 159 (Pungdong, Korea)

152. 임실납자루 (Kim IS and Kim CH 1991)

Acheilognathus somjinensis Kim and Kim 1991: 189, Fig. 1 (Owon stream, the Somjin River, at Sinpyong-myon, Imsil-gun, Chollabuk-do, South Korea)

153. 줄납자루　　　= 줄납주레기[acf], 줄납저리[b] (납자루, 납자루, 납저리, 납주레기, 줄납저리, 줄납자루)

Acheilognathus yamatsutae Mori 1928a: 62 [16] (Changseong, Yalu River, Korea)

일자납자루 (정 1977)　　　　　　　　　　　　= 긴꼬리납저리[b]

Acheilognathus cyanostigma (not of Jordan and Fowler 1903d)

---

67) 이전에 "칼납자루"의 학명으로 사용하던 *Acheilognathus limbata*는 일본에 분포하는 종에 대한 것으로 Kim and Kim(1990)은 우리나라의 "칼납자루"가 일본의 종과 다름을 밝혀 신종으로 기재하였다.

다비라납지리 (정 1977)   = 남방망성어[b 68)]

Acheilognathus tabira (not of Jordan and Thompson 1914)

                                                        = 가는납저리아제비[b]

Paracheilognathus tabira (not of Jordan and Thompson 1914)

Gen. 96 납줄개속   = 망성어속[abcf]

Rhodeus Agassiz 1832: 134 (type species: *Cyprinus amarus* Bloch 1782)

각시붕어속 (정 1977)   = 돌납주레기속[acf], 돌납저리속[b]

Pseudoperilampus Bleeker 1863a: 214 (type species: *Pseudoperilampus typus* Bleeker 1863c)

154. 서호납줄갱이[69)]   = 서호돌납주레기[a], 서호돌납저리[b] (서호납줄갱이)

Pseudoperilampus hondae Jordan and Metz 1913: 20, pl. 2 (fig. 3) (Suwon, Korea)

Rhodeus hondae (Jordan and Metz)

155. 떡납줄갱이   = 돌납주레기[acf], 돌납저리[b] (납주레기, 떡납줄갱이, 호박씨납주레기)

Rhodeus notatus Nichols 1929: 6, Fig. 4. (Tsinan, Shantung Province, China)

납줄갱이 (정 1977)   = 수원돌납주레기[a], 수원돌납저리[b] (납줄갱이)

Pseudoperilampus suigensis Mori 1935a: 563, 573, Fig. 2 (Suwon, Jeonju)

156. 흰줄납줄개   = 망성어[abcf] (납제리, 납주레기, 흰줄납줄개)

Pseudoperilampus ocellatus Kner 1866: 548 (Shanghai, China)

Rhodeus ocellatus (Kner)

157. 한강납줄개 (Arai, Jeon and Ueda 2001)

Rhodeus pseudosericeus Arai, Jeon and Ueda 2001: 276, Figs. 1-6 (Gumgye River, tributary of Som River, Namhan River system, Hakdam-ri, Gonggun-myon, Hoengsong-gun, Gangwon-do, South Korea)

158. 납줄개   = 실망성어[ac], 아무르망성어[b] (납제리, 납주레기, 납줄개, 호박씨붕타리)

Cyprinus sericeus Pallas 1776: 208, 704 (Onon River, Dauriya, Russia)

Rhodeus sericeus (Pallas)

---

68) Mori(1935a)가 서울에서 채집한 표본 1마리를 이 종으로 동정하였으며, 1990년대 초기 문헌에 기록되었으나 오동정이다. 이 종은 일본에만 분포한다.

69) Jordan and Metz(1913)가 수원 서호에서 채집하여 신종으로 보고하였고, Mori(1952)를 비롯하여 우리나라 학자들도 기록하였으나 이후 발견된 기록이 없어 절멸된 것으로 취급되고 있다(김 등 2011).

159. 각시붕어　　　　　　　　　　　= 각시돌납주레기[a], 남방돌납저리[b] (각시붕어)

　　Pseudoperilampus uyekii Mori 1935a: 562, 573, Fig. 1 (Seoul, Suwon, Haenam, Busan)

　　Rhodeus uyekii (Mori)

　　　　모래무지아과 Gobioninae　　　　　= 자그사니아과[a], 돌부치아과[cf 70)]

Gen. 97 버들매치속　　　　　　　　　= 모래마자속[a], 각시뽀돌치속[b]

Abbottina Jordan and Fowler 1903d: 835 (type species: *Abbottina psegma* Jordan and
　　Fowler 1903)

160. 버들매치　　　　　　　= 모래마자[acf], 각시뽀돌치[b] (각시뽀돌치, 돌모래지, 버들매치)

　　Gobio rivularis Basilewsky 1855: 231 (northern China)

　　Abbottina rivularis (Basilewsky)

　　　　　　　　　　　　　　　　　　　　　　　　= 알락마재기[b]

　　Pseudogobio rivularis (Basilewsky)

161. 왜매치 (Bănărescu and Nalbant 1973)

　　Abbottina springeri Bănărescu and Nalbant 1973: 239, Figs. 126, 126a-b (Sincheon-ni,
　　　west-northwest of Busan, South Korea)

Gen. 98 케톱치속　　　　　　　　　　= 긴수염돌고기속[ab], 돌치속[c]

Coreius Jordan and Starks 1905: 197 (type species: *Labeo cetopsis* Kner 1867)

162. 케톱치[71)]　　　　　　　　　　= 긴수염돌고기[ab], 돌치[c] (케톱치)

　　Gobio heterodon Bleeker 1864c: 26 (China)

　　Coreius heterodon (Bleeker)

Gen. 99 쉬리속　　　　　　　　　　　= 쒜리속[ac], 살고기속[b]

Coreoleuciscus Mori 1935b: 161 (type species: *Coreoleuciscus splendidus* Mori 1935)

163. 쉬리　　= 쒜리[ac], 살고기[b 72)] (두모지, 빵이, 싸리쟁이, 싸리치쒜리, 쎄리, 수레, 수리, 쉐리, 쉬리, 열목어)

　　Coreoleuciscus splendidus Mori 1935b: 161, pl. 11 (fig. 1) (Hoeyang, Han River,
　　　central Korea)

---

70)　김(1972), 김과 김(1981)은 "돌부치아과" Gobiobotinae를 사용하였다.

71)　정(1977)은 국명을 "케톱치"로 하였으나 이는 이전에 사용하던 종명인 *cetopsis*에서 온 것이어서 의미가 불분명
　　하므로 국명을 바꿀 필요가 있다.

72)　Mori(1935b)는 한국명을 Sal-koki로 소개하였으며, 최(1964)는 이를 따라 한글화한 것으로 생각된다.

Gen. 100 모샘치속   = 자그사니속[abcf]

Gobio Cuvier 1816: 193 (type species: *Cyprinus gobio* Linnaeus 1758)

164. 모샘치   = 자그사니[abc], 매자[c](두루치, 댕갱이, 모새무치, 모샘치, 시베리아자그사니, 열매기, 통재기)

    Gobio fluviatilis var. *cynocephalus* Dybowski 1869: 951 (Onon and Ingoda rivers, Amur River basin, Siberia, Russia)

    Gobio cynocephalus Dybowski

                             = 모샘치[bf]

    Gobio gobio cynocephalus Dybowski

165. 두만모재   = 동북자그사니[a], 두만자그사니[b] (매자, 두만모재)

    Gobio gobio macrocephalus Mori 1930: 46 [8] (Hoeryeong, Korea)

    Gobio macrocephalus Mori

Gen. 101 꾸구리속   = 돌상어속[ac 73)], 돌매자속[b]

Gobiobotia Kreyenberg 1911: 417 (type species: *Gobiobotia pappenheimi* Kreyenberg 1911)

166. 돌상어   = 돌상어[abc] (꾸구리, 뚝지)

    Gobiobotia brevibarba Mori 1935b: 168, pl. 12 (figs. 3-4) (Hoeyang at north Han River, Korea)

167. 꾸구리   = 긴수염돌상어[ac], 돌메자[b] (구구리, 꾸구리, 대두돌상어)

    Gobiobotia macrocephala Mori 1935b: 166, pl. 11 (figs. 4-5) (Cheongcheon at south Han River, Korea)

168. 흰수마자   = 락동강돌상어[ac], 락동돌상어[b] (흰수마자)

    Gobiobotia naktongensis Mori 1935b: 169, pl. 12 (figs. 1-2) (Yeongju at Nakdong River, Korea)

Gen. 102 누치속   = 누치속[abcf]

Hemibarbus Bleeker 1860a: 431 (type species: *Gobio barbus* Temminck and Schlegel 1846)

  어름치속   = 어름치속[ac], 어룽치속[b 74)]

    Gonoproktopterus Bleeker 1860b: 275, 311, 312 (type species: *Barbus kolus* Sykes 1839)

---

73) 김과 길(2006)은 "돌상어아과" Gobiobotinae로 구분하여 배정하였다.

74) "어름치"에 사용되었던 *Gonoproktopterus*속은 인도 반도에 고유한 속으로 우리나라에서 사용하는 것은 맞지 않으며, *Hemibarbus*를 사용함이 타당하다(Bănărescu 1997, Arunachalam *et al.* 2012, 2016).

169. 누치   = 누치[abcf](구멍이, 금잉어, 누티, 눈치, 모루어, 모룽이, 모쟁이, 쇠누치, 불구지, 조선금잉어)

Cyprinus labeo Pallas 1776: 207, 703 (Upper Lena River, Selenge and Upper Amur River)

Hemibarbus labeo (Pallas)

170. 알락누치 (최 1964)   = 알락누치[abcf] (금잉어, 누티, 마재기)[75]

Hemibarbus maculatus Bleeker 1871a: 19, pl. 4 (fig. 3) (Yangtze River, China)

171. 참마자   = 마자[abcf] (두루치, 마재기, 매자, 어누치, 참마자)

Acanthogobio longirostris Regan 1908a: 60, pl. 3 (fig. 3) (Cheongju, South Korea)

Hemibarbus longirostris (Regan)

172. 어름치   = 어름치[ac], 어룽치[b] (어르무치, 한강금린어)

Barbus mylodon Berg 1907d: 3 (Geumsan at Geum River, South Korea)

Hemibarbus mylodon (Berg)

Gen. 103 새미속   = 새미속[abcf]

Ladislavia Dybowski 1869: 954 (type species: *Ladislavia taczanowskii* Dybowski 1869)

173. 새미   = 새미[abcf](더퍼리, 써거리, 써거비)

Ladislavia taczanowskii Dybowski 1869: 954, pl. 17 (fig. 7) (Onon and Ingoda rivers, Amur River basin, Russia)

Gen. 104 압록자그사니속   = 자그사니번티기속[a]

Mesogobio Bănărescu and Nalbant 1973: 198 (type species: *Mesogobio lachneri* Bănărescu and Nalbant 1973)

174. 압록자그사니 (Bănărescu and Nalbant 1973, 김 1997)

Mesogobio lachneri Bănărescu and Nalbant 1973: 199, Figs. 107, 107a (Yalu River, between Korea and China)

175. 두만강자그사니   = 두만강자그사니[a]

Mesogobio tumensis Chang in Zheng, Hwang, Chang and Dai 1980: 43, Fig. 17 (Tu-men

---

75) 이 종은 아무르강 수계, 북한의 대동강과 압록강, 압록강에서 베트남까지 분포하며 *H. labeo*와는 다른 별종으로 알려졌다(김과 김 1981, 김과 길 2006, Bogutskaya *et al.* 2008, Dyldin and Orlov 2016). Jordan and Metz(1913)가 평양에서 채집한 3개체를 비교적 자세히 기록하였으나 종 구분에 혼동이 있었던 시기인 Mori(1928b)부터 *H. labeo*만 남고 우리나라 목록에서 제외되었다. 북한의 학자들이 Mori 등의 기록을 인용하지 않고 종의 특징과 북쪽으로 제한된 분포범위를 기록하고 있어 우리나라 어류 목록으로 부활시켰다. 추후 표본의 검토가 필요하다.

River, Jilin Province, China)

Gen. 105 모래주사속   = 돌부치속[acf], 돌붙이속[b]

Microphysogobio Mori 1934: 39 (type species: *Microphysogobio hsinglungshanensis* Mori 1934)

176. 모래주사   = 돌부치[ac], 돌붙이[b] (모래주사, 밑삐리)

Microphysogobio koreensis Mori 1935b: 173, pl. 13 (figs. 3-4) (Nakdong River at Yeongyang, Korea)

177. 됭경모치[76)]   = 애기돌부치[ac] (됭경모치, 싸리모치)

Microphysogobio sp. Uchida 1939: 382 (Milyang and Daedong River)

Microphysogobio tungtingensis uchidai Bănărescu and Nalbant 1973: 264 (Sincheon-ni, west-northwest of Pusan, Korea)

Microphysogobio jeoni Kim and Yang 1999: 4, Fig. 4 (Tosan-myon, Andong-shi, Kyonsandbuk-do, Korea)

178. 배가사리   = 큰돌부치[ac], 큰돌붙이[b] (돌부티, 배가사리, 빠가사리)

Microphysogobio longidorsalis Mori 1935b: 171, pl. 13 (figs. 1-2) (North Han River at Hoeyang, central Korea)

179. 여울마자 (Chae BS and Yang HJ 1999)

Microphysogobio rapidus Chae and Yang 1999: 17, Figs. 1-2 (Yong-gang River, Toegang-ri, Sabol-myon, Sangju-shi, Kyongsangbuk-do, South Korea)

180. 돌마자   = 압록강돌부치[acf], 압록돌붙이[b], 압록모래무치[b 77)] (돌마자, 돌모래지, 돌부티)

Pseudogobio yaluensis Mori 1928a: 59 [13] (Yalu River at Tsao-ho-kou, Korea)

Microphysogobio yaluensis (Mori)

Gen. 106 모래무지속   = 모래무치속[acf]

Pseudogobio Bleeker 1860a: 425 (type species: *Gobio esocinus* Temminck and Schlegel 1846)

---

76) Uchida(1939)는 밀양강과 대동강의 표본을 미확인종으로 기록하였으나 Bănărescu and Nalbant(1973)는 신천리에서 채집한 표본을 같은 종의 것으로 판단하고 *M. tungtingensis uchidai*로 기재하였다. 그러나 Kim and Yang(1999)은 이 신아종의 모식표본을 검토한 결과 *M. yaluensis*에 해당함을 밝혔고, Uchida(1939)의 기재에 해당하는 표본을 확보하여 신종으로 재기재하였다.

77) 최(1964)는 동일한 종을 *Pseudogobio yaluensis*의 학명에 대해서는 "압록모래무치"로, *Microphysogobio yaluensis*의 학명에 대해서는 "압록돌붙이"로 중복 사용하였다.

181. 모래무지[78]   = 모래무치[abcf] (떵쇠, 띠눈이, 띄눈이, 드렁치, 모래지, 몰개무치)

Gobio esocinus Temminck and Schlegel 1846: 196, pl. 99 (figs. 2, 2a-b) (Japan)

Pseudogobio esocinus (Temminck and Schlegel)

Gen. 107 돌고기속   = 돌고기속[abcf]

Pungtungia Herzenstein 1892: 231 (type species: *Pungtungia herzi* Herzenstein 1892)

182. 돌고기[79]   = 돌고기[abcf] (도주이, 돗쟁이, 돗지, 중돌고기)

Pungtungia herzi Herzenstein 1892: 231, Fig. (Pungdong, Korea)

Gen. 108 감돌고기속   = 먹돌고기속[ac], 금강돗쟁이속[b]

Pseudopungtungia Mori 1935b: 164 (type species: *Pseudopungtungia nigra* Mori 1935)

183. 감돌고기   = 먹돌고기[ac], 금강돗쟁이[b] (감돌고기)

Pseudopungtungia nigra Mori 1935b: 164, pl. 11 (figs. 2-3) (Geum River at Hwanggan, central Korea)

184. 가는돌고기 (Jeon SR and Choi KC 1980)

Pseudopungtungia tenuicorpus Jeon and Choi 1980: 41, pl. (fig. 1) (Juchon River of Namhan River system, tributary of South Han River, Anheung Myeon, Hoengseong Gun, Gangwon Do, South Korea)

Gen. 109 참붕어속   = 참붕어속[abcf]

Pseudorasbora Bleeker 1860b: 261 (type species: *Leuciscus pusillus* Temminck and Schlegel 1846)

185. 참붕어   = 참붕어[abcf] (농달치, 독도고기, 목도고기, 못고기, 버들메치)

Leuciscus parvus Temminck and Schlegel 1846: 215, pl. 102 (figs. 3, 3a-b) (Japan)

Pseudorasbora parva (Temminck and Schlegel)

---

78) Tominaga and Kawase(2019)는 일본의 종을 3종으로 구분하면서 5가지 계수형질과 25가지 형태형질 및 색깔을 근거로 한국의 종은 일본과 다른 종일 것으로 기록하여 우리나라 표본에 대한 재검토가 필요하다.

79) Herzenstein이 1892에 신속 신종으로 발표하여 우리나라 어류가 과학적인 체계를 갖추어 세계에 처음으로 알린 종으로 기록되었으나(정 1977: 11, 김 등 2005: 2), Richardson(1848a)의 모식산지가 제주도인 해산어 "창치" *Podabrus* (= *Vellitor*) *centropomus* 신종보고가 우리나라 어류의 최초 기록이다.

Gen. 110 중고기속 = 돌붕어속[acf]

Sarcocheilichthys Bleeker 1860a: 435 (type species: *Leuciscus variegatus* Temminck and Schlegel 1846)

= 써거비속[abcf]

Chilogobio Berg 1914: 488 (type species: *Chilogobio soldatovi* Berg 1914)

186. 북방중고기[80] = 써거비[abc] (기름치, 무당고기, 써거리, 중고기, 중태)

Chilogobio czerskii Berg 1914: 490, Fig. 75 (Sintuka River, Lake Chanka [Khanka] basin, Amur River drainage, Russia)

Sarcocheilichthys nigripinnis czerskii (Berg)

= 수원써거비[b], 써거비[f]

Chilogobio czerskii Berg
술중고기 (정 1977)[81] = 압록써거비[b]

Chilogobio soldatovi Berg 1914: 492, Fig. 76 (Amur River)

187. 중고기 = 써거비[abc] (기름치, 무당고기, 써거리, 중고기, 중태)

Gobio nigripinnis Günther 1873a: 246 (Shanghai, China)

Sarcocheilichthys morii Jordan and Hubbs 1925: 175 (Daedong River, northern Korea)

Sarcocheilichthys nigripinnis morii Jordan and Hubbs

188. 참중고기 = 남방써거비[a], 중고기[bc] (써거리, 참중고기)

Leuciscus variegatus Temminck and Schlegel 1846: 213, pl. 102 (figs. 2, 2a-b) (Nagasaki, Japan)

Sarcocheilichthys wakiyae Mori 1927: 100 (Choko, South Korea)

Sarcocheilichthys variegatus wakiyae Mori

= 락동써거비[b]

Sarcocheilichthys kobayashii Mori 1927: 101 (Nakdong River, South Korea)

= 섬진써거비[b]

Sarcocheilichthys koreensis Mori 1927: 102 (Seomjin River, west Korea)

---

80) 김과 길(2006)은 *S. morii*와 *S. soldatovi*를 *S. czerskii*의 동종이명으로 처리하였으므로 "북방중고기"와 "중고기"의 북한명이 "써거비"로 동일하게 표기되었다.

81) "압록써거비" *S. soldatovi*는 근래 종으로 인정하고 있어 실질적으로 "북방중고기"의 북한명으로 보기 곤란하지만, 추후 북한의 표본에 대한 재검토가 필요하다.

얄중고기 (정 1977)　　　　　　　　　　　　　　= 돌붕어[abcf] (땃붕어, 산붕어, 얄중고기)[82]

Barbodon lacustris Dybowski 1872: 216 (Lakes in lower Amur River basin, Russia)

Sarcocheilichthys lacustris (Dybowski)

Gen. 111 두우쟁이속　　　　　　　　　　　　　　　　　= 생새미속[abcf]

Saurogobio Bleeker 1870b: 253 (type species: *Saurogobio dumerili* Bleeker 1871a)

189. 두우쟁이　　　　　　　　　　　　　　　　= 생새미[abcf] (공지, 두루치, 두우쟁이)

Saurogobio dabryi Bleeker 1871a: 27, pl. 5 (fig. 1) (Yangtze River, China)

190. 한강생새미 (최 1964)[83]　　　　　　　　　　　　= 한강생새미[b]

Longurio athymius Jordan and Starks 1905: 197, Fig. 3 (Jemulpo, northern Korea)

Saurogobio dumerili Bleeker 1871a: 25, Pl. 1 (fig. 1) (Yangtze River, China)

Gen. 112 줄몰개속 (김과 이 1984)[84]　　　　　　　　= 버들붕어속[cf]

Gnathopogon Bleeker 1860a: 435 (type species: *Capoeta elongata* Temminck and
　　Schlegel 1846)

　　　　　　　　　　　　　　　　　　　　　　= 줄버들붕어속[a]

Paraleucogobio Berg 1907c: 163 (type species: masc. *Paraleucogobio notacanthus* Berg
　　1907)

---

82) 정(1977)은 *S. lacustris* (Dybowski)로 기록하였으나 이는 중국에 분포하는 *S. sinensis*의 동종이명으로 밝혀졌
　　고, 중국에서는 *S. wakiyae*로 오동정된 적이 있다. 김과 이(1984b)는 종명을 언급하였을 뿐 동종이명이나 종의
　　상태에 대한 언급없이 우리나라 어류 목록에서 제외하였다. 근래 *S. sinensis*와 *S. lacustris*는 서로 근연종이지
　　만 잘 구분되며(Zhang *et al.* 2008), 후자는 흑룡강에 주로 서식한다는 의견이 있고(Xu *et al.* 2014), 김(1972),
　　김과 김(1981), 김과 길(2006)은 이 종이 압록강 중류에서 드물게 서식하는 것으로 기록하여 추후 압록강 표본의
　　재검토가 필요하다.

83) 이 종은 Jordan and Starks(1905)가 제물포에서 채집한 1개체를 신종 *Longurio athymius*로 보고하였으나
　　Jordan and Metz(1913)는 *Saurogobio*속으로 정리하였다. 우리나라에서는 Jordan and Metz(1913)에 이어
　　Mori(1928b)가 언급하였으나 이후 기록되지 않았고, Mori(1952)는 *S. dabryi*로 정정하였다. 그러나 Berg(1914)
　　는 이 종이 *S. dabryi*가 아닌 *S. dumerili*일 것으로 언급했으며, Bănărescu and Nalbant(1973)는 모식표본을 조
　　사하여 *S. dumerili*로 결론하였다. 아울러 이 표본이 자연분포가 아니라 경제성 치어를 수입하는 과정에서 유입
　　되었을 것으로 추정하였으나 원기재에 따르면 표본의 크기가 250mm에 달하여 타당성이 떨어진다. 표본의 존재
　　가 분명하므로 목록으로 기록해 둔다.

84) 이전에는 *Squalidus*속을 포함하여 "몰개속" *Gnathopogon*(정 1977)으로 하였으나 김과 이(1984a: 133)가 분류
　　학적 정리를 통해 "몰개속" *Squalidus*와 "줄몰개속" *Gnathopogon*을 구분하였다.

191. 줄몰개 [85]　　　　　　　　　　　　　　**= 줄버들붕어**[abcf] (줄몰개, 깨고기)

Leucogobio strigatus Regan 1908a: 59, pl. 2 (fig. 2) (Cheongju, South Korea)

Gnathopogon strigatus (Regan)

Gen. 113 몰개속 (김과 이 1984)　　　　　　　　　　　**= 버들붕어속**[86]

Squalidus Dybowski 1872: 215 (type species: *Squalidus chankaensis* Dybowski 1872)

192. 참몰개 (김과 이 1984)[87]　　　　　　　　　**= 버들붕어**[a], **대동버들붕어**[b]

Squalidus chankaensis Dybowski 1872: 215 (Lake Chanka, Amur River drainage, southeastern Russia)

Gnathopogon tsuchigae Jordan and Hubbs 1925: 170 (Daedong River, northern Korea)

Squalidus chankaensis tsuchigae (Jordan and Hubbs)

193. 몰개 (김과 이 1984a)[88]　　　　　　　**= 버들붕어**[acf], **큰버들붕어**[b] (눈케미, 몰개)

Squalius japonicus Sauvage 1883: 147 (Lake Biwa, Japan)

Leucogobio coreanus Berg 1906b: 394 (Sambau River, Kyong-sang-do Province, South Korea)

Squalidus japonicus coreanus (Berg)

194. 긴몰개　　　　　　　　　　　**= 긴버들붕어**[acf], **버들붕어**[b] (긴몰개, 눈케미)

Capoeta gracilis Temminck and Schlegel 1846: 201, pl. 100 (figs. 2, 2a-b) (Streams near Nagasaki, Japan)

Gnathopogon majimae Jordan and Hubbs 1925: 167, pl. 9 (fig. 2) (Daedong River, northwestern Korea)

Squalidus gracilis majimae (Jordan and Hubbs)

　　　　　　　　　　　　　　　　　　　　　　= 가는버들붕어[b]

Gnathopogon longifilis Jordan and Hubbs 1925: 169 (Daedong River, northern Korea)

---

85) 최(1964)와 김과 길(2006)은 *Paraleucogobio strigatus* (Regan)로 하였다.

86) 북한 학자들은 "줄몰개속=버들붕어속" *Gnathopogon*과 "몰개속" *Squalidus*를 구분하지 않았다.

87) Jordan and Hubbs(1925)가 대동강에서 채집한 표본을 *Gnathopogon tsuchigae*로 보고하였으나 Bănărescu and Nalbant(1973)에 따라 *S. chankaensis*의 아종으로 정리되었으며, Uchida(1939), 정(1977)이 기록한 "몰개" *G. coreanus* 역시 이 아종의 오동정으로 정리되었다(김과 이 1984a). 김과 길(2006)의 기록은 *S. gracilis japonicus*와 이 종 *S. chankaensis tsuchigae*의 2종을 모두 포함하고 있어 북한명에 "버들붕어"를 포함시켰다.

88) Berg(1906)가 경남지방의 표본을 *Leucogobio coreanus*로 보고하였다. Uchida(1939), 정(1977)은 *G. coreanus* 라는 학명으로 기록하였지만 *S. chankaensis tsuchigae*의 오동정으로 처리되었고 (Bănărescu and Nalbant 1973), 김과 이(1984a) 이후 *S. japonicus coreanus*로 정리되었다.

Leucogobio longifilis (Jordan and Hubbs)

195. 점몰개 (Hosoya and Jeon 1984)

Squalidus multimaculatus Hosoya and Jeon 1984: 42, Figs. 1-3 (Yongdok-Oship River, Namsan-ri, Yongdok-myon, Yondok-gun, Kyongsangbuk-do, South Korea)

황어아과 Leuciscinae = 야레아과[a]

Gen. 114 대두어속 (흑연속; 정 1977)[89] = 화련어속[acf]

Aristichthys Oshima 1919: 246 (type species: *Leuciscus nobilis* Richardson 1845b)

196. 대두어 (흑연; 정 1977) = 화련어[acf] (용어, 흑닝어, 흑련어)

Leuciscus nobilis Richardson (ex Gray) 1845b: 140, pl. 63 (fig. 3) (Canton, China)

Aristichthys nobilis (Richardson)

Gen. 115 강청어속 (김과 길 2006) = 강청어속[ac], 민물청어속[f]

Mylopharyngodon Peters 1881: 925 (type species: *Leuciscus aethiops* Basilewsky 1855)

197. 강청어 (김과 길 2006) = 강청어[ac], 민물청[f] (청근어, 청어)[90]

Leuciscus piceus Richardson 1846: 298 (Canton, China)

Mylopharyngodon piceus (Richardson)

Gen. 116 백연속 = 기념어속[acf 91]

Hypophthalmichthys Bleeker 1860a: 433 (type species: *Leuciscus molitrix* Valenciennes 1844)

198. 백련어 (백연; 정 1998) = 기념어[abcf] (반두어, 백닝어, 백련어, 련어, 연어)

Leuciscus molitrix Valenciennes in Cuvier and Valenciennes 1844: 360 (China)

Hypophthalmichthys molitrix (Valenciennes)

---

89) 정(1977)은 "흑연속", "흑연"으로 소개하였으나 의미를 알기 어렵고, 반면 영명이 "큰 머리"를 의미하므로 "대두어"로 많이 사용하고 있다.

90) 중국 남부에서 아무르강 수계까지 동아시아에 분포하는 종으로 양식을 위해 세계적으로 이식되었다. 김과 김(1981), 김과 길(2006)은 이식에 대한 언급 없이 중부 이북의 큰 강과 호수에 분포하는 것으로 기록하고 있어 추후 검토가 필요하다.

91) 북한은 1958년 7월에 김일성이 압록강 수풍호에서 처음으로 이 종을 채집하여 미기록종으로 기록하여 중요시하였다(최 1964, 김과 길 2006). "대두어속 [화련어속]", "강청어속" 등과 더불어 "황어아과"가 아닌 별도의 "화백련어아과(김과 길 2006)" 혹은 "기념어아과(김 1972, 김과 김 1981)" Hypophthalmichthyinae로 구분하였다.

Gen. 117 야레속 = 야레속[acf], 황어속[be 92)]

Leuciscus Cuvier (ex Klein) 1816: 194 (type species: *Cyprinus leuciscus* Linnaeus 1758)

199. 야레 = 야레[abcf] (날치, 날티, 뱅피, 압록강황어, 야리, 야로)

   Idus waleckii Dybowski 1869: 953, pl. 16 (fig. 5) (Onon and Ingoda rivers, Upper Amur River basin, Russia)

   Leuciscus waleckii (Dybowski)

= 두만강야레[ac], 두만야레[b] (두만강황어, 야로, 야루, 야리)

   Leuciscus waleckii tumensis Mori 1930: 44 [6] (Musan, Korea)

Gen. 118 연준모치속 = 버들치속[abcf 93)]

Phoxinus Rafinesque 1820c: 236 (type species: *Cyprinus phoxinus* Linnaeus 1758)

200. 연준모치 = 모치[abcf](모티, 버들치, 뽀들개, 수수고기, 연문모치, 연주모치, 연지모치, 오리고기, 패래쟁이, 패랭이)

   Cyprinus phoxinus Linnaeus 1758: 322 (River Agger north of Lohmar, Nordrhein-Westfalen, Germany)

   Phoxinus phoxinus (Linnaeus)

Gen. 119 버들치속 = 버들치속[acf] (*Phoxinus*)

Rhynchocypris Günther 1889b: 225 (type species: *Rhynchocypris variegata* Günther 1889)

   버들치속 (정 1977) = 버들개속[b]

Moroco Jordan and Hubbs 1925: 180 (type species: *Pseudaspius bergi* Jordan and Metz 1913)

201. 금강모치[94)] = 금강모치[acf], 금강뽀들개[b] (모치, 모티, 연지모치)

   Moroco sp. Uchida 1939: 314 (Yalu River; Jungpyeongjang and Unchong Stream, Han River; Hoeyang and Jangan Temple; Jeokbyeog River; Onjeong, Yujeom Temple)

   Phoxinus kumgangensis Kim 1980: 27, 29, Fig. 1 (Upper stream of the River Daedong-

---

92) 최(1964), 김(1972)은 *Leuciscus*속을 "황어속"으로 하였으며, *Idus*속을 "야레속"으로 불렀다. 특히 최(1964)는 "버들가지 [등점버들치]"를 *Leuciscus*속에 배정하였다.

93) 최(1964)는 "버들치 [버들개]" *Rhynchocypris oxycephalus*만을 "버들개속" *Moroco*로, "버들가지 [등점버들치]" *R. semotilus*를 "황어속" *Leuciscus*으로, 나머지를 "버들치속" *Phoxinus*으로 하였다. 김(1972), 김과 길(2006)은 "연준모치"와 "버들치류"를 구분하지 않고 모두 "버들치속" *Phoxinus*로 사용하였다.

94) 정(1977)이 사용한 학명 *Moroco* (= *Rhynchocypris*) *keumkang*이 우선하므로 이를 사용해야 한다는 의견이 있다(Fricke *et al*. 2021). 추후 검토가 필요하다.

gang, Daeheung-town, Daeheung-County, Korea)

Rhynchocypris kumganensis (Kim)

202. 버들치 = 버들치[acf], 버들개[b] (기름모치, 기름치, 버드래기, 버드락지, 버드쟁이, 버들티, 중걸대, 중버들티, 중타래)

Pseudophoxinus oxycephalus Sauvage and Dabry 1874: 11 (Beijing, Si-wan, and south Shen-si, China)

Rhynchocypris oxycephalus (Sauvage and Dabry)

= 수풍버들치[b]

Phoxinus czekanowskii suifunensis Berg 1932: 361 (Suifun and Kangauz rivers at Vladyvostok)

203. 동버들개 = 못버들치[abc] (동버들개, 버들개, 버들치, 뽀돌개)

Cyprinus percnurus Pallas 1814: 299 (Lakes along the Lena River, Russia)

Rhynchocypris percnurus (Pallas)

= 뽀들개[b]

Phoxinus percnurus mantschuricus Berg 1907a: 204 [9] (Tributary of Songhua River, Amur River basin, China)

= 북버들치[b]

Phoxinus percnurus sachelinensis Berg 1907a: 204 [9] (Arakul River, southern Sakhalin Island, Russia)

204. 버들가지 = 등점버들치[abc] (버들가지, 버들개, 버들치, 치레뽀들개)

Leuciscus semotilus Jordan and Starks 1905: 199, Fig. 5 (Fusan, Korea)

Rhynchocypris semotilus (Jordan and Starks)

205. 버들개 = 동북버들치[ac] (버드락지, 버들각지, 버들개, 뽀드레기, 뽀들치)

Phoxinus steindachneri Sauvage 1883: 148 (Lake Biwa, Japan)

Rhynchocypris steindacheneri (Sauvage)

= 버들치[b] (중국모치)

Phoxinus lagowskii oxycephalus (Sauvage and Dabry de Thiersant 1874)

Gen. 120 황어속 = 황어속[ac]

Tribolodon Sauvage 1883: 149 (type species: Tribolodon punctatus Sauvage 1883)

206. 대황어 (전과 酒井 1984) = 황어[abce] (검은직, 설치어, 하에, 화에, 황에)

Telestes brandtii Dybowski 1872: 215 (Lake Khanka and Ussuri River, southeastern

Russia)

Tribolodon brandtii (Dybowski)

207. 황어   = 붉은황어[a], 강황어[b] (붉은직, 울진황어)

Leuciscus hakonensis Günther 1877: 442 (Lake Hakone, Japan)

Tribolodon hakonensis (Günther)

           피라미아과 **Danioninae** (Rasborinae)

Gen. 121 왜몰개속   = 눈달치속[abcf]

Aphyocypris Günther 1868: 201 (type species: *Aphyocypris chinensis* Günther 1868)

208. 왜몰개   = 눈달치[acf], 농달치[b] (농달치, 농당치, 농뚜치, 왜몰개, 외몰개, 이밥고기, 이팝고기)

Aphyocypris chinensis Günther 1868: 201 (Chikiang, China)

                                        = 눈달치[b]

Fusania ensarca Jordan and Starks 1905: 198, Fig. 4 (Fusan)

                                 = 서호망성어[b 95)]

Rhodeus chosenicus Jordan and Metz 1913: 19, Pl. 2 (fig. 2) (Suwon, Korea)

Gen. 122 끄리속   = 어헤속[abcf]

Opsariichthys Bleeker 1863a: 203 (type species: *Leuciscus uncirostris* Temminck and Schlegel 1846)

209. 끄리   = 어헤[abcf](고리, 끄리, 날치, 날티, 범매, 비어, 빙어, 소티, 솟치, 쇠천어, 어이, 어해, 어호, 어흐)

Leuciscus uncirostris Temminck and Schlegel 1846: 211, pl. 102 (figs. 1, 1a-b) (Japan)

Opsariichthys uncirostris amurensis Berg 1932: 384, Fig. 295 (Amur, Siberia, Russia)

Gen. 123 눈불개속   = 눈붉애속[c]

Squaliobarbus Günther 1868: 297 (type species: *Leuciscus curriculus* Richardson 1846)

210. 눈불개   = 홍안자[b], 눈붉애[c]

Leuciscus curriculus Richardson 1846: 299 (Canton, China)

Squaliobarbus curriculus sp. ; Steindachner 1892: 370 (listed, Korea)

Squaliobarbus curriculus (Richardson)

---

95) "남줄개속" *Rhodeus*속 어류로 오인하여 오동정한 결과이다.

Gen. 124 청백치속 (정 1977) = 솔치속[bc]

Ochetobius Günther 1868: 297 (type species: *Opsarius elongatus* Kner 1867)

211. 청백치 = 솔치[bc] (청백치)[96]

    Opsarius elongatus Kner 1867: 358 (Shanghai, China)

    Ochetobius lucens Jordan and Starks 1905: 195, Fig. 2 (Jemulpo, Korea)

    Ochetobius elongatus (Kner)

Gen. 125 피라미속 = 행베리속[abcf]

Zacco Jordan and Evermann 1902: 322 (type species: *Leuciscus platypus* Temminck and
    Schlegel 1846)

212. 피라미 = **행베리**[abcf] (날베리, 날티, 버들개, 불거지, 불걱지, 생베리, 쇠천어, 쇠치네, 장진고기,
    적지네, 줄오리, 줄진에, 지네기, 진어리, 천어, 천에, 철레, 피래미, 홍베리, 훈두수)

    Leuciscus platypus Temminck and Schlegel 1846: 207, pl. 101 (figs. 1, 1a-b) (Japan)

    Zacco platypus (Temminck and Schlegel)

213. 갈겨니 = **갈겨니**[acf], **불지네**[b] (갈계니, 눈검댕이, 눈검쟁이, 불거리, 불거지, 불괴리, 철네, 청지네괴리)

    Leuciscus temminckii Temminck and Schlegel 1846: 210, pl. 101 (figs. 4, 4a-b) (Japan)

    Zacco temminckii (Temminck and Schlegel)

214. 참갈겨니 (Kim IS, Oh MK *et al.* 2005)

    Zacco koreanus Kim, Oh and Hosoya 2005: 2, Figs. 1-2 (Han River, Haoan-ri,
    Hongcheon-eup, Hongcheon-gun, Gangwon-do, Korea)

    강준치아과 Cultrinae = 편어아과[a]

Gen. 126 백조어속 (김 1997)[97] = 냇뱅어속[abc]

Culter Basilewsky 1855: 236 (Type species: *Culter alburnus* Basilewsky 1855)

215. 백조어 = 냇뱅어[abc] (백조어, 백어)

    Culter brevicauda Günther 1868: 329 (Taiwan)

---

96) 이 종은 중국 장강 이남의 여러 강에서 산출되는 경제적으로 중요한 종이었으나 현재는 환경 파괴 등으로 표본
    을 채집하기 어려울 정도로 희귀한 상태이다(Fan *et al.* 2006, Yang *et al.* 2018). 우리나라 인천에서 1개체가 채
    집된 것으로 기록되었으나 원 보고 이후 표본의 채집 및 검토가 없어 우리나라 어류 목록에서 제외되었다.

97) 정(1977)은 국명을 "강준치속"으로 하고 "백조어"와 "강준치" 2종을 포함시켰으나, 김과 이(1985)는 이 속에 배정
    되었던 "강준치"를 *Erythroculter*속으로 재정리하여 본 속에 "백조어" 1종만이 남게 되었으므로 김(1997)에 따라
    국명을 "백조어속"으로 수정하였다.

Gen. 127 강준치속   = 강준치속[acf]

Erythroculter Berg 1909: 138 (type species: *Culter erythropterus* Basilewsky 1855)

216. 강준치   = 강준치[abcf] (단물준치, 우레기, 편대)

  Culter erythropterus Basilewsky 1855: 236, pl. 8 (fig. 1) (Rivers flowing into Gulf of
      Tschili, Beijing, China)

  Erythroculter erythropterus (Basilewsky)

  레쿨치 (정 1977)   = 한강냇뱅어[b 98)]

  Leuciscus recurviceps Richardson 1846: 295 (Canton, China)

  Culter recurviceps (Richardson)

Gen. 128 살치속   = 살치속[abcf]

Hemiculter Bleeker 1860a: 432 (type species: *Culter leucisculus* Basilewsky 1855)

217. 치리   = 강멸치[abc] (강뱀댕어, 단물띄푸리)

  Parapelecus eigenmanni Jordan and Metz 1913: 21, pl. 3 (fig. 1) (Suwon, south of
      Seoul, southern Korea)

  Hemiculter eigenmanni (Jordan and Metz)

218. 살치   = 살치[abcf] (강청어, 살티)

  Culter leucisculus Basilewsky 1855: 238 (Rivers flowing into Bay of Tschili, Beijing,
      China)

  Hemiculter leucisculus (Basilewsky)

Gen. 129 조치속   = 늪치속[abc]

Pseudolaubuca Bleeker 1864c: 28 (type species: *Pseudolaubuca sinensis* Bleeker 1864)

219. 조치   = 늪치[abc] (조치) [99)]

  Parapelecus jouyi Jordan and Starks 1905: 200, Fig. 6 (Jemulpo, Korea)

  Pseudolaubuca jouyi (Jordan and Starks)

---

98) 중국에 분포하는 종으로 우리나라에서는 Jordan and Starks(1905)가 제물포에서 채집하여 기록하였으나 이후
    기록이 없었으며(Mori 1952: 53) 김과 이(1985)는 이 종의 동종이명으로 처리하였다.

99) 제물포의 표본이 보고된 이후 종의 표본이 채집되지 않아 한국산 어류 목록에서 제외되었다. 중국에서는
    Nichols(1925c)에 의해 *Hemiculterella* (=*Parapelecus*) *engraulis*가 보고되었으며, Bănărescu(1971: 14)는 *P.*
    *jouyu*와 *H. engraulis*의 정모식표본을 재검토하여 같은 종으로 결론지었다. 우리나라가 모식산지로 기록되었
    고, 중국에서는 *H.* (= *P.*) *engraulis*를 별종으로 취급하여 사용하고 있기 때문에 목록에서 제외시키는 것은 문제
    가 있다.

Gen. 130 편어속 (김과 길 1981) = 편어속[af]

Parabramis Bleeker 1864c: 21 (type species: *Abramis pekinensis* Basilewsky 1855)

220. 편어 (김과 김 1981) = 편어[af 100)]

  Abramis pekinensis Basilewsky 1855: 239, pl. 6 (fig. 2) (Rivers leading to Tschili Bay, China)

  Parabramis pekinensis (Basilewsky)

Gen. 131 능어속 (김과 길 2006) = 릉어속[af]

Megalobrama Dybowski 1872: 212 (type species: *Megalobrama skolkovii* Dybowski 1872)

221. 능어 (김과 길 2006) = 릉어[afa101)]

  Abramis terminalis Richardson 1846: 294 (Canton, China)

  Megalobrama terminalis (Richardson)

222. 단두어 (변 2018) = 둥근릉어[a] (단두방) [102)]

  Megalobrama amblycephala Yih 1955: 116, Figs. 1 (2, 4), 2 (6, 8); Pl. 1 (Lake Liang-Tze, Hupei, China)

Fam. 47 종개과 Balitoridae

Gen. 132 쌀미꾸리속 = 애기미꾸라지속[a], 징구락지속[b], 애기미꾸리속[cf]

Lefua Herzenstein 1888: 3 (type species: *Octonema pleskei* Herzenstein 1888)

223. 쌀미꾸리 = 애기미꾸라지[a], 용지리[b], 애기미꾸리[cf] (각시미꾸리, 말미꾸리, 쌀미꾸리, 쌀밋구리, 쇠치네, 웅고지, 용지레기, 징구락지)

  Diplophysa costata Kessler 1876: 29, pl. 3 (fig. 4) (Hu-lun Lake, Liaoning, Inner Mongolia, China)

  Lefua costata (Kessler)

---

100) 중국 광동에서 러시아 아무르강 수계까지 분포하는 종으로 김과 김(1981), 김과 길(2006)은 압록강과 대동강에 분포하는 것으로 기록하였다. 이식 가능성이 있으나 실제 출현한 적이 있어 종 목록으로 기록한다.

101) 중국 광동에서 러시아 아무르강 수계까지 분포하는 종으로 김과 김(1981)은 압록강에 "최근 년간에 나타나기 시작하여 그 자원량이 많이 늘어나고 있다"고 기록하여 이식된 것이 아닌가 생각된다. 김과 길(2006)은 압록강과 대동강에 분포하는 것으로 기록하였다.

102) 중국에 분포하는 고유종이며, 김과 길(2006)은 호북성에서 이식한 것으로 기록하였다. 남한에서는 변(2018)이 한강에서 채집하였다.

Gen. 133 종개속 = 종개속[abcf]

Orthrias Jordan and Fowler 1903c: 769 (type species: *Orthrias oreas* Jordan and Fowler 1903)

224. 대륙종개 (김과 박 2002)

Nemacheilus nudus Bleeker 1864b: 12 (Mongolia, brought from China)

Orthrias nudus (Bleeker)

225. 종개 = 종개[abcf] (가루종이, 개쫑, 깨종개, 노랑종가니, 돌종가니, 돌종개, 말종개, 산종가니, 산종개, 싸리종개, 수수종개, 종가니, 쫑개, 참종가니, 참종개)

Cobitis toni Dybowski 1869: 957, pl. 18 (fig. 10) (Onon and Ingoda rivers, Amur River basin, Russia)

Orthrias toni (Dybowski)

Gen. 134 산종개속 (김과 길 2006)

Triplophysa Rendahl 1933: 21 (type species: *Nemacheilus hutjertjuensis* Rendahl 1933)

226. 산종개 (김과 길 2006 = 인텔치; 정 1998) = 산종개[ac], 돌쫑개[b] (말종개, 인텔치, 종개, 쫑개) [103]

Diplophysa intermedia Kessler 1876: 28, pl. 3 (fig. 4) (Dalaï-Nor, Nei Mongol, China)

Triplophysa intermedia (Kessler)

Fam. 48 기름종개과[104] Cobitidae = 미꾸라지과[a], 미꾸리과[bf]

Gen. 135 기름종개속 = 하늘종개속[abcf]

Cobitis Linnaeus 1758: 303 (type species: *Cobitis taenia* Linnaeus 1758)

227. 기름종개 = 하늘종개[abcf] (기름종개, 기밀고기, 말종개, 맹간이, 물밑구리, 바두치, 뿐드치, 뿐들치, 싸리종개, 지름종개, 지름챙이, 하누종갱이)[105]

Cobitis taenia (not of Linnaeus 1758)

---

103) Mori(1928b)가 기록하였고, Mori(1930)는 두만강에서 다수의 표본을 채집한 것으로 기록하였으며, 김과 길 (2006)은 이 종이 중부 이북 강과 하천의 최상류에 서식하는 것으로 기록하였다. 종의 상태 및 분포가 애매하여 중국에서는 *B. nuda*의 동의어로 처리되었고, 한국산 어류목록에서 제외되었으나 Prokofiev(2001)가 총모식표 본을 조사한 결과 *B. nuda*와는 다른 종이고 별속인 *T. intermedia*으로 기록하였다. 내몽고 등에 분포하는 유효 한 종으로 알려져 우리나라 북한지역 표본의 재검토가 필요하다(Prokofiev 2001, Kottelat 2012).

104) 정(1977)은 잉어과의 미꾸리아과로 분류하였으나 별도의 과로 승격되었고, Cobitidae과의 국명에 대해서 이를 대표하는 속은 "기름종개속" *Cobitis*이므로 명명 규칙에 따라 "기름종개과"로 수정하였다.

105) 이전에 세부적인 종 구분 없이 *C. taenia*라는 학명으로 사용되었으나 이 종은 중부와 동부 유럽 및 북서 아시 아에 서식하는 종이므로 우리나라산에 대해서는 재기재되었다(Kim 2009). 따라서 북한에서 종명 및 국명은 복합적인 것으로 정확하게 일치하지 않는다.

Cobitis hankugensis Kim, Park, Son and Nalbant 2003: 2, Figs. 1-2 (Dojeon-ri, Sengbirryang-myeon, San-chong-gun, Gyongsangnam-do, Korea)

= 얼럭하늘종개[b]

Cobitis taenia sinensis Sauvage

228. 점줄종개 (김과 이 1988)

Cobitis taenia lutheri Rendahl 1935: 330, Figs. 1-4 (Lake Khanka basin, Ussuri cachement, Amur System, North Asia)

Cobitis lutheri Rendahl

229. 줄종개 (Kim IS 1980)

Cobitis taenia striata Ikeda 1936: 984, 991, Figs. 10 (2), 11 (4) (Chikugo River, Japan)

Cobitis tetralineata Kim, Park and Nalbant 1999: 379, Figs. 10 (A-E) (Somjin River, Guraegu, Gurae-gun, Deonranam-do, Korea)

230. 미호종개 (Kim IS and Son YM 1984)

Cobitis choii Kim and Son 1984: 50, Fig. 1 (Miho-cheon stream, tributary of the Geum River at Yeocheon-ri, Ochang-myon, Cheongwon-gun, Chungcheongbug-do Province, Korea)

Gen. 136 참종개속 (김 1997)

Iksookimia Nalbant 1993: 101 (type species: *Cobitis koreensis* Kim 1975)

231. 북방종개 (Kim IS 1980)[106]

Cobitis granoei (not of Rendahl)

Cobitis pacifica Kim, Park and Nalbant 1999: 380, Fig. 12 A-E (Shingwhang-ri, Yonkok-myon, Kangreung-shi, Kangwon-do, Korea)

Iksookimia pacifica (Kim, Park and Nalbant)

232. 남방종개 (Nalbant 1993)

Iksookimia hugowolfeldi Nalbant 1993: 106, Figs. 1, 6, 11, 12 (Yeongsan River, South Korea)

233. 참종개 (Kim IS 1975)

Cobitis koreensis Kim 1975: 51, Fig. 1 (Jojong River, tributary of the Han River, at Sang-myon, Gapyong-gun, Gyong gi-do, South Korea)

---

106) Kim(1980)이 *C. granoei*로 기록하였으나 이 종은 *C. melanoleuca*의 동종이명으로 러시아, 몽고, 중국의 청해 등에 분포하므로(Nalbant 1993), 우리나라 종에 대해서는 Kim *et al.* (1999, 2000)이 새로운 종으로 보고하였다.

Iksookimia koreensis (Kim)

234. 왕종개 (Kim IS, Choi KC *et al.* 1976)

Cobitis longicorpus Kim, Choi and Nalbant 1976: 172, Figs. 1-2 (Tributary of the Seomjin River at Bogheung-myon, Sunchang-gun, Jeollabug-do, South Korea)

Iksookimia longicorpa (Kim, Choi and Nalbant)

235. 부안종개 (Kim IS and Lee WO 1987)

Cobitis koreensis pumilus Kim and Lee 1987: 58, Figs. 1-2 (Paikchon stream at Sangso-myon, Puan-gun, Chollabuk-do, South Korea)

Iksookimia pumila (Kim and Lee)

236. 동방종개 (Kim IS and Park JY 1997)

Iksookimia yongdokensis Kim and Park 1997: 250, Figs. 2-5 (Yongdokoship River, Yongjeon-ri, Dalsman-myon, Yongdok-gun, Kyongsangbuk-do, Korea)

Gen. 137 수수미꾸리속 (Kim IS, Park JY *et al.* 1999)

Kichulchoia Kim, Park and Nalbant 1999: 374 (type species: *Niwaella brevifasciata* Kim and Lee 1995)

237. 수수미꾸리 = 줄무늬하늘종개[abc] (수수밋구리)

Cobitis multifasciata Wakiya and Mori 1929: 1, pl. 2 (fig. 1) (Nakdong River, Korea)

Kichulchoia multifasciata (Wakiya and Mori)

238. 좀수수치 (Kim IS and Lee WO 1995b)

Niwaella brevifasciata Kim and Lee 1995b: 285, Figs. 1-3 (Geumo Island, Korea)

Kichulchoia brevifasciata (Kim and Lee)

Gen. 138 새코미꾸리속 (Kim IS, Park JY *et al.* 1997)

Koreocobitis Kim, Park and Nalbant 1997: 191 (type species: *Cobitis rotundicaudata* Wakiya and Mori 1929)

239. 얼룩새코미꾸리 (Kim IS, Park JY *et al.* 2000)

Koreocobitis naktongensis Kim, Park and Nalbant 2000: 90, Figs. 1, 2A (Naktong River, Jugkun-ri, Inwol-myon, Nam-won-gun, Chollabuk-do, Korea)

240. 새코미꾸리 = 흰머리하늘종개[ac], 흰무늬하늘종개[b] (샛코밋구리)

Cobitis rotundicaudata Wakiya and Mori 1929: 2, pl. 2 (fig. 2) (Danyang, South Han River, Korea)

Koreocobitis rotundicaudata (Wakiya and Mori)

Gen. 139 미꾸리속 = 미꾸라지속[a], 미꾸리속[bcf]

Misgurnus Lacepède 1803: 16 (type species: *Cobitis fossilis* Linnaeus 1758)

241. 미꾸리 = 미꾸라지[a], 미꾸리[bcf] (밋고라지, 뱀장어, 용지네, 용지레기, 징구락지, 징구래기, 징구리, 징구마리, 징금다리, 징금당어, 징금치)

 Cobitis anguillicaudata Cantor 1842: 485 (Chusan Island, China)

 Misgurnus anguillicaudatus (Cantor)

242. 미꾸라지 = 서선미꾸라지[a], 당미꾸리[b], 서선미꾸리[cf] (당미꾸라지, 미꾸라지, 밋고라지, 징구락지, 징구리)

 Misgurnus mizolepis Günther 1888: 434 (Yangtze River at Chiu-chiang, China)

243. 부포미꾸라지 = 부포미꾸라지[a], 번포미꾸리[c] (강종개, 미꾸라지, 용지레, 용지레기)

 Misgurnus sp. Uchida 1939: 439 (Beonpo, Hamgyeongbuk-do)

 Misgurnus buphoensis Kim and Park 1995: 54, Fig. 1 (Bupori, Sonbong Country, North Hamgyong Province, Korea)

244. 두만미꾸리 (최 1964) = 두만미꾸리[b 107]

 Cobits fossilis var. *mohoity* Dybowski 1869: 957 (Lakes of Onon and Ingoda river system, Amur River basin, Russia)

 Misgurnus fossilis (not of Linnaeus)

 Misgurnus mohoity (Dybowski)

━━━━━━ **20. 메기목 Siluriformes** = 메기목[a]

Fam. 49 찬넬동자개과 Ictaluridae

Gen. 140 찬넬동자개속[108]

Ictalurus Rafinesque 1820c: 355 (type species: *Silurus cerulescens* Rafinesque 1820b)

---

107) Dybowski(1869)는 아무르강 수계의 미꾸리류에 대해 *Cobits fossilis* var. *mohoity*를, Berg(1916)는 두만강 지류에서 채집한 표본에 대해 *Cobitis fossilis anguillicaudatus*를 사용했으며, Nichols(1925a)는 이들 종을 "미꾸리"와는 다른 별종인 *M. mohoity* (중국명 북방미꾸리)로 구분하였다. 최(1964)는 채집지로 두만강을, 분포지로 흑룡강 등을 들고 있어 Nichols의 종을 의미하는 것으로 판단하였다. Perdices *et al.* (2012)은 분자수준의 자료로 보았을 때 중국과 한국에서 *M. anguillicaudatus*로 동정되었던 일부 개체군이 *M. mohoity*로 처리되어야 하며 그 분포지가 한국까지 확장될 것으로 추정하였다. 또한 Jakovlić *et al.* (2013) 역시 *M. mohoity*가 아무르강과 한국에 분포하는 것으로 언급하였다.

108) 정(1977)은 "붕메기속, 붕메기"로 사용하였으나 메기보다는 동자개과에 가까우므로 김(1997)의 영명을 참고하여 "찬넬동자개속, 찬넬동자개"로 수정하였다.

245. 찬넬동자개 (정 1977)

Silurus punctatus Rafinesque 1818: 355 (Ohio River, U.S.A.)

Ictalurus punctatus (Rafinesque)

Fam. 50 메기과 Siluridae

= 메기과[abcf]

Gen. 141 메기속

= 메기속[acf]

Silurus Linnaeus 1758: 304 (type species: *Silurus glanis* Linnaeus 1758)

246. 미유기 = 산메사구[a], 늦메기[b], 는메기[cf], 산메기[h] (각장메기, 긴메기, 메기, 메사구, 며우개, 미우기)

Parasilurus sp. Mori 1928b: 4 (headwater of Yalu River)

Parasilurus microdorsalis Mori 1936: 671, pl. 24 (fig. 1) (Nakdong River at Yeongyang, south Korea)

Silurus microdorsalis (Mori)

247. 메기 = 메사구[a], 메기[bcf] (메사귀, 며우개, 미오기, 미우기, 여우개)

Silurus bedfordi Regan 1908a: 61, Pl. 2 (fig. 3) (Kimhwa and Chongju, South Korea)

Silurus asotus Linnaeus 1758: 304 (Asia)

Fam. 51 동자개과 Bagridae

= 자개과[acf], 농갱이과[b]

Gen. 142 종어속

= 종어속[abcf]

Leiocassis Bleeker 1857d: 473 (type species: *Bagrus micropogon* Bleeker 1852b)

248. 종어[109] = 종어[abc], 긴머리쏠자개[b] (농갱이, 여메기, 요메기, 자개, 자드리)

Rhinobagrus dumerili Bleeker 1864a: 7 (China)

Leiocassis dumerili (Bleeker)

249. 밀자개 = 긴자개[ac], 소꼬리[b], 한강쏠자개[b] (농갱이, 소촌농갱이, 소출농갱이, 쇠꼬리)

Pseudobagrus nitidus Sauvage and Dabry de Thiersant 1874: 5 (Yangtze River, China)

Leiocassis nitidus (Sauvage and Dabry de Thiersant)

소출농갱이 (정 1977) = 긴자개[ac], 소꼬리[b]

Pseudobagrus vacheli (not of Richardson 1846)

---

109) 이 종의 학명은 *L. longirostris* (Günther)와 *L. dumerili* (Bleeker)로 사용되었다. Kottelat(2013: 267)은 Rendahl(1927: 2)를 인용하여 Günther의 논문은 실제 학술지의 발간이 12월 10일이고 Bleeker의 논문은 5-8월이므로 Bleeker에 우선권이 있음을 지적하였다.

= 한강쏠자개^{b 110)}

Macrones brashnikowi (not of Berg 1907d)

250. 대농갱이   = 우쑤리종어^{ab}, 대동강종어^c, 종어^{ff} (농갱이, 술농갱이, 자개)

> *Bagrus ussuriensis* Dybowski 1872: 210 (Ussuri and Sungari rivers, Amur River basin, and Khanka Lake, Russia)
>
> *Leiocassis ussuriensis* (Dybowski)
>
> > = 농갱이^{abcf} (기리채, 기뢰채, 소철농갱이, 대농갱이, 벽동자개, 소꼬리)
>
> *Pseudobagrus emarginatus* Sowerby 1921: 1 (Mouth of the Hun Kiang, in Yalu River, southern Manchuria, China)

Gen. 143 동자개속¹¹¹⁾   = 농갱이속^a

Tachysurus Lacepède 1803: 150 (type species: *Tachysurus sinensis* Lacepède 1803)

  농갱이속 (정 1977)¹¹²⁾   = 농갱이속^{abf}

> *Pseudobagrus* Bleeker 1858b: 60 (type species: *Bagrus aurantiacus* Temminck and Schlegel 1846)
>
>   동자개속 (정 1977)   = 자개속^{abcf}
>
> *Pelteobagrus* Bleeker 1864a: 9 (type species: *Silurus calvarius* Basilewsky 1855)
>
>   꼬치동자개속 (정 1977)   = 어리종개속^{abc}
>
> *Coreobagrus* Mori 1936: 672, 675 (type species: *Coreobagrus brevicorpus* Mori 1936)

251. 꼬치동자개   = 어리종개^{abc} (꼬치동자개, 꼬마자개, 동자개)

> *Coreobagrus brevicorpus* Mori 1936: 672, pl. 24 (fig. 2) (Yeongyang, Korea)
>
> *Tachysurus brevicorpus* (Mori)

---

110) Mori(1936)는 이 종이 서해로 흐르는 하천에 서식하는 것으로 보고하였고, 최(1964)는 이를 따라 기록하였으나 "밀자개" *Leiocassis nitidus*의 동종이명으로 취급되었으나 기름지느러미 크기가 다르므로 재검토되어야 한다는 의견도 있다(Naseka and Bogutskaya 2004: 286, Bogutskaya *et al.* 2008; 341)

111) 그동안 *Pseudobagrus* Bleeker 1860으로 사용하였으나 Ng and Kottelat(2007)은 극동 아시아의 *Trachysurus sinensis*가 *Pseudobagrus fulvidraco*의 상위 동물이명임을 주장하였고, Lopez *et al.*(2008)은 이러한 견해에 반대했음에도 국제동물명명위원회는 전자의 의견을 받아들여 (ICZN 2011: Opinion 2274) 속명 *Pseudobagrus*은 유효성을 잃게 되었다(Bogutskaya *et al.* 2008: 341, Parin *et al.* 2014: 105).

112) 정(1977), 김과 길(2006)은 *Pseudobagrus* Bleeker(1860c: 87)으로 인용하였으나 이는 Bleeker(1858b: 60)의 오류이다.

252. 동자개 = **자개**[abcff] (농갱이, 다갈농갱이, 동사리, 동자개, 빠가사리, 배가사리, 빼각사리, 쏘가리, 쏘개, 자가사리, 재가리, 째가리, 황자개)

Pimelodus fulvidraco Richardson 1846: 286 (Guangdong, China)

Tachysurus fulvidraco (Richardson)

253. 눈동자개 = **섬진강농갱이**[c] (농갱이, 섬진자개, 소꼬리)

Pseudobagrus sp. Uchida 1939: 31 (Seomjin River)

Pseudobagrus koreanus Uchida in Lee and Kim 1990: 124, Figs. 3B, 6 (Namwon-si, Seomjin River, Korea)

Tachysurus koreanus (Uchida)

Fam. 52 퉁가리과 (김 1997) **Amblycipitidae**

Gen. 144 퉁가리속 = **쏠자개속**[abc]

Liobagrus Hilgendorf 1878b: 155 (type species: *Liobagrus reinii* Hilgendorf 1878)

254. 퉁가리 = **쏠자개**[ac], **황충이**[b] (쏘가리, 쏠자개, 쏠장개, 쏠통수, 조선쏠자개, 퉹가리, 퉁가리)

Liobagrus andersoni Regan 1908a: 61, Pl. 3 (fig. 4) (Kimhwa, Korea)

255. 자가사리 = **붉은쏠자개**[a], **남방쏠자개**[b], **홍쏠자개**[c] (쏠자개, 자가사리, 퉁가리)

Liobagrus mediadiposalis Mori 1936: 673, pl. 24 (fig. 3) (Nakdong River at Mungyeong, Korea)

동자가사리 (정 1977) = **쏠자개**[b] (쏠싸개)

Liobagrus reinii (not of Hilgendorf 1878b)

256. 퉁사리 (Son YM, Kim IS *et al.* 1987)

Liobagrus obesus Son, Kim and Choo 1987: 22, Figs. 1, 5b (Kum River, Cho'gang-ri, Simch'on-myon, Yongdong, Ch'ungch'ongbug-do province, South Korea)

257. 섬진자가사리 (Park JY and Kim SH 2010)

Liobagrus somjinensis Park and Kim 2010: 346, Figs. 1-2 (Somjin River, Geumji-myeon, Namwon-si, Jellabuk-do, South Korea)

Fam. 53 바다동자개과 Ariidae = **바다자개과**[ad]

Gen. 145 바다동자개속 = **바다자개속**[ad]

Arius Valenciennes in Cuvier and Valenciennes 1840b: 53 (type species: *Pimelodus arius* Hamilton 1822)

258. 바다동자개 = 바다자개[ad]

Silurus maculatus Thunberg 1792: 31, Pl. 1 (fig. 2, 2 views) (China; Japan)

Arius maculatus (Thunberg)

Fam. 54 쏠종개과 Plotosidae = 바다메기과[ade], 바다농갱이과[b]

Gen. 146 쏠종개속 = 바다메기속[ade]

Plotosus Lacepède 1803: 129 (type species: *Platystacus anguillaris* Bloch 1794)

259. 쏠종개 = 바다메기[ade], 바다농갱이[b] (물메기, 쏠종개)

Silurus lineatus Thunberg 1787: 31, footnote 13 (Eastern Indian Ocean)

Plotosus lineatus (Thunberg)

Fam. 55 수염메기과 (김과 길 2006) Clariidae = 수염메기과[a]

Gen. 147 수염메기속 (김과 길 2006) = 수염메기속[a]

Clarias Scopoli (ex Gronow) 1777: 455 (type species: *Silurus anguillaris* Linnaeus 1758)

260. 수염메기 (국명개칭, 메기; 김과 길 2006) = 메기[a] (타이수염메기)[113]

Silurus batrachus Linnaeus 1758: 305 (Java, vicinity of Bandung, Indonesia)

Clarias batrachus (Linnaeus)

───── 21. 샛멸목 Argentiniformes

Fam. 56 샛멸과 Argentinidae = 샛치과[ae]

Gen. 148 가고시마샛멸속 (김 등 2001)[114] = 샛치속[e]

Argentina Linnaeus 1758: 315 (type species: *Argentina sphyraena* Linnaeus 1758)

261. 가고시마샛멸 (김 등 2001)

Argentina kagoshimae Jordan and Snyder 1902c: 590, Fig. 5 (Kagoshima in Kiusiu, Japan)

Gen. 149 샛멸속 = 샛치속[a]

Glossanodon Guichenot 1867: 17, [9] (type species: *Argentina leioglossa* Valenciennes 1848)

262. 샛멸 = 샛치[abe] (샛멸)

Argentina semifasciata Kishinouye 1904: 110 (Japan)

---

113) 북한은 식량난 해결을 위해 이식하여 각지에서 이 종을 양식하고 있다(김과 길 2006). 남한에서도 양식종으로 잘 알려진 종이므로 목록으로 남긴다.

114) 정(1977)은 "샛멸속" *Argentina*, "샛멸" *A. semifasciata*를 기록하였으나 이 종은 *Glossanodon*속으로 이전되었고, 새로운 "가고시마샛멸" *A. kagoshimae*가 기록되었다.

Glossanodon semifasciatus (Kishinouye)

━━━━━━━ 22. 바다빙어목 Osmeriformes

Fam. 57 바다빙어과 Osmeridae = 오이고기과[a], 빙어과[bcdef]

Gen. 150 빙어속 = 빙어속[abcdef]

Hypomesus Gill 1862a: 15 (type species: *Argentina pretiosa* Girard 1854b)

263. 빙어 = 빙어[abcd] (공어, 기름고기, 나루매, 동어, 약어)

Hypomesus transpacificus nipponensis McAllister 1963: 36, Fig. 11 (upper) (Lake Onuma, southern Hokkaido, Japan)

Hypomesus nipponensis McAllister

= 애기빙어[acf], 빙어[e] (나루매, 뱅애, 뱅어, 빙어, 빙에)

Hypomesus olidus bergi Taranetz 1936: 85 (Tundra lake along the Tym River, Sakhalin Island, Russia)

264. 날빙어 = 날빙어[ac], 대양빙어[b], 바다빙어[e] (나루매, 함수빙어)

Osmerus japonicus Brevoort 1856: no page number, Pl. 10 (fig. 2) (Hakodate, Oshima Subprefecture, Hokkaido, Japan)

Hypomesus pretiosus japonicus (Brevoort)

Gen. 151 별빙어속 = 나루매속[ae]

Spirinchus Jordan and Evermann (ex Jonston) 1896a: 522 (type species: *Osmerus thaleichthys* Ayres 1860)

265. 별빙어[115)] = 함북삿치[b], 나루매[e] (별빙어)

Spirinchus verecundus Jordan and Metz 1913: 11, Pl. 1 (fig. 2) (Jinnampo, Korea)

= 나루매[a] (별빙어)

Osmerus lanceolatus Hikita 1913: 127, Pl. 4 (Hokkaido, Japan)

Spirinchus lanceolatus (Hikita)

Gen. 152 열빙어속 = 청광어속[ac], 천광어속[e]

Mallotus Cuvier 1829: 305 (type species: *Salmo groenlandicus* Bloch 1794)

---

115) 이 종은 "날빙어" *H. pretiosus japonicus* 의 동종이명으로 알려지기도 한다(Saruwatari *et al.* 1997, 윤 등 1999).

266. 열빙어   = 청광어[ac], 천광어[be] (열빙어, 청망어)

Clupea villosa Müller (ex Olafsen) 1776: 50 (Iceland)

Mallotus villosus (Müller)

Gen. 153 바다빙어속   = 오이고기속[abce]

Osmerus Linnaeus 1758: 310 (type species: *Salmo eperlanus* Linnaeus 1758)

267. 바다빙어   = 오이고기[abce] (광어, 나루매, 나치, 바다빙어, 청광어)

Atherina mordax Mitchill 1814: 15 (New York, U.S.A.)

Osmerus eperlanus mordax (Mitchill)

Gen. 154 은어속   = 은어속[acdef 116)]

Plecoglossus Temminck and Schlegel 1846: 229 (type species: *Salmo* (*Plecoglossus*)
    altivelis Temminck and Schlegel 1846)

268. 은어   = 은어[abcdef] (년어, 들은어, 연광어, 연어, 은광어, 은골이, 은구어, 치리)

Salmo (*Plecoglossus*) *altivelis* Temminck and Schlegel 1846: 229, Pl. 105 (figs. 1, 1a-c)
    (Japan)

Plecoglossus altivelis altivelis (Temminck and Schlegel)

      Fam. 58 뱅어과 Salangidae   = 뱅어과[abcdef]
Gen. 155 벚꽃뱅어속   = 달거지뱅어속[acdf]

Hemisalanx Regan 1908b: 444 (type species: *Hemisalanx prognathus* Regan 1908)

269. 벚꽃뱅어   = 달거지뱅어[abcdf] (늦뱅어, 몽톨뱅어, 벚꽃뱅어, 찬뱅어, 찰뱅어)

Hemisalanx prognathus Regan 1908b: 445 (Shanghai, China)

                                                        = 실뱅어[b]

Metasalanx coreanus Wakiya and Takahashi 1937: 293 (Korea)

Salanx coreanus (Wakiya and Takahashi 1937)

Gen. 156 도화뱅어속   = 애기뱅어속[acf]

Neosalanx Wakiya and Takahasi 1937: 282 (type species: *Neosalanx jordani* Wakiya and
    Takahasi 1937)

---

116) 최(1964), 김(1972), 손(1980), 김과 김(1981), 정(1977) 김과 길(2006)은 "은어과" Plecoglossidae로 구분하였다.

270. 도화뱅어   = 서선뱅어[abcf] (도화뱅어, 민퉁이, 백어, 뱅어, 붕퉁이, 압록강뱅어)

Protosalanx anderssoni Rendahl 1923: 92 (Shan-Hai-Guan, Hebei Province, northeastern China)

Neosalanx anderssoni (Rendahl)

271. 실뱅어   = 압록뱅어[b]

Neosalanx hubbsi Wakiya and Takahashi 1937: 284, Pls. 17 (fig. 9-10), 21 (fig. h1-h2) (Tien-tsin and swatow, China; Yalu, Daedong, Han River, Korea)

272. 젓뱅어   = 애기뱅어[abcf] (왜뱅어, 젓뱅어)

Neosalanx jordani Wakiya and Takahasi 1937: 282, Pls. 16 (figs. 5-6), 20 (fig. 27) (Nakdong River)

          = 대동강애기뱅어[a] [117)]

Neosalanx taedong-gangensis Kim in Kim and Kil 2006: 146, fig. 3-122 (Daedong River)

Gen. 157 붕퉁뱅어속   = 수수뱅어속[acdf]

Protosalanx Regan 1908b: 444 (type species: *Salanx hyalocranius* Abbott 1901)

273. 붕퉁뱅어   = 수수뱅어[abcdf] (대동강뱅어, 민퉁이, 백어, 뱅어, 붕퉁이)

Eperlanus chinensis Basilewsky 1855: 242 (Straits of Tschili, China)

Protosalanx chinensis (Basilewsky)

          = 대동강뱅어[a] [118)]

Protosalanx taedong-gangensis Kim 2006 in Kim and Kil 2006: 143, fig. 3-118 (Daedong River)

Gen. 158 뱅어속   = 뱅어속[ace]

Salangichthys Bleeker 1860c: 101 (type species: *Salanx microdon* Bleeker 1860c)

274. 뱅어   = 뱅어[abce] (꾕메리, 나루매, 녹치, 백어)

Salanx microdon Bleeker 1860c: 100 (Tokyo, Japan)

Salangichthys microdon (Bleeker)

---

117) 김과 길(2006)은 일반 생태 습성이 "젓뱅어" *N. jordani*와 유사하지만 대동강 하류 서해갑문 저수지와 미림갑문 저수지수역에 서식하는 개체군에 대해 신종으로 기재하였다. 뱅어류 가운데 크기가 제일 작은 특징 이외에 다른 종과의 비교 자료 등 근거가 부족하므로 일단 "젓뱅어"의 생태형으로 취급하였다.

118) 김과 길(2006)은 "붕퉁뱅어"가 대동강 하구의 서해갑문에 막혀 민물 종으로 순화된 "수수뱅어(=붕퉁뱅어)"의 생태종으로 기재하면서 중국 태호의 뱅어류와 같은 현상으로 기재하였다.

= 나루매[b] (원산나루매)[119]

Salangichthys kishinouyei Wakiya and Takahasi 1913: 552, Pl. 13 (figs B1-2, b) (Unggi, Korea)

Gen. 159 국수뱅어속   = 국수뱅어속[acdf]

Salanx Cuvier 1816: 185 (type species: *Leucosoma reevesii* Gray 1831a)

275. 국수뱅어   = 국수뱅어[acdf], 서남뱅어[b] (민퉁이, 백어)

Salanx ariakensis Kishinouye in Jordan and Snyder 1902c: 592 (Ariake Sea, Kyushu, Japan)

━━━━━ **23. 연어목 Salmoniformes**   = 연송어목[a], 연어목[bde 120]

Fam. 59 연어과 Salmonidae   = 연송어과[a], 연어과[bcdef]

Gen. 160 강우레기속 (김 1972)[121]   = 강우레기속[cf]

Coregonus Linnaeus 1758: 310 (type species: *Salmo lavaretus* Linnaeus 1758)

276. 우레기[122]   = 장진강우레기[cf] (강우레기, 우레기, 우쑤리송어, 우쑤리흰연어)

Brachymystax sp. Mori 1928b: 3 (headwater of Yalu River)

Coregonus ussuriensis Berg 1906a: 396 (Ussuri River and Khanka Lake, Russia)

= 강우레기[b]

Brachymystax coregonoides (not of Pallas 1814)

Gen. 161 열목어속   = 열묵어속[abcf]

Brachymystax Günther 1866: 162 (type species: *Salmo coregonoides* Pallas 1814)

277. 열목어[123]   = 열묵어[abcf] (고드라치, 데닢, 산치, 산티, 세지, 열목어, 열묵이, 참고기, 팜팡이)

Brachymystax lenok tsinlingensis Li 1966: 92 [English p. 94] (Yangtze River basin, Xushuihe River, Hetaoping Village, Taibai County, Shaanxi Province China)

---

119) 김과 길(2006)은 "별빙어"의 동종이명에 대해 "나루매"를 사용했으며, 이와 혼동된다.

120) 최(1964), 김(1977), 손(1980)은 아목 "Salmonoidea"로 처리하였다.

121) 이 속이 "열목어속"에서 분리됨에 따라 새로운 국명이 필요하며, 본 속에 "우레기" 1종밖에 없으므로 "우레기속"으로 해야 하나 정(1977: 306)은 *Epinephelus*속에 대해서, 김과 길(2006: 75)은 *Sebastes*속에 대해 "우레기속"으로 사용하고 있어 속의 국명에 대한 검토가 필요하다. 여기에서는 김(1972: 42) 및 김과 김(1981: 26)이 *Coregonus*에 대해 국명을 "강우레기속"으로 사용하였기에 이에 따랐다.

122) Mori and Uchida(1934)는 장진강의 *B. coregonoides*를 "Uregi"로 기록하였다.

123) Mori and Uchida(1934)는 *B. lenok*를 "Yolmegi"로 표기록하였으며 정(1977)은 국명을 "열목이"로 표기하였으나 최(1986)은 역사적인 문헌의 결과를 바탕으로 "열목어"로 수정하였다.

278. 두만열목어 (최 1964)　　　　= **두만강열묵어**[a], **두만열묵어**[b] (열무기, 세지, 판팡이, 참고기)[124]

Brachymystax sp. Mori 1928b: 3 (Tumen River)

Brachymystax tumensis Mori 1930: 42 [4], Pl. 3 (fig. 1) (Yeonam, Tumen River)

Gen. 162 자치속　　　　= **정장어속**[abcf 125]

Hucho Günther 1866: 125 (type species: *Salmo hucho* Linnaeus 1758)

279. 자치　　　　= **정장어**[abcf] (경장어, 미추리, 자치, 채고기)

Hucho ishikawae Mori 1928a: 55 [9] (Gosan, upper reaches of Yalu River, Korea)

　　　　= **아무르정장어**[a 126]

Salmo taimen Pallas 1773: 716 (Rivers of Siberia, Russia flowing into the Arctic Ocean)

Hucho taimen (Pallas)

Gen. 163 연어속　　　　= **연송어속**[a], **연어속**[bcde]

Oncorhynchus Suckley 1861: 313 (type species: *Salmo scouleri* Richardson 1837)

송어속 (정 1977) [127]　　　　= **칠색송어속**[abcf]

Salmo Linnaeus 1758: 308 (type species: *Salmo salar* Linnaeus 1758)

280. 곱사연어　　= **곱추송어**[abce] (걸부시, 고도부샤송어, 골부시, 골부샤송어, 곱사송어, 꼽새송어, 북해도송어, 싸할린송어)

Salmo gorbuscha Walbaum 1792: 69 (Kamchatka, Russia)

Oncorhynchus gorbuscha (Walbaum)

281. 연어　　　　= **연어**[abce] (년어, 연에, 연어사리)

Salmo keta Walbaum 1792: 72 (Rivers of Kamchatka, Russia)

Oncorhynchus keta (Walbaum)

---

124) 이 종은 신종을 기록하였던 Mori 스스로 1952년에 *B. lenok*의 동종이명으로 정정 발표하는 등 한국 어류목록에서 제외되었으나, 근래 사할린 등에 서식하는 종으로 유효성이 인정되었다(Kartavtseva *et al.* 2013, Dyldin and Orlov 2016, Meng *et al.* 2018).

125) 김과 길(2006: 130p)은 "정강어속"으로 기록하였으나 한자명이 頂長魚로 "정장어"의 인쇄 오류로 생각되어 수정하였다.

126) 중국, 몽골, 러시아에 분포하는 종(Dyldin and Orlov 2016)으로, 최(1964)는 압록강 상류의 지류(후창, 자성, 장진)를 채집지로 기록하였으나 김과 김(1981)은 압록강 어류 목록에서는 언급하지 않는 등 출현 근거가 불분명하다.

127) 이전에 "송어속 (*Salmo*)"으로 사용하던 대부분의 종들이 "연어속 (*Oncorhynchus*)"으로 바뀜에 따라 우리나라에서 *Salmo*속 어류는 없지만 국문 속명은 "산천어"의 강해형을 "송어"로 불러 혼동된다.

= 함북송어^{b 128)}

Salmo lagocephalus Pallas 1814: 372 (Bering Sea, Okhotsk Sea)

Oncorhynchus lagocephalus (Pallas)

282. 은연어[129]   = 은송어^{ae} (함북송어)

Salmo kisatch Walbaum 1792: 70 (Rivers and Lakes of Kamchatka, Russia)

Oncorhynchus kisutch (Walbaum)

283. 산천어 (육봉형), 송어 (강해형)   = 송어^{abcde} (송에, 바다송어, 송어사리)

Salmo masou Brevoort 1856: no page number, Pl. 9 (fig. 2) (Hakodate, Oshima Subprefecture, Hokkaido, Japan)

Oncorhynchus masou masou (Brevoort)

= 고들매기^{ac} (고드라치, 고들송어, 곤들매기, 산천어, 송어조치)

Salmo formosanus Jordan and Oshima 1919: 122 (Taiko River at Saramao, Nanto, Taiwan)

Oncorhynchus masu morpha *formosanus* (Jordan and Oshima)

= 남방산치^b (고들송어, 고들목이)

Salmo macrostoma Günther 1877: 444 (Yokohama market, Japan)

Oncorhynchus macrostomus (Günther)

= 마양송어^{ac} (강송어, 고들송어, 민물송어, 저수지송어)¹³⁰⁾

Oncorhynchus masu mayangensis Kim 1965: 48 (Mayang Reservoir, Musan, Hamgyeongbuk-do)

284. 왕송어 (손 1980)   = 왕송어^e (차부이차송어)¹³¹⁾

Salmo tshawytscha Walbaum 1792: 71 (Kamchatka, Russia)

Oncorhynchus tshawytscha (Walbaum)

285. 무지개송어   = 칠색송어^{abcf} (무지개송어, 민물송어, 석조송어)

Salmo mykiss Walbaum 1792: 59 (Kamchatka, Russia)

---

128) 손(1980: 70)은 "은연어 [은송어]"의 동종이명으로 처리하였다.

129) 우리나라에서는 Mori(1928b)가 두만강에 분포하는 것으로 기록하였으나 이후 어류목록에서는 제외되었고 (Mori and Uchida 1934, 김 1997), 정(1977)과 김 등(2011)은 도입종으로 처리하였다. 손(1980), 김과 길(2006) 은 두만강 및 동해 북부수역에 분포하는 것으로 기록하였으므로 이에 대한 조사가 필요하다.

130) 두만강에 회유하던 송어가 상류지역인 마양저수지 등에 육봉화된 개체군으로 설명하고 기재하였으나 분류학 적 재검토가 필요하다.

131) 북태평양에 분포하는 어종으로 손(1980)은 원산 이북수역에도 분포하는 것으로 기록하였으며, 추후 정밀한 조 사가 필요하다.

Oncorhynchus mykiss (Walbaum)

Gen. 164 곤들메기속 = 산천어속[abcef]

Salvelinus Richardson (ex Nilsson) 1836: 169 (type species: *Salmo salvelinus* Linnaeus 1758)

286. 홍송어 = 산이면수[ab], 바다산천어[e] (붉송어, 붉은점송어, 열광이, 열기, 이면수, 흰점송어)

Salmo leucomaenis Pallas 1814: 356 (Widespread in Russia)

Salvelinus leucomaenis leucomaenis (Pallas)

287. 곤들메기 = 산천어[abcf] (고들메기, 산이면수, 산천에)

Salmo malma Walbaum 1792: 66 (Kamchatka, Russia)

Salvelinus malma (Walbaum)

= 고려산천어[a] (고원산천어)[132]

Salvelinus malma coreanus Kim 1985: 20 (Samjiyeon, Yanggang-do, North Korea)

= 천지산천어[a 133]

Salvelinus malma morpha *chonjiensis* Kim 1998: 53 (Cheonji, Baeckdo Mountain, North Korea)

= 원봉산천어[a 134]

Salvelinus wonbongensis Kim 1992 in Kim 1995: 41 (Wonbong Reservoir, Tumen River)

Gen. 165 사루기속 = 사루기속[acf 135]

Thymallus Linck 1790: 35 (type species: *Salmo thymallus* Linnaeus 1758)

288. 사루기[136] = 사루기[abcf] (사루고기, 사특어, 살고기, 살기, 생매사루기, 청사루기)

Thymallus arcticus yaluensis Mori 1928a: 57 [11] (Upper Yalu River at Gapsan [Kozan], Korea)

---

132) 두만강과 압록강이 동서로 격리된 상태이므로 양 수계에 각기 다른 아종이 분포할 것이라는 가정하에 압록강 상류의 개마고원 수역과 대동강 상류의 대홍지구에 서식하는 "곤들메기"의 개체군을 지리적 아종으로 기재하였다.

133) 두만강과 압록강의 하천형 "곤들메기"가 1960년대 초 천지연에 이식되어 수 십년간 적응된 종으로 판단하여 호소형 "곤들메기"로 기재하였다.

134) 김(1995)은 일생동안 백두산 서두수하류 원봉저수지에 서식하는 이 종을 우리나라 특산종으로 소개하였다.

135) 최(1964), 김(1972), 김과 김(1981), 김과 길(2006)은 "사루기과" Thymallidae로 구별하였다.

136) *T. arcticus*는 북극해 수역의 북미와 시베리아에 서식하는 종으로 10여 개의 아종으로 구분되었고, 우리나라의 "사루기"는 이 종의 아종이거나 아무르강의 *T. grubii*의 동종이명으로 취급(Ma *et al.* 2016, Knizhin *et al.* 2007)되기도 했지만, 근래 자료들이 축적되면서 압록강의 개체군은 아무르강 수계의 사루기와는 다른 별도의 종(Dyldin *et al.* 2017)으로 취급되고 있다.

= 사리고기[b] (보사리고기, 사루기, 청사리고기)

Thymallus yaluensis Mori

= 북사루기[b]

Thymallus arcticus (Pallas)

= 가프사루기[b 137]

Thymallus gafuensis Mori

──────── 24. 앨퉁이목 Stomiformes

Fam. 60 앨퉁이과 Sternoptychidae = 오이매테비과(Gonostomidae)[ab] (Maulolicidae)[e 138]

Gen. 166 앨퉁이속 = 오이매테비속[ae]

Maurolicus Cocco 1838: 192, 193 [32] (type species: *Maurolicus amethystinopunctatus* Cocco 1838)

289. 앨퉁이 = 오이매테비[abe] (앨퉁이)

Maurolicus japonicus Ishikawa 1915: 183, Pls. 12-13 (Toyama Bay, Sea of Japan)[139]

──────── 25. 꼬리치목 Cetomimiformes = 꼬리치목[a 140]

Fam. 61 꼬리치과 Ateleopodidae = 꼬리치과[a]

Gen. 167 꼬리치속 = 꼬리치속[a]

Ateleopus Temminck and Schlegel 1846: 255 (type species: *Ateleopus japonicus* Bleeker 1853f)

290. 꼬리치 = 꼬리치[a] (연세어)

Ateleopus japonicus Bleeker 1853f: 19 (Entrance of Sasebo Bay, Nagasaki Prefecture, Japan)

──────────

137) 최(1964: 51)는 [한인수, 1957. 수산성 담수어 연구소 보고, 제2권 (압록강, 두만강 어류)을 인용하여] 압록강의 삼수강 하구 이상, 자성강, 후주천, 장긴강에 분포하는 *T. gafuensis* Mori를 "가프사루기"로 기록하였는데, *yaluensis*의 기록 오류로 생각된다.

138) 최(1964)는 "매테비목" Scopeliformes에 "오이매테비과" Maurolicidae로, 김과 길(2006)은 "연송어목" Salmoniformes에 "오이매테비과" Gonostomidae로 하고 "앨퉁이=오이매테비"를 배정하였다.

139) Mori and Uchida(1934)가 북한지역의 표본을 *M. pennanti*로 기록하였으나 이는 Jordan *et al.* (1913)의 일본산 어류 목록을 따른 것으로, Ishikawa(1915)는 *M. pennanti*가 대서양 종이고 일본의 표본에 대한 실질적인 검토는 없었음을 밝히고 일본산 표본을 검토하여 새로운 종인 *M. japonicus*로 보고하였다. 이후 대서양에 분포하는 *M. pennanti*는 *M. muelleri*의 동종이명으로 밝혀졌으나 우리나라에서는 분포에 대한 검토 없이 종명만 검토되어 *M. muelleri*의 학명으로 사용되기도 하였다(김과 길 2006).

140) 김과 길(2006)은 Ateleopiformes를 사용하였다.

───────── 26. 홍메치목 Aulopiformes

Fam. 62 홍메치과 Aulopodidae = 관족어과[ad 141)]

Gen. 168 히메치속 = 관족어속[ad]

Aulopus Cuvier 1816: 170 (type species: *Salmo filamentosus* Bloch 1792)

291. 히메치[142)] = 관족어[ad] (히메치)

Aulopus japonicus Günther 1877: 444 (Yokohama market, Japan)

Fam. 63 파랑눈매퉁이과 Chloropthalmidae

Gen. 169 파랑매퉁이속 (Kim YU, Kim YS *et al.* 1997)

Chlorophthalmus Bonaparte 1840: fasc. 27 (type species: *Chlorophthalmus agassizi* Bonaparte 1840)

292. 파랑매퉁이 (Kim YU, Kim YS *et al.* 1997)

Chlorophthalmus albatrossis Jordan and Starks 1904d: 579, Pl. 1 (fig. 1) (Sagami Bay)

293. 첨문파랑눈매퉁이 (Kim YU, Kim YS *et al.* 1997)

Chlorophthalmus acutifrons Hiyama 1940: 171, Figs. 2, 3A (Kumano-Nada, Japan)

Fam. 64 긴촉수매퉁이과 Ipnopidae

Gen. 170 긴촉수매퉁이속 (정 1977)

Bathypterois Günther 1878b: 183 (type species: *Bathypterois longifilis* Günther 1878b)

294. 긴촉수매퉁이 (정 1977)

Bathypterois guentheri Alock 1889: 450p [26] (Andaman Sea)

Fam. 65 화살치과 (Kim JK, Park JH *et al.* 2007) **Paralepididae**

Gen. 171 화살치속 (Kim JK, Park JH *et al.* 2007)

Lestidium Gilbert 1905: 607 (type species: *Lestidium nudum* Gilbert 1905)

295. 화살치 (Kim JK, Park JH *et al.* 2007)

Lestidium (*Lestidium*) *prolixum* Harry 1953b: 204, Figs. 25, 28 (Kumano-Nada, off

---

141) 김과 길(2006)은 "매테비목" Scopeliformes에 배정하였다.

142) "히메치"는 속명인 *Hime* Starks 1924의 일본명 "Hi-me"에서 온 것으로 학명을 *H. japonicus*으로 사용하였으나 동종이명을 정리하면서 *Aulopus*속명을 따르게 되었다(김 등 2005). 그러나 속명이 전환되면서 "히메치"라는 국명이 의미를 잃게 되고, 근래 *Hime*의 속명을 주장하는 학자(Thompson 1998, Gomon *et al.* 2013, Gomon and Struthers 2015)들이 있어 속의 국명 및 학명에 대한 재검토가 필요하다.

Shikoku, Japan)

Gen. 172 남방점화살치속 (Kim JK, Park JH *et al*. 2007)

Lestrolepis Harry 1953a: 240 (type species: *Paralepis philippinus* Fowler 1934)

296. 남방점화살치 (Kim JK, Park JH *et al*. 2007)

　Paralepis intermedius Poey 1868: 416 (Matanzas, northwestern Cuba)

　Lestrolepis intermedia (Poey)

297. 점화살치 (Kim JK, Park JH *et al*. 2007)

　Lestidium japonicum Tanaka 1908a: 27 (Sagami Sea, Japan)

　Lestrolepis japonica (Tanaka)

Fam. 66 매퉁이과 Synodontidae　　　　　　　　　= 매테비과[abde 143]

Gen. 173 물천구속　　　　　　　　　　　　　　　= 물매테비속[a]

Harpadon Lesueur 1825: 50 (type species: *Salmo microps* Lesueur 1825)

298. 물천구　　　　　　　　　　　= 물매테비[a] (물천구, 봄베이매테비)

　Osmerus nehereus Hamilton 1822: 209, 380 (Botanical Garden of Calcutta, Ganges River estuary, India)

　Harpadon nehereus (Hamilton)

Gen. 174 매퉁이속　　　　　　　　　　= 뱀매테비속[ad], 매테비속[e]

Saurida Valenciennes in Cuvier and Valenciennes 1850: 499 (type species: *Salmo tumbil* Bloch 1795)

299. 날매퉁이　　　　　= 뱀매테비[abde] (개승어, 날매퉁이, 매테비, 물숭어, 살매테비)

　Aulopus elongatus Temminck and Schlegel 1846: 233, Pl. 105 (fig. 2) (Nagasaki, Japan)

　Saurida elongata (Temminck and Schlegel)

300. 잔비늘매퉁이 (김 등 2001)

　Saurida microlepis Wu and Wang 1931: 1, Fig. 1 (Chefoo, Shantung Province, China)

301. 매퉁이[144]　　　　　　　　　　= 비늘매테비[abe] (매퉁이, 매테비)

　Saurida undosquamis (not of Richardson 1846)

---

143) 최(1964), 김(1977), 손(1980), 김과 길(2006)은 "매테비목(반디불멸치목)" Scopeliformes로 배정하였다.

144) 여와 김(2018: 209)은 *S. undosquamis*은 필리핀 이남에서 동인도양과 호주까지 분포하는 종이며, 우리나라의 종은 Inoue and Nakabo(2006: 386)에 따라 *S. macrolepis*에 해당하는 것으로 정리하였다.

Saurida macrolepis Tanaka 1917b: 39 (Tokyo, Japan)

302. 툼빌매퉁이 [145]   = 악어매테비[a] (툼빌매퉁이)

Saurida tumbil (not of Bloch 1795)

Saurida wanieso Shindo and Yamada 1972: 8 (East China Sea)

= 매테비[b] (매테어)

Saurus argyrophanes Richardson 1846: 302 (? China seas)

Saurida argyrophanes (Richardson)

Gen. 175 꽃동멸속   = 매테비속[a]

Synodus Scopoli (ex Gronow) 1777: 449 (type species: *Esox synodus* Linnaeus 1758)

303. 주홍꽃동멸 (최 등 2003b)

Synodus hoshinonis Tanaka 1917b: 38 (Hiro, Wakayama Prefecture, Japan)

304. 수다꽃동멸 (김 등 2001)

Synodus macrops Tanaka 1917b: 38 (Tokyo fish market, Tokyo, Japan)

305. 꽃동멸   = 매테비[a] (꽃동멸)

Salmo variegatus Lacepède (ex Commerson) 1803: 157, 224p, Pl. 3 (fig. 3) (Mauritius, Mascarenes)

Synodus variegatus (Lacepède)

Gen. 176 황매퉁이속   = 쇠매테비속[a]

Trachinocephalus Gill 1861a: 53 (type species: *Salmo myops* Forster 1801)

306. 황매퉁이   = 쇠매테비[ab] (황매퉁이)

Salmo myops Forster in Bloch and Schneider 1801: 421 (Saint Helena, southeastern Atlantic)

Trachinocephalus myops (Forster)

──────── 27. 샛비늘치목 Myctophiformes

Fam. 67 미올비늘치과 Neoscopelidae

Gen. 177 미올비늘치속 (김 등 1988)

Neoscopelus Johnson 1863: 44 (type species: *Neoscopelus macrolepidotus* Johnson 1863)

---

145) *Salmo tumbil*로 기재되면서 국명은 종명을 따라 "툼빌매퉁이"로 하였으나 이 종은 홍해와 인도양에 분포하는 종으로 학명이 *Saurida wanieso*로 바뀌었으므로 국명이 적합하지 않다. 최(1964)는 이 종을 "매테비"로 하였으나 김과 길(2006)은 "꽃동멸" *Synodus variegatus*을 "매테비"로 기록하고 있어 혼동이 되고 있다.

307. 미올비늘치 (김 등 1988)

Neoscopelus microchir Matsubara 1943a: 59, Fig. 13 (Heta, Suruga, Japan)

Fam. 68 샛비늘치과 Myctophidae = 반디불멸치과 (Scopelidae) (미끈멸치과)[a]

Gen. 178 깃비늘치속 (유 등 1998)

Benthosema Goode and Bean 1896: 75 (type species: *Scopelus glacialis* Reinhardt 1837)

308. 깃비늘치 (유 등 1998)

Scopelus (*Myctophum*) *pterotus* Alcock 1890: 217 (Madras coast, India)

Benthosema pterotum (Alcock)

Gen. 179 샛비늘치속 = 반디불멸치속 (미끈멸치속)[a]

Myctophum Rafinesque 1810b: 35, 56 (type species: *Myctophum punctatum* Rafinesque 1810)

309. 얼비늘치

Myctophum asperum Richardson 1845c: 41, Pl. 27 (figs. 13-15) (No locality)

310. 샛비늘치

Myctophum nitidulum Garman 1899: 266, Pl. 56 (fig. 3) (Northeast of Hawaiian Islands)

샛비늘치 (정 1954)[146] = 반딧불멸치[a] (미끈멸치, 샛비늘치)

Scopelus affinis Lütken 1892: (237) 252 [32], Fig. 10 (Atlantic and Indian oceans)

Myctophum affine (Lütken)

━━━━━━ **28. 이악어목 Lampridiformes** = 풀병어목[ae], 달로미목[a]

Fam. 69 점매가리과 Veliferidae = 풀병어과[a]

Gen. 180 점매가리속 = 풀병어속[a]

Velifer Temminck and Schlegel 1850: 312 (type species: *Velifer hypselopterus* Bleeker 1879)

311. 점매가리 = 풀병어[a]

Velifer hypselopterus Bleeker 1879a: 16 (Nagasaki, Kyushu, Japan)

Fam. 70 투라치과 Trachipteridae

Gen. 181 투라치속 (김 등 1993)

Trachipterus Goüan 1770: 104, 153 (type species: *Cepola trachyptera* Gmelin 1789)

---

146) 정(1954)이 통영의 표본을 *M. affine*로 수록하였고, 김과 길(2006)도 이를 따랐으나 이 종은 대서양에 분포하는
종으로 맞지 않다.

312. 투라치 (김 등 1993)

Trachipterus sp. Mori 1952: 77 (Busan, Pohang)

Trachipterus ishikawae Jordan and Snyder 1901b: 310, Pl. 17 (fig. 10) (Off mouth of Tokyo Bay, between Misaki and Boshu, Japan)

Gen. 182 홍투라치속 (지 등 2009)

Zu Walters and Fitch 1960: 445 (type species: *Trachypterus cristatus* Bonelli 1820)

313. 홍투라치 (명 1994, 지 등 2009)[147]

Trachypterus cristatus Bonelli 1820: 487, Pl. 9 (Lerici, Gulf of La Spezia, Italy)

Trachipterus trachypterus (not of Gmelin 1789)

Zu cristatus (Bonelli 1820)

Gen. 183 점투라치속 (지 등 2009)

Desmodema Walters and Fitch 1960: 446 (type species: *Trachypterus jacksoniensis polystictus* Ogilby 1898)

314. 점투라치 (지 등 2009)

Trachypterus jacksoniensis polystictus Ogilby 1898: 649 (Off Newcastle, New South Wales, Australia)

Desmodema polystictum (Ogilby)

Fam. 71 산갈치과 Regalecidae = 칼치아제비과[a], 룡고기과[e]

Gen. 184 산갈치속 = 칼치아제비속[a], 룡고기속[e]

Regalecus Ascanius 1772: 5 (type species: *Regalecus glesne* Ascanius 1772)

315. 산갈치[148] = 칼치아제비[a], 룡고기[e] (산갈치)

Gymnetrus russelii Cuvier (ex Shaw) 1816: 244 (Vizagapatam, India)

Regalecus sp. Mori and Uchida 1934: 33 (Busan, Pohang)

Regalecus russelii (Cuvier)

---

147) 명 등(1994: 87)이 제주도 연안에서 낚시로 채집한 등지느러미가 붉은 투라치과 어류를 "홍투라치" *Zu cristatus* 로 발표하였으나 상세하게 기재하지 않았고, 한편 김 등(2001) 이후 국내에서는 이 종과 유사한 *Trachipterus trachypterus*에 대해서 "홍투라치"로 혼동하여 사용하였다. 지 등(2009)은 명 등(1994)의 보고가 종 정보와 부합하는 것으로 정리하였으므로 이를 따랐다.

148) Uchida(1934)는 부산과 포항의 표본을 *Regalecus* sp. (일본명 Yama-dachi)로 기록하였는데, 이 종으로 추정된다.

━━━━━ 29. 턱수염금눈돔목 Polymixiiformes

Fam. 72 턱수염금눈돔과 Polymixiidae

Gen. 185 턱수염금눈돔속 (Koh JR and Moon DY 2003b)

Polymixia Lowe 1836: 198 (type species: *Polymixia nobilis* Lowe 1836)

316. 턱수염금눈돔 (Yamada *et al.* 1995, 등점은눈돔: Koh JR and Moon DY 2003b)[149]

   Polymixia japonica Günther 1877: 436 (Off Inoshima, Hiroshima Prefecture, Japan, Inland Sea)

━━━━━ 30. 첨치목 Ophidiiformes   = 족제비메기아목[a]

Fam. 73 첨치과 Ophidiidae   = 수염족제비과[a], 바다미꾸리과[d] (Brotulidae)

Gen. 186 수염첨치속 (김 등 2001)[150]

Brotula Cuvier 1829: 335 (type species: *Enchelyopus barbatus* Bloch and Schneider 1801)

317. 수염첨치 (김 등 2001)

   Brotula multibarbata Temminck and Schlegel 1846: 251p, Pl. 111 (fig. 2) (Shimabara, Ariake Sea, Nagasaki Prefecture, Japan)

Gen. 187 붉은메기속   = 뿔족제비메기속[a], 붉은메기속[d]

Hoplobrotula Gill 1863b: 253 (type species: *Brotula armata* Temminck and Schlegel 1846)

318. 붉은메기   = 뿔족제비메기[a], 뿔족제비[b], 붉은메기[d] (뿔족제비고기)

   Brotula armata Temminck and Schlegel 1846: 255 (Seas of Japan)

   Hoplobrotula armata (Temminck and Schlegel)

Gen. 188 그물메기속   = 흰족제비고기속[a]

Neobythites Goode and Bean 1885: 600 (type species: *Neobythites gilli* Goode and Bean 1885)

319. 그물메기   = 흰족제비메기[a], 물쪽제비[b]

   Watasea sivicola Jordan and Snyder 1901e: 765, Pl. 37 (Misaki, Kanagawa Prefecture,

---

149) Yamada *et al.* (1995)은 한중일 어명사전에 간단한 기술과 함께 한국명 "등점은눈돔"으로 소개하였고, Koh JR and Moon DY(2003b)이 제주도 남부와 거문도에서 채집한 3개체에 근거하여 우리나라산 표본을 기재하고 미기록종으로 보고하였다. 다만 목, 과명 및 속명을 "턱수염금눈돔"으로 하면서 여기에 포함된 유일한 한국산 종명은 Yamada *et al.* (1995)에 따라 달리하여 혼동되므로 종명을 "턱수염금눈돔"으로 수정하였다.

150) 김 등(2001)이 가칭으로 기록하였고, Kang CB, Kim JK *et al.* (2002)이 미기록으로 기재하였다.

Sagami Sea, Japan)

Neobythites sivicola (Jordan and Snyder)

Gen. 189 제주바다메기속 (Lee CL and Joo DS 2004)

Ophidion Linnaeus 1758: 259 (type species: *Ophidion barbatum* Linnaeus 1758)

320. 제주바다메기 (Lee CL and Joo DS 2004)

Otophidium asiro Jordan and Fowler 1902c: 752, Fig. 4 (Misaki, Japan)

Ophidion asiro (Jordan and Fowler)

Gen. 190 동갈메기속   = 바다미꾸라지속[a]

Sirembo Bleeker 1857b: 22 (type species: *Brotula imberbis* Temminck and Schlegel 1846)

321. 동갈메기   = 바다미꾸라지[a], 바다미꾸리[b]

Brotula imberbis Temminck and Schlegel 1846: 253, Pl. 111 (fig. 3) (Bay of Oomura, Japan)

Sirembo imberbis (Temminck and Schlegel)

─────── **31. 대구목 Gadiformes**   = 대구목[abcdef]

Fam 74 민태과 Macrouridae   = 긴꼬리대구과[a][151)]

Gen. 191 꼬리민태속   = 긴꼬리대구속[a]

Coelorinchus Giorna 1809: 179 (type species: *Lepidoleprus caelorhincus* Risso 1810)

322. 꼬리민태   = 긴꼬리대구[a] (꼬리민태)

Macrourus japonicus Temminck and Schlegel 1846: 256, Pl. 112 (figs. 2, 2a-b) (Bays in provinces Omura and Shimabara, East China Sea, Japan)

Coelorinchus japonicus (Temminck and Schlegel)

323. 무줄비늘치 (Chyung MK and Kim KH 1959)

Coelorhynchus longissimus Matsubara 1943b: 140, Fig. 5 (Kumano-Nada, Japan)

Coelorinchus longissimus Matsubara

324. 줄비늘치 (Chyung MK and Kim KH 1959)

Coelorhynchus multispinulosus Katayama 1942: 332, Fig. 1 (Tsuiyama fish market, Hyogo Prefecture, Japan)

Coelorinchus multispinulosus Katayama

---

151) 김과 길(2007)은 "긴꼬리대구목" Macruriformes으로 배정하였다.

325. 긴팔꼬리민태 (Kim SY, Iwamoto T *et al.* 2009)

Macrurus macrochir Günther 1877: 438 (Eno-shima Island, Hiroshima Prefecture, Japan)

Coelorinchus macrochir (Günther)

326. 타이완꼬리민태 (Kim SY, Iwamoto T *et al.* 2009)

Coelorhynchus formosanus Okamura 1963: 37, Figs. 1-2 (Daxi fish market, northeastern Taiwan)

Coelorinchus formosanus Okamura

Gen. 192 긴가시민태속 (Kim SY, Iwamoto T *et al.* 2009)

Coryphaenoides Gunnerus 1765b: 50 (type species: *Coryphaenoides rupestris* Gunnerus 1765)

327. 큰눈긴가시민태 (Kim SY, Iwamoto T *et al.* 2009)

Coryphaenoides marginatus Steindachner and Döderlein 1887: 284 [28] (Tokyo, Japan)

328. 작은눈긴가시민태 (Kim SY, Iwamoto T *et al.* 2009)

Macrourus microps Smith and Radcliffe in Radcliffe 1912: 116, Pl. 25 (fig. 2) (Atulayan Island, eastern coast of Luzon Island, Philippines)

Coryphaenoides microps (Smith and Radcliffe)

Fam. 75 돌대구과 Moridae   = 연대구과[a], 바다모케과[e]

Gen. 193 놀락민태속   = 바다모캐속[a], 바다모케속[e]

Lotella Kaup 1858a: 88 (type species: *Lotella schlegeli* Kaup 1858)

329. 놀락민태   = 바다모캐[a], 바다모케[e] (놀락민태)

Lota phycis Temminck and Schlegel 1846: 248, Pl. 111 (fig. 1) (Nagasaki, Japan)

Lotella phycis (Temminck and Schlegel)

Gen. 194 돌대구속 (Koh JR and Moon DY 2003)

Physiculus Kaup 1858a: 88 (type species: *Physiculus dalwigki* Kaup 1858)

330. 돌대구 (Koh JR and Moon DY 2003a)

Physiculus japonicus Hilgendorf 1879a: 80 (Yokohama, Japan)

Fam. 76 날개멸과 Bregmacerotidae = 서우고기과[a]

Gen. 195 날개멸속 = 서우고기속[a]

Bregmaceros Thompson (ex Cantor) 1840: 185 (type species: *Bregmaceros mcclellandi*
Thompson 1840)

331. 날개멸 = 서우고기[a] (날개멸)

Bregmaceros atlanticus japonicus Tanaka 1908a: 42 (Sagami Bay, Japan)

Bregmaceros japonicus Tanaka

Fam. 77 대구과 Gadidae = 대구과[abcdef]

Gen. 196 빨간대구속 = 외치속[ae]

Eleginus Fischer 1813a: 252 (type species: *Gadus nawaga* Walbaum 1792)

332. 빨간대구 = 외치[abe] (빨간대구)

Gadus gracilis Tilesius 1810: 354, Pls. 18-20 (Üakal, Kamchatka, Russia)

Eleginus gracilis (Tilesius)

Gen. 197 수염대구속 = 수염대구속[a]

Gaidropsarus Rafinesque 1810b: 11, 51 (type species: *Gaidropsarus mustellaris*
Rafinesque 1810)

333. 수염대구[152) = 수염대구[a]

Motella pacifica Temminck and Schlegel 1846: 249 (Nagasaki, southwestern Japan)

Gaidropsarus pacificus (Temminck and Schlegel)

Gen. 198 대구속 = 대구속[ade]

Gadus Linnaeus 1758: 251 (type species: *Gadus morhua* Linnaeus 1758)

334. 대구 = 대구[abde] (대기)

Gadus macrocephalus Tilesius 1810: 350, Pls. 16-17 (Kamchatka, Russia)

---

152) Temminck and Schlegel(1846)이 보고했던 *Motella pacifica*는 Machida(1991)에 의해 *Rhinonemus*
(= *Enchelyopus*) *cimbrius*의 동종이명으로 처리되었다. 한편 Mori(1952)가 한반도의 종으로 기록한
*Gaidropsarus pacificus*는 *R. cimbrius*라 가정한다면 북대서양 서부, 대서양 북부 및 발틱해 서부에 널리 분포
하는 종이 극동아시아에 격리되어 존재하는 유일한 사례가 될 것임을 지적하였다. Cheng and Zheng(1987)은
서해와 동중국해의 수염이 5개인 대구류를 *Ciliata* (= *Gaidropsarus*) *pacifica*로 기록하였으며, Li(1994)는 이
종 외에도 산동반도에 서식하는 *C. tchangi*를 신종으로 보고하였다. 우리나라 인근 해역에서 *Ciliata*속의 2종
이 보고되었으므로 표본의 확보와 재검토가 필요하다. 여기에서는 일단 Mori(1952)의 기록을 유지하였다.

Gen. 199 모오캐속 = 강명태속^{acf}

Lota Oken (ex Cuvier) 1817: 1182a (type species: *Gadus lota* Linnaeus 1758)

335. 모오캐 = 강명태^{acf}, 모캐^b (가물치, 구렁장치)

    Gadus lota Linnaeus 1758: 255 (European lakes)

    Lota lota (Linnaeus)

Gen. 200 명태속 = 명태속^{ae}

Theragra Lucas in Jordan and Evermann 1898b: 2535 (type species: *Gadus chalcogrammus* Pallas 1814)

336. 명태 = 명태^{abe} (명태어, 북어, 북에, 동태, 춘태, 노랑태)

    Gadus chalcogrammus Pallas (ex Steller) 1814: 198 (Ochotsk Sea; Kamchatka, Russia)

    Theragra chalcogramma (Pallas)

━━━━━━ **32. 아귀목 Lophiiformes** = 아귀목^{ab}, 안강어목^{de}

Fam. 78 아귀과 Lophiidae = 아귀과^{ab}, 안강어과^{de}

Gen. 201 용아귀속 (Youn CH, Huh SH *et al.* 2000)

Lophiodes Goode and Bean 1896: 537 (type species: *Lophius mutilus* Alcock 1894)

337. 용아귀 (Youn CH, Huh SH *et al.* 2000)

    Chirolophius insidiator Regan 1921: 418 (off Umvoti River, KwaZulu-Natal, South Africa, southwestern Indian Ocean)

    Lophiodes insidiator (Regan)

Gen. 202 아귀속 = 아귀속^{ae}

Lophiomus Gill 1883: 552 (type species: *Lophius setigerus* Vahl 1797)

338. 아귀 = 아귀^{ae}, 물잠뱅이^b (꺽정이, 망성어, 물꿩, 민석어, 반성어, 안강어)

    Lophius setigerus Vahl 1797: 215, Pl. 3 (figs. 5-6) (China, western Pacific Ocean)

    Lophiomus setigerus (Vahl)

Gen. 203 황아귀속 = 노랑아귀속^a, 안강어속^{de}

Lophius Linnaeus 1758: 236 (type species: *Lophius piscatorius* Linnaeus 1758)

339. 황아귀 = 노랑아귀^a, 아귀^b, 안강어^{de} (꺽정이, 망청어, 물잠뱅이, 아구, 황꺽정이, 황아귀)

    Lophiomus litulon Jordan 1902: 364, Fig. 1 (Tokyo, Japan)

Lophius litulon (Jordan)

Fam. 79 씬벵이과 Antennariidae = 앉을뱅이아귀과[ade], 앉을뱅이과[b]

Gen. 204 씬벵이속 = 앉을뱅이아귀속[ade]

Antennarius Daudin 1816: 193 (type species: *Lophius chironectes* Lacepède 1798)

340. 줄씬벵이 = 줄앉을뱅이[a] (줄씬벵이)

　Lophius hispidus Bloch and Schneider 1801: 142 (Coromandel coast, India)

　Antennarius hispidus (Bloch and Schneider)

341. 빨간씬벵이 = 앉을뱅이아귀[ade], 앉을뱅이[b] (간신뱅이아귀, 빨간씬벵이, 아오고기)

　Lophius striatus Shaw in Shaw and Nodder 1794: Pl. 175 (Tahiti, Society Islands)

　Antennarius striatus (Shaw)

Gen. 205 노랑씬벵이속 = 날개앉을뱅이아귀속[a], 노랑앉을뱅이아귀속[e]

Histrio Fischer 1813b: 70, 78 (type species: *Lophius histrio* Linnaeus 1758)

342. 노랑씬벵이 = 노랑앉을뱅이아귀[ae] (노랑씬벵이)

　Lophius histrio Linnaeus 1758: 237 (Sargasso Sea)

　Histrio histrio (Linnaeus)

　거멍씬벵이 (정 1977) = 검은앉을뱅이아귀[a] (거멍씬벵이)

　Lophius raninus Tilesius 1809: 245, Pls. 16-17 (Sea of Japan)

　Pterophryne ranina (Tilesius)

Fam. 80 점씬벵이과 (Lee CL and Kim JR 1999) **Chaunacidae**

Gen. 206 점씬벵이속 (Lee CL and Kim JR 1999)

Chaunax Lowe 1846: 81 (type species: *Chaunax pictus* Lowe 1846)

343. 점씬벵이 (Lee CL and Kim JR 1999)

　Chaunax abei Le Danois 1978: 87, Figs. 1-2 (South of Toba, near Nagoya, Pacific coast
　of Japan)

Fam. 81 부치과 Ogcocephalidae = 피아귀과[abd]

Gen. 207 빨강부치속 = 피아귀속[ad]

Halieutaea Valenciennes in Cuvier and Valenciennes 1837: 455 (type species: *Halieutaea
　stellata* Valenciennes 1837)

344. 민붙이 (Youn CH, Huh SH *et al.* 2000)

   Halieutaea fumosa Alcock 1894: 119 [5] (Bay of Bengal)

345. 빨강붙이   = 피아귀[abd] (빨간부치)

   Lophius stellatus Vahl 1797: 214, Pl. 3 (figs. 3-4) (China)

   Halieutaea stellata (Vahl)

Gen. 208 꼭갈치속   = 고깔아귀속[a]

Malthopsis Alcock 1891: 26 (type species: *Malthopsis luteus* Alcock 1891)

346. 원꼭갈치 (Lee WO and Kim IS 1998)

   Malthopsis annulifera Tanaka 1908a: 44 (Misaki, Sagami Sea, Japan)

347. 꼭갈치   = 고깔아귀[a] (꼭갈치)

   Malthopsis lutea Alcock 1891: 26, Pl. 8 (figs. 2, 2a) (Andaman Sea)

━━━━━━ **33. 숭어목 Mugiliformes**   = 숭어목[abcdef]

      Fam. 82 숭어과 Mugilidae   = 숭어과[abcdef]

Gen. 209 가숭어속 (김과 김 1998)[153]

Chelon Artedi in Röse 1793: 118 (type species: *Mugil chelo* Cuvier 1829)

   등줄숭어속 (정 1977)   = 숭어속(Mugil)[a]

   Liza Jordan and Swain 1884: 261 (type species: *Mugil capito* Cuvier 1829)

348. 등줄숭어[154]   = 등줄숭어[a]

   Mugil carinatus (not of Cuvier and Valenciennes 1836)

   Mugil affinis Günther 1861b: 433, Fig. (Amoy, China)

   Chelon affinis (Günther)

---

153) 이전에 "등줄숭어" *Liza*속으로 사용하던 우리나라의 어종은 "가숭어속" *Chelon*속으로 국문 속명이 함께 바뀌게 되었다. 이는 "등줄숭어"로 사용해 왔던 *L. carinata*가 오동정이었으며 실제로는 *Chelon affinis* (Günther)가 분포하기 때문에 이 종을 대표로 속명을 정할 수 없었기 때문이다(김과 김 1998).

154) 그동안 우리나라의 "등줄숭어"는 *Liza carinatus* (Cuvier and Valenciennes)로 알려졌으나 이 종은 홍해와 인도양 서부에 분포(Senou *et al.* 1987)하며, 김과 김(1998)은 우리나라 표본은 Lee CL and Joo DS(1994b: 817)에 따라 머리와 몸의 등쪽 정중선에 1개의 융기가 있는 *Chelon affinis* (Günther)임을 밝히고 재기재하였다.

349. 가숭어   = 숭어[abcdef] (가숭어, 물숭어, 사능, 숭예, 언디, 황숭어)[155]

Mugil haematocheilus Temminck and Schlegel 1845: 135, Pl. 72 (fig. 2) (Nagasaki, Japan)

Chelon haematocheilus (Temminck and Schlegel)

Gen. 210 숭어속   = 숭어속[acdef]

Mugil Linnaeus 1758: 316 (type species: *Mugil cephalus* Linnaeus 1758)

350. 숭어   = 은숭어[abcdef] (덩어, 동어, 모랭이, 모쟁이, 모치, 언디)

Mugil cephalus Linnaeus 1758: 316 (European sea)

알숭어 (정 1977)   = 은숭어[a]

Mugil japonicus Temminck and Schlegel 1845: 134, Pl. 72 (fig. 1) (Nagasaki, Japan)

━━━━━ **34. 색줄멸목 Atheriniformes**

     Fam. 83 색줄멸과 Atherinidae   = 은멸치과[ad], 은한어과[b]

Gen. 211 밀멸속   = 보리멸치속[a]

Atherion Jordan and Starks 1901b: 203 (type species: *Atherion elymus* Jordan and Starks 1901)

351. 밀멸   = 보리멸치[a] (밀멸, 보리숭어, 밀은환어)

Atherion elymus Jordan and Starks 1901b,: 203, Fig. 3 (Misaki, Kanagawa Prefecture, Sagami Sea, Japan)

Gen. 212 색줄멸속   = 너도은멸치속[a]

Hypoatherina Schultz 1948: (8) 23 (type species: *Atherina uisila* Jordan and Seale 1906b)

                                         = 은멸치속[ad]

Allanetta Whitley 1943: 132, 135 (type species: *Atherina mugiloides* McCulloch 1912)

352. 색줄멸   = 은멸치[ad] (은한어, 색줄멸, 비늘숭어)

Atherina bleekeri Günther 1861b: 398 (Chinese and Japanese seas, China)

Hypoatherina bleekeri (Günther)

353. 은줄멸   = 너도은멸치[a], 은한어[b] (은줄멸)

Atherina tsurugae Jordan and Starks 1901b: 202, Fig. 2 (Nagasaki, Japan)

---

155) 김과 길(2007)의 *Mugil soiuy* Basilewsky는 이 종의 동종이명이며, Mori(1930)는 두만강 慶興의 표본을 *Mugil ocur*로 기록하였으나 역시 이 종의 동종이명이다.

Hypoatherina tsurugae (Jordan and Starks)

Fam. 84 물꽃치과 Notocheiridae

Gen. 213 물꽃치속 = 물꽃멸치속[a]

Iso Jordan and Starks 1901b: 204 (type species: *Iso flosmaris* Jordan and Starks 1901b)

354. 물꽃치 = 물꽃멸치[a], 꽃은한어[b] (물꽃치)

Iso flosmaris Jordan and Starks 1901b: 205, Fig. 4 (Japan)

──────── 35. 동갈치목 Beloniformes = 항알치목[abcdef]

Fam. 85 송사리과 Adrianichthyidae = 송사리과[abcf]

Gen. 214 송사리속 = 송사리속[acf]

Oryzias Jordan and Snyder 1906: 289 (type species: *Poecilia latipes* Temminck and Schlegel 1846)

= 송사리속[f]

Aplocheilus McClelland 1838: 944 (type species: *Aplocheilus chrysostigmus* McClelland 1839)

355. 송사리[156)] = 송사리[abcf] (누깔망난이, 누깔장사, 눈쟁이, 눈챙이, 눈치, 목준어, 문쟁이, 바늘귀, 바늘치, 뽀들치, 얄군이, 쟁금치, 통눈이)

Poecilia latipes Temminck and Schlegel 1846: 224, Pl. 103 (fig. 5) (Japan)

Oryzias latipes (Temminck and Schlegel)

356. 대륙송사리 (Kim IS and Lee EH 1992)

Oryzias latipes sinensis Chen, Uwa and Chu 1989: 240, Fig. 1 (Kunming, Yunnan Province, China)

Oryzias sinensis Chen, Uwa and Chu

Fam. 86 동갈치과 Belonidae = 항알치과[abde]

Gen. 215 물동갈치속 (국명개칭)[157)] = 항알치속[ade]

Ablennes Jordan and Fordice 1887: 342, 345 (type species: *Belone hians* Valenciennes 1846)

---

156) Kim IS and Lee EH(1992), 김과 김(1993)이 서해안으로 유입하는 개체군은 다른 종인 "대륙송사리" *O. sinensis*로 구분하였으므로 이전의 기록은 2종이 혼합된 것이다.

157) 정(1977)은 "동갈치속" *Ablennes*에 "동갈치" *A. anastomella*와 "물동갈치" *A. hians*의 2종이 포함되었으나 *A. anastomella*가 *Strongylura* 속으로 전속됨에 따라 새로운 국문 명칭이 필요하였다.

357. 물동갈치   = 물항알치[a] (물동갈치)

   Belone hians Valenciennes in Cuvier and Valenciennes 1846: 432, Pl. 548 (Bahia, Brazil)
   Ablennes hians (Valenciennes)

Gen. 216 동갈치속   = [항알치속]

Strongylura van Hasselt 1824: 374 (type species: *Strongylura caudimaculata* van Hasselt
   1824)

358. 동갈치   = 항알치[abde] (동갈치, 장치, 청당어, 청장어)

   Belone anastomella Valenciennes in Cuvier and Valenciennes 1846: 446 (China)
   Strongylura anastomella (Valenciennes)

Gen. 217 항알치속   = 장치속[ae]

Tylosurus Cocco 1833: 18 (type species: *Tylosurus cantrainei* Cocco 1833)

359. 항알치   = 장치[ae] (청항알치, 항알치)

   Sphyraena acus Lacepède (ex Plumier) 1803: 325, 327, Pl. 1 (fig. 3) (Martinique Island
   or West Indies, western Atlantic)
   Tylosurus acus melanotus (Bleeker 1850)

360. 꽁치아재비   = 큰장치[ae], 장치[b] (꽁치아재비, 청갈치)

   Belona crocodila Péron and Lesueur in Lesueur 1821: 129 (Mauritius, Mascarenes,
   southwestern Indian Ocean)
   Tylosurus crocodilus (Peron and Lesueur)

      Fam. 87 꽁치과 Scomberesocidae   = 공치과[abde]

Gen. 218 꽁치속   = 공치속[ade]

Cololabis Gill 1896: 176 (type species: *Scombresox brevirostris* Peters 1866)

361. 꽁치   = 공치[abde] (공멸, 꽁치, 꽃치. 추광어, 추도어, 청갈치)

   Scomberesox saira Brevoort 1856: 281 [29], Pl. 7 (fig. 1) (Simoda, Japan)
   Cololabis saira (Brevoort)

Fam. 88 날치과 Exocoetidae   = 날치과[abde]

Gen. 219 날치속 (국명개칭)[158]   = 날치속[ade]

Cypselurus Swainson 1838: 299 (type species: *Exocoetus appendiculatus* Wood 1825)

362. 날치   = 날치[abde] (날치고기, 날치어)

  Exocoetus agoo Temminck and Schlegel 1846: 247 (Japan seas)

  Cypselurus agoo (Temminck and Schlegel)

363. 기점날치 (김 등 2001)

  Exocoetus cyanopterus Valenciennes in Cuvier and Valenciennes 1847a: 97 (Bahia
    State, Brazil, southwestern Atlantic)

  Cypselurus cyanopterus (Valenciennes)

364. 전력날치 (김 등 2001)[159]

  Exocoetus doederleinii Steindachner in Steindachner and Döderlein 1887: 294 [38] (Fish
    market in Tokyo, Japan)

  Cypselurus heterurus doederleini (Steindachner)

365. 태안큰날치 (Lee CL and Kim YH 2003)

  Exocoetus pinnatibarbatus Bennett 1831c: 146 (Atlantic coast of northern Africa)

  Exocoetus lineatus japonicus Franz 1910: 24 (Oyama, Sagami Bay, Japan)

  Cypselurus pinnatibarbatus japonicus (Franz 1910)

366. 제비날치   = 제비날치[a], 제비근해날치[b]

  Cypselurus opisthopus hiraii Abe in Tomiyama and Abe 1953: 962p, Pl. 191 (figs. 523-
    524) (Japan)

  Cypselurus hiraii Abe

367. 새날치   = 새날치[a], 근해날치[be] (날치, 무늬날치)

  Exocoetus poecilopterus Valenciennes in Cuvier and Valenciennes 1847: 112, Pl.
    561 (New Britain Island, Bismarck Archipelago, Papua New Guinea, Bismarck Sea,
    western Pacific)

  Cypselurus poecilopterus (Valenciennes)

---

158) 정(1977)의 "새날치속 (*Cypselurus*)"과 "날치속 (*Prognichthys*)"이 전자의 속으로 통합되었으며, 기존 명칭인
    "새날치속"을 사용해야 하나 "날치"가 친숙하므로 이를 선택하였다.

159) 김용억 등(2001: 195)은 "전력새날치" *Cypselurus heterurus doederleini*로 기록하였으나 김진구 등(2001: 103)
    이 *Cheilopogon*속으로 해석하면서 혼동을 피하기 위해 "전력날치"로 변경하였다.

Gen. 220 상날치속 = 애기날치속[a]

Exocoetus Linnaeus 1758: 316 (type species: *Exocoetus volitans* Linnaeus 1758)

368. 상날치 = 애기날치[a] (상날치)

   Exocoetus volitans Linnaeus 1758: 316 (Open ocean off Europe and America)

Gen. 221 매날치속 (김 등 2001)[160] = 매날치속[a]

Hirundichthys Breder 1928: 14, 20 (type species: *Exocoetus rubescens* Rafinesque 1818)

369. 가는매날치 (김 등 2001)

   Exocoetus oxycephalus Bleeker 1853a: 771 (Jakarta, Java, Indonesia)

   Hirundichthys oxycephalus (Bleeker)

370. 매날치 = 매날치[a]

   Exocoetus rondeletii Valenciennes in Cuvier and Valenciennes 1847a: 115, Pl. 562 [not 528] (Naples, Italy, Mediterranean Sea)

   Hirundichthys rondeletii (Valenciennes)

Gen. 222 황날치속 = 황날치속[a]

Parexocoetus Bleeker 1865b: 126 (type species: *Exocoetus mento* Valenciennes 1847a)

371. 황날치 = 황날치[a] (짧은지느러미날치)

   Exocaetus brachypterus Richardson (ex Solander) 1846: 265 (Tahiti, Society Islands, French Polynesia, South Pacific; China sea, western Pacific)

   Parexocoetus brachypterus (Richardson)

372. 멘토황날치 (김 등 2001)

   Exocoetus mento Valenciennes in Cuvier and Valenciennes 1847a: 124 (Puducherry, India)

   Parexocoetus mento (Valenciennes)

Fam. 89 학공치과 Hemirhamphidae = 공미리과[abcdef]
Gen. 223 학공치속 = 공미리속[acdef]

Hyporhamphus Gill 1859a: 131 (type species: *Hyporhamphus tricuspidatus* Gill 1859a)

373. 줄공치 = 줄공미리[af] (바늘치, 줄공치)

   Hemirhamphus intermedius Cantor 1842: 485 (Chusan Island, China)

---

160) 김진구 등(2001)은 우리나라의 날치과 어류를 정리하면서 *Danichthys*속을 *Hirundichthys*속의 하위동물이명으로 정리하고 국문 속명을 "매날치속"으로 하였다.

Hyporhamphus intermedius (Cantor)

= 남해공미리[b]

Hyporhamphus kurumeus Jordan and Starks 1903: 534p, Fig. 1 (Chikugo River, Kurume, Kiusiu Island, Japan)

374. 살공치   = 살공미리[a] (살공치)

Hemiramphus quoyi Valenciennes in Cuvier and Valenciennes 1847a: 35 (Port Dorey, New Guinea)

Hyporhamphus quoyi (Valenciennes)

= 부산공미리[b]

Hemiramphus mioprorus Jordan and Dickerson 1908: 111, Fig. (Nagasaki, Japan)

Hyporhamphus mioprorus (Jordan and Dickerson)

375. 학공치   = 공미리[abcdef] (경멸, 공메리, 꽁치, 꿩메리, 바늘치, 선달치, 전달치, 청달치, 학공치)

Hemiramphus sajori Temminck and Schlegel 1846: 246, Pl. 110 (fig. 2) (Nagasaki Bay, Japan)

Hyporhamphus sajori (Temminck and Schlegel)

──────── 36. 금눈돔목 Beryciformes   = 금눈도미목[abde]

Fam. 90 철갑둥어과 Monocentridae   = 철갑둥어과[ade], 솔방울고기과[b]

Gen. 224 철갑둥어속   = 철갑둥어속[ade]

Monocentris Bloch and Schneider 1801: 100 (type species: *Monocentris carinata* Bloch and Schneider 1801)

376. 철갑둥어   = 철갑둥어[ade], 솔방울고기[b] (자래고기)

Gasterosteus japonicus Houttuyn 1782: 329, Pl. 2 (Nagasaki, Japan)

Monocentris japonica (Houttyun)

Fam. 91 금눈돔과 Berycidae   = 금눈도미과[abe]

Gen. 225 금눈돔속   = 금눈도미속[ae]

Beryx Cuvier 1829: 151 (type species: *Beryx decadactylus* Cuvier 1829a)

377. 금눈돔   = 금눈도미[abe] (금눈돔)

Beryx decadactylus Cuvier in Cuvier and Valenciennes 1829a: 222 (unknown locality)

Fam. 92 납작금눈돔과 (Kim BJ, Go YB *et al.* 2004) **Trachichthyidae**

Gen. 226 납작금눈돔속 (Kim BJ, Go YB *et al.* 2004)

Gephyroberyx Boulenger 1902: 203 (type species: *Trachichthys darwinii* Johnson 1866)

378. 납작금눈돔 (Kim BJ, Go YB *et al.* 2004)

   Trachichthys darwinii Johnson 1866: 311, Pl. 32 (Madeira)

   Gephyroberyx darwinii (Johnson)

Fam. 93 얼게돔과 Holocentridae   = 얼게도미과[a], 얼게돔과[d], 뼈고기과[b]

Gen. 227 적투어속   = 붉은투어속[a]

Myripristis Cuvier 1829: 150 (type species: *Myripristis jacobus* Cuvier 1829)

379. 비늘적투어 (유 등 1995)

   Myripristis botche Cuvier 1829: 151 (Vizagapatam, India)

380. 적투어   = 붉은투어[a] (적투어, 붉은철갑둥어)

   Sciaena murdjan Fabricius (ex Forsskål) in Niebuhr 1775: 48, xii (Jeddah, Saudi Arabia, Red Sea)

   Myripristis murdjan (Fabricius)

Gen. 228 무늬얼게돔속   = 검은줄얼게도미속[a]

Neoniphon Castelnau 1875: 4 (type species: *Neoniphon armatus* Castelnau 1875)

381. 무늬얼게돔   = 검은줄얼게도미[a] (문위얼게돔)

   Sciaena sammara Fabricius (ex Forsskål) in Niebuhr 1775: 48p, xii (Jeddah, Saudi Arabia, Red Sea)

   Neoniphon sammara (Fabricius)

Gen. 229 도화돔속   = 갑옷도미속[a], 뼈고기속[e]

Ostichthys Cuvier (ex Langsdorff) in Cuvier and Valenciennes 1829a: 174 (type species: *Myripristis japonicus* Cuvier 1829)

382. 도화돔   = 갑옷도미[a], 뼈고기[be] (도화돔)

   Myripristis japonicus Cuvier in Cuvier and Valenciennes 1829a: 173, Pl. 58 (Japan)

   Ostichthys japonicus (Cuvier)

Gen. 230 얼게돔속 = 얼게도미속[a]

Sargocentron Fowler 1904a: 235 (type species: *Holocentrum leo* Cuvier 1829)

383. 얼게돔 = 얼게도미[a] (얼게돔)

Holocentrum spinosissimum Temminck and Schlegel 1843b: 22, Pl. 8 A (Nagasaki, Japan)

Sargocentron spinosissimum (Temminck and Schlegel)

──────── 37. 달고기목 Zeiformes = 달도미목(거울도미목)[a], 달고기목[bde]

Fam. 94 달고기과 Zeidae = 달도미과[a], 달고기과[bde]

Gen. 231 민달고기속 = 거울도미속[ae]

Zenopsis Gill 1862d: 126 (type species: *Zeus nebulosus* Temminck and Schlegel 1845)

384. 민달고기 = 거울도미[abe] (면평고기, 민달고기)

Zeus nebulosus Temminck and Schlegel 1845: 123, Pl. 66 (Nagasaki, Japan)

Zenopsis nebulosa (Temminck and Schlegel)

Gen. 232 달고기속 = 달도미속[a], 달고기속[de]

Zeus Linnaeus 1758: 266 (type species: *Zeus faber* Linnaeus 1758)

385. 달고기 = 달도미[a], 달고기[bde] (달도미, 점도미, 점돔)

Zeus faber Linnaeus 1758: 267 (Seas of Europe)

Fam. 95 병치돔과 Caproidae = 병치도미과[a]

Gen. 233 병치돔속 = 병치도미속[a]

Antigonia Lowe 1843: 85 (type species: *Antigonia capros* Lowe 1843)

386. 병치돔 = 병치도미[a] (병치돔)

Antigonia capros Lowe 1843: 86 (Madeira, eastern Atlantic)

──────── 38. 큰가시고기목 Gasterosteiformes = 참채목(가시고기목)[ab], 가시고기목[ce]

Fam. 96 양미리과 Hypopychidae[161)]

Gen. 234 양미리속 = 양미리속[ae]

Hypoptychus Steindachner 1880a: 257 (type species: *Hypoptychus dybowskii*

───────────────

161) 김과 길(2007)은 "양미리"와 "까나리"를 모두 "까나리과" Ammodytidae에 분류하였으므로 "양미리과" Hypopychidae를 별도로 구분하지 않았다.

Steindachner 1880)

387. 양미리[162]   = 양미리[abe] (아미리, 앵매리, 야미리, 양매리)

Hypoptychus dybowskii Steindachner 1880b: 158 (Peter the Great Bay)

Fam. 97 실비늘치과 Aulorhynchidae   = 마치과[abe]
Gen. 235 실비늘치속   = 마치속[ae]

Aulichthys Brevoort in Gill 1862e: 234 (type species: *Aulichthys japonicus* Brevoort 1862)

388. 실비늘치   = 마치[abe] (실비늘치)

Aulichthys japonicus Brevoort in Gill 1862e: 235 (Japanese coast)

Fam. 98 큰가시고기과 Gasterosteidae   = 참채과[ab], 가시고기과[ce]
Gen. 236 큰가시고기속   = 참채속[ac], 큰가시고기속[e]

Gasterosteus Linnaeus 1758: 295 (type species: *Gasterosteus aculeatus* Linnaeus 1758)

389. 큰가시고기[163]   = 참채[abc], 큰가시고기[e] (삼극가시고기)

Gasterosteus aculeatus Linnaeus 1758: 295 (Europe)

Gen. 237 가시고기속   = 가시고기속[ace]

Pungitius Coste 1848: 588 (type species: *Gasterosteus pungitius* Linnaeus 1758)

390. 잔가시고기

Pygosteus kaibarae Tanaka 1915b: 565 (Kichisho-in, southwest of Kyoto, Japan)

Pungitius kaibarae (Tanaka)

391. 청가시고기   = 북가시고기[b]

Gasterosteus pungitius Linnaeus 1758: 296 (Europe)

Pungitius pungitius (Linnaeus)

392. 가시고기   = 가시고기[abce] (달기사리, 부어)

Gasterosteus sinensis Guichenot 1869: 204, Pl. 12 (fig. 4) (Yangtze River, China)

Pungitius sinensis (Guichenot)

---

162) 우리나라 동해안에서 주로 통용되는 명칭인 "양미리"는 실제로는 이 어종과는 전혀 다른 "까나리" *Ammodytes japonicus*이며, 응용분야에서 학명사용의 오류가 흔했다(Kim JK, Bae SE *et al.* 2017).

163) 근래 Higuchi *et al.* (2014)는 한국의 동해연안(강릉 사천천)에 분포하는 개체군을 이 종과는 다른 신종 *G. nipponicus*로 구분하여 북한에 서식하는 개체군에 대한 정리가 필요하다.

393. 두만가시고기 = 북가시고기[a], 웅기가시고기[bce] (가시고기, 두만가시고기, 두만강가시고기)

Gasterosteus tymensis Nikolskii 1889: 293 (Tym River, Sakhalin Island, Russia)

Pungitius tymensis (Nikolskii)

Fam. 99 실고기과 Syngnathidae = 실고기과[adef], 나무공치과[b 164)]

Gen. 238 부채꼬리실고기속 (유 등 1995)

Doryrhamphus Kaup 1856b: 54 (type species: *Doryrhamphus excisus* Kaup 1856)

394. 부채꼬리실고기 (유 등 1995)

Doryrhamphus melanopleura japonica Araga and Yoshino in Masuda, Araga and Yoshino 1975: 183p, Pl. 25 (fig. C) (near the mouth of Tanabe Bay, Wakayama Prefecture, Japan)

Doryrhamphus japonicus Araga and Yoshino

Gen. 239 띠거물가시치속 (명 1997)

Halicampus Kaup 1856b: 22 (type species: *Halicampus macrorhynchus* Bamber 1915)

395. 띠거물가시치 (명 1997)

Micrognathus boothae Whitley 1964: 162, Fig. 3 (Lord Howe Island)

Halicampus boothae (Whitley)

396. 별실고기 (Kim S, Lee YH *et al.* 2006)

Yozia punctata Kamohara 1952: 1, Fig. 2 (Mimase fish market, Kochi Prefecture, Japan)

Halicampus punctatus (Kamohara)

Gen. 240 해마속 = 해마속[a], 바다말속[de]

Hippocampus Rafinesque 1810a: 18 (type species: *Hippocampus heptagonus* Rafinesque 1810)

397. 왕관해마 (Han SY, Kim JK *et al.* 2017)[165)] = 관해마[ab], 뿔바다말[deh] (뿔해마, 해마)

Hippocampus coronatus Temminck and Schlegel 1850: 274, Pl. 120 (fig. 7) (Japan)

---

164) 최(1964), 김(1977), 손(1980), 김과 김(1981), 김과 길(2007)은 "나무공치목, 실고기목" Syngnathiformes으로 배정하였다.

165) 해마류는 몸의 부속지, 색깔 및 형태적 특징이 다양하여 분류학적으로 논란이 많았다. 정(1977), 김과 길(2007) 의 "해마"는 다른 종이 포함된 것으로 Han SY, Kim JK *et al.* (2017)은 이러한 문제점을 해결하기 위해 한국과 일본의 표본을 형태적 및 분자적 수준에서 재검토하여 부산의 표본을 신종인 "해마" *Hippocampus haema*로 하면서 기존의 *H. coronatus*는 국명을 종소명의 의미와 일치되는 "왕관해마"로 변경하였다.

398. 가시해마 = 가시해마[a]

Hippocampus histrix Kaup 1856b: 17, Pl. 2 (fig. 5) (Japan)

399. 복해마

Hippocampus kuda Bleeker 1852a: 82 (Singapore)

= 큰해마[a] (복해마)

Hippocampus kelloggi (not of Jordan and Snyder 1901h)

진질해마 (정 1977) = 해마[ab], 큰바다말[e] (바다말, 진질해마, 큰해마)

Hippocampus aterrimus Jordan and Snyder 1901h: 14, Pl. 9 (Ishigaki Island, Yaeyama Islands, southern Ryukyu Islands, Japan)

400. 산호해마 = 산호해마[a], 바다말[deh] (해마)

Hippocampus mohnikei Bleeker 1853d: 16, Fig. 2 (Kaminoseki Island, Japan)

401. 점해마 (Kim IS and Lee WO 1995a)

Hippocampus trimaculatus Leach in Leach and Nodder 1814: 104 (Indian and Chinese seas)

Gen. 241 실고기속 = 실고기속[adef]

Syngnathus Linnaeus 1758: 336 (type species: *Syngnathus acus* Linnaeus 1758)

402. 실고기 = 실고기[adef], 나무공치[b] (등기미, 바늘고기, 해룡)

Syngnathus schlegeli Kaup 1853: 232 (Japan and China)

= 북실고기[ae], 실고기[b]

Syngnathus acusimilis Günther 1873b: 380 (Chefoo, Shantung Province, China)

Gen. 242 거물가시치속 = 알락실고기속[a]

Trachyrhamphus Kaup 1853: 231 (type species: *Syngnathus serratus* Temminck and Schlegel 1850)

403. 거물가시치 = 알락실고기[a] (거문가시치)

Syngnathus serratus Temminck and Schlegel 1850: 272, Pl. 120 (fig. 4) (Japan)

Trachyrhamphus serratus (Temminck and Schlegel)

Gen. 243 풀해마속 = 애기실고기속[a]

Urocampus Günther 1870: 179 (type species: *Urocampus nanus* Günther 1870)

404. 풀해마 = 애기실고기[a]

Urocampus nanus Günther 1870: 179 (Manchuria, China)

= 남해마[b]

Urocampus rikuzenius Jordan and Snyder 1901h: 10, Pl. 7 (Matsushima Bay, Japan)

Fam. 100 유령실고기과 (김 등 2011) Solenostomidae
Gen. 244 유령실고기속 (Yim HS, Park JH *et al.* 2007)
Solenostomus Lacepède 1803: 360 (type species: *Fistularia paradoxa* Pallas 1770)
405. 유령실고기 (Yim HS, Park JH *et al.* 2007)

Solenostoma cyanopterus Bleeker 1854d: 507 (Wahai, Ceram, Indonesia)

Fam. 101 대치과 Fistulariidae = 대치과[ade]
Gen. 245 대치속 = 대치속[ade]
Fistularia Linnaeus 1758: 312 (type species: *Fistularia tabacaria* Linnaeus 1758)
406. 청대치 (홍대치의 국명변경)[166]

Fistularia commersonii Rüppell 1838: 142 (Al Muwaylih, Tabuk Province, Saudi Arabia, Red Sea)

홍대치 (정 1977)

Fistularia villosa (not of Klunzinger 1871)

= 청대치[ae] (청마치, 푸른대치)

Fistularia serrata (not of Cuvier 1816)

407. 홍대치 (최 등 2002) = 홍대치[ade] (붉은대치, 홍마치)

Fistularia petimba Lacepède (ex Commerson) 1803: 349, 350 (Straits of New Britain, Bismarck Archipelago, Papua New Guinea, western Pacific; Réunion, western Mascarenes, southwestern Indian Ocean; Antilles, western Atlantic)

---

166) Mori(1952), 정(1977)의 동종이명인 *F. petimba, F. serrata* 또는 *F. villosa*를 별도의 종으로 기록면서 "홍대치 (red cornetfish)"와 "청대치 (bluespotted cornetfish)"로 기록하여 혼동을 주었다. 김 등(2011)은 다른 종인 *F. commersonii*의 학명을 사용하여 정리하였으나 정에 따라 이를 "홍대치"로 잘못 기록하였다. 현재 *F. commersonii*에 대한 영명은 blue spotted cornetfish이므로 이의 국문 명칭이 홍대치에서 "청대치"로, *F. petimba*의 영명은 red cornetfish이므로 이의 명칭이 청대치에서 "홍대치"로 변경되어야 한다. *F. petimba*에 대해서는 최 등(2002: 147)이 국문 명칭을 수정하였다.

Fam. 102 대주둥치과 Macroramphosidae   = 주둥치과[ae]

Gen. 246 대주둥치속   = 주둥치속[ae]

Macroramphosus Lacepède 1803: 136 (type species: *Silurus cornutus* Forsskål 1775)

408. 대주둥치   = 큰주둥치[a], 큰가시주둥치[e] (대주둥치)

Balistes scolopax Linnaeus 1758: 329 (Mediterranean Sea)

Macroramphosus scolopax (Linnaeus)

                                                                      = 큰가시주둥치[e]

Macroramphosus sagifue Jordan and Starks 1902: 69, Fig. 2 (Enoura, Suruga, Japan)

붕대물치 (정 1977)[167]   = 주둥치[ae] (붕대물치)

Centriscus japonicus Günther 1861b: 522 (Japan)

Macroramphosus japonicus (Günther)

──────── 39. 드렁허리목 Synbranchiformes   = 두렁허리목[abcf]

Fam. 103 드렁허리과 Synbranchidae   = 두렁허리과[abcf]

Gen. 247 드렁허리속   = 두렁허리속[acf]

Monopterus Lacepède 1800: 138 (type species: *Monopterus javanensis* Lacepède 1800)

409. 드렁허리   = 두렁허리[abcf] (두렁선이, 두렁치, 드렁선이, 물뱀, 장어)

Muraena alba Zuiew 1793: 299, Pl. 7 (fig. 2) (no locality)

Monopterus albus (Zuiew)

Fam. 104 실베도라치과 Mastacembelidae[168]

Gen. 248 실베도라치속

Sinobdella Kottelat and Lim 1994: 189 (type species: *Rhynchobdella sinensis* Bleeker 1870a)

---

167) "붕대물치" *M. japonicus* (Günther)는 *M. gracilis* (Lowe)의 동종이명이며, "대주둥치" *M. scolopax*와 동일종
으로 인식되어(Fritzsche 2002) 김 등(2011)은 우리나라 어류 목록에서 제외하였다. 그러나 근래 형태적, 생태
적, 분자적 증거에 의해 별종으로 인식하는 학자들이 있으므로 우리나라 표본에 대한 재검토가 필요하다.

168) 정(1977)의 "실베도라치" *Zoarchias aculeatus* (Basilewsky)는 *Sinobdella sinensis* (Bleeker 1870)이며 "걸
장어과"의 "걸장어" *Macrognathus aculeatus* (Bloch)는 "실베도라치"의 이종동명인 것으로 정리되었다. 실제
*Zoarchias*속이 해당하는 장갱이과 (Stichaeidae)와는 목과 과 수준에서 다른 분류군이며 실베도라치가 잘못
배정되었으므로 과명 및 속명을 모두 "실베도라치"가 포함되도록 수정하였다.

410. 실베도라치 (걸장어; 정 1977)[169]   = 등가시치[b]

Ophidium aculeatum Basilewsky 1855: 248 (Near Beijing, China)

Rhynchobdella sinensis Bleeker 1870a: 249, Pl. (bottom fig.) (China)

Macrognathus aculeatus (not of Bloch 1786)

Sinobdella sinensis (Bleeker 1870)

──────── 40. 쏨뱅이목 Scorpaeniformes   = 우레기목[a]

Fam. 105 쭉지성대과 Dactylopteridae   = 매미성대과[ae], 점맹이성대과[b]

Gen. 249 쭉지성대속   = 매미성대속[ae]

Dactyloptena Jordan and Richardson 1908: 665 (type species: *Dactylopterus orientalis* Cuvier 1829)

411. 쭉지성대   = 매미성대[ae], 맴성대[b] (쭉지성대, 쭉지, 꿍꿍이, 청성이)

Dactylopterus orientalis Cuvier (ex Russell) 1829: 162 (Coromandel coast, India, eastern Indian Ocean)

Dactyloptena orientalis (Cuvier)

Gen. 250 별쭉지성대속   = 점매미성대속[ae]

Dactylopterus Lacepède 1801: 325 (type species: *Dactylopterus pirapeda* Lacepède 1801)

412. 별쭉지성대   = 점매미성대[ae], 점맹이성대[b] (별성대, 쭉지, 쭉지성대)

Dactylopterus peterseni Nyström 1887: 24 (Nagasaki, Japan)

Fam. 106 양볼락과 Scorpaenidae   = 우레기과[abde]

Gen. 251 벌감펭속   = 벌수염치속[a]

Apistus Cuvier in Cuvier and Valenciennes 1829b: 391 (type species: *Apistus alatus* Cuvier

---

169) Jordan and Metz(1913)으로부터 최근까지 사용된 *Zoarchias aculeatus* (Basilewsky)는 *Ophidium aculeatum* Bloch의 이종동명으로 유효성이 없으므로 Bleeker(1870)가 *Rhynchobdella sinensis*로 대체하였다. 한편 이 종은 동종이명 처리 과정에서 *Ophidium aculeatum* Bloch 1786와 저자 및 종소명이 서로 혼합되어 같은 종 으로 잘못 기록된 경우가 많았다(Kottelat 2001: 63, Mecklenburg and Sheiko 2004: 2). 정(1977)과 김 등 (2005)이 기록한 "걸장어" *Macrognathus aculeatus* (Bloch)는 기재 내용이 인도네시아 등에 분포하는 실제 *Macrognathus aculeatus* (Bloch)와 전혀 다르다. 따라서 "걸장어" *Macrognathus aculeatus* (Bloch)는 우 리나라 어류 목록에서 삭제하였으며, "등가시치과" Stichaeidae에 잘못 배정되었던 "실베도라치" *Sinobdella sinensis* (Bleeker)를 다시 정리하였다.

1829)

413. 벌감펭   = **벌수염치**[a], **가시수염어**[b] (벌감펭)

Scorpaena carinata Bloch and Schneider 1801: 193 (Tharangambadi, India)

Apistus carinatus (Bloch and Schneider)

Gen. 252 에보시감펭속 (김 등 2001)

Ebosia Jordan and Starks 1904a: 145 (type species: *Pterois bleekeri* Döderlein 1884)

414. 에보시감펭 (김 등 2001)

Pterois bleekeri Döderlein in Steindachner and Döderlein 1884: 200p [32], Pl. 6 (figs. 1-1a) (Tokyo, Japan)

Ebosia bleekeri (Döderlein)

Gen. 253 통쏠치속   = **통범치속**[a] [170)]

Erosa Swainson 1839: 61 (type species: *Synanceia erosa* Cuvier 1829)

415. 통쏠치   = **통범치**[a], **뼈머리범치**[b] (범치, 뼈머리)

Synanceia erosa Cuvier (ex Langsdorff) in Cuvier and Valenciennes 1829b: 459, Pl. 96 (Seas of Japan)

Erosa erosa (Cuvier)

Gen. 254 홍감펭속   = **알락수염치속**[a]

Helicolenus Goode and Bean 1896: 248 (type species: *Scorpaena dactyloptera* Delaroche 1809)

416. 홍감펭   = **알락수염치**[a], **아롱수염어**[b] (아롱수염치, 홍감펭)

Sebastes hilgendorfii Döderlein in Steindachner and Döderlein 1884: 202 [34] (Tokyo, Japan)

Helicolenus hilgendorfi (Döderlein)

Gen. 255 꽃감펭속

Hoplosebastes Schmidt 1929: 194 (type species: *Hoplosebastes armatus* Schmidt 1929)

417. 꽃감펭

Hoplosebastes armatus Schmidt 1929: 194, Figs. 1-2 (Nagasaki, Japan)

---

170) 최(1964)는 "범치과" Cyanceidae로, 김(1977), 손(1980), 김과 길(2008)은 "범치과" Synanceiidae로 배정하였다.

Gen. 256 미역치속 = 붉은쏠치속[a], 쏠치속[e 171)]

Hypodytes Gistel 1848: VIII (type species: *Apistus alatus* Cuvier 1829)

418. **미역치** = 붉은쏠치[a], 쏠치[be] (미역치)

   Apistus rubripinnis Temminck and Schlegel 1843b: 49, Pl. 22 (fig. 2) (Nagasaki, Japan)

   Hypodytes rubripinnis (Temminck and Schlegel)

Gen. 257 큰미역치속 (Kim MJ, Hwang UW *et al.* 2010)

Snyderina Jordan and Starks 1901a: 381 (type species: *Snyderina yamanokami* Jordan and Starks 1901)

419. **큰미역치** (Kim MJ, Hwang UW *et al.* 2010)

   Snyderina yamanokami Jordan and Starks 1901a: 381, Pl. 20 (Kagoshima, Kiusiu, Japan)

Gen. 258 쑤기미속 = 범치속[ade]

Inimicus Jordan and Starks 1904a: 158 (type species: *Pelor japonicum* Cuvier 1829)

420. **쑤기미** = 범치[abde] (미역치, 쏘미, 손치어, 쑤기미, 쑥수기미, 참쑤기미, 호치)

   Pelor japonicum Cuvier in Cuvier and Valenciennes 1829b: 437, Pl. 93 (Coast of China and seas of Japan)

   Inimicus japonicus (Cuvier)

Gen. 259 말락쏠치속 = 꼬마쏠치속[a], 쏠치속[d]

Minous Cuvier in Cuvier and Valenciennes 1829b: 420 (type species: *Scorpaena monodactyla* Bloch and Schneider 1801)

421. **일지말락쏠치** = 강쏠치[ad] (뽈가시범치)

   Scorpaena monodactyla Bloch and Schneider 1801: 194 (No locality)

   Minous monodactylus (Bloch and Schneider)

422. **말락쏠치** = 연쏠치[ad], 툭눈범치[b] (말락쏠치)

   Minous pusillus Temminck and Schlegel 1843b: 50 (Sea of Japan)

423. **제주쏠치** (김과 이 1994)

   Paraminous quincarinatus Fowler 1943: 68, Fig. 13 (Off northeastern point Yaku Shima, Japan)

   Minous quincarinatus (Fowler)

---

171) 손(1980)은 "쏠치과" Congiopodidae로 배정하였다.

Gen. 260 도자감펭속 (김 등 2001)

Parapterois Bleeker 1876b: 296 (type species: *Pterois heterurus* Bleeker 1856a)

424. 도자감펭 (김 등 2001)

Pterois heterurus Bleeker 1856a: 33 (Ambon Island, Molucca Islands, Indonesia)

Parapterois heterura (Bleeker)

Gen. 261 쏠배감펭속   = 날개수염치속[a]

Pterois Oken (ex Cuvier) 1817: 1182 (type species: *Scorpaena volitans* of Bloch 1788 = *Gasterosteus volitans* Linnaeus 1758)

425. 쏠배감펭   = 날개수염치[a], 날개수염어[b] (북제어, 쏠뱅이, 쏠베감펭, 쫌뱅이)

Pterois lunulata Temminck and Schlegel 1843b: 45, Pl. 19 (figs. 1, 3) (Nagasaki Bay, Japan)

426. 점쏠배감펭 (유 등 1995)

Gasterosteus volitans Linnaeus 1758: 296 (Ambon Island, Molucca Islands, Indonesia)

Pterois volitans (Linnaeus)

Gen. 262 점감펭속   = 뿔수염치속[a], 수장우레기속[d]

Scorpaena Linnaeus 1758: 266 (type species: *Scorpaena porcus* Linnaeus 1758)

427. 쭈굴감펭[172)]   = 뿔수염치[a] (쭈굴감펭), 뿔수염어[b]

Scorpaena miostoma Günther 1877: 435 (Nagasaki, Japan)

---

172) 이 속 어류의 어종에 대한 남북한명은 아주 혼란스럽다. Mori and Uchida(1934)는 *Scorpaena neglecta*를, Mori(1952)는 *Scorpaena neglecta* f. *moistoma*와 *Scorpaena neglecta* f. *neglecta*를 기록했는데, 정(1977)은 이들을 각각 "살살치" (*S. izensis*), "쭈굴감펭", "점감펭"으로 정리하면서 *S. onaria*와 *S. dactylopterus*를 "점감펭" *S. neglecta* f. *neglecta*의 동종이명으로 처리하였다. 북한에서 김과 길(2008)은 "뿔수염치" *S. neglecta*의 동종이명에 *S. dactylopterus*를 기록하였고, 현재 *S. neglecta*의 동종이명으로 알려진 *S. izensis*는 "살수염치"로 구분하였다. 한편 Masuda *et al.*(1984)는 *S. neglecta* f. *neglecta*를 *S. onaria*의 동종이명으로 처리하였고, Kim IS and Lee WO(1993)는 이에 따라 "점감펭"을 *S. onaria* (= *S. neglecta* f. *neglecta*)로 표기하였다. 근래 *S. neglecta* (= *S. izensis*) 자체는 종 수준으로 인지되고 있어서 이전의 *S. neglecta* 또는 그 아종이나 변종으로 생각했던 개체군은 실제로는 현재의 종 구분과 부합하지 않는다. 북한에서 김과 길(2008)은 동종이명인 *S. neglecta*와 *S. izensis*를 각각 별종인 "뿔수염치 (점감펭, 쭈굴감펭)"와 "살수염치 (수장우레기, 부산뿔수염어, 살사알치, 살살치)"로 표기하였고, 김(1977)은 "수장우레기 (살살치, 부산뿔수염어)" *S. izensis* 한 종만을 기록하고 있다. 이는 *S. neglecta*에 이전에 아종으로 기록하였던 "점감펭"과 "쭈굴감펭"을 한 종으로 취급하였고, *S. neglecta*의 동종이명인 *S. izensis*를 별종으로 취급하여 "살수염치, 수장우레기 (= 살살치)"로 구분한 셈이다. 따라서 남한의 "점감펭", "쭈굴감펭", "살살치"는 북한에서는 각각 "뿔수염치의 점감펭", "뿔수염치의 쭈굴감펭", "살수염치 혹은 수장우레기"로 사용한 것으로 해석함이 합리적이다.

428. 살살치

Scorpaena neglecta Temminck and Schlegel 1843b: 43, Pl. 17 (fig. 4) (Nagasaki, Japan)

= 살수염치[a], 수장우레기[d] (부산뿔수염어, 살사알치, 살살치)

Scorpaena izensis Jordan and Starks 1904a: 134, Fig. 10 (Suruga Bay, Japan)

429. 점감펭

= 뿔수염치[a] (점감펭), 뿔수염어[b]

Scorpaena onaria Jordan and Snyder 1900: 365, Pl. 16 (Misaki, Japan)

Gen. 263 주홍감펭속 (김 등 2001)

Scorpaenodes Bleeker 1857c: 371 (type species: *Scorpaena polylepis* Bleeker 1851b)

430. 주홍감펭 (김 등 2001)

Sebastella littoralis Tanaka 1917a: 10 (Misaki, Japan)

Scorpaenodes littoralis (Tanaka)

Gen. 264 쑥감펭속

= 범수염치속[a]

Scorpaenopsis Heckel 1839: 158 (type species: *Scorpaena nesogallica* Cuvier 1829)

431. 쑥감펭

= 범수염치[a], 마귀수염어[b] (쑥감펭, 쑥치)

Perca cirrosa Thunberg 1793b: 199, Pl. 7 (Miyake-jima Island, Izu Islands, Japan)

Scorpaenopsis cirrosa (Thunberg)

432. 놀락감펭

= 대무늬수염치[a] (놀감펭, 제주수염이)

Scorpaena diabolus Cuvier (ex Duhamel du Monceau) 1829: 166 (northern Bay of Biscay, eastern Atlantic)

Scorpaenopsis diabolus (Cuvier)

= 띠무늬수염어[b]

Scorpaenopsis gibbosa (not of Bloch and Schneider 1801)

Gen. 265 볼락속

= 우레기속[ade]

Sebastes Cuvier 1829: 166 (type species: *Perca norvegica* Ascanius 1772)

433. 돌삼뱅이

= 툭눈우레기[abe] (눈퉁우레기, 돌삼뱅이)

Sebastodes baramenuke Wakiya 1917: 14, Fig. (Miyagi Prefecture, Iwate Prefecture, and Kokkaido, Japan)

Sebastes baramenuke (Wakiya)

434. 우럭볼락 = 알락우레기[ade], 아롱우레기[b] (갑옷우레기, 똥새기, 볼락, 쑤기미, 우럭볼락, 은덕볼락)

Sebastichthys hubbsi Matsubara 1937b: 57 (Japan)

Sebastes hubbsi (Matsubara)

= 갑옷우레기[b 173)]

Sebastichthys elegans (not of Döderlein)

435. 누루시볼락[174)] = 노랑우레기[ab], 누런우레기[e] (누르시, 누르시볼락, 신더구, 여우우레기, 우묵어)

Sebastes vulpes Döderlein in Steindachner and Döderlein 1884: 203 [35] (Fish market in Tokyo, Japan)

눌치볼락 (정 1977) = 남우레기[a], 부산우레기[b] (눌치볼락, 둘치볼락)

Sebastes ijimae (Jordan and Metz 1913)

436. 볼락 = 열갱이[abe] (꺽지, 목장어, 볼락, 불락어, 뽈락어, 뽈수염어, 열광어, 열기, 열기꺽지, 우럭이)

Sebastes inermis Cuvier in Cuvier and Valenciennes 1829b: 346 (Japan)

= 비레기[b]

Sebastodes tokionis Jordan and Starks 1904a: 104, Fig. 3 (Tokyo, Wakanoura, Tsuruga, and Misaki)

437. 도화볼락 = 분홍우레기[a], 붉은띠우레기[b] (도화볼락)

Sebastes joyneri Günther 1878a: 485 (Tokyo, Japan)

438. 황해볼락 (Kim IS and Lee WO 1994b)

Sebastes koreanus Kim IS and Lee WO 1994b: 409, Figs. 1, 2A (Munyae Island, Okdo-myon, Okku-gun, Chollabuk-do, Korea)

439. 흰꼬리볼락 = 긴가시우레기[a] (띠무늬수염어, 흰꼬리우레기)

Sebastichthys (*Pteropodus*) *longispinis* Matsubara 1934: 209 (Busan, Jangjeon, Korea)

Sebastes longispinis (Matsubara)

440. 좀볼락 (Kim IS and Lee WO 1993)

Sebastes minor Barsukov 1972: 630 [577], Fig. 1 (Peter the Great Bay, northeast of

---

173) 최(1964)는 "큰뽈수어"를 *Sebastichthys oblongus*로, 이의 동종이명인 *Sebastichthys elegans*는 "갑옷우레기"로 각각 기록하였다. 우리나라에서 *S. elegans* (Döderlein)는 인지되지 않았으며 *S. hubbsi*의 오동정으로 알려졌으므로 북한명 "갑옷우레기"는 *S. hubbsi*의 북한명 "알락우레기, 아롱우레기"와 같은 종명을 의미하는 것으로 해석되어야 한다. 김과 길(2008)은 *S. hubbsi* 북한명 방언으로 "갑옷우레기"를 들어 이러한 내용을 암시하고 있다.

174) "누루시볼락" *S. vulpes*와 "눌치볼락" *S. ijimae*이 기록되었으며 최근 Muto *et al.* (2011)은 *Sebastes vulpes* 종복합체 (*S. vulpes*, *S. zonatus* 및 *S. ijimae*) 중 *S. ijimae*를 제외한 2종은 유전적, 형태적으로 별종임을 밝혔고, 이어서 2018년에는 *S. ijimae*는 모식표본을 재검토한 결과 *S. vulpes*의 동종이명인 것으로 처리하였다. 김 등(2005)는 *S. vulpes*를 삭제하였으나 이 종에 우선권이 있으므로 "누루시볼락" *S. vulpes*로 하였다.

Cape Gamov)

441. 황점볼락 = **큰뿔우레기**[a]**, 큰뿔수어**[be] (껵더구, 검강구, 검디구, 검서구, 누런점우레기, 황점볼락)

Sebastes oblongus Günther 1877: 435 (Inland Sea of Japan; market of Yokohama)

442. 황볼락 = **황우레기**[a]**, 등색우레기**[be] (붉은우레기, 황볼락)

Sebastodes owstoni Jordan and Thompson 1914: 270, Pl. 31 (fig. 3) (Aomori, Japan)

Sebastes owstoni (Jordan and Thompson)

443. 개볼락 = **먹우레기**[ade]**, 검은뿔수어**[b] (개볼락, 검정우레기)

Sebastes pachycephalus Temminck and Schlegel 1843b: 47, Pl. 20 (fig. 3) (Japan)

444. 조피볼락 = **우레기**[abeh] (뿔낙어, 열기, 조부라기, 조피, 조피볼락)

Sebastes schlegelii Hilgendorf 1880a: 171 (Tokyo and Hakodate, Japan)

445. 노랑볼락 (Kim IS and Lee WO 1993)

Sebastes steindachneri Hilgendorf 1880a: 172 (Hokkaido, Japan)

446. 탁자볼락 = **북우레기**[abe] (동양볼락어, 탁자볼락)

Sebastes taczanowskii Steindachner 1880a: 256 [19], Pl. 2 (fig. 1) (Northern Japan)

447. 불볼락 = **빨간우레기**[abe] (동감팽, 동감팽볼락, 볼락어, 홈손볼락어)

Sebastodes (*Sebastosomus*) ***thompsoni*** Jordan and Hubbs 1925: 265, Fig. 1 (Miyako, Japan)

Sebastes thompsoni (Jordan and Hubbs)

448. 세줄볼락 = **세줄무늬우레기**[ae] (노랑우레기, 뿔수어, 세줄볼락)

Sebastes trivittatus Hilgendorf 1880a: 171 (Hokkaido, Japan)

= **흰우레기**[b]

Sebastes nivosus (not of Hilgendorf 1880a)

449. 말락볼락 = **우레기번티기**[a]**, 북우레기번티기**[e] (말락볼락)

Sebastodes (*Primospina*) ***wakiyai*** Matsubara 1934: 205 (Miyako, Ryukyu Islands, Japan)

Sebastes wakiyai (Matsubara)

= **꽃우레기**[a] (버들볼락)

Sebastes (*Mebarus*) ***paradoxus*** Matsubara 1943c: 198, Fig. 71 (Busan fish market, Korea)

450. 띠볼락 (Kim IS and Lee WO 1993)

Sebastes zonatus Chen and Barsukov 1976: 6, Fig. 1c (Off Furube, near Usujiri, Hakodate, Hokkaido, Japan)

Gen. 266 쏨뱅이속   = 쏨뱅이속[ade]

Sebastiscus Jordan and Starks 1904a: 124 (type species: *Sebastes marmoratus* Cuvier
   1829)

451. 붉감펭   = 흰줄쏨뱅이[a], 노랑수염어[b] (노랑우레기, 붉감펭, 빨감펭, 흰별수병어)

   Holocentrus albofasciatus Lacepède 1802: 333, 372 (China)

   Sebastiscus albofasciatus (Lacepède)

452. 쏨뱅이   = 쏨뱅이[ade], 수염어[b] (쫀뱅이, 쫀배, 수병어)

   Sebastes marmoratus Cuvier in Cuvier and Valenciennes 1829b: 345 (no locality)

   Sebastiscus marmoratus (Cuvier)

453. 붉은쏨뱅이 (Kim IS and Lee WO 1993)

   Sebastes tertius Barsukov and Chen 1978: 202 [186], Fig. 4 (Nagasaki, Japan)

   Sebastiscus tertius (Barsukov and Chen)

Gen. 267 홍살치속   = 홍살치속[ae]

Sebastolobus Gill 1881: 375 (type species: *Sebastes macrochir* Günther 1877)

454. 홍살치   = 홍살치[ae] (긴지네우레기)

   Sebastes macrochir Günther 1877: 434 (Inland Sea of Japan; off Enoshima, Japan)

   Sebastolobus macrochir (Günther)

        Fam. 107 풀미역치과 Aploactinidae   = 쏠치과[a] (Congiopodidae)[e]
Gen. 268 풀미역치속   = 얼룩쏠치속[a], 비로드고기속[e]

Erisphex Jordan and Starks 1904a: 169 (type species: *Cocotropus pottii* Steindachner 1896)

455. 풀미역치   = 얼룩쏠치[a], 비로드고기[be] (수배기, 우베기, 풀미역치)

   Cocotropus pottii Steindachner 1896: 203, Pl. 4 (fig. 1) (Kobe, Japan)

   Erisphex pottii (Steindachner)

        Fam. 108 성대과 Triglidae   = 달재과[ade], 성대과[b]
Gen. 269 성대속   = 성대속[ade]

Chelidonichthys Kaup 1873: 87 (type species: *Trigla hirundo* Linnaeus 1758)

456. 성대   = 성대[abde] (꿍꿍이, 쌀대, 숭대)

   Trigla spinosa McClelland 1843: 396, Pl. 22 (fig. 2) (Chusan and/or Ningpo, China)

   Chelidonichthys spinosus (McClleland)

Gen. 270 달재속   = 달재속[ade]

Lepidotrigla Günther 1860: 196 (type species: *Trigla aspera* Cuvier 1829)

457. 밑달갱이   = 심해달재[a], 남달재[b] (밑달갱이)

  Lepidotrigla abyssalis Jordan and Starks 1904d: 595 (Suruga Bay, Japan)

458. 쌍뿔달재   = 뿔달재[a], 가시달재[b] (쌍뿔달재)

  Trigla alata Houttuyn 1782: 336 (Japan)

  Lepidotrigla alata (Houttuyn)

459. 꼬마달재   = 애기달재[ade], 인천달재[b] (꼬마달재, 꼬마달새, 닥재기, 장재어)

  Lepidotrigla guentheri Hilgendorf 1879b: 106 (Tokyo, Japan)

460. 히메성대 (Lee CL and Sasaki K 1997)

  Lepidotrigla hime Matsubara and Hiyama 1932: 36, Fig. 13 (Misaki, Japan)

461. 가시달강어[175]   = 가시달재[a] (가시달갱이, 날개가시달재)

  Prionotus japonicus Bleeker 1854c: 398 (Nagasaki, Japan)

  Lepidotrigla japonica (Bleeker)

462. 고지달재 (이 2000)

  Lepidotrigla kanagashira Kamohara 1936: 1007, Fig. 2 (Mimase, Kochi Prefecture, Japan)

463. 뿔성대 (Lee CL and Sasaki K 1997)

  Lepidotrigla kishinouyi Snyder 1911: 543 (Kagoshima, Japan)

464. 달강어   = 달재[abde] (달강어, 달갱이, 먹대, 먹대장대, 물어치, 숫달재, 연달재, 장대)

  Lepidotrigla microptera Günther 1873a: 241 (Shanghai, China)

                                                            = 해안달재[b]

  Trigla (*Lepidotrigla*) *strauchii* Steindachner 1876: 214 [166] (Hakodate, Oshima
    Subprefecture, Hokkaido, Japan)

  Lepidotrigla strauchii (Steindachner)

Gen. 271 밑성대속   = 날개성대속[a], 심해성대속[e]

Pterygotrigla Waite 1899: 28, 108 (type species: *Trigla polyommata* Richardson 1839)

465. 밑성대   = 심해성대[abe] (날개성대, 밑성대)

  Trigla hemisticta Temminck and Schlegel 1843b: 36, Pl. 14 (figs. 3-4), 14B (Nagasaki, Japan)

  Pterygotrigla hemisticta (Temminck and Schlegel)

---

175) 김 등(2005)은 국명을 "가시달강어"로 하였으나 이전 학자들(정 1998, 이 2000)은 "가시달갱이"를 사용하였다.
    정(1977: 518)은 달갱이(達江魚)로 설명하여 표준명은 "달강어"가 합리적이다.

Fam. 109 황성대과 Peristediidae = 노랑성대과[b]

Gen. 272 황성대속 = 노랑성대속[a]

Peristedion Lacepède 1801: 368 (type species: *Peristedion malarmat* Lacepède 1801)

466. 황성대 = 노랑성대[ab] (황성대)

   Peristedion orientale Temminck and Schlegel 1843b: 37, Pl. 14 (figs. 5-6), 14A (Japan)

Gen. 273 별성대속

Satyrichthys Kaup 1873: 82 (type species: *Peristethus rieffeli* Kaup 1859

467. 별성대 = 별노랑성대[a] (별성대)

   Peristethus rieffeli Kaup 1859b: 106, Pl. 8 (fig. 3) (China)

   Satyrichthys rieffeli (Kaup)

Fam. 110 빨간양태과 Bembridae

Gen. 274 빨간양태속 = 붉은장대속[a]

Bembras Cuvier in Cuvier and Valenciennes 1829b: 282 (type species: *Bembras japonicus*
   Cuvier 1829)

468. 빨간양태 = 붉은장대[a], 붉은통어[b]

   Bembras japonica Cuvier in Cuvier and Valenciennes 1829b: 282, Pl. 83 (Japan)

Gen. 275 눈양태속 = 왕눈장대속[ad]

Parabembras Bleeker 1874b: 370 (type species: *Bembras curtus* Temminck and Schlegel
   1843)

469. 눈양태 = 왕눈장대[ad], 왕눈낭태[b] (눈양태)

   Bembras curtus Temminck and Schlegel 1843b: 42, Pl. 16 (fig. 6-7) (Nagasaki, Japan)

   Parabembras curta (Temminck and Schlegel)

Fam. 111 양태과 Platycephalidae = 장대과[abcde]

Gen. 276 까지양태속 = 수수장대속[ad]

Cociella Whitley 1940: 243 (type species: *Platycephalus crocodilus* Tilesius 1814)

470. 까지양태[176]   = 수수장대[abd] (까치양태)

Platycephalus crocodilus Cuvier (ex Tilesius) in Cuvier and Valenciennes 1829b: 256
(Nagasaki)

Cociella crocodila (Cuvier)

Gen. 277 점양태속   = 뱀장대속[a]

Inegocia Jordan and Thompson 1913: 70 (type species: *Platycephalus japonicus* Tilesius 1814)

471. 악어양태 (Lee CL and Joo DS 1995b)[177]

Inegocia guttata (not of Cuvier)

Inegocia ochiaii Imamura 2010: 22, Figs. 1-4 (Kashiwajima Island, Kochi Prefecture,
Japan)

472. 점양태   = 뱀장대[ab] (점양태)

Platycephalus japonicus Cuvier (ex Tilesius) in Cuvier and Valenciennes 1829b: 256
(Nagasaki)

Inegocia japonica (Cuvier)

Gen. 278 비늘양태속   = 가시장대속[a]

Onigocia Jordan and Thompson 1913: 70 (type species: *Platycephalus macrolepis* Bleeker
1854c)

473. 큰비늘양태 (Lee CL and Joo DS 1998b)

Platycephalus macrolepis Bleeker 1854c: 399 (Nagasaki, Japan)

Onigocia macrolepis (Bleeker)

474. 비늘양태   = 가시장대[a], 가시낭태[b] (비늘양태)

Platycephalus spinosus Temminck and Schlegel 1843b: 40, Pl. 16 (figs. 1-2) (Nagasaki,
Japan)

Onigocia spinosa (Temminck and Schlegel)

---

176) 이전에는 명명자로 Tilesius를 사용하였으나 Tilesius(1814)의 기재는 키릴 문자로 종명만 있고 모식표본도 없
는 등 유효하지 않은 학명이며, Cuvier(1829b)의 기록이 유효하다(Imamura and Yoshino 2009: 310, Kottelat
2013: 317).

177) Lee CL and Joo DS(1995)는 제주도에서 채집한 표본을 미기록종 *Platycephalus guttatus* (= *Inegocia
guttatus*)으로 기록하였으나 이 종은 *Inegocia*의 규정형질이 없는 "까지양태" *Cociella crocodila*의 동종이명
이며(Jordana and Richardson 1908: 638, Imamura and Yoshino 2009: 310), 우리나라에 출현하는 종은 이들
과는 다른 별종 *Inegocia ochiaii*로 정리되었다(Imamura 2010).

Gen. 279 양태속   = 장대속[acde]

Platycephalus Bloch 1795: 96 (type species: *Platycephalus spathula* Bloch 1795)

475. 양태   = 장대[abcde] (낭태, 망태, 양태, 통어)

  Callionymus indicus Linnaeus 1758: 250 (Asia)

  Platycephalus indicus (Linnaeus)

Gen. 280 봉오리양태속   = 꽃장대속[a]

Ratabulus Jordan and Hubbs 1925: 286 (type species: *Thysanophrys megacephalus*
    Tanaka 1917a)

476. 봉오리양태   = 꽃장대[a] (꽃낭대, 봉오리양태)

  Thysanophrys megacephalus Tanaka 1917a: 11 (Fish market in Tokyo, Japan)

  Ratabulus megacephalus (Tanaka)

Gen. 281 바늘양태속 (Lee CL and Joo DS 1994a)

Rogadius Jordan and Richardson 1908: 630 (type species: *Platycephalus asper* Cuvier 1829)

477. 바늘양태 (Lee CL and Joo DS 1994a)

  Platycephalus asper Cuvier in Cuvier and Valenciennes 1829b: 257, Pl. 82 (Japan)

  Rogadius asper (Cuvier)

Gen. 282 큰눈양태속 (Lee CL and Joo DS 1998b)

Insidiator Jordan and Snyder 1900: 368 (type species: *Platycephalus rudis* Günther 1877)

478. 큰눈양태 (전 1992)   = 눈장대[a], 낭태[b] (눈통어, 눈통이)

  Platycephalus meerdervoortii Bleeker 1860c: 80, Pl. 1 (fig. 3) (Nagasaki, Japan)

  Inegocia meerdervoortii (Bleeker)

     Fam. 112 가시양태과 Hoplichthyidae

Gen. 283 가시양태속 (Lee CL 1993b)

Hoplichthys Cuvier in Cuvier and Valenciennes 1829b: 264 (type species: *Hoplichthys*
    langsdorfii Cuvier 1829b)

479. 외가시양태 (Lee CL and Joo DS 1995a)

  Hoplichthys gilberti Jordan and Richardson 1908: 647, Fig. 6 (Suruga Bay, Japan)

480. 가시양태 (Lee CL 1993b)

Hoplichthys langsdorfii Cuvier in Cuvier and Valenciennes 1829b: 264p, Pl. 81 (Japan)

Fam. 113 쥐노래미과 Hexagrammidae = 석반어과[ab], 이면수과[de]

Gen. 284 쥐노래미속 = 석반어속[ade]

Hexagrammos Tilesius (ex Steller) 1810: 335 (type species: *Hexagrammos stelleri* Tilesius 1810)

노래미속 (정 1998) = 황석반어속[ade]

Agrammus Günther 1860: 94 (type species: *Agrammus schlegelii* Günther 1860)

481. 노래미 = 황석반어[abde] (노래미, 놀내지, 놀맹이)

Labrax agrammus Temminck and Schlegel 1843b: 56, Pl. 22A (fig. 1) (Nagasaki Prefecture, Kyushu, Japan)

Hexagrammos agrammus (Temminck and Schlegel)

482. 줄노래미 = 쇠석반어[abe] (줄노래미)

Labrax octogrammus Pallas 1814: 283 (Petropavlovsk, Avacha Bay, Kamchatka, Russia)

Hexagrammos octogrammus (Pallas)

483. 쥐노래미 = 석반어[abde] (조부라기, 쫄댁이, 쥐노래미, 참치)

Hexagrammos otakii Jordan and Starks 1895: 800, Pl. 77 (Tokyo market, Japan)

= 참치[abe] (석망어, 석반어)[178]

Hexagrammos stelleri (not of Tilesius 1810)

484. 놀메기 (최 1964) = 놀메기[abde] (노루메기, 석놀메기)[179]

Labrax lagocephalus Pallas 1810: 384, Pl. 22 (fig. 1) (Kuril Islands)

Hexagrammos lagocephalus (Pallas)

---

178) 베링해협에서 홋카이도 태평양 수역 등에 분포하는 어종(Shinohara 1994, Dyldin and Orlov 2017a)이다. 손(1980)은 "참치" *H. stelleri*의 방언으로 "석반어"를 기록하였고, 손(1980) 및 김과 길(2008)은 "석반어" *H. otakii*의 방언으로 "참치"를 기록하였다. 한편 최(1964)는 이 종의 분포지를 서해와 남해로 기록하고 있어 우리나라 전 연안에 서식하는 "쥐노래미" *H. otakii*의 동정 오류로 생각된다. 또한 손 등(2015)은 "쥐노래미"의 학명으로 *H. stelleri*를 사용하여 혼동되고 있어 우리나라의 *H. otakii*와 *H. stelleri*에 대한 전반적인 재검토가 필요하다.

179) 북태평양(서해와 일본을 포함한 오츠크해, 북으로는 베링해), 태평양 동부에 분포하는 어종(Dyldin and Orlov 2017a, Pietsch and Orr 2015)으로 알려져 남북한 모두에서 출현 가능성이 높다.

Gen. 285 임연수어속　　　　　　　　　　　　　　　　　　　　　　= 이면수속[ae]

Pleurogrammus Gill 1861d: 166 (type species: *Labrax monopterygius* Pallas 1810)

485. 임연수어　　　　　　　　　　　= 이면수[abe] (가드쟁이, 다용치, 새치, 임연수어, 청새치)

　Pleurogrammus azonus Jordan and Metz 1913: 47, Pl. 8 (fig. 2) (Jinnampo, northwestern

　　Korea)

486. 단기임연수어 (Youn CH and Kim BJ 2000)　　　= 줄무늬이면수[ae] (북방이면수)

　Labrax monopterygius Pallas 1810: 391 (Unalaska Island, Aleutian Islands, Alaska, U.S.A.)

　Pleurogrammus monopterygius (Pallas)

　　　Fam. 114 둑중개과 Cottidae　　　　　= 횟대어과[adef], 횟대과[bc]

Gen. 286 빨간횟대속　　　　　　　　　　　　　　　　= 무지개횟대어속[ae]

Alcichthys Jordan and Starks 1904b: 301 (type species: *Centridermichthys alcicornis*

　　Herzenstein 1890)

487. 빨간횟대　　　　　　　　　　　　　　= 무지개횟대어[ae] (빨간횟대)

　Centridermichthys elongatus Steindachner 1881: 186 [8] (Tokyo, Japan)

　Alcichthys elongatus (Steindachner)

　　　　　　　　　　　　　　　　　　　　= 아롱횟대어번티기[e]

　Bero zanclus Snyder 1911: 540 (Otaru market, Hokkaido, Japan)

Gen. 287 베로치속　　　　　　　　　　　　　　　　　= 아롱횟대어속[ae]

Bero Jordan and Starks 1904b: 317 (type species: *Centridermichthys elegans* Steindachner 1881)

488. 베로치　　　　　　　　　　　　　　　　= 아롱횟대어[ab] (베로치)

　Centridermichthys elegans Steindachner 1881: 185 [7], Pl. 6 (figs. 1, 1a) (Strietok, near

　　Vladivostock, Russia, Sea of Japan)

　Bero elegans (Steindachner)

Gen. 288 북횟대속 (최 1964)　　　　　　　　　　　　= 북횟대속[b 180]

Mesocottus Gratzianov 1907: 655, 660 (type species: *Cottus haitej* Dybowski 1869)

---

180) 소련의 학자들은 이 종이 우리나라 압록강에 서식하는 것으로 보고하고 있어 (Dyldin and Orlov 2017a,
　　Saveliev *et al.* 2017) 목록에 포함시켰으며, 이 속에는 최(1964)가 기록한 "북횟대어" *Mesocottus haitej* 1종 뿐
　　이므로 국문 속명은 "북횟대속"으로 수정하였다.

489. 북횟대어 (최 1964)   = 북횟대어[b 181]

   Cottus haitej Dybowski 1869: 949, Pl. 14 (fig. 2) (Onon and Ingoda rivers and their
       tributaries, Russia)

   Mesocottus haitej (Dybowski)

Gen. 289 꼬마횟대속   = 꼬마횟대어속[ade]

Cottiusculus Jordan and Starks (ex Schmidt) 1904b: 298 (type species: *Cottiusculus*
   gonez Jordan and Starks 1904)

490. 꼬마횟대   = 꼬마횟대어[ade], 애횟대어[b 182]

   Cottiusculus gonez Jordan and Starks (ex Schmidt) 1904b: 298, Fig. 29 (Aniva Bay,
       Sakhalin Island, Russia)

491. 점줄횟대   = 무늬꼬마횟대어[ae] (점줄횟대, 금애횟대어)

   Cottiusculus schmidti Jordan and Starks 1904b: 299, Fig. 30 (Off Kinkazan Island,
       Matsushima Bay, Japan)

Gen. 290 둑중개속   = 뚝중개속[acf], 횟대어속[h]

Cottus Linnaeus 1758: 264 (type species: *Cottus gobio* Linnaeus 1758)

492. 참둑중개   = 얼룩뚝중개[ac], 말강횟대어[b] (얼룩강횟대어, 얼룩뚝중이, 참뚝중개)

   Cottus czerskii Berg 1913: 17, Pl. (Sedanka River, Vladivostok, Russia)

493. 한둑중개   = [함경뚝중개][b]

   Cottus hangiongensis Mori 1930: 48 [10], Fig. (Hoeryeong, Korea)

494. 함경둑중개 (최 1964)   = 함경뚝중개[bc] (뚝지, 뚝쟁이)[183]

   Cottus amblystomopsis Schmidt 1904: 89, Pl. 2 (figs. 1-3) (Lyutoga River, Sakhalin

---

181) 중국, 몽고, 러시아 등 아무르강 수계에 분포하는 종(Reshetnikov *et al.* 1997, Bogutskaya and Naseka 2004,
    Shedko *et al.* 2013, Dyldin and Orlov 2017a, Saveliev *et al.* 2017)으로 최(1964)는 우리나라의 북부하천, 압
    록강, 두만강에 분포하는 것으로 기록하였다.

182) 최(1964)는 *Cottiusculus schmidti*를 "꼬마횟대어 [애횟대어]" *Cottiusculus gonez*의 동종이명으로 기록하였으나
    Kai and Nakabo(2009: 224)는 황해와 동중국해에서 *C. schmidti*로 보고된 종이 *C. gonez*의 기재와 불일치함을 지
    적하였다. 이와는 별도로 "점줄횟대" *C. schmidti*가 기록되었으므로 최(1964)의 기록은 오동정으로 판단되었다.

183) 최(1964)와 김(1972)는 이 종을 "한둑중개" *C. hangiongensis*의 동종이명으로 표기하였으나 *C. amblystomopsis*
    는 북태평양 서부에 분포하는 종으로 일본 및 한국에도 분포하는 것으로 기록(Bogutskaya *et al.* 2001,
    Bogutskaya and Naseka 2004, Fujii *et al.* 2005, Dyldin and Orlov 2017a)되었다. *C. hangiongensis*와의 비
    교 및 북한의 표본에 대한 검토가 필요하다.

Island, Russia)

495. 둑중개   = **뚝중개**[abcf] (강횟대, 강횟대어, 꺽째기, 둑중개, 뚝중이, 망둑이, 망횟대)

Cottus koreanus Fujii, Choi and Yabe 2005: 8, Figs. 1-3 (Stream at Mt. Chiak, Namhan River system, Hackkok-ri, Socho-myon, Wonju-gun, Kangwon-do, Korea)

= **압록뚝중개**[b 184])

Cottus minutus volki Taranetz 1933: 84 [2] (Suchan River to Takema River, western coast of the Sea of Japan, Primorye, Russia)

Gen. 291 뿔횟대속   = **뿔망챙이속**[ae]

Enophrys Swainson 1839: 181, 271 (type species: *Cottus claviger* Cuvier 1829)

496. 뿔횟대   = **쌍뿔망챙이**[a], **청진뿔망챙이**[e] (뿔횟대)

Cottus diceraus Pallas 1787: 354, Pl. 10 (fig. 7) (Kamchatka, Russia)

Enophrys diceraus (Pallas)

= **뿔망챙이**[abe] (나횟대어, 바다뚝중이, 뿔횟대어, 빙추)[185])

Ceratocottus namiyei Jordan and Starks 1904b: 259, Fig. 13 (Nemuro, Hokkaido, Japan)

Gen. 292 알롱횟대속   = **비단횟대어속**[ae]

Furcina Jordan and Starks 1904b: 303 (type species: *Furcina ishikawae* Jordan and Starks 1904)

497. 알롱횟대   = **쇠비단횟대어**[ae], **쇠횟대어**[b] (아롱횟대)

Furcina ishikawae Jordan and Starks 1904b: 303, Fig. 32 (Rikuchu, Myiako, Japan)

498. 무늬횟대   = **비단횟대어**[ae] (무늬횟대)

Furcina osimae Jordan and Starks 1904b: 305, Fig. 33 (Hakodate, Oshima Subprefecture, Hokkaido, Japan)

Gen. 293 가시횟대속   = **횟대어속**[ae]

Gymnocanthus Swainson 1839: 181, 271 (type species: *Cottus ventralis* Cuvier 1829)

---

184) *C. poecilopus volki*는 한동안 아종으로 취급되었으나 유전적 및 형태적으로 *C. poecilopus*와는 다른 종으로 분류되었다(Shedko and Shedko 2003, Shedko and Miroshnichenko 2007, Goto *et al.* 2015). 최(1964)는 압록강을 채집지로 표기하였으나 분포로 보아 오류인 것으로 생각되며, 여러 학자들이 우리나라 동북부 연안을 이 종의 남한계로 표기하고 있어 북한 표본에 대한 검토가 필요하다.

185) 최(1964)는 "뿔횟대 = 뿔망챙이"와 "줄가시횟대 = 줄가시횟대어, 어름가시고기"를 "빙추과" Icelidae로 배정하였다.

499. 대구횟대   = **횟대어**[abe] (대구횟대, 짤대, 횟대기)

   Gymnocanthus herzensteini Jordan and Starks 1904b: 294, Fig. 27 (Hakodate, Oshima
      Subprefecture, Hokkaido, Japan)

500. 가시횟대   = **남횟대어**[be]

   Cottus intermedius Temminck and Schlegel 1843b: 38 (Coast of Yezo, Japan)

                              = **보라횟대어**[a] (배횟대어, 벤트리횟대어)

   Gymnocanthus intermedius (Temminck and Schlegel)

501. 밑횟대   = **줄무늬횟대**[a], **줄무늬횟대어**[be] (밑횟대, 횟대어)

   Cottus pistilliger Pallas 1814: 143, Pl. 20 (figs. 3-4) (Unalaska Island and Port
      Avatsch)

   Gymnocanthus pistilliger (Pallas)

Gen. 294 동갈횟대속   = **동갈횟대어속**[a], **옆줄횟대어속**[e]

Hemilepidotus Cuvier 1829: 165 (type species: *Cottus hemilepidotus* Tilesius 1811)

502. 동갈횟대   = **동갈횟대어**[a], **옆줄횟대어**[be]

   Hemilepidotus gilberti Jordan and Starks 1904b: 254, Fig. 10 (Hakodate,Oshima
      Subprefecture, Hokkaido, Japan)

Gen. 295 줄가시횟대속   = **줄가시횟대어속**[ae]

Icelus Krøyer 1845: 253, 261 (type species: *Icelus hamatus* Krøyer 1845)

503. 줄가시횟대

   Agonocottus cataphractus Pavlenko 1910: 23, Figs. 2-3 (Near Cape Povorotnyi, Peter
      the Great Bay, Russia)

   Icelus cataphractus (Pavlenko)

                     = **줄가시횟대어**[ae] (얼음가시고기, 얼음가시횟대어, 줄가시횟대)

   Icelus spiniger (not of Gilbert 1896)

                               = **어름가시고기**[b]

   Icelus spiniger cataphractus (not of Gilbert 1896)

504. 흑점줄가시횟대 (Kim IS and Youn CH 1992)[186]

Icelus ochotensis Schmidt 1927: 4, Figs. 1-2 (Northern Okhotsk Sea)

아셀횟대 (정 1977) = 애기줄가시횟대어[a], 아귀줄가시횟대어[e] (아샐횟대, 애얼음가시고기, 애얼음가시횟대어)

Icelus uncinalis (not of Gilbert and Bürke 1912a)

505. 무늬줄가시횟대 (Ko MH and Park JY 2009)

Icelus uncinalis stenosomus Andriashev 1937: 266, Pl. 5 (fig. 3) (Tatar Strait)

Icelus stenosomus Andriashev

Gen. 296 올꺽정이속 = 망챙이속[ace]

Myxocephalus Steindachner 1887: 148 (type species: *Myxocephalus japonicus* Steindachner and Döderlein 1887)

살꺽정이속 (정 1977) = 검망챙이속[ae]

Ainocottus Jordan and Starks 1904b: 283 (type species: *Ainocottus ensiger* Jordan and Starks 1904)

506. 올꺽정이 = 두만강망챙이[abe] (욱꺽정이, 울꺽정이)

Cottus jaok Cuvier in Cuvier and Valenciennes 1829b: 172 (Kamchatka coast, Russia)

Myxocephalus jaok (Cuvier)

507. 살꺽정이 = 검망챙이[abe] (살꺽정이)

Cottus polyacanthocephalus Pallas 1814: 133 (No locality)

Myxocephalus polyacanthocephalus (Pallas)

508. 개구리꺽정이 (Kim IS and Youn CH 1992) = 망챙이[abce] (꺽쟁이, 두만강망챙이, 애도꺽정이, 야옥망챙이)

Myoxocephalus stelleri Tilesius 1811: 273, Pl. 13 (fig. 1) (Kamchatka, Russia)

---

186) 이전 기록 중 오츠크해와 동해로 기록된 *I. uncilanis*는 *I. ochotensis*가 혼동된 것이다(Nelson 1984). 우리나라에서 정(1977)은 Andriashev(1937)에 따라 청진의 표본을 *I. u. uncinalis*로 기록하면서 이는 *I. uncinalis crassus*와 같은 종으로 소개하였는데, *I. uncinalis crassus*는 *I. ochotensis*의 동종이명으로 밝혀졌다(Nelson 1984: 50, Parin *et al.* 2014: 255). 이 종의 국명은 정(1977)에 따라 "아셀횟대"가 되어야 하나 Kim IS and Youn CH(1992)의 "흑점줄가시횟대"가 종의 특성을 잘 설명하므로 이를 따랐다.

= 얼룩망챙이[e] (흰점망챙이)[187]

Cottus brandtii Steindachner 1867b: 119 (Mouth of Amur River, Russia)

Myoxocephalus brandtii (Steindachner)

Gen. 297 가시꺽정이속   = 점무늬횟대어속[a], 점횟대어속[e]

Ocynectes Jordan and Starks 1904b: 306 (type species: *Ocynectes maschalis* Jordan and Starks 1904)

509. 가시꺽정이   = 점무늬횟대어[a], 점횟대어[be] (가시꺽정이)

Ocynectes maschalis Jordan and Starks 1904b: 307, Fig. 34 (Wakanoura, Wakayama Prefecture, Japan)

Gen. 298 실횟대속   = 실횟대어속[ae]

Porocottus Gill 1859c: 166 (type species: *Porocottus quadrifilis* Gill 1859c)

510. 고려실횟대 (Muto *et al.* 2002)

Porocottus leptosomus Muto, Choi and Yabe 2002: 229, Figs. 1-2 (Mohang, Taean, Chungnam, western coast of Korea)

511. 실횟대[188]   = 실횟대어[ae] (실횟대)

Cottus tentaculatus Kner 1868: 28 (? Singapore)

Porocottus tentaculatus (Kner)

Gen. 299 돌팍망둑속   = 미끈횟대어속[a], 점독횟대어속[e]

Pseudoblennius Temminck and Schlegel 1850: 313 (type species: *Pseudoblennius percoides* Günther 1861b: 297)

---

187) 이 종은 "살꺽정이 = 검망챙이" *M. polyacanthocephalus*, "개구리꺽정이 = 망챙이" *M. stelleri* 등과 유사하나 이들과 핵형이 다른 별종이다(Fedorov *et al.* 2003, Ryazanova 2005, Dyldin and Orlov 2017a, Prokofiev 2017, Fricke *et al.*, 2019). 손(1980)은 동해의 중부이북수역에 분포하는 것으로 기록하였고, Parin *et al.* (2014)은 Berg(1949b: 1137)의 *M. stelleri*에 부분적으로 이 종이 포함된 것으로 기록하여 북한지역의 표본을 면밀하게 검토할 필요가 있다.

188) Mori(1952)가 *Crossias* (= *Porocottus*) *allisi*로 기록하였으나 정(1977)은 이를 *C. tentaculatus*의 동종이명으로 기록하였으며, Kim IS and Youn CH(1992)도 이에 따랐다. 한편 김과 길(2008)은 *C. tentaculatus*를 *C. allisi*의 동종이명으로 기록하였다. Parin *et al.* (2014), Dyldin and Orlov(2017a)는 2종이 이전의 기록에서 서로 혼합되었음을 지적하고 있어 우리나라 표본의 재검토가 필요하다.

512. 가시망둑   = **미끈횟대어**[a], **점독횟대어**[be] (가시망둑)

  Podabrus cottoides Richardson 1848a: 13, Pl. 1 (figs. 1-6) (China Sea)

  Pseudoblennius cottoides (Richardson)

513. 돌망둑이   = **무늬미끈횟대어**[a], **무늬점독횟대어**[b] (돌망둑이)

  Centridermichthys marmoratus Döderlein in Steindachner and Döderlein 1884: 210 [42]
     (Tokyo, Japan)

  Pseudoblennius marmoratus (Döderlein)

514. 돌팍망둑   = **구멍미끈횟대어**[a], **구멍점독횟대어**[be] (군깃엉문저리, 균영문저리, 돌팍망둑어)

  Pseudoblennius percoides Günther 1861b: 297 (Omura, near Nagasaki, Japan)

515. 띠좀횟대 (Kim IS and Youn CH 1992)

  Pseudoblennius zonostigma Jordan and Starks 1904b: 312, Fig. 35 (Misaki, Japan)

Gen. 300 상어횟대속   = **솔망챙이속**[a], **쏠망챙이속**[e]

Ricuzenius Jordan and Starks 1904b: 242 (type species: *Ricuzenius pinetorum* Jordan and
  Starks 1904)

516. 상어횟대   = **솔망챙이**[a], **쏠망챙이**[e] (상어횟대)

  Ricuzenius pinetorum Jordan and Starks 1904b: 243, Fig. 5 (Off Kinkwazan Island, in
  Matsushima Bay, Japan)

Gen. 301 송곳횟대속 (Kim IS and Youn CH 1992)

Taurocottus Soldatov and Pavlenko 1915a: 149 (type species: *Taurocottus bergii* Soldatov
  and Pavlenko 1915)

517. 송곳횟대 (Kim IS and Youn CH 1992)

  Taurocottus bergii Soldatov and Pavlenko 1915a: 149-151, Pl. 4 (figs. 1-2) (Primorye,
  Russia, Sea of Japan)

Gen. 302 꺽정이속   = **거슬횟대어속**[adf], **거슬횟대속**[c]

Trachidermus Heckel 1839: 159 (type species: *Trachidermus fasciatus* Heckel 1837)

518. 꺽정이   = **거슬횟대어**[abdf], **거슬회대**[c] (꺼적개비, 꺽쟁이, 꺽정이, 말강횟대어, 송강농어, 적삭개비)

  Trachidermus fasciatus Heckel 1839: 160, Pl. 9 (fig. 2) (? Philippines)

Gen. 303 눈퉁횟대속 = 왕눈망챙이속[a], 왕망챙이속[e]

Triglops Reinhardt 1830: 17 (type species: *Triglops pingelii* Reinhardt 1837)

519. 졸단횟대 (Kim IS and Youn CH 1992)

Prionistius jordani Schmidt in Jordan and Starks 1904b: 252, Fig. 9 (Peter the Great Bay, Vladivostok, Russia)

Triglops jordani (Schmidt)

520. 눈퉁횟대 = 북극왕눈망챙이[a], 북극왕망챙이[e] (눈퉁횟대, 북극골판횟대, 큰눈횟대)

Triglops pingelii Reinhardt 1837: 114, 118 [32, 36] (Quanneoen, south of Frederikshaab, western Greenland)

521. 골판횟대 = 왕눈망챙이[a], 왕망챙이[e] (골판횟대)

Triglops scepticus Gilbert 1896: 428, Pl. 28 (lower) (Unalaska to Kodiak islands, Alaska, U.S.A.)

Gen. 304 창치속 = 갯횟대어속[ae]

Vellitor Jordan and Starks 1904b: 318 (type species: *Podabrus centropomus* Richardson 1848a)

522. 창치[189] = 갯횟대어[abe] (창치)

Podabrus centropomus Richardson 1848a: 11, Pl. 1 (figs. 7-11) (off Jeju Island, Korea)

Vellitor centropomus (Richardson)

Fam. 115 삼세기과 Hemitripteridae = 쑹치과[b]

Gen. 305 날개횟대속 = 날개횟대어속[ae]

Blepsias Cuvier 1829: 167 (type species: *Trachinus cirrhosus* Pallas 1814)

523. 까치횟대 = 까치날개횟대어[ae] (까치횟대, 날개가시망챙이)

Blepsias bilobus Cuvier in Cuvier and Valenciennes 1829b: 379 (Kamchatka, Russia)

524. 날개횟대 = 날개횟대어[ae] (꽃미역치, 부채가시망챙이)

Trachinus cirrhosus Pallas 1814: 237 (America; port of Avacha, southeastern Kamchatka; Penzhinskaya Bay, Okhotsk Sea)

Blepsias cirrhosus (Pallas)

---

189) 지금까지 우리나라의 물고기가 과학적으로 알려진 첫 번째 종은 Herzenstein(1892)이 신종으로 보고한 담수어류인 "돌고기" *Pungtungia herzi*로 알려졌으나 (정 1977: 11, 김 1997: 21, 김 등 2011: 2), 이 종의 모식산지가 Quelpart (= 제주도의 옛 지명)로 1848년에 발표되었으므로 우리나라 물고기 중 가장 처음 과학적으로 알려진 종이다.

= 가시망챙이[b 190)]

Blepsias draciscus Jordan and Starks 1904b: 322, Fig. 40 (Aomori, Japan)

Gen. 306 삼세기속   = 쑹치속[ade]

Hemitripterus Cuvier 1829: 164 (type species: *Cottus tripterygius* Bloch and Schneider 1801)

525. 삼세기   = 쑹치[abde] (삼세기, 쏠망챙이, 쏠치, 수배기)

Cottus villosus Pallas 1814: 129 (mouth of Icha River, western Kamchatka, Russia)

Hemitripterus villosus (Pallas)

Fam. 116 날개줄고기과 Agonidae   = 줄고기과[abe]

Gen. 307 민어치속   = 미끈줄고기속[ae 191)]

Anoplagonus Gill 1861d: 167 (type species: *Aspidophoroides inermis* Günther 1860)

526. 민어치   = 쇠미끈줄고기[a], 쇠성대[b 192)]

Anoplagonus occidentalis Lindberg 1950: 303, Fig. 2 (Moneron Island near southwestern Sakhalin Island)

= 미끈줄고기[ae], 동해성대[b] (민어치, 인어치)[193)]

Anoplagonus inermis (not of Günther 1860)

Gen. 308 잔줄고기속   = 잔줄고기속[ae]

Brachyopsis Gill 1861c: 77 (type species: *Agonus rostratus* Tilesius 1813)

527. 잔줄고기[194)]   = 잔줄고기[ae], 두만줄어[b]

Agonus segaliensis Tilesius 1809: 216, Pl. 14 (Terpeniya Bay, Sakhalin Island)

Brachyopsis segaliensis (Tilesius)

---

190) 최(1964)는 "날개횟대=날개횟대어, 가시망챙이"를 "가시망챙이과" Blepsiidae로 배정하였다.

191) 손(1980)은 "미끈줄고기과" Aspidophoridae로 배정하였다.

192) 최(1964)는 "민어치=쇠성대, 동해성대"를 "동해성대과" Aspidophoridae로 처리하였다.

193) Kanayama(1991)는 이전에 우리나라에서 보고된 *A. inermis*는 "민어치" *A. occidentalis*의 오동정임을 지적했으며, *A. inermis*는 알루시안제도 중부에서 캐나다 북부까지에 분포하는 다른 종이다(Sheiko and Mecklenburg 2004).

194) *Brachyopsis rostratus* (Tilesius 1813)은 모식표본 재검토에 의해 *B. segaliensis* (Tilesius 1809)의 동종이명으로 정리되었다(Kanayama 1991).

Gen. 309 실줄고기속 (최 등 2002)

Freemanichthys Kanayama 1991: 32 (type species: *Podothecus thompsoni* Jordan and
    Gilbert 1898)

528. 실줄고기   = 실줄고기[a], 뼈줄어[b], 뼈줄고기[e]

  Podothecus thompsoni Jordan and Gilbert in Jordan and Evermann 1898a: 2060 (Off
    Shana Bay, Iturup Island, Kuril Islands)

  Freemanichthys thompsoni (Jordan and Gilbert)

Gen. 310 뿔줄고기속

Hypsagonus Gill 1861d: 167 (type species: *Aspidophorus quadricornis* Valenciennes 1829b)

고양이고기속 (정 1977)   = 고양이고기속[ae]

  Agonomalus Guichenot 1866: 254 (type species: *Aspidophorus proboscidalis*
    Valenciennes 1858)

529. 고양이줄고기[195]   = 고양이고기[abe] (곱새가시고기, 세줄고기, 자래고기, 지래고기)

  Agonomalus jordani Jordan and Starks 1904c: 581, Fig. 3 (Shiraoi, Hokkaido, Japan)

  Hypsagonus jordani (Jordan and Starks)

530. 곱추줄고기 (Kim IS, Kang EJ *et al.* 1993)

  Aspidophorus proboscidalis Valenciennes 1858: 1040 (Sovetskaya, Gavan', northern
    Primorye, Tatar Strait, Japan Sea)

  Hypsagonus proboscidalis (Valenciennes)

531. 뿔줄고기 (정 1977)

  Aspidophorus quadricornis Valenciennes in Cuvier and Valenciennes 1829b: 221, Pl.
    80 (Kamchatka, Russia)

  Hypsagonus quadricornis (Cuvier)

532. 가시줄고기 (Lee CL and Jeon BI 2007)

  Hypsagonus corniger Taranetz 1933: 72, Fig. 4 (Olga Bay, Japan Sea)

Gen. 311 긴코줄고기속 (Kim IS, Kang EJ *et al.* 1993)

Leptagonus Gill 1861d: 167 (type species: *Aspidophorus spinosissimus* Krøyer 1845)

---

195) 정(1977)은 "고양이고기"로 사용하였으나 김 등(2005)은 분류학적 의미가 내포된 "고양이줄고기"로 사용하여
    이에 따랐다.

533. 긴코줄고기 (Kim IS, Kang EJ *et al.* 1993)

    Odontopyxis leptorhynchus Gilbert 1896: 437 (Alaska Peninsula, U.S.A.)

    Leptagonus leptorhynchus (Gilbert)

Gen. 312 꽃줄고기속   = 꽃줄고기속[ae]

Occella Jordan and Hubbs 1925: 290, 291 (type species: *Agonus dodecaedron* Tilesius 1813)

534. 꽃줄고기   = 꽃줄고기[ae] (납작줄고기)

    Agonus dodecaedron Tilesius 1813: 439, Pl. 13 (figs. 1-3) (Kamchatka, Russia)

    Occella dodecaedron (Tilesius)

Gen. 313 갈키고기속   = 수염줄고기속[ae]

Pallasina Cramer in Jordan and Starks 1895: 815 (type species: *Orthragoriscus hispidus* Bloch and Schneider 1801)

535. 갈키고기   = 수염줄고기[abe] (갈키고기, 실줄고기)

    Siphagonus barbatus Steindachner 1876: 188 [140], Pl. 5 (Bering Sea; Hakodate and Nagasaki, Japan)

    Pallasina barbata (Steindachner)

Gen. 314 네줄고기속   = 뿔줄고기속[ae]

Percis Scopoli 1777: 454 (type species: *Cottus japonicus* Pallas 1769)

536. 네줄고기   = 뿔줄고기[ae], 뿔고기[b] (네줄고기)

    Cottus japonicus Pallas (ex Steller) 1769: 30, Pl. 5 (figs. 1-3) (Kuril Islands)

    Percis japonicus (Pallas)

Gen. 315 줄고기속   = 줄고기속[ae]

Podothecus Gill 1861c: 77 (type species: *Podothecus peristethus* Gill 1861e)

537. 팔각줄고기   = 각줄고기[ae], 각줄어[b] (팔각줄고기)

    Podothecus hamlini Jordan and Gilbert in Jordan and Evermann 1898a: 2056 (Shana Village, Iturup Island, Kuril Islands)

538. 날개줄고기   = 날개줄고기[ae], 줄고기[b] (가시고기, 부채가시고기, 줄어)

    Draciscus sachi Jordan and Snyder 1901c: 379, Pl. 19 (Bay of Aomori, Japan)

    Podothecus sachi (Jordan and Snyder)

539. 말락줄고기   = 상어줄고기[a] (물렁줄고기, 알락줄고기)

Paragonus sturioides Guichenot 1869: 202, Pl. 12 (fig. 3) (? China)

Podothecus sturioides (Guichenot)

= 줄고기[ae] (날개줄고기)

Podothecus accipiter Jordan and Starks 1895: 816, Pl. 88 (Robin Island, Terpeniya Bay, Sakhalin Island)

= 얼음줄고기[a], 어름줄어[b], 길줄고기[e] (얼음가시줄고기)

Agonus gilberti Collett 1895: 670, Pl. 45 (Kamchatka, Russia)

Podothecus gilberti (Collett)

540. 왕눈줄고기 (Kim IS, Kang EJ *et al.* 1993)

Podothecus veternus Jordan and Starks 1895: 819, Pl. 89 (Tyuleny Island, Terpeniya Bay, Sakhalin Island)

Gen. 316 흑줄고기속   = 흑줄고기속[a], 아귀줄고기속[e]

Tilesina Schmidt in Jordan and Starks 1904c: 577 (type species: *Tilesina gibbosa* Schmidt 1904)

541. 흑줄고기   = 흑줄고기[a], 아귀줄고기[be] (흙줄고기)

Tilesina gibbosa Schmidt in Jordan and Starks 1904c: 577 (Peter the Great Bay, near Vladivostok, Russia)

Fam. 117 물수배기과 Psychrolutidae   = 괴물횟대어과[a]

Gen. 317 고무꺽정이속 (국명 개칭)[196]   = 고무망챙이속[ae]

Dasycottus Bean 1890: 42 (type species: *Dasycottus setiger* Bean 1890)

542. 고무꺽정이   = 고무망챙이[ae] (고무꺽정이, 고무횟대어)

Dasycottus setiger Bean 1890: 42 (Off Sitkalidak Island, Alaska, U.S.A.)

울꺽정이[197]

Dasycottus sp. Uchida 1952: 164 (Cheongjin market)

---

196) 정(1977)은 "찰꺽정이속"으로 하였으나 속 내에 "고무꺽정이"만 있고, 북한명이 "고무망챙이"인 점을 감안하여 국문 속명을 새로 제안하였다.

197) 정(1977)은 Uchida가 함북 청진에서 수집하여 Mori(1952)가 보고한 *Dasycottus* sp.를 우리나라 고유종으로 생각했고, 김 등(2011)은 "고무꺽정이" *D. japonicus*나 *D. setiger* 중 한 종에 해당할 것으로 기록하였으며, 채집지인 북한에서는 "고무꺽정이" *D. setiger*만 기록하고 있어 출현이 의심스럽다. Parin *et al.* (2002, 2014)는 이들 2종을 동일종으로 보았고, 정(1977)도 선취권을 잘못 기재하였지만 동일종으로 보았으며, Shinohara *et al.* (2011: 46)은 북한의 표본을 *D. setiger*에 포함시켰다. 추후 북한의 표본에 대한 자세한 연구가 있어야 하겠지만 *D. japonicus*는 *D. setiger*의 하위동종이명으로 하고 *D.* sp.는 *D. setiger*에 포함시키는 것이 합리적이다.

Gen. 318 털수배기속 (Kim IS, Kang EJ *et al.* 1993)

Eurymen Gilbert and Burke 1912a: 64 (type species: *Eurymen gyrinus* Gilbert and Burke 1912)

543. 털수배기 (Kim IS, Kang EJ *et al.* 1993)

  Eurymen gyrinus Gilbert and Burke 1912a: 64, Fig. 14 (Off Avatcha Bay, east coast of Kamchatka, Russia)

Gen. 319 얼룩수배기속 (Kim IS, Kang EJ *et al.* 1993)   = 물망챙이속[e]

Malacocottus Bean 1890: 42 (type species: *Malacocottus zonurus* Bean 1890)

544. 주먹물수배기 (김 등 2001)

  Malacocottus gibber Sakamoto 1930: 16, Fig. 2 (Toyama Bay, Japan)

545. 얼룩수배기 (Kim IS, Kang EJ *et al.* 1993)   = 물망챙이[e]

  Malacocottus zonurus Bean 1890: 43 (Off Trinity Island, Alaska, U.S.A.)

Gen. 320 물수배기속   = 괴물횟대어속[a], 점망챙이속[e 198)]

Psychrolutes Günther 1861b: 516 (type species: *Psychrolutes paradoxus* Günther 1861)

546. 물수배기   = 괴물횟대어[a], 점망챙이[e] (물수배기)

  Psychrolutes paradoxus Günther 1861b: 516 (Gulf of Georgia, Vancouver Island, British Columbia, Canada)

Gen. 321 뚝지속   = 도치속[ae 199)]

Aptocyclus De la Pylaie 1835: 528 (type species: *Aptocyclus ventricosus* De la Pylaie 1835)

          = 줄무늬도치속[ae]

Liparops Garman 1892: 42 (type species: *Cyclopterus stelleri* Pallas 1814)

547. 뚝지   = 도치[abe] (둑저구, 뚝지, 뚝저기, 오로치, 오로시)

  Cyclopterus ventricosus Pallas (ex Steller) 1769: 15, Pl. 2 (figs. 1-3) (Seas between Kamchatka and America)

  Aptocyclus ventricosus (Pallas)

---

198) 손(1980)은 "점망챙이과" Psychorolutidae로 배정하였다.

199) 최(1964), 손(1980), 김(1977), 김과 길(2008)은 "도치과" Cyclopteridae로 배정하였다.

= 줄무늬도치[ae] (얼룩도치)

Cyclopterus stelleri Pallas (ex Steller) 1814: 73 (Petropavlovsk harbor, Kamchatka, Russia)

Liparops stelleri (Pallas)

Gen. 322 도치속 = 흑멍텅구리속[ae]

Eumicrotremus Gill 1862g: 330 (type species: *Cyclopterus spinosus* Fabricius in Müller 1776)

= 참새도치속[a]

Lethotremus Gilbert 1896: 449 (type species: *Lethotremus muticus* Gilbert 1896)

우릉성치속 (정 1998) = 곰보고기속[ae]

Cyclolumpus Tanaka 1912: 86 (type species: *Cyclolumpus asperrimus* Tanaka 1912)

548. 우릉성치 = 두드러기[ae] (두드레기)

Eumicrotremus birulai Popov 1928: 48 [2], Figs. 1-2 (Off Cape Bellinsgauzena, Okhotsk Sea; southern of Cape Sufren)

= 곰보고기[abe] (우릉성치)

Cyclolumpus asperrimus Tanaka 1912: 86, Pl. 21 (figs. 80-83) (Niigata, Echigo Province, western coast Honshu, Japan)

Eumicrotremus asperrimus (Tanaka)

549. 도치 = 흑멍텅구리[abe] (도치, 오로시)

Eumicrotremus orbis forma ***taranetzi*** Perminov 1936: 120, Figs. 2a-b (Southwestern Bering Sea near Karaginskiy Island; southeastern Kamchatka, Russia)

Eumicrotremus taranetzi Perminov

550. 골린어 = 풍선고기[ae] (골린어)

Eumicrotremus pacificus Schmidt 1904: 154, Pl. 5 (figs. 2a-c) (Aniva Bay, Okhotsk Sea)

551. 엄지도치 (Kim BJ 2015)[200) = 참새도치[a], 둥근미역치[b], 도치[d] (멍텅구리, 오로쇠, 오로시)

Eumicrotremus awae (not of Jordan and Snyder 1902a)

---

200) Kim BJ(2015)은 제주도에서 채집한 표본에 대해 미기록종 *Eumicrotremus awae*로 기록하고 국명을 "엄지도치"로 하였다. Lee SJ, KIM JK *et al.*(2017)은 *E. awae*와 달리 몸에 극상돌기가 없는 *Eumicrotremus uenoi* Kai, Ikeguchi and Nakabo를 신종으로 발표하면서 Kim BJ(2015)의 *E. awae*로 동정한 표본은 실제로는 *E. uenoi*로 우리나라에는 *E. awae*가 분포하지 않는 것으로 정리하였다. Kim BJ(2015)의 *E. awae*는 몸에 작은 극상 돌기물이 있으며, 북한지역에서 기록된 표본은 자세한 형질을 알 수 없으므로 북한에 *E. awae*가 출현하는지 추후 정밀한 조사가 필요하다.

Eumicrotremus uenoi Kai, Ikeguchi and Nakabo in Lee, Kim, Kai, Ikeguchi and Nakabo
2017: 342, Figs. 1C-D, 2B, 3B (Off Honjyo, Kyotango, Kyoto, western coast of
Honshu Island, Japan)

Fam. 118 꼼치과 Liparidae = 풀치과[abe]
Gen. 323 분홍꼼치속 (김 등 2001, 송 등 2015)
Careproctus Krøyer 1862: 253 (type species: *Liparis reinhardti* Krøyer 1862)
552. 분홍꼼치 (김 등 2001)
    Careproctus rastrinus Gilbert and Burke 1912b: 362, Pl. 43 (fig. 2); Fig. 3 (Tatar Strait
    off southwestern coast of Sakhalin Island, Russia)

Gen. 324 물미거지속 = 물치속[ae]
Crystallichthys Jordan and Gilbert in Jordan and Evermann 1898a: 2864 (type species:
    Crystallichthys mirabilis Jordan and Gilbert 1898)
553. 물미거지 = 물치[abe] (풀잎고기, 물미거지)
    Crystallias matsushimae Jordan and Snyder 1902a: 350, Fig. 2 (Bay of Matsushima,
    Japan)
    Crystallichthys matsushimae (Jordan and Snyder)

Gen. 325 꼼치속 = 풀치속[ade]
Liparis Scopoli (ex Artedi) 1777: 453 (type species: *Cyclopterus liparis* Linnaeus 1766)
554. 아가씨물메기 (Kim IS, Kang EJ *et al.* 1993)
    Liparis agassizii Putnam 1874: 339 (Sakhalin Channel, Tatar Strait, Russia)
555. 노랑물메기 (Kim IS, Kang EJ *et al.* 1993)
    Liparis chefuensis Wu and Wang 1933: 81, Figs. 2-4 (Chefoo, Shantung Province,
    China)

= 물메사구 [검풀치][ad 201)]

    Liparis choanus Wu and Wang 1933: 83, Figs. 5-6 (Chefoo and Tsing-tau, Shantung

---

201) 김(1977), 김과 길(2008)은 이 종의 북한명으로 "검풀치(물메사구)"로 기록하였으나, 김과 길 (2008)은 "물메기"
    *Liparis tessellatus*의 북한명으로도 중복하여 사용하였다. 최(1964), 손(1980)은 "검풀치"를 "물메기"의 북한명
    으로 사용하고 있으며, 방언으로 "물메기"를 들고 있어 "노랑물메기"의 북한명으로는 김과 길(2008), 김(1977)
    이 방언으로 사용한 "물메사구"로 해석함이 합리적이다.

Province, China)

556. 미거지 = 풀치[ae] (미거지, 동해풀치)

Cyclogaster ingens Gilbert and Burke 1912b: 360, Pl. 43 (fig. 1) (Off coast of Korea, East Sea)

Liparis ingens (Gilbert and Burke)

557. 보라물메기 (Kim IS, Kang EJ et al. 1993)

Cyclogaster megacephalus Burke 1912: 569 (Eastern Bering Sea)

Liparis megacephalus (Burker)

558. 꼼치 = 줄풀치[abe], 풀치[d] (꼼치, 물미거지, 물살고기, 물웅치[202], 미거지, 줄풀치)

Cyclogaster tanakae Gilbert and Burke 1912b: 357p, Pl. 42 (fig. 2) (Vries Island, Sagami Bay, Japan)

Liparis tanakae (Gilbert and Burke)

559. 물메기 = 검풀치[abe] (메기, 물메기, 물미거지)

Cyclogaster tessellatus Gilbert and Burke 1912b: 355, Pl. 41 (fig. 3); Fig. 2 (Southeastern coast of Hokkaido, west of Erimo Saki, Japan; one of cotype from off the coast of Korea)

Liparis tessellatus (Gilbert and Burke)

──────── **41. 농어목 Perciformes** = 농어목[abdef]

Fam. 119 꺽지과 Centropomidae

Gen. 326 꺽지속 = 꺽지속[ac]

Coreoperca Herzenstein 1896: 11 (type species: *Coreoperca herzi* Herzenstein 1896)

560. 꺽지 = 꺽지[abc] (꺽제기, 꺽정이, 뚝저기, 뚝제기, 뚝지)

Coreoperca herzi Herzenstein 1896: 11 (Pungdong, Gangwon-do, Korea)

561. 꺽저기 = 남방꺽지[a], 남꺽지[b], 진주꺽지[c] (남방꺽지, 꺽저기)

Serranus kawamebari Temminck and Schlegel 1843a: 5 (Japan)

Coreoperca kawamebari (Temminck and Schlegel)

Gen. 327 쏘가리속 = 쏘가리속[acf]

Siniperca Gill 1862b: 16 (type species: *Perca chuatsi* Basilewsky 1855)

---

202) 최(1964)는 "등가시치과" Zoarcidae의 "물웅치" *Zestichthys tanakae*를 기록하였다. 최(1964)가 기록한 종소명이 "*tanakae*"로 같아 혼동된 것으로 판단된다.

562. 쏘가리 = **쏘가리**[abcf] (금린어, 네메기, 맛잉어, 소가리)

Siniperca scherzeri Steindachner 1892: 357 [1] [130], Pl. 1 (fig. 1) (Shanghai and Yangtze River, China)

참쏘가리 (정 1977: 2)

Siniperca aequiformis Tanaka 1925: 636, Pls. 151 (fig. 420), 152 (fig. 416) (Nakdong River about Gaya, near Pusan, South Korea)

563. 중국쏘가리 (국명신칭) = **황쏘가리**[abc] (소가리, 쏘가리)[203]

Perca chuatsi Basilewsky 1855: 218, Pl. 1 (fig. 1) (Rivers at Tientsin, Hopei Province, China)

Siniperca chuatsi (Basilewsky)

Fam. 120 농어과 Percichthyidae[204]

Gen. 328 농어속 = **농어속**[acdef]

Lateolabrax Bleeker 1855a: 53 (type species: *Labrax japonicus* Cuvier 1828)

564. 농어 = **농어**[abcdef] (거술댁이, 거슬백이, 걸덕어, 걸덕이, 농에)

Labrax japonicus Cuvier in Cuvier and Valenciennes 1828: 85 (Seas of Japan)

Lateolabrax japonicus (Cuvier)

565. 넙치농어 (정 1977)

Lateolabrax latus Katayama 1957: 154, Fig. 2 (Senzaki, Yamaguchi Prefecture, Japan)

566. 점농어 (명 등 1997, 김 등 2001)

Holocentrum maculatum McClelland 1844: 395, pl. 21 (fig. 1) (in part; description and illustration) (Ningpo and Chusan, China)

Lateolabrax maculatus (McClelland)

---

203) "쏘가리"의 백색증인 "황쏘가리"와 혼동될 수 있으며, 최(1964)의 그림 225(p. 171)은 중국의 호수에 분포하는 쏘가리를 나타내고 있어 "쏘가리"와 다른 종임을 보여주고 있다. 정(1977)은 Pl. 193의 2에 중국 상해산 쏘가리를 소개하였다. Jordan and Metz(1913)는 도판 V, 그림 1에 전형적인 "쏘가리" *S. scherzeri*와 함께 다른 종으로 같이 소개를 하였으나 직접 관찰하지는 못하였지만 Schmidt의 기록에 따라 남한의 금산에 분포하는 것으로 기록하였다. 또한 Mori(1928b)도 서울과 평양에서 관찰한 것으로 기록하였으나 이후 Mori and Uchida(1934)에서는 목록에 포함시키지 않았다. 여기에서는 종의 구분이 분명하고, 근래 국내에 수입되어 소비되어 일반인에게도 알려진 종이므로 국명을 "중국쏘가리"로 제안하여 목록에 포함시켰다.

204) 손(1980), 김과 김(1981), 김과 길(2007)은 "농어과" Serranidae를 사용하면서 남한의 "꺽지과"와 "바리과" 등을 모두 포함시켰다.

Fam. 121 반딧불게르치과 Acropomatidae   = 반디불고기과[ae]

Gen. 329 반딧불게르치속   = 반디불고기속[ae]

Acropoma Temminck and Schlegel 1843b: 31 (type species: *Acropoma japonicum* Günther 1859)

567. 반딧불게르치   = 반디불고기[ae] (반디불게르치)

  Acropoma japonicum Günther 1859: 250 (Japanese Sea)

Gen. 330 눈볼대속   = 붉은왕눈농어속[a], 큰눈농어속[e]

Doederleinia Steindachner in Steindachner and Döderlein 1883c: 237 (type species:
  Doederleinia orientalis Steindachner and Döderlein 1883)

568. 눈볼대   = 붉은왕눈농어[a], 큰눈농어[be] (눈볼대, 눈뿔다구, 눈퉁이, 붉은고기)

  Anthias berycoides Hilgendorf 1879a: 79 (Honshu, Japan)

  Doederleinia berycoides (Hilgendorf)

Gen. 331 눈퉁바리속   = 왕눈농어속[a]

Malakichthys Döderlein in Steindachner and Döderlein 1883c: 240 (type species:
  Malakichthys griseus Döderlein 1883)

569. 은눈퉁바리 (김 등 1988)

  Malakichthys elegans Matsubara and Yamaguti 1943: 84, Fig. 1 (Suruga Bay, Japan)

570. 눈퉁바리   = 왕눈농어[a] (눈퉁바리)

  Malakichthys griseus Döderlein in Steindachner and Döderlein 1883c: 240 [32], Pl. 2
  (figs. 1-1a) (Tokyo, Japan)

571. 볼기우럭   = 황갈왕눈농어[a]

  Malakichthys wakiyae Jordan and Hubbs 1925: 233, Pl. 10 (fig. 2) (Kagoshima Bay,
  Japan)

Gen. 332 돗돔속   = 바다쏘가리속[a], 석두어속[ae]

Stereolepis Ayres 1859: 28 (type species: *Stereolepis gigas* Ayres 1859)

572. 돗돔   = 바다쏘가리[ab], 석두어[e] (가리느, 돗돔)

  Stereolepis doederleini Lindberg and Krasyukova 1969: 69, Fig. 130 (Japanese Sea)

Gen. 333 흙무굴치속   = 먹비단고기속[a]

Synagrops Günther 1887: 16 (type species: *Melanostoma japonicum* Döderlein 1883)

573. 흙무굴치 = 먹비단고기[a]

Melanostoma japonicum Döderlein in Steindachner and Döderlein 1883b: 124 (Tokyo, Japan)

Synagrops japonicus (Döderlein)

574. 필립흙무굴치 (김 등 2001)

Acropoma philippinense Günther 1880: 51 (Philippines)

Synagrops philippinensis (Günther)

Fam. 122 바리과 Serranidae = 농어과[ae]

Gen. 334 황줄바리속 = 황줄바리속[a]

Aulacocephalus Temminck and Schlegel 1843a: 15 (type species: *Aulacocephalus temminckii* Bleeker 1855a)

575. 황줄바리 = 황줄바리[a] (두리도도어)

Aulacocephalus temminckii Bleeker 1855a: 12 (Nagasaki, Japan)

Gen. 335 연붉돔속[205]

Plectranthias Bleeker 1873c: 238 (type species: *Plectropoma anthioides* Günther 1872)

연붉돔속 (정 1977) = 검은점벗농어속[a]

Sayonara Jordan and Seale 1906a: 145 (type species: *Sayonara satsumae* Jordan and Seale 1906)

우각바리속 (정 1977) = 도미꽃농어속[ae]

Zalanthias Jordan and Richardson 1910: 470 (type species: *Anthias kelloggi* Jordan and Evermann 1903)

576. 꽃자리[206] = ? 기름눈농어[a]

Pteranthias longimanus Weber 1913: 209, Fig. 54 (Paternoster Island, East Indies)

Plectranthias longimanus (Weber)

---

205) 정(1977: 314, 315), 김과 길(2007: 100, 101)의 "연붉돔속" *Sayonara*과 "우각바리속" *Zalanthias*는 이 속의 동물이명으로 정리되었다(Randall 1980: 102, 105, Anderson and Heemstra 2012: 35, Parenti and Randall 2020: 23).

206) 이전 기록에서 *Anthias* (= *Caprodon*) *longimanus* Günther가 "꽃자리" *Plectranthias longimanus* (Weber)의 동종이명으로 잘못 인용되었고, 김과 길(2007)은 "붉벤자리 [기름눈농어]" *C. schlegelii*의 동종이명으로 *C. longimanus*를 사용하고 있어 종 구분에 혼동이 있었다.

577. 연붉돔 = 검은점벗농어[a]

Paracirrhites japonicus Steindachner in Steindachner and Döderlein 1883d: 25 (Japan)

Plectranthias japonicus (Steindachner)

578. 우각바리 = 도미꽃농어[ae]

Pseudanthias azumanus Jordan and Richardson 1910: 470 (Tokyo Bay, Japan)

Plectranthias kelloggi azumanus (Jordan and Richardson)

Gen. 336 붉벤자리속 = 기름눈농어속[a]

Caprodon Temminck and Schlegel 1843b: 64 (type species: *Anthias schlegelii* Günther 1859)

579. 붉벤자리 = 기름눈농어[a]

Anthias schlegelii Günther 1859: 93 (Nagasaki, Japan)

Caprodon schlegelii (Günther)

Gen. 337 각시돔속 = 쇠농어속[a]

Chelidoperca Boulenger 1895: 304 (type species: *Centropristis hirundinaceus* Valenciennes 1831)

580. 각시돔 = 쇠농어[a] (각시돔)

Centropristis hirundinaceus Valenciennes in Cuvier and Valenciennes 1831: 450 (Japan)

Chelidoperca hirundinacea (Valenciennes)

581. 별각시돔 (Park JH, Kim JK *et al*. 2007d)

Centropristis pleurospilus Günther 1880: 37, Pl. 16 (fig. D) (Kai Islands, Indonesia)

Chelidoperca pleurospilus (Günther)

Gen. 338 검정띠돔속 (국립생물자원관 2019)[207]

Diploprion Cuvier (ex Kuhl and van Hasselt) in Cuvier and Valenciennes 1828: 137 (type species: *Diploprion bifasciatum* Cuvier 1828)

582. 검정띠돔 (두줄벤자리; 최 등 2002)

Diploprion bifasciatus Cuvier (ex Kuhl and van Hasselt) in Cuvier and Valenciennes 1828: 137, Pl. 21 (Java, Indonesia)

---

207) 최 등(2002: 264)은 이 종의 국명으로 "두줄벤자리(가칭)"를 제안했으나 "노랑벤자리과", "살벤자리과" 등 전혀 다른 계통의 어종을 지칭하는 이름이 포함되어 혼동을 주므로 국명 개칭이 필요하다. 국립생물자원관(2019: 122)은 국가생물종목록으로 "검정띠돔"을 제안하였기에 여기에서는 이를 따랐다.

Gen. 339 능성어속 (국명개칭)[208] = 도도어속[a]

Epinephelus Bloch 1793: 11 (type species: *Epinephelus marginalis* Bloch 1793)

583. 붉바리 = 붉은점도도어[a], [홍도도어][b] [209]

Serranus akaara Temminck and Schlegel 1843a: 9, Pl. 3 (fig. 1) (Nagasaki, Japan)

Epinephelus akaara (Temminck and Schlegel)

참바리 (정 1998) = 남도도어[ab] (참바리)

Epinephelus ionthas Jordan and Metz 1913: 32, Pl. 6 (fig. 2) (Busan, South Korea)

584. 대문바리 (Kim MJ and Song CB 2010)

Perca areolata Forsskål in Niebuhr 1775: xi, 42 (Jeddah, Saudi Arabia)

Epinephelus areolatus (Forsskål 1775)

585. 도도바리 = 도도어[ab]

Serranus awoara Temminck and Schlegel 1843a: 9, Pl. 3 (fig. 2) (Nagasaki, Japan)

Epinephelus awoara (Temminck and Schlegel)

586. 자바리 = 얼룩도도어[a], 얼럭도도어[b]

Epinephelus bruneus Bloch 1793: 15, Pl. 328 (fig. 2) (? China).

587. 구실우럭 = 보석도도어[a]

Serranus chlorostigma Valenciennes in Cuvier and Valenciennes 1828: 352 (Seychelles, Western Indian Ocean)

Epinephelus chlorostigma (Valenciennes)

588. 점줄우럭 = 작은무늬도도어[a]

Serranus epistictus Temminck and Schlegel 1843a: 8 (Nagasaki, Japan)

Epinephelus epistictus (Temminck and Schlegel)

589. 별우럭 = 별도도어[a]

Serranus trimaculatus Valenciennes in Cuvier and Valenciennes (ex Tilesius) 1828: 331 (Japan)

Epinephelus trimaculatus (Valenciennes)

---

208) 정(1977; 306)은 *Epinephelus*속의 국명으로 "우레기속"을 사용하였으나, 속 내에 "우레기"가 없을 뿐 아니라, "열목어속"에 "우레기" *C. ussuriensis* 가 있어 혼동되므로 속명을 개칭하였다.

209) 최(1964)는 "붉바리"에 대해 "홍도도어"를 사용하였으나 김과 길(2007)은 "홍바리"에 대해 "홍도도어"를 사용하여 혼동된다. "붉바리"는 등적색 점이 특징적이므로 김과 길(2007)의 "붉은점도도어"가 적합하므로 이를 선택하였다.

590. 홍바리 = 홍도도어[a]

Perca fasciata Forsskål in Niebuhr 1775: 40 (Ras Muhammad, southern Sinai, Egypt, Red Sea)

Epinephelus fasciatus (Forsskål)

= 적도도어[b]

Serranus tsirimenara Temminck and Schlegel 1843a: 7, Pl. 4A (fig. 3) (Japan)

Epinephelus tsirimenara (Temminck and Schlegel)

591. 볼줄바리 (Yagishita *et al.* 2003)

Epinephelus heniochus Fowler 1904b: 522, Pl. 18 (upper fig.) (Padang, Sumatra, Indonesia)

592. 종대우럭 = 줄도도어[a]

Serranus latifasciatus Temminck and Schlegel 1843a: 6 (Nagasaki, Japan)

Epinephelus latifasciatus (Temminck and Schlegel)

593. 닻줄바리 = 청도도어[a]

Serranus poecilonotus Temminck and Schlegel 1843a: 6, Pl. 4A (fig. 1) (Nagasaki, Japan)

Epinephelus poecilonotus (Temminck and Schlegel)

594. 알락우럭 = 무늬도도어[a]

Serranus quoyanus Valenciennes in Cuvier and Valenciennes 1830b: 519 (New Guinea)

Epinephelus quoyanus (Valenciennes)

595. 능성어 = 참도도어[ab]

Perca septemfasciata Thunberg 1793a: 56, Pl. 1 (Nagasaki, Japan)

Epinephelus septemfasciatus (Thunberg)

Gen. 340 줄우럭속 = 꽃농어속[ae]

Liopropoma Gill 1861a: 52 (type species: *Perca aberrans* Poey 1860)

596. 가시우럭 = 가시꽃농어[a], 꽃농어[e] (가시우럭)

Labracopsis japonicus Döderlein in Steindachner and Döderlein 1883a: 50 (Tokyo, Japan)

Liopropoma japonicum (Döderlein)

597. 단줄우럭 = 줄무늬꽃농어[a]

Pikea latifasciata Tanaka 1922: 595, Pl. 147 (fig. 405) (Tanabe, Wakayama Prefecture, Japan)

Liopropoma latifasciatum (Tanaka)

Gen. 341 다금바리속 = 왜농어속[ae]

Niphon Cuvier in Cuvier and Valenciennes 1828: 131 (type species: *Niphon spinosus* Cuvier 1828)

598. 다금바리 = **왜농어**[abe] (구문쟁이, 다금바리, 벌농어, 뻘농어)

Niphon spinosus Cuvier in Cuvier and Valenciennes 1828: 131, Pl. 19 (Sea of Japan)

Gen. 342 무늬바리속 = 꽃농어번티기속[a]

Plectropomus Oken (ex Cuvier) 1817: 1182 (type species: *Holocentrus leopardus* Lacepède 1802)

599. 무늬바리 = 꽃농어번티기[a]

Holocentrus leopardus Lacepède 1802: 332, 367 (Indian seas)

Plectropomus leopardus (Lacepède)

Gen. 343 장미돔속 = 긴꽃농어속[a]

Pseudanthias Bleeker 1871b: Pls. 287-288 (type species: *Anthias pleurotaenia* Bleeker 1857a)

금강바리속 (정 1977) = 금강꽃농어속[ae]

Franzia Jordan and Thompson 1914: 251 (type species: *Anthias nobilis* Franz 1910)

600. 장미돔 = 긴꽃농어[a]

Anthias elongatus Franz 1910: 39, Pl. 6 (fig. 51) (Yokohama, Japan)

Pseudanthias elongatus (Franz)

601. 금강바리 = 금강꽃농어[ae] (금강바리)

Serranus (Anthias) *squamipinnis* Peters 1855a: 429 (Mozambique)

Pseudanthias squamipinnis (Peters)

Gen. 344 꽃돔속 = 벗농어속[a]

Sacura Jordan and Richardson 1910: 468 (type species: *Anthias margaritaceus* Hilgendorf 1879a)

602. 꽃돔 = 벗농어[a]

Anthias margaritaceus Hilgendorf 1879a: 78 (Tokyo Bay, Japan)

Sacura margaritacea (Hilgendorf)

Gen. 345 날바리속   = 매도도어속[ae]

Triso Randall, Johnson and Lowe 1989: 415 (type species: *Serranus dermopterus* Temminck and Schlegel 1843a)

603. 날바리   = 매도도어[ae] (날바리)

Serranus dermopterus Temminck and Schlegel 1843a: 10 (Nagasaki, Japan)

Triso dermopterus (Temminck and Schlegel)

Fam. 123 노랑벤자리과 Callanthiidae

Gen. 346 노랑벤자리속   = 띠무늬꽃농어속[a]

Callanthias Lowe 1839: 76 (type species: *Callanthias paradisaeus* Lowe 1839)

604. 노랑벤자리   = 띠무늬꽃농어[a]

Callanthias japonicus Franz 1910: 40, Pl. 6 (fig. 49) (Aburatsubo, Sagami Sea, Japan)

Fam. 124 육돈바리과 Plesiopidae   = 장경어과[a]

Gen. 347 육돈바리속   = 장경어속[a]

Plesiops Oken (ex Cuvier) 1817: 1182 (type species: *Pharopteryx nigricans* Rüppell 1828)

605. 육돈바리   = 장경어[a] (육돈바리)

Plesiops coeruleolineatus Rüppell 1835: 5p, Pl. 2 (fig. 5) (Massawa, Eritrea, Red Sea)

Fam. 125 후악치과 Opistognathidae

Gen. 348 후악치속 (Myoung JG, Cho SH *et al.* 1999)

Opistognathus Cuvier 1816: 252 (type species: *Opistognathus nigromarginatus* Rüppell 1830)

606. 흑점후악치 (Myoung JG, Cho SH *et al.* 1999)

Gnathypops iyonis Jordan and Thompson 1913: 65, Fig. 1 (Yawatahama, Iyo Province, Shikoku, Japan)

Opistognathus iyonis (Jordan and Thompson)

607. 줄후악치 (Park JH, Kim JK *et al.* 2008)

Opistognathus hongkongiensis Chan 1968: 198 (about 20 miles south of Hong Kong)

Gen. 349 큰눈후악치속 (Oh J, Kim S *et al.* 2008)

Stalix Jordan and Snyder 1902b: 495 (type species: *Stalix histrio* Jordan and Snyder 1902b)

608. 큰눈후악치 (Oh J, Kim S *et al.* 2008)

Stalix toyoshio Shinohara 1999: 267, Figs. 1-4 (Tanegashima Straits off Tanegashima
Island, Kagoshima Prefecture, Kyushu, Japan)

Fam. 126 독돔과 Banjosidae = 수어과[abe]
Gen. 350 독돔속 = 수어속[ae]

Banjos Bleeker 1876c: 277 (type species: *Anoplus banjos* Richardson 1846)

609. 독돔 = 수어[abe] (독돔)

Anoplus banjos Richardson 1846: 236 (Sea of Japan)

Banjos banjos (Richardson)

Fam. 127 검정우럭과 Centrachidae
Gen. 351 파랑볼우럭속 (정 1977)[210]

Lepomis Rafinesque 1819: 420 (type species: *Labrus auritus* Linnaeus 1758)

610. 블루길 (정 1977)

Lepomis macrochirus Rafinesque 1819: 420 (Ohio River, U.S.A.)

Gen. 352 검정우럭속 (정 1977)

Micropterus Lacepède 1802: 324 (type species: *Micropterus dolomieu* Lacepède 1802)

611. 배스 (정 1977)[211]

Labrus salmoides Lacepède 1802: 716, 717, Pl. 5 (fig. 2) (Carolinas, U.S.A.)

Micropterus salmoides (Lacepède)

Fam. 128 뿔돔과 Priacanthidae = 이노래미과[abde]
Gen. 353 뿔돔속

Cookeolus Fowler 1928: 190 (type species: *Priacanthus japonicus* Cuvier 1829)

---

210) 정(1977)은 "파랑볼우럭속"에는 "파랑볼우럭", "검정우럭속"에는 "검정우럭"으로 분류하였으나 "우럭"과 "바리"
가 포함되는 "바리과"와는 다른 과의 어종이므로 혼동이 있고, 각각 "블루길"과 "배스"가 널리 통용되고 있으므
로 국문 과명 및 속명의 개칭이 필요하다.

211) U. S. Fish and Wildlife Service (2019: 9)에 따르면 북한에도 이식된 것으로 기록되었으나 현황을 알 수 없다.
한편 정(1977)에 따르면 "작은입우럭" *Micropterus dolomieu*도 1973년 6월 15일 미국으로부터 진해양어장에
이식되었으나 시험사업 후 확산되지는 않은 것으로 추정된다.

612. 뿔돔 = 왕눈이노래미[abe] (뿔돔, 깍다구)

Priacanthus japonicus Cuvier (ex Langsdorff) in Cuvier and Valenciennes 1829a: 106, Pl. 50 (Japan)

Cookeolus japonicus (Cuvier)

Gen. 354 큰눈홍치속 (최 등 2002)

Heteropriacanthus Fitch and Crooke 1984: 310 (type species: *Labrus cruentatus* Lacepède 1801)

613. 큰눈홍치 (최 등 2002) = [왕눈이노래미[a]] [212]

Labrus cruentatus Lacepède (ex Plumier) 1801: 452, 522, Pl. 2 (fig. 3) (General area south of Scotts Head, Dominica, Lesser Antilles)

Heteropriacanthus cruentatus (Lacepède)

Gen. 355 홍치속 (국명개칭) [213] = 이노래미속[ade]

Priacanthus Oken (ex Cuvier) 1817: 1182 (type species: *Anthias macrophthalmus* Bloch 1792)

614. 홍옥치 = 금눈이노래미[ab]

Sciaena hamrur Fabricius in Niebuhr (ex Forsskål) 1775: 44, 45 (Jeddah, Saudi Arabia, Red Sea)

Priacanthus hamrur (Fabricius)

615. 홍치 = 이노래미[abde] (통치, 홍치)

Priacanthus macracanthus Cuvier in Cuvier and Valenciennes 1829a: 108 (Ambon Island, Molucca Islands, Indonesia)

Gen. 356 둥글돔속 = 이노래미번티기속[a]

Pristigenys Agassiz 1835: 299 (type species: *Chaetodon substriatus* Blainville 1818)

---

212) 1900년대 초기는 *Priacanthus* (= *Cookeolus*) *japonicus*와 *P. boops*는 서로 유사하여 같은 종이라는 Boulenger(1895)의 견해가 유지되던 시기로 Mori(1952)는 이전의 기록 *P. japonicus*를 *P. boops*로 정정하였다. 정(1977), 김과 길(2007)은 양 종을 동종이명으로 한 Mori(1952)에 따랐으나 현재 양 종은 서로 구분되는 다른 종으로 *P. boops*는 *Heteropriacanthus cruentatus*의 동종이명으로 정리되었다(Starnes 1988: 144, 150). 최 등(2002)은 *C. japonicus*와 *H. cruentatus*를 구분하고 후자를 미기록종으로 기록하였으나 이전의 기록들이 어느 종을 지칭하는지 불분명하므로 양 종 모두에 같은 북한명을 적용하였다.

213) 정(1977)은 *Priacanthus*에 대한 국명으로 "뿔돔속"을 사용하였으나 "뿔돔" *P. japonicus*가 *Cookeolus*로 전속됨에 따라 *Priacanthus*에 대한 국문 속명이 필요하므로 *Priacanthus*의 모식종인 "홍치"를 따라 국명을 새로 제안하였다.

616. 둥글돔   = 이노래미번티기[a]

Priacanthus niphonius Cuvier in Cuvier and Valenciennes 1829a: 107 (Nagasaki, Japan)

Pristigenys niphonia (Cuvier)

Fam. 129 동갈돔과 Apogonidae[214]   = 비단고기과[abde]

Gen. 357 동갈돔속   = 비단고기속[ae], 반줄비단고기속[d]

Apogon Lacepède 1801: 411 (type species: *Apogon ruber* Lacepède 1801)

먹테얼게비늘속 (정 1977)   = 비단고기속[d]

Apogonichthys Bleeker 1854c: 321 (type species: *Apogonichthys perdix* Bleeker 1854c)

617. 먹테얼게비늘   = 둥근점비단고기[a]

Apogon carinatus Cuvier in Cuvier and Valenciennes 1828: 157 (Japan)

618. 다섯줄얼게비늘 (Myoung JG, Cho SH et al. 2006)

Apogon cookii Macleay 1881: 344 (Endeavour River and Darnley Island, Queensland, Australia)

619. 금줄얼게비늘 (유 등 1995)

Apogon cyanosoma Bleeker 1853c: 71 (Lawajong, Solor Island, Indonesia)

620. 세줄얼게비늘   = 굵은줄비단고기[a]

Apogon doederleini Jordan and Snyder 1901g: 901, Fig. 6 (Nagasaki, Japan)

621. 줄동갈돔 (Lee WO and Kim IS 1996)

Apogon endekataenia Bleeker 1852d: 449 (Bangka or Lepar Island, Indonesia)

622. 큰줄얼게비늘   = 큰줄비단고기[a], 검줄비단고기[e] (큰줄얼게비늘)

Apogon kiensis Jordan and Snyder 1901g: 905, Fig. 9 (Wakanoura, Wakayama Prefecture, Japan)

623. 열동가리돔   = 비단고기[ade] (까치고기, 열동가리)

Apogon lineatus Temminck and Schlegel 1843a: 3p (Nagasaki, Japan)

---

214) 정(1977)은 우리나라의 "동갈돔과" Apoginidae에 "동갈돔속" *Apogon*과 "먹테얼게비늘속" *Apogonichthys*의 2속을 두었으나 김 등(2005)은 Kim IS and Lee WO(1994a)가 보고한 *Gymnapogon*속 어류를 포함하여 "동갈돔속" *Apogon*과 "민동갈돔속" *Gymnapogon*의 2속으로 정리하였다. 그러나 "동갈돔과" Apoginidae 어류는 358종이 포함되는 거대한 어류군으로 속에 대한 정의가 학자에 따라 다르며 Mabuchi *et al.*(2014)은 120여종에 달하는 방대한 표본을 분자적, 형태적으로 분석하여 개선된 분류체계를 제안하였고, 근래 많은 학자들이 이에 따르고 있다(Ng and Lim 2014, Fraser and Prokofiev 2016, Motomura *et al.* 2017, Fricke *et al.* 2018, Eagderi *et al.* 2019). 이에 따르면 우리나라 동갈돔류는 *Apogonichthyoides, Jaydia, Ostorhinchus, Gymnapogon*의 4속에 해당되므로 분류체계에 대한 재검토가 필요하다. 한편 Fraser(2008)는 인천지역에서 1973년 6월 6-7일 *Nectamia savayensis* 2개체를 채집한 것으로 기록하였고, 이 종은 북방한계가 우리나라로 보고되었으므로(Fricke *et al.* 2018) 속 및 종의 추가를 위한 검토도 필요하다.

624. 먹얼게비늘   = 검둥비단고기[ae] (먹얼게비늘)

Apogon niger Döderlein in Steindachner and Döderlein 1883d: 2 (Japan)

625. 점동갈돔 (Lee WO and Kim IS 1996)

Sparus notatus Houttuyn 1782: 320 (Japan)

Apogon notatus (Houttuyn)

626. 줄도화돔   = 반줄비단고기[abd] (줄도화돔, 도화돔)

Apogon semilineatus Temminck and Schlegel 1843a: 4p, Pl. 2 (fig. 3) (Japan)

627. 두동갈얼게비늘   = 두줄비단고기[a] (두동갈얼게비늘)

Apogon taeniatus Cuvier (ex Ehrenberg) in Cuvier and Valenciennes 1828: 159 (Red Sea)

Gen. 358 민동갈돔속 (Kim IS and Lee WO 1994a)

Gymnapogon Regan 1905: 19 (type species: *Gymnapogon japonicus* Regan 1905)

628. 민동갈돔 (Kim IS and Lee WO 1994a)

Gymnapogon japonicus Regan 1905: 20 (Japan)

        Fam. 130 보리멸과 Sillaginidae   = 모래문저리과[abde]

Gen. 359 보리멸속   = 모래문저리속[ade]

Sillago Cuvier 1816: 258 (type species: *Sillago acuta* Cuvier 1816)

629. 별보리멸 (이 등 2000)

Sillago aeolus Jordan and Evermann 1902: 360, Fig. 24 (Keerun, Taiwan)

630. 청보리멸   = 청모래문저리[a], 푸른모래문저리[b] (청보리멸, 청보리치, 푸른문저리)

Sillago japonica Temminck and Schlegel 1843b: 23, Pl. 10 (fig. 1) (Japan)

631. 점보리멸 (Kim IS and Lee WO 1996)[215]

Sillago parvisquamis Gill 1861f: 505 (Kanagawa, near Yokohama, Tokyo Bay, Japan)

---

215) Kim IS and Lee WO(1996)가 여수에서 1개체를 채집하여 미기록종으로 보고하였고, 이후 권과 김(2010)은 국내에서 추가 채집된 표본과 일본의 표본을 검토하여 다시 정리하면서 우리나라와 일본산이 서로 다르다고 지적하였다. Bae SE, Kwun HJ *et al.*(2013) 및 Xiao *et al.*(2021)은 이 종의 등지느러미 극조수는 XII-XIII, 제2 등지느러미 기저막 점열무늬는 5-6줄로 기록하였는데, Kim IS and Lee WO(1996)의 기록은 등지느러미 극조수 XI, 점열무늬 2-6줄로 *S. sinica*의 특징과 중복되어 의문스럽지만 완전히 *S. sinica*와 일치하지 않으므로 목록으로 남긴다. 추후 정밀한 조사가 필요하다.

632. 북방점보리멸 (Bae SE, Kwun HJ *et al*. 2013)[216]

 Sillago sinica Gao and Xue in Gao, Ji, Xiao, Xue, Yanagimoto and Setoguma 2011: 256, Figs. 1, 3F (Estuarine area of Feiyun River, East China Sea)

633. 보리멸   = 모래문저리[abde] (갈농어, 보리며러치, 보리멸, 뾰족고기)

 Atherina sihama Fabricius in Niebuhr (ex Forsskål) 1775: 70, xiii (Al-Luhayya, Yemen, Red Sea)

 Sillago sihama (Fabricius)

       Fam. 131 옥돔과 Malacanthidae   = 오도미과(Branchiostegidae)[ade], 오돔과[b]

Gen. 360 옥돔속   = 오도미속[ade]

Branchiostegus Rafinesque 1815: 86 (type species: *Coryphaenoides hottuynii* Lacepède 1801)

634. 옥두어 (김과 유 1998)[217]   = 단돔[b]

 Branchiostegus argentatus (not of Cuvier 1830a)

 Branchiostegus albus Dooley 1978: 38, Fig. 23 (Kagoshima, Japan)

635. 등흑점옥두어(김과 유 1998)   = 흰오도미[a], 오돔[b] (단돔, 옥두어)

 Latilus argentatus Cuvier in Cuvier and Valenciennes 1830a: 369 (? China)

 Branchiostegus japonicus (not of Houttuyn 1782)

 Branchiostegus argentatus (Cuvier)

636. 옥돔 (김과 유 1998)   = 오도미[ade] (솔나리, 혹돔)

 Coryphaena japonica Houttuyn 1782: 315 (Nanao, Japan)

 Branchiostegus japonicus (Houttuyn)

637. 황옥돔   = 황오도미[a] (누른오돔, 황옥돔)

 Latilus auratus Kishinouye 1907: 59 (Tokyo, Japan)

 Branchiostegus auratus (Kishinouye)

---

216) Bae SE, Kwun HJ *et al.* (2013)은 광양에서 채집된 1개체의 등지느러미 극조수가 XI개이며, 제2등지느러미막의 점열 무늬가 3-4줄이고, 분자수준에서 *S. sinica*로 동정되어 미기록종으로 보고하였으며, 이전에 보고된 *S. parvisquamis*는 *S. sinica*의 오동정으로 주장하였다. 아울러 저자들은 추후 진정한 *S. parvisquamis*가 밝혀질 수 있으므로 국명을 새롭게 "북방점보리멸"로 제안하였다.

217) 정(1977)은 "옥두어" *B. argentatus*로 기록하였으나, Dooley(1978)은 정(1961)이전까지 한국에서 *B. argentatus*로 기록한 종은 *B. albus*의 오동정임을 밝혔고, 김과 유(1998)는 이에 따라 "옥두어"의 학명을 *B. albus*로 수정하고 *B. artentatus*는 미기록종 "등흑점옥두어"으로 보고하였다. 대응하는 북한명은 예전 기록을 인용했는지 여부에 따라 판단하였다.

Fam. 132 게르치과 Pomatomidae = 칠도미과[e] (Scombropidae)[ab]

Gen. 361 게르치속 = 칠도미속[ae]

Scombrops Temminck and Schlegel 1845: 118 (type species: *Scombrops cheilodipteroides* Bleeker 1853f)

638. 게르치 = 칠도미[abe] (게르치, 칠돔)

 Labrus boops Houttuyn 1782: 326 (Japan)

 Scombrops boops (Houttuyn)

Fam. 133 빨판상어과 Echeneidae = 흡반어과[abde 218)]

Gen. 362 빨판상어속 = 흡반어속[ade]

Echeneis Linnaeus 1758: 260 (type species: *Echeneis naucrates* Linnaeus 1758)

639. 빨판상어 = 흡반어[abde] (망치고기, 빨판고기, 빨판상어, 빨판어, 빨판잉어, 신짝고기)

 Echeneis naucrates Linnaeus 1758: 261 (Indian Ocean)

Gen. 363 흰빨판이속 (Chyung MK and Kim KH 1959)[219)]

Remorina Jordan and Evermann 1896b: 490 (type species: *Echeneis albescens* Temminck and Schlegel 1850)

640. 흰빨판이 (Chyung MK and Kim KH 1959)

 Echeneis albescens Temminck and Schlegel 1850: Pl. 20 (fig. 3) (Nagasaki, Japan)

 Remorina albescens (Temminck and Schlegel)

Gen. 364 대빨판이속 = 쇠흡반어속[ade]

Remora Gill 1862f: 239 (type species: *Echeneis remora* Linnaeus 1758)

641. 대빨판이 = 쇠흡반어[abde] (띠빨판이, 빨판고기, 쇠빨판상어)

 Echeneis remora Linnaeus 1758: 260 (Indian Ocean)

 Remora remora (Linnaeus)

---

218) 최(1964), 손(1980), 김(1977), 김과 길(2008)은 "흡반어목" Echeneiformes로 배정하였다.

219) Chyung MK and Kim KH(1959)이 목포에서 1개체를 채집하여 *Remora albescens*로 보고하였으나, 이후 학자들은 *Remorina*속으로 전속시켰고(Lee CL and Joo DS 2006, 김 등 2011), 근래 계통유연관계 분석 결과 다시 *Remora*속으로 사용해야 한다는 주장이 있다(O'Toole 2002: 616, fig. 10, Gray *et al.* 2009: 194).

Gen. 365 열줄빨판이속 (Lee CL and Joo DS 2006)

Phtheirichthys Gill 1862f: 239 (type species: *Echeneis lineata* Menzies 1791)

642. 열줄빨판이 (Lee CL and Joo 2006)

   Echeneis lineata Menzies 1791: 187, Pl. 17 (fig. 1) (Pacific)

   Phtheirichthys lineatus (Menzies)

     Fam. 134 날쌔기과 Rachycentridae   = 가시전어과[abde]

Gen. 366 날쌔기속   = 가시전어속[ade]

Rachycentron Kaup 1826: col. 89 (type species: *Rachycentron typus* Kaup 1826)

643. 날쌔기   = 가시전어[abde] (날쌔기)

   Gasterosteus canadus Linnaeus (ex Garden) 1766: 491 (Carolina)

   Rachycentron canadum (Linnaeus)

   이날쌔기 (정 1977)[220]   = 검은가시전어[a], 남가시전어[b] (이날쌔기)

   Scomber niger Bloch 1793: 57, Pl. 337 (Southern seas between Africa and America)

   Rachycentron nigrum (Bloch)

     Fam. 135 만새기과 Coryphaenidae   = 제비고기과[ade], 제비치과[b]

Gen. 367 만새기속   = 제비고기속[ade]

Coryphaena Linnaeus 1758: 261 (type species: *Coryphaena hippurus* Linnaeus 1758)

644. 줄만새기   = 줄제비고기[ae] (줄만새기, 줄만대기)

   Coryphaena equiselis Linnaeus 1758: 261 (Pelagic in open seas)

645. 만새기   = 제비고기[ade], 제비치[b] (만새기, 만대기)

   Coryphaena hippurus Linnaeus 1758: 261 (Open seas).

     Fam. 136 전갱이과 Carangidae   = 전광어과[abde]

Gen. 368 실전갱이속   = 실전광어속[ade]

Alectis Rafinesque 1815: 84 (type species: *Gallus virescens* Lacepède 1802)

646. 실전갱이   = 실전광어[ade], 실병어[b] (실전갱이)

   Zeus ciliaris Bloch 1787: 36, Pl. 191 (Surate, India)

   Alectis ciliaris (Bloch)

---

220) 정(1977: 377)은 "이날쌔기" *R. nigrum*이 "날쌔기" *R. canadum*의 동종이명임을 밝히면서도 별도의 항목으로 다루었다.

Gen. 369 청전갱이속 = 청전광어속[ad]

Atropus Oken (ex Cuvier) 1817: 1182 (type species: *Brama atropos* Bloch and Schneider 1801)

647. 청전갱이 = 청전광어[ad]

Brama atropos Bloch and Schneider 1801: 98, Pl. 23 (Tranquebar, India)

Atropus atropos (Bloch and Schneider)

Gen. 370 유전갱이속 (국명신칭)[221]

Carangoides Bleeker 1851a: 343, 352, 366 (type species: *Caranx praeustus* Anonymous [Bennett] 1830)

648. 흑전갱이 (유 등 1995)

Scomber ferdau Fabricius in Niebuhr (ex Forsskål) 1775: 55, xii (Jeddah, Saudi Arabia, Red Sea)

Carangoides ferdau (Fabricius)

649. 노랑점무늬유전갱이 (Kim YK, Kim YS *et al*. 1999)

Caranx orthogrammus Jordan and Gilbert 1882: 226 (Sulphur Bay, Clarion Island, Revillagigedo Islands, off western Mexico)

Carangoides orthogrammus (Jordan and Gilbert)

650. 유전갱이

Caranx (Citula) *uii* Wakiya 1924: 174, Pl. 22 (fig. 1) (Kii Prefecture, Japan)

Carangoides uii (Wakiya)

= 가시전광어[a] [222]

Sciaena armata (not of Forsskål 1775)

= 실평전광어[e] (실평갈고등어, 유전갱이)

Caranx ciliaris (not of Cuvier 1833)

---

221) 정(1977)의 "갈전갱이속" *Caranx*속의 종들 일부는 *Carangoides*속으로 이전되어 새로운 속에 대한 국명이 필요하며, 남북한 어명이 모두 있는 "유전갱이"를 대체 국문 속명으로 제안하였다.

222) 손(1980: 195)은 *Caranx ciliaris*를 기록하면서 *Caranx uii*를 동종이명으로, 김과 길(2007: 151)은 *C. armatus*를 기록하면서 *C. uii, C. ciliaris* 등을 동종이명으로 두었으나 현재 *C. ciliaris*는 *C. armatus*의 동종이명이며 *C. uii*와 다른 별종으로 정리되었다(Fricke 2008:32, Golani and Fricke 2018: 83).

651. 민가슴전갱이 (김 1977)   = 민가슴전광어[ad], 번개가슴전광어[i 223]

Scomber malabaricus Bloch and Schneider 1801: 31 (Tranquebariam, India)

Carangoides malabaricus (Bloch and Schneider)

652. 미늘전갱이 (Park JH, Kim JK *et al.* 2007b)

Carangoides dinema Bleeker 1851a: 365 (Jakarta, Java, Indonesia)

653. 혹전갱이 (Lim Y, Kang CB *et al.* 2010)

Olistus hedlandensis Whitley 1934: 156, Fig. 2 (Port Hedland, Western Australia)

Carangoides hedlandensis (Whitley)

654. 채찍유전갱이 (Kim MJ, Kim BY *et al.* 2008b)

Caranx oblongus Cuvier in Cuvier and Valenciennes 1833: 128 (Vanikoro, New Guinea)

Carangoides oblongus (Cuvier)

Gen. 371 줄전갱이속 (국명신칭)[224]   = 평전광어속[ade]

Caranx Lacepède 1801: 57 (type species: *Caranx carangua* Lacepède 1801)

655. 술전갱이   = 술전광어[a 225]

Caranx bucculentus Alleyne and Macleay 1877: 326, Pl. 11 (fig. 1) (Cape Grenville, Queensland, Australia)

656. 줄전갱이   = 줄전광어[ad] (줄전갱이, 긴평갈고등어)

Caranx sexfasciatus Quoy and Gaimard 1825: 358, Pl. 65 (fig. 4) (Pulau Waigeo, Papua

---

223) Wakiya(1924)는 색깔이나 반문이 *C. caeruleopinnatus*와 아주 유사하나 등지느러미 연조부 길이와 뒷지느러미에서 차이가 나는 종으로 기록하였으며, 같은 논문에서 신종으로 보고한 *C. uii*는 현재 *C. coeruleopinnatus*의 동종이명으로 취급되기도 하여 *C. uii*, *C. coeruleopinnatus*, *C. malabaricus*는 서로 혼동된 것으로 생각된다. 그러나 *C. malabaricus*는 현재 일본, 중국, 베트남, 홍해 등에 널리 분포하는 종(Lin and Shao 1999: 53, Nakabo 2000: 807, Fricke *et al.* 2018: 182)으로 우리나라에서 출현 가능성이 있고, 김(1975, 1977), 김과 길(2007)이 서해 어류로 기록하였으므로 한국산 어명 목록에 포함시키고, 국명으로는 북한명을 따랐다. 종의 상세 분포와 형질 등에 대해 추후 정밀한 조사가 필요하다.

224) 정(1977)은 "갈전갱이"를 "갈전갱이속" *Caranx*으로 하였으나, "갈전갱이"의 속이 *Kaiwarinus*속으로 이전되었으므로 새로운 속의 국명이 필요하였다.

225) Wakiya(1924: 193, 195)는 일본에 출현하는 유사종으로 *C. ignobilis*와 *C. bucculentus*를 기록하였는데 Mori(1952)는 통영에서 채집한 표본을 *C. bucculentus*로 기록하였고 정(1977)은 이에 따랐으나, 김과 길(2007)은 *C. ignobilis*의 동종이명으로 처리하였다. 한편 김 등(2005)은 *C. bucculentus*이 오스트레일리아와 뉴기니 해역에 분포하는 우리나라에 출현이 불확실한 종으로 보고 Mori(1952)의 기록을 미확인종으로 처리하였으나 근래 대만, 중국, 일본 등에 출현 기록이 있으므로 분포자료는 종 상태 결정에 근거가 부족하다. 출현하는 종의 표본을 확인할 필요가 있으나 원 기록을 부정할 근거가 부족하므로 Mori(1952)의 기록으로 환원시켰다.

Barat, Indonesia)

Gen. 372 흑기줄전갱이속 (국립수산진흥원 1988)[226]

Alepes Swainson 1839: 176, 248 (type species: *Trachinus* (*Alepes*) *melanoptera* Swainson 1839)

657. 흑기줄전갱이 (국립수산진흥원 1988)   = 먹전광어[a]

   Trachinus (*Alepes*) ***melanoptera*** Swainson 1839: 248 (Vizagapatam, India)

   Alepes melanoptera (Swainson)

Gen. 373 가라지속   = 갈전광어속[ae], 둥근전광어속[d]

Decapterus Bleeker 1851a: 342, 352, 358 (type species: *Caranx kurra* Cuvier 1833)

658. 붉은가라지 (김 등 2001)

   Decapterus kurroides akaadsi Abe 1958: 176 (Hatsushima Island, west of Sagami Bay,
      Shizuoka Prefecture, Japan)

   Decapterus akaadsi Abe

659. 풀가라지 (Choi Y, Kweon SM *et al.* 2002)

   Caranx macarellus Cuvier in Cuvier and Valenciennes 1833: 40 (Martinique, West Indies,
      western Atlantic)

   Decapterus macarellus (Cuvier)

660. 긴가라지 (고와 신 1988)

   Decapterus macrosoma Bleeker 1851a: 358 (Jakarta, Java, Indonesia)

661. 가라지   = 둥근갈전광어[ae], 둥근갈고등어[b], 둥근전광어[d] (가라지)

   Caranx maruadsi Temminck and Schlegel 1843b: 109, pl. 58, fig. 2 (Japan)

   Decapterus maruadsi (Temminck and Schlegel)

662. 갈고등어   = 갈전광어[ae], 갈고등어[b]

   Caranx muroadsi Temminck and Schlegel 1844: 108, Pl. 58 (fig. 1) (Japan)

   Decapterus muroadsi (Temminck and Schlegel)

663. 홍기가라지 (Kim YU and Koh JR 1994)

   Decapterus tabl Berry 1968: 152, Fig. 1 (Colombia, Caribbean Sea, western Atlantic)

---

226) 김과 길(2007)은 "줄전갱이속 [평전광어속]" *Caranx*에 배치하였으나 "먹전광어"의 학명 *Caranx malam*
   (Bleeker)는 *Alepes melanoptera* (Swainson)의 동종이명이다. 이 종은 원양산 어류인 "흑기줄전갱이"로 기
   록되었으나 (국립수산진흥원 1988), 일본 남북부, 남지나해까지 분포기록이 있으며(Yoshida *et al.* 2013,
   Kimura *et al.* 2018), 김과 길(2007)은 우리나라 서해 중부 이남과 남해를 분포지로 기록하고 있어 종의 출
   현이 검토되어야 한다.

Gen. 374 참치방어속   = 참치방어속[a]

Elagatis Bennett 1840: 283 (type species: *Elagatis bipinnulatus* Bennett 1840)

664. 참치방어   = 참치방어[a]

  Seriola bipinnulata Quoy and Gaimard 1825: 363, Pl. 61 (fig. 3) (Keeling Island)

  Elagatis bipinnulata (Quoy and Gaimard)

Gen. 375 갈전갱이속

Kaiwarinus Suzuki 1962: 204 (type species: *Caranx equula* Temminck and Schlegel 1844)

665. 갈전갱이   = 평전광어[ade], 평갈고등어[b] (갈고등어, 갈전광어, 매가리, 메가리)

  Caranx equula Temminck and Schlegel 1844: 111, Pl. 60 (fig. 1) (Omura Bay, Nagasaki,
    Kyushu, Japan)

  Kaiwarinus equula (Temminck and Schlegel)

Gen. 376 고등가라지속 (Kim YU, Kang CB *et al*. 1995)   = 눈시울전광어속[e]

Megalaspis Bleeker 1851a: 342, 352 (type species: *Scomber rottleri* Bloch 1793)

666. 고등가라지 (Kim YU, Kang CB *et al*. 1995)   = 눈시울전광어[e] (독까비전광어)

  Scomber cordyla Linnaeus 1758: 298 (? America)

  Megalaspis cordyla (Linnaeus)

Gen. 377 동갈방어속   = 줄방어속[a], 쇠방어속[e]

Naucrates Rafinesque 1810a: 43 (type species: *Centronotus conductor* Lacepède 1801)

667. 동갈방어

  Gasterosteus ductor Linnaeus 1758: 295 (Pelagic, Ocean)

  Naucrates ductor (Linnaeus)

                                           = 줄방어[a], 쇠방어[be] (동갈방어) [227]

  Naucrates indicus (not of Cuvier and Valenciennes 1833)

---

227) Mori and Uchida(1934)가 이 종의 학명으로 *Naucrates indicus* (Cuvier and Valenciennes)를 사용한 이후 최
    (1964), 정(1977), 손(1980), 김과 길(2007) 등도 이를 따랐으나 이 학명은 "실전갱이 [실전광어]" *Alectis ciliaris*
    (Bloch)의 동종이명이며(Günther 1860, Wakiya 1924), Lesson(1831)의 *Naucrates indicus*가 이 종의 동종이명
    이다.

Gen. 378 병치매가리속 = 까마귀병어속[ad 228]

Parastromateus Bleeker 1864d: 174 (type species: *Stromateus niger* Bloch 1795)

668. 병치매가리 = 까마귀병어[ad] (평갈고등어, 번티기)

  Stromateus niger Bloch 1795: 93, Pl. 422 (Tharangambadi, India)

  Parastromateus niger (Bloch)

Gen. 379 새가라지속 = 눈전광어속[ade]

Selar Bleeker 1851a: 343, 352, 359 (type species: *Caranx boops* Cuvier 1833)

669. 새가라지[229] = 눈전광어[ade], 달기사리[b] (눈전갱이, 새가라지)

  Scomber crumenophthalmus Bloch 1793: 77, Pl. 343 (Accra, Ghana, Gulf of Guinea)

  Selar crumenophthalmus (Bloch)

  눈전갱이 (정 1998) = 남전광어[b]

  Caranx torvus Jenyns 1841: 69, Pl. 15 (Tahiti, Society Islands)

  Trachurops torvus (Jenyns)

Gen. 380 방어속 = 방어속[ade]

Seriola Cuvier 1816: 315 (type species: *Caranx dumerili* Risso 1810)

670. 잿방어 = 남방어[abe] (잿방어, 납작방어)

  Caranx dumerili Risso 1810: 175, Pl. 6 (fig. 20) (Nice, France)

  Seriola dumerili (Risso)

671. 부시리 = 평방어[ade], 나분지[b] (나분대, 나분지, 납작방어, 부수리, 부시리, 평갈고등어)

  Seriola lalandi Valenciennes in Cuvier and Valenciennes 1833: 208 (Brazil)

672. 방어 = 방어[abde] (떡마래미, 마래미, 마로미, 무테방어)

  Seriola quinqueradiata Temminck and Schlegel 1845: 115, Pl. 62 (fig. 2) (Nagasaki, Japan)

673. 낫잿방어 (Kim YS, Kim YU *et al.* 1997)

  Seriola rivoliana Valenciennes in Cuvier and Valenciennes 1833: 207 (Greek Archipelago)

---

228) 김(1977), 김과 길(2007)은 "까마귀병어과" Formionidae (= Apolectidae)로 배정하였다.

229) Wakiya(1924)가 부산의 표본을 *Selar mauritianus*로 소개하였으며, Mori(1928b)는 *Trachurops torvus*로 소개하였다. 정(1977)은 이를 각각 "새가라지"와 "눈전갱이"로 기록하였으며, 모두 *Selar crumenophthalmus*의 동종이명으로 정리되었다(Mundy 2005: 372, Parin *et al.* 2014: 362). 최 등(2002: 306)은 한국어명목록에서 "눈전갱이"를 삭제하였다.

Gen. 381 매지방어속 = 줄무늬방어속[e]

Seriolina Wakiya 1924: 222, 230 (type species: *Seriola intermedia* Temminck and Schlegel 1845)

674. 매지방어 = 매지방어[a], 줄무늬방어[e]

　Nomeus nigrofasciatus Rüppell 1829: 92, Pl. 24 (fig. 2) (Massawa, Eritrea, Red Sea)

　Seriolina nigrofasciata (Rüppell)

Gen. 382 빨판매가리속 = 달전광어속[a]

Trachinotus Lacepède 1801: 78 (type species: *Scomber falcatus* Forsskål 1775)

675. 빨판매가리 = 달전광어[a]

　Caesiomorus baillonii Lacepède (ex Commerson) 1801: 92, 93, Pl. 3 (fig. 1) (southea-
　　stern Madagascar)

　Trachinotus baillonii (Lacepède)

Gen. 383 전갱이속 = 전광어속[ade]

Trachurus Rafinesque 1810a: 41 (type species: *Trachurus saurus* Rafinesque 1810)

676. 녹줄매가리[230)]

　Trachurus declivis (not of Jenyns 1841)

　Trachurus sp.

677. 전갱이 = 전광어[abde] (가라지, 각재기, 달기사리, 매가리, 메생이, 빈쟁이, 전갱이, 진갈고등어)

　Caranx trachurus japonicus Temminck and Schlegel 1844: 109, Pl. 59 (fig. 1) (Japan)

　Trachurus japonicus (Temminck and Schlegel)

Gen. 384 민전갱이속 (Yeo S and Kim JK 2016)[231)]

Uraspis Bleeker 1855c: 417, 418 (type species: *Uraspis carangoides* Bleeker 1855)

678. 민전갱이 = 띠무늬전광어[a] (띠무늬평갈고등어, 민전갱이)

　Scomber helvolus Forster in Bloch and Schneider 1801: 35 (Ascension Island, eastern
　　Atlantic)

　Uraspis helvola (Forster)

---

230) Chyung MK and Kim KH(1959)이 부산에서 채집한 1개체를 *Trachurus declivis* (Jenyns)로 기록하였으나
　　이 종은 오스트레일리아 및 뉴질랜드 등 남서 태평양에 분포하여 우리나라에서 출현 여부가 불확실하므로 김
　　등(2005)은 미확인종으로 처리하였다.

231) 정(1977)은 *Caranx*속에 배정하였으나, Mori(1952)가 아속으로 배정한 *Uraspis*가 속으로 격상되었고, (Yeo S
　　and Kim JK 2016)이 국문 속명을 "민전갱이속"으로 제안하였다.

Fam. 137 배불뚝과 Menidae[232]　　　　　　　　　= 배불둑치과[a]

Gen. 385 배불뚝치속　　　　　　　　　= 배불둑치속[a]

Mene Lacepède 1803: 479 (type species: *Mene annacarolina* Lacepède 1803)

679. 배불뚝치　　　　　　　　　= 배불둑치[a] (은면경어)

Zeus maculatus Bloch and Schneider 1801: 95, Pl. 22 (Tharangambadi, India)

Mene maculata (Bloch and Schneider)

Fam. 138 주둥치과 Leiognathidae　　　　　　　　　= 평고기과[abe]

Gen. 386 왜주둥치속 (국명신칭)[233]

Equulites Fowler 1904b: 513 (type species: *Leiognathus vermiculatus* Fowler 1904)

680. 왜주둥치[234]　　　　　　　　　= 애기평고기[a]

Equula elongata Günther 1874b: 369 [2] (North Sulawesi)

Equulites elongatus (Günther)

681. 점주둥치　　　　　　　　　= 은평고기[a]

Equula rivulata Temminck and Schlegel 1845: 126, Pl. 67 (fig. 2) (Japan)

Equulites rivulatus (Temminck and Schlegel)

Gen. 387 줄주둥치속 (국명신칭)[235]　　　　　　　　　= 평고기속[ae]

Leiognathus Lacepède 1802: 448 (type species: *Leiognathus argenteus* Lacepède 1802)

682. 줄무늬주둥치 (최 등 2002)

Clupea fasciata Lacepède (ex Commerson) 1803: 425, 460 (Mauritius, Mascarenes, southwestern Indian Ocean)

---

232) 정(1977)은 "배불뚝과"로 하였으나 우리나라에는 "배불뚝치"의 1속 1종이 출현하므로 "배불뚝치과"로 개칭하는 것이 합리적이다.

233) "주둥치속" *Leiognathus*에서 세분화되어 국문 속명이 없으므로 국명을 새로 제안하였다.

234) Suzuki and Kimura(2017)는 그간 *E. elongatus*로 알려졌던 종이 여러 종이 혼합된 종군임을 밝히고, *E. elongatus*를 재규정하였는데, 이 종은 원기재 지역인 인도네시아를 비롯해 호주 북부와 미얀마에만 분포하는 것으로 정리하였다. 한편 *E. elongatus* 종군 중 측선린 상하부린수, 홍문의 위치, 등측면의 검은색 표지 등 특징이 다른 *E. popei*는 *E. elongatus*의 동종이명이 아닌 별종으로 부활시켰다. 한국의 표본에 대해 라 등(2005: 92)의 부산 표본은 이 종에 해당하는 것으로 기록하였고 이 종에 대한 반문 특징을 따르면 최 등 (2002), 김 등(2005)의 사진은 등측면에 고리모양의 문양이 없는 *E. popei* 특징과 일치하므로 재검토가 필요하다.

235) *Leiognathus*의 한국명은 "주둥치속"이었으나 "주둥치"의 속이 *Nuchequula*로 바뀌었으므로 혼동을 피하기 위해 새로운 속명이 필요하므로 "줄주둥치속"으로 제안하였다.

Leiognathus fasciatus (Lacepède)

683. 줄주둥치 = 실평고기[a]

Equula lineolata Valenciennes in Cuvier and Valenciennes 1835: 86 (Java, Indonesia)

Leiognathus lineolatus (Valenciennes)

684. 노랑점주둥치 (라 등 2005)

Equula bindus Valenciennes (ex Russell) in Cuvier and Valenciennes 1835: 78 (no locality)

Leiognathus bindus (Valenciennes)

Gen. 388 주둥치속

Nuchequula Whitley 1932b: 109 (type species: *Equula blochii* Valenciennes 1835)

685. 주둥치 = 평고기[a], 은평고기[b] (주둥치)

Equula nuchalis Temminck and Schlegel 1845: 126, Pl. 67 (fig. 1) (Nagasaki, Japan)

Nuchequula nuchalis (Temminck and Schlegel)

= 말평고기[a] [236)]

Leiognathus equulus (not of Forsskål 1775)

Fam. 139 새다래과 Bramidae = 새다래과[a]

Gen. 389 새다래속 = 새다래속[a]

Brama Bloch and Schneider 1801: 98 (type species: *Sparus raii* Bloch 1791)

686. 새다래 = 새다래[a] (무늬갈고등어)

Brama japonica Hilgendorf 1878a: 1 (Sea of Japan)

Gen. 390 벤텐어속 [237)] = 부채고기속[ae]

Pteraclis Gronow 1772: 43 (type species: *Pteraclis pinnata* Gronow 1772)

---

236) "주둥치"는 Jordan and Metz(1913)가 부산에서 채집한 표본에 대해 *Leiognathus argenteus* (Houttuyn) (*Equula nuchalis* of Schlegel)로 기록하였다. Mori(1952)는 이 종을 *L. nuchalis* (Temminck and Schlegel) 의 동종이명으로 수정하였다. 한편 Uchida and Yabe(1939)는 제주도 어류목록에서 *Leiognathus argenteus* Lacepède 1802를 기록하였으며, 이는 위의 종과 달리 북방한계가 Ryukyu섬까지인 *Leiognathus equulus* (Forsskål)의 동종이명이다. 김과 길(2007)의 "말평고기" *Leiognathus equulus*는 분포가 서해 중부까지로 언급 되어 동종이명 처리 과정에서 우리나라 어류목록에 포함된 것으로 판단된다.

237) "벤텐어"는 속명 *Bentenia*를 한글 발음으로 한 것이나 *Pteraclis*속으로 바뀌었고, 국문 명칭의 의미가 불분명하 므로 영문 명칭(fanfish)의 의미가 담긴 손(1980), 김과 길(2007) 등의 "부채고기"가 합리적이다. 김과 길(2007) 은 종명으로 *P. velifera*를 사용하였으나 이는 대서양에 주로 분포하는 별종이다.

687. 벤텐어   = 부채고기[ae] (벤댄어)

Bentenia aesticola Jordan and Snyder 1901b: 306, Pl. 16 (fig. 6) (Off Kashima coast near Mito, Hitachi, Ibaraki Prefecture, Japan)

Pteraclis aesticola (Jordan and Snyder)

Gen. 391 타락치속   = 납작새다래속[a]

Taractes Lowe 1843: 82 (type species: *Taractes asper* Lowe 1843)

688. 타락치   = 납작새다래[a] (납작무늬갈고등어)

Taractes asper Lowe 1843: 83 (Madeira, eastern Atlantic)

Gen. 392 날개새다래속 (Park JH, Kim JK *et al.* 2007b)

Pterycombus Fries 1837: 15 (type species: *Pterycombus brama* Fries 1837)

689. 날개새다래 (Park JH, Kim JK *et al.* 2007b)

Centropholis petersii Hilgendorf 1878a: 2 (Enosima, Japan)

Pterycombus petersii (Hilgendorf)

Fam. 140 선홍치과 Emmelichthyidae   = 피농어과[ae], 홍옥고기과[b]

Gen. 393 선홍치속   = 피농어속[ae]

Erythrocles Jordan 1919: 342 (type species: *Emmelichthys schlegelii* Richardson 1846)

690. 선홍치   = 피농어[ae], 홍옥고기[b] (선홍치)

Emmelichthys schlegelii Richardson 1846: 272 (Nagasaki, Japan)

Erythrocles schlegelii (Richardson)

Gen. 394 양초선홍치속 (Kim JK, Ryu JH *et al.* 2000)

Emmelichthys Richardson 1845c: 47 (type species: *Emmelichthys nitidus* Richardson 1845c)

691. 양초선홍치 (Kim JK, Ryu JH *et al.* 2000)

Emmelichthys struhsakeri Heemstra and Randall 1977: 382, Fig. 5a (Kealaikahiki Channel, Hawaiian Islands)

Fam. 141 통돔과 Lutjanidae   = 피리도미과[ae], 피리돔과[b]

Gen. 395 꼬리돔속   = 꼬리피리도미속[a]

Etelis Cuvier in Cuvier and Valenciennes 1828: 127 (type species: *Etelis carbunculus* Cuvier 1828)

692. 꼬리돔   = 꼬리피리도미[a] (꼬리돔)

Etelis carbunculus Cuvier in Cuvier and Valenciennes 1828: 127, Pl. 18 (Mahé, Seychelles, western Indian Ocean)

Gen. 396 퉁돔속   = 피리도미속[ae]

Lutjanus Bloch 1790: 105 (type species: *Lutjanus lutjanus* Bloch 1790)

693. 무늬퉁돔   = 점피리도미[a]

Mesoprion monostigma Cuvier in Cuvier and Valenciennes 1828: 446 (Seychelles, western Indian Ocean)

Lutjanus monostigma (Cuvier)

694. 물퉁돔   = 피리도미[a]

Diacope rivulata Cuvier in Cuvier and Valenciennes 1828: 414, Pl. 38 (Puducherry, India; Java, Indonesia; Red Sea; Malabar, India, Arabian Sea)

Lutjanus rivulatus (Cuvier)

695. 점퉁돔   = 별피리도미[ae], 피리돔[b] (검은별피리돔)

Mesoprion russellii Bleeker 1849d: 41 (Jakarta, Java, Indonesia)

Lutjanus russellii (Bleeker)

696. 점줄퉁돔 (Kim HN and Kim JK 2016)[238]

Mesoprion ophuysenii Bleeker 1860d: 74 (Benkulen, Sumatra, Indonesia; Nagasaki, Japan)

Lutjanus ophuysenii (Bleeker 1860)

동갈퉁돔 (정 1977)   = 줄피리도미[a] (옆줄피리돔)

Lutjanus vitta (not of Quoy and Gaimard 1824)

697. 붉은퉁돔 (Kim BJ, Nakaya K *et al.* 2007)

Sciaena argentimaculata Forsskål in Niebuhr 1775: 47, xi (no locality)

Lutjanus argentimaculatus (Forsskål)

698. 육선점퉁돔 (Kim BJ, Nakaya K *et al.* 2007)

Sciaena fulviflamma Forsskål in Niebuhr 1775: 45, xi (No locality stated, Red Sea)

Lutjanus fulviflamma (Forsskål)

---

238) Mori(1952)가 통영의 표본을 *L. vitta*로 기록하였고, 이후 우리나라에서는 "동갈퉁돔" *Lutjanus vitta* (Quoy and Gaimard)의 학명을 따랐으나 우리나라를 비롯하여 북서태평양의 아시아 연안에 분포하는 종은 그간 이 종의 동종이명으로 처리되었던 *L. ophuysenii*로 정리되었고(Iwatsuki *et al.* 1993, Lee SC and Cheng HL 1996), Kim HN and Kim JK(2016)이 이에 따라 기록하고 기존의 "동갈퉁돔"을 목록에서 삭제하였다.

699. 오선퉁돔 (Kim BJ, Nakaya K *et al.* 2007)

  Holocentrus quinquelineatus Bloch 1790: 84, Pl. 239 (Japan)

  Lutjanus quinquelineatus (Bloch)

Gen. 397 황등어속   = 노랑등피리도미속[a]

Paracaesio Bleeker 1874c: 38, footnote (type species: *Caesio xanthurus* Bleeker 1869)

700. 황등어   = 노랑등피리도미[a] (푸른돔)

  Caesio xanthurus Bleeker 1869: 78 (Nossibé, Madagascar)

  Paracaesio xanthura (Bleeker)

Gen. 398 자붉돔속   = 실피리도미속[a]

Pristipomoides Bleeker 1852e: 574 (type species: *Pristipomoides typus* Bleeker 1852)

                                   = 애기피리도미속[a]

Ulaula Jordan and Thompson 1911b: 459, 460 (type species: *Chaetopterus sieboldii*
  Bleeker 1855a)

701. 자붉돔   = 애기피리도미[a] (애기돔)

  Chaetopterus sieboldii Bleeker 1855a: 20 (Nagasaki, Japan)

  Ulaula sieboldii (Bleeker)

                                 = 실피리도미[a][239]

  Pristipomoides filamentosus (not of Valenciennes 1830)

Fam. 142 세줄가는돔과 Caesionidae

Gen. 399 세줄가는돔속 (김과 이 1994)

Pterocaesio Bleeker 1876a: 153 (type species: *Caesio multiradiatus* Steindachner 1861)

702. 세줄가는돔 (김과 이 1994)

  Pterocaesio (*Squamosicaesio*) *trilineata* Carpenter 1987: 43, Pls. 4D, 7I (Dravuni Island,
    Kandavu Island, Fiji Island)

---

239) 정(1977)은 *P. sieboldii*의 동종이명으로 *P. filamentosus*를 기록하였다. 한편 김과 길(2007)은 우리나라
    중부 이남(부산), 일본 중부 이남 등에 *P. filamentosus*이 분포하는 것으로 기록하였으나 동종이명에 *U.*
    *sieboldii*를 열거하면서도 *U. sieboldii*를 별도의 종으로 기록하고 있어 동종이명 처리과정에서 발생한 오류
    로 판단된다. *P. filamentosus*는 북한 범위가 일본 남부인 별도의 종으로 우리나라에서의 출현 여부를 검토
    할 필요가 있다.

Fam. 143 백미돔과 Lobotidae   = 흰꼬리도미과[a], 흰꼬리돔과[de]

Gen. 400 백미돔속   = 흰꼬리도미속[a], 흰꼬리돔속[de]

Lobotes Cuvier 1829: 177 (type species: *Holocentrus surinamensis* Bloch 1790)

703. 백미돔   = 흰꼬리도미[a], 흰꼬리돔[de] (솔돔, 송돔)

  Holocentrus surinamensis Bloch 1790: 98, Pl. 243 (Suriname, Caribbean Sea)

  Lobotes surinamensis (Bloch)

Fam. 144 게레치과 Gerreidae   = 비늘주둥치과[a], 먹고기과[b]

Gen. 401 게레치속   = 비늘주둥치속[a]

Gerres Quoy and Gaimard (ex Cuvier) 1824: 292 (type species: *Gerres vaigiensis* Quoy and
  Gaimard 1824)

704. 비늘게레치   = 먹비늘주둥치[a] (비늘먹고기, 주둥치)

  Gerres japonicus Bleeker 1854c: 404 (Nagasaki, Japan)

705. 게레치   = 비늘주둥치[a]

  Labrus oeyena Fabricius in Niebuhr (ex Forsskål) 1775: 35p, xi (Al-Luhayya, Yemen, Red
    Sea; Suez, Egypt, Red Sea; Jeddah, Saudi Arabia, Red Sea)

  Gerres oyena (Fabricius)

      = 먹고기[b 240)]

  Xystaema erythrourum (not of Bloch 1791)

Fam. 145 하스돔과 Haemulidae   = 돌농어과[abde]

Gen. 402 꼽새돔속   = 수염도미속[ade]

Hapalogenys Richardson 1844a: 462 (type species: *Hapalogenys nitens* Richardson 1844)

706. 눈퉁군펭선   = 가로줄수염도미[a]

  Hapalogenys kishinouyei Smith and Pope 1906: 476, Fig. 6 (Urado, Tokyo, Japan)

707. 군펭선이   = 세로줄수염도미[a], 무늬수염농어[b], 줄무늬수염도미[d] (구돔, 군펭선어, 무늬수염도미)

  Pristipoma mucronata Eydoux and Souleyet 1850: 161, Pl. 2 (fig. 1) (Near Macao)

  Hapalogenys mucronatus (Eydoux and Souleyet)

---

240) Mori and Uchida(1934)가 부산의 표본을 *Xystaema* (= *Gerres*) *erythrourum*로 기록하였으며 Mori(1952)는
    동종이명으로 처리하였다. Iwatsuki *et al.*(1998, 1999)는 *G. erythrourus*는 북한계가 Ryukyu 섬인 *G. oyena*
    와 다른 별종으로 정리하였고, 한국과 일본 남부에 출현하는 좋은 *G. equulus*로 주장하여 검토가 필요하다. 최
    (1964)는 Mori and Uchida(1934)의 학명을 따라 북한명을 별도로 두었다.

708. 꼽새돔   = 수염고기[a], 수염농어[b], 수염도미[d]

Pogonias nigripinnis Temminck and Schlegel 1843b: 59p, Pl. 25 (Nagasaki Bay, Japan)

Hapalogenys nigripinnis (Temminck and Schlegel)

709. 동갈돗돔   = 쌍줄수염고기[a], 짧은수염농어[b], 짧은수염도미[e] (동갈돗돔)

Hapalogenys nitens Richardson 1844b: no page number, Pl. 43 (Canton, China)

Gen. 403 벤자리속   = 석줄돌농어속[a], 석줄도미속[e]

Parapristipoma Bleeker 1873b: 21 (type species: *Perca trilineata* Thunberg 1793a)

710. 벤자리   = 석줄돌농어[a], 세줄돔[b], 석줄도미[e] (벤자리, 석줄돔)

Perca trilineata Thunberg 1793a: 55, Pl. 1 (Japan)

Parapristipoma trilineatum (Thunberg)

Gen. 404 어름돔속   = 호초도미속[ade]

Plectorhinchus Lacepède 1801: 134 (type species: *Plectorhinchus chaetodonoides* Lacepède 1801)

711. 어름돔   = 호초도미[abde] (어름돔, 호초돔)

Diagramma cinctum Temminck and Schlegel 1843b: 61, Pl. 26 (fig. 1) (Japan)

Plectorhinchus cinctus (Temminck and Schlegel)

                                                    = ? 반점수염고기[a] [241]

Hapalogenys maculatus Richardson 1846: 235 (Canton, China, China Sea)

Gen. 405 청황돔속 (국명신칭) [242]

Diagramma Oken (ex Cuvier) 1817: 1182 (type species: *Anthias diagramma* Bloch 1792)

---

241) Iwatsuki *et al.* (2000), Iwatsuki and Russell(2006)은 *H. maculatus*가 그림에 근거하여 기재한 모호한 종으로 그 특징이 *Plectorhinchus cinctus* Schlegel in Temminck and Schlegel 1843의 기재와 거의 유사하므로 동종 이명일 가능성이 크다고 하였다.

242) *Plectorhinchus*속으로 취급되었던 "청황돔" *P. pictus*가 *Diagramma*속으로 이전됨으로서 새로운 국명이 필요 하여 우리나라에 유일한 종인 "청황돔"의 국명을 따랐다.

712. 청황돔 = 푸른호초도미[a 243)]

Perca picta Thunberg 1792: 143, Pl. 5 (Japan)

Diagramma pictum (Thunberg)

Gen. 406 하스돔속 = 돌농어속[ae]

Pomadasys Lacepède 1802: 515 (type species: *Sciaena argentea* Forsskål 1775)

713. 하스돔 = 돌농어[abe] (하소돔, 하스돔)

Sciaena argentea Forsskål in Niebuhr 1775: xii, 51 (Jeddah, Saudi Arabia, Red Sea)

Pomadasys argenteus (Forsskål)

Fam. 146 도미과 Sparidae = 도미과[abcdef]
Gen. 407 감성돔속 = 극도미속[a]

Acanthopagrus Peters 1855b: 242 (type species: *Chrysophrys vagus* Peters 1852)

714. 새눈치 = 큰비늘극도미[a] (흑돔)

Sparus latus Houttuyn 1782: 322 (Hirado Bay, Nagasaki, Japan)

Acanthopagrus latus (Houttuyn)

715. 감성돔 = 먹도미[acdef] (감성돔, 감셍이, 배드미, 배듬, 흑도미, 흙도미, 흙돔)

Chrysophrys schlegelii Bleeker 1854c: 400 (Nagasaki, Japan)

Acanthopagrus schlegelii (Bleeker)

= 먹돔[b] (감성돔, 흙돔)

Sparus macrocephalus (Basilewsky 1855)

Gen. 408 실붉돔속 = 실붉은도미속[a]

Argyrops Swainson 1839: 171, 221 (type species: *Sparus spinifer* Forsskål 1775)

716. 실붉돔 = 실붉은도미[a]

Argyrops bleekeri Oshima 1927: 141 (Meitsu, Nago, Miyazaki, Japan)

---

243) 김 등(2005)은 *P. pictus* (Tortonese 1936)로 사용하였으나 그 기재 내용은 오만만에서 동쪽으로 인도 연안을 따라 태국과 중국까지 분포하는 *Diagramma pictus* (Thunberg)에 해당하였다. *P. pictus* (Tortonese)는 *P.* (= *Diagramma*) *pictus* (Thunberg)의 이종동명이므로 *Plectorhinchus fangi* Whitley 1951로 대체하여 사용되는 다른 종이다(Mckay 2001, Nunobe and Kinoshita 2010).

Gen. 409 황돔속   = 황도미속[a], 노란도미속[e]

Dentex Cuvier 1814: 92 (type species: *Sparus dentex* Linnaeus 1758)

717. 황돔[244]   = 황도미[a], 황돔[b], 노란도미[e] (노랑도미, 옥돔)

   Chrysophrys tumifrons Temminck and Schlegel 1843b: 70, Pl. 34 (Japan)

   Dentex tumifrons (Temminck and Schlegel)

Gen. 410 붉돔속   = 붉은도미속[ae]

Evynnis Jordan and Thompson 1912: 573 (type species: *Sparus cardinalis* Lacepède 1802)

718. 붉돔   = 붉은도미[ae] (붉돔, 상사리, 피도미)

   Evynnis japonica Tanaka 1931: 29 (New name for *Chrysophrys cardinalis* of Temminck
      and Schlegel) (Japan, China)

719. 녹줄돔   = 분홍도미[a], 붉돔[b] (감성어, 록도미, 바다붕어, 피도미)

   Sparus cardinalis Lacepède 1802: 46, 141 (China and Japan)

   Evynnis cardinalis (Lacepède)

Gen. 411 참돔속   = 도미속[ade]

Pagrus Cuvier 1816: 272 (type species: *Sparus pagrus* Linnaeus 1758)

720. 참돔   = 도미[ade], 참돔[b] (참도미)

   Chrysophrys major Temminck and Schlegel 1843b: 71, Pl. 35 (All bays of Japan)

   Pagrus major (Temminck and Schlegel)

Gen. 412 청돔속   = 평도미속[ae], 먹도미속[cdf]

Sparus Linnaeus 1758: 277 (type species: *Sparus aurata* Linnaeus 1758)

                                                   = 평도미속[d]

Rhabdosargus Fowler 1933: 175, 178 (type species: *Sargus auriventris* Peters 1855)

721. 청돔   = 평도미[ade], 평돔[b] (망생돔, 배도미, 청돔, 평돔)

   Sparus sarba Gmelin (ex Forsskål) 1789: 31, xi (Jeddah, Saudi Arabia, Red Sea)

---

244) *Dentex tumifrons*는 *Evynnis*속에 해당하며, *E. japonica*의 상위동종이명이고, 그간 기록된 일부 *E. carninalis*는
    *E. tumifrons*를 의미한다는 주장(Iwatsuki *et al.*, 2007)이 있으므로 이들 종에 대해서는 추후 검토가 필요하다.

Fam. 147 갈돔과 Lethrinidae = 뺨도미과[ae], 주둥이돔과[b]

Gen. 413 까치돔속 = 띠무늬뺨도미속[a]

Gymnocranius Klunzinger 1870: 764 (type species: *Dentex rivulatus* Rüppell 1838)

722. 까치돔 = 띠무늬뺨도미[a]

    Dentex griseus Temminck and Schlegel 1843b: 72, Pl. 36 (Southwestern coast of Japan)

    Gymnocranius griseus (Temminck and Schlegel)

Gen. 414 갈돔속 = 뺨도미속[ae]

Lethrinus Cuvier 1829: 184 (type species: *Sparus choerorynchus* Bloch and Schneider 1801)

723. 줄갈돔 = 실뺨도미[ae] (실뺨돔, 줄갈돔)

    Lethrinus genivittatus Valenciennes in Cuvier and Valenciennes 1830b: 306, Pl. 159
        (Indian Seas)

724. 구갈돔 = 뺨도미[ae] (구갈돔, 뺨돔)

    Lethrinus haematopterus Temminck and Schlegel 1844: 74, Pl. 38 (Japan coast)

725. 점갈돔 (최 등 2002)

    Sciaena harak Fabricius in Niebuhr (ex Forsskål) 1775: 52, xii (Red Sea)

    Lethrinus harak (Fabricius)

726. 갈돔 = 황갈뺨도미[a], 주둥이돔[b] (갈돔)

    Sciaena nebulosa Forsskål in Niebuhr 1775: 52, xii (Red Sea)

    Lethrinus nebulosus (Forsskål)

Fam. 148 실꼬리돔과 Nemipteridae = 금실어과[abe]

Gen. 415 실꼬리돔속 = 금실어속[ae]

Nemipterus Swainson 1839: 172, 223 (type species: *Dentex filamentosus* Valenciennes
    1830)

727. 긴실꼬리돔 (Youn CH 1998)

    Nemipterus bathybius Snyder 1911: 532, Fig. 6 (Kagoshima, Japan)

728. 황줄실꼬리돔 (Kim IS and Lee WO 1994a)

    Sparus japonicus Bloch 1791: 110, Pl. 277 (fig. 1) (Japan)

    Nemipterus japonicus (Bloch)

729. 실꼬리돔 = 금실어[abe] (금선어, 실꼬리돔)

    Sparus virgatus Houttuyn 1782: 323 (Japan)

Nemipterus virgatus (Houttuyn)

Gen. 416 네동가리속 = 동갈금실어속[a]

Parascolopsis Boulenger 1901: 262 (type species: *Parascolopsis townsendi* Boulenger
    1901)

730. 네동가리 = 동갈금실어[a], 옥돔[b]

  Scolopsides inermis Temminck and Schlegel 1843b: 63, Pl. 28 (fig. 1) (Japan)

  Parascolopsis inermis (Temminck and Schlegel)

Gen. 417 노랑줄돔속 (유 등 1995)

Pentapodus Quoy and Gaimard (ex Cuvier) 1824: 294 (type species: *Pentapodus vitta*
    Quoy and Gaimard 1824)

731. 노랑줄돔 (유 등 1995)

  Leptoscolopsis nagasakiensis Tanaka 1915a: 365, Pl. 98 (fig. 308) (Nagasaki fish
    market, Japan)

  Pentapodus nagasakiensis (Tanaka)

Fam. 149 날가지숭어과 Polynemidae = 제비전어과[abd 245)]

Gen. 418 네날가지속 (김 등 2001) = 사지제비전어속[a], 제비전어속[d]

Eleutheronema Bleeker 1862b: 110 (type species: *Polynemus tetradactylus* Shaw 1804)

732. 네날가지 (김 등 2001) = 사지제비전어[a], 제비전어[dh]

  Polynemus tetradactylus Shaw 1804: 155 (Gariahat, Calcutta, India)

  Eleutheronema tetradactylum (Shaw)

Gen. 419 날가지숭어속 = 오지제비전어속[a]

Polydactylus Lacepède 1803: 419 (type species: *Polydactylus plumierii* Lacepède 1803)

733. 날가지숭어 = 오지제비전어[a], 제비전어[b] (날가지숭어)

  Polynemus plebeius Broussonet 1782: [35], Pl. [8] (Tahiti, Society Islands)

  Polydactylus plebeius (Broussonet)

734. 흑점날가지 (김 등 2001)

  Polynemus sextarius Bloch and Schneider 1801: 18, Pl. 4 (Tharangambadi, India)

---

245) 최(1964), 김(1977), 김과 길(2007)는 "제비전어목" Polynemiformes로 지정하였다.

Polydactylus sextarius (Bloch and Schneider)

Fam. 150 민어과 Sciaenidae = 민어과[abcdef]

Gen. 420 흑조기속 (이와 박 1992)

Atrobucca Chu, Lo and Wu 1963: 64, 93 (type species: *Sciaena nibe* Jordan and Thompson 1911)

735. 흑조기 = 흑조기[a]

Sciaena nibe Jordan and Thompson 1911a: 258, Fig. 4 (Wakanoura, Wakayama Prefecture, Japan)

Atrobucca nibe (Jordan and Thompson)

Gen. 421 강달이속 = 강다리속[a], 강달이속[cdf]

Collichthys Günther 1860: 312 (type species: *Sciaena lucida* Richardson 1844b)

736. 강달이 (국명개칭)[246)] = **강다리**[a], **황강다리**[b], **강달이**[dfh] (눈퉁강달이, 청강달이, 툭눈강달이, 황강달이)

Sciaena lucida Richardson 1844b: no page number, Pl. 44 (figs. 3-4) (China Sea)

Collichthys lucidus (Richardson)

민강달이 (정 1998) = 강다리[a], 강달이[df], 황강다리[b]

Collichthys lucidus (Richardson)

황강달이 (정 1977) = 강다리[b]

Collichthys fragilis Jordan and Seale 1905: 522, Fig. 4 (Shanghai, China)

737. 눈강달이 = 흑강다리[a], 흑강달이[d], 툭눈강다리[b]

Collichthys niveatus Jordan and Starks 1906c: 519, Fig. 2 (Port Arthur, Manchuria, China)

Gen. 422 민태속 = 봉구미속[ad]

Johnius Bloch 1793: 132 (type species: *Johnius carutta* Bloch 1793)

738. 민태 = 봉구미[ad] (민태)

Corvina grypota Richardson 1846: 225 (Canton, China)

Johnius grypotus (Richardson)

---

246) 정(1977)은 *Collichthys lucidus*의 동종이명인 *C. fragilis*에 대해 "황강달이"를, *C. lucidus*에 대해 "민강달이"를 사용하였다. "황강달이"가 "민강달이"의 동종이명이므로 국명으로는 "민강달이"를 사용해야 하나, 김 등(2005)은 "황강달이"를 사용하고 있어 혼동을 피하고 속명을 잘 반영하는 "강달이"를 국명으로 새로 제안하였다.

Gen. 423 조기속 [라강달이속 (정 1998)[247]] = 조기속[ad]

Larimichthys Jordan and Starks 1905: 204 (type species: *Larimichthys rathbunae* Jordan and Starks 1905)

739. 부세 . = 수조기[ab], 부세[d] (꽃조기, 부데, 조구)

Sciaena crocea Richardson 1846: 224 (Canton, China)

Larimichthys crocea (Richardson)

740. 참조기 = 조기[ad], 황조기[b] (기름조기, 노랑조기, 조구, 황조구)

Pseudosciaena polyactis Bleeker 1877: 2 (Shanghai, China)

Larimichthys polyactis (Bleeker)

참조기 (정 1977) = 참조기[b]

Nibea manchurica (Jordan and Thompson 1911a)

라강달이 (정 1977)

Larimichthys rathbunae Jordan and Starks 1905: 204, Fig. 8 (Coast of Korea)

Gen. 424 민어속 = 민어속[ad]

Miichthys Lin 1938: 165 (type species: *Sciaena miiuy* Basilewsky 1855)

741. 민어 = 민어[abd] (참민어, 호치)

Sciaena miiuy Basilewsky 1855: 221 (Seas off Beijing)

Miichthys miiuy (Basilewsky)

= 참민어[b] (민어)

Nibea imbricata Matsubara 1937a: 38, Fig. 8 (China Sea)

Gen. 425 수조기속 (이와 박 1992) = 부세속[a], 수조기속[de]

Nibea Jordan and Thompson 1911a: 244, 246 (type species: *Pseudotolithus mitsukurii* Jordan and Snyder 1900)

742. 수조기 = 부세[ab], 수조기[de] (민어)

Corvina albiflora Richardson 1846: 226 (Inland Sea of Japan)

Nibea albiflora (Richardson)

---

247) 정(1977)은 "라강달이속" *Larimichthys*과 "조기속" *Pseudosciaena*를 분리하여 사용하였으며, 김과 길(2007)은 후자의 속명을 사용하였으나 후자는 *Argyrosomus*속의 동속이명이다. 한편 "라강달이"는 "참조기"의 동종이명 으로 한국 어류목록에서 제외되었으므로 이 속의 국명은 "조기속" *Larimichthys*로 정리하였다.

743. 동갈민어   = 소민어[ab] (동갈민어)

Pseudotolithus mitsukurii Jordan and Snyder 1900: 356, Pl. 13 (Tokyo Bay, Japan)

Nibea mitsukurii (Jordan and Snyder)

Gen. 426 보구치속 (국명개칭)[248]   = 보굴치속[a], 흰조기속[de]

Pennahia Fowler 1926: 776 (type species: *Otolithus macrophthalmus* Bleeker 1849e)

744. 보구치   = 흰조기[ade], 보굴치[b] (록조기, 반애, 보개어, 보구어, 보굴치, 보금치, 보석어, 부구치,
                  석수어, 청조기)

Sparus argentatus Houttuyn 1782: 319 (Nagasaki, Japan)

Pennahia argentata (Houttuyn)

                               = 조기[b] (석수어, 석어)

Pseudosciaena schlegeli Bleeker 1879a: 9 (Nagasaki, Japan)

Nibea schlegeli (Bleeker)

                               = 개후치[b] (개추치)

Sciaena iharae Jordan and Metz 1913: 37, Pl. 7 (fig. 2) (Busan, Korea)

Nibea iharae (Jordan and Metz)

Gen. 427 점무늬민어속 (국명개칭; 정 1977 꼬마민어속)[249]

Protonibea Trewavas 1971: 458 (type species: *Lutjanus diacanthus* Lacepède 1802)

745. 점무늬민어 (국명개칭; 정 1977 꼬마민어)[250]   = 깨알무늬민어[a] (꼬마민어)

Lutjanus diacanthus Lacepède 1802: 195, 240 (No locality)

Protonibea diacantha (Lacepède)

---

248) "보구치"의 속이 *Nibea*에서 *Pennahia*으로 이전됨에 따라 새로운 속의 국명이 필요하다. 이와 박(1992)이 이전
     속인 *Argyrosomus*에 대해 "백조기속"으로 하였으므로 이를 따라야 하나 이 속(*Argyrosomus*)의 어종은 우리나
     라에 출현하지 않으며, 속 내에 "보구치" 1종 뿐이므로 이를 따라 국문 명칭을 바꾸는 것이 타당하다.

249) "꼬마민어"의 속이 "수조기속" *Nibea*에서 *Protonibea*로 이전되어 새로운 속의 국명이 필요하였다.

250) Mori(1952)가 *Sciena goma* Tanaka 1915로 소개하였고, 정(1977)은 "민어"보다 크기가 작다는 의미로 "꼬마민
     어"를 사용하였다. 그러나 Tanaka(1916b)은 "goma"가 胡麻를 의미하며 몸에 검은 반점이 성글게 나타나는 것
     으로 기술하였다. 더욱이 *Sciena goma*는 *Protonibea diacantha*의 동종이명으로 처리되어 "goma"라는 학명이
     사용되지 않으며, "꼬마"라는 의미가 종을 충분히 설명하지 못하므로 이 종의 국문명칭을 "점무늬민어"로 제안
     하였다.

Fam. 151 촉수과 Mullidae = 수염치과[ade], 수염고기과[b]

Gen. 428 촉수속 = 반점수염치속[a]

Parupeneus Bleeker 1863b: 234 (type species: *Mullus barberinus* Cuvier 1829)

746. **주황촉수** (Kim IS and Lee WO 1994a)

Mullus chrysopleuron Temminck and Schlegel 1843b: 29, Pl. 12 (fig. 1) (Japan)

Parupeneus chrysopleuron (Temminck and Schlegel)

747. **금줄촉수**[251)]

Sciaena ciliata Lacepède 1802: 308, 311 (No locality)

Parupeneus ciliatus (Lacepède)

남촉수 (정 1977) = 금줄수염치[a] (통염수염고기)

Pseudupeneus fraterculus (Cuvier and Valenciennes 1831)

748. **점촉수** (유 등 1995)

Sciaena heptacantha Lacepède 1802: 308, 311 (No locality)

Parupeneus heptacanthus (Lacepède)

749. **인디안촉수** (최 등 2002)

Mullus indicus Shaw 1803: 614 (Visgapatam, India)

Parupeneus indicus (Shaw)

750. **오점촉수** (유 등 1995)

Mullus multifasciatus Quoy and Gaimard 1825: 330, Pl. 59 (fig. 1) (Hawaiia Island)

Parupeneus multifasciatus (Quoy and Gaimard)

751. **큰점촉수** (유 등 1995)

Upeneus pleurostigma Bennett 1831a: 59 (Mauritius, Mascarenes, southwestern Indian Ocean)

Parupeneus pleurostigma (Bennett)

752. **두줄촉수** = 검은점수염치[a], 수염고기[b]

Upeneus spilurus Bleeker 1854c: 395 (Nagasaki, Japan)

Parupeneus spilurus (Bleeker)

---

251) Uchida and Yabe(1939)가 제주도에서 *Upeneoides pleurotaenia*로 소개했고, 정(1977)은 "남촉수"로 기록하였다. 이와 별도로 정(1977), 김과 길(2007)은 "금줄수염치" *Pseudupeneus fraterculus*를 사용했으나 모두 *Parupeneus ciliatus* (Lacepède)의 동종이명으로 "남촉수"는 한국어명목록에서 삭제되었다(최 등 2003a: 32).

Gen. 429 노랑촉수속[252]   = 수염치속[ade]

Upeneus Cuvier 1829: 157 (type species: *Mullus vittatus* Forsskål 1775)

753. 노랑촉수   = 수염치[ade] (노랑수염고기, 노랑촉수)

    Mullus japonicus Houttuyn 1782: 334 (Off Futo Harbor, East coast of Izu Peninsula, Honshu, Japan)

    Upeneus japonicus (Houttuyn)

                                                          = 흰수염고기[b]

    Upeneus bensasi (Temminck and Schlegel 1843b)

754. 노랑줄촉수 (유 등 1995)

    Upeneoides moluccensis Bleeker 1855c: 409 (Ambon Island, Molucca Islands, Indonesia)

    Upeneus moluccensis (Bleeker)

755. 먹줄촉수   = 쌍줄수염치[a] (호박수염고기)

    Upeneus sulphureus Cuvier in Cuvier and Valenciennes 1829a: 450 (Java, Indonesia)

      Fam. 152 주걱치과 Pempheridae   = 소돔과[b], [소리도미과[a]] [253]

Gen. 430 황안어속   = 금눈도미번티기속[a]

Parapriacanthus Steindachner 1870: 623 (type species: *Parapriacanthus ransonneti* Steindachner 1870)

756. 황안어   = 금눈도미번티기[a] (금눈돔번티기)

    Parapriacanthus ransonneti Steindachner 1870: 623 [1], Pl. 1 (figs. 1-2) (Nagasaki, Japan)

Gen. 431 주걱치속 (날개주걱치속)[254]   = 소도미속[a]

Pempheris Cuvier 1829: 195 (type species: *Pempheris touea* Cuvier 1829)

---

252) 정(1977)의 "남촉수속" *Upeneoides*은 "노랑촉수속" *Upeneus*의 동속이명이며, "남촉수"는 "금줄촉수"의 동종이명이다.

253) 김과 길(2007)은 Pempheridae와 Theraponidae (= Terapontidae) 양자에 대해 "소리도미과"를 사용하고 있으며, 전자에 대한 북한명은 "소도미"의 인쇄오류로 판단된다.

254) 정(1977)은 "날개주걱치속" *Pempheris*으로 하였으나 해당종 "날개주걱치"와 "주걱치"가 동종이명으로 밝혀짐에 따라 "날개주걱치" *P. japonica*만 남게 되었다. 원 속명을 따라야 하나 "주걱치"가 보편화된 명칭이므로 개칭하였다.

757. 주걱치 (날개주걱치) [255]   = 소도미[a], 소돔[b]

Pempheris japonica Döderlein in Steindachner and Döderlein 1883b: 125 (Tokyo, Japan)

주걱치 (정 1977)

Catalufa umbra Snyder 1911: 528 (Misaki, Japan)

Pempheris umbrus (Snyder)

758. 남방주걱치 (Kim BJ and Sasaki K 2004)

Pempheris schwenkii Bleeker 1855b: 314 (Batu Islands, Sumatera Utara Province, Indonesia)

        Fam. 153 나비고기과 Chaetodontidae   = 나비도미과[a], 나비돔과[de], 호접어과[b]

Gen. 432 나비고기속   = 나비도미속[a]

Chaetodon Linnaeus 1758: 272 (type species: *Chaetodon capistratus* Linnaeus 1758)

759. 부전나비고기 (유 등 1995) [256]

Chaetodon adiergastos Seale 1910: 116, Pl. 1 (fig. 2) (Bantayan Island, Philippines)

760. 가시나비고기 (정 1977)

Chaetodon auriga Forsskål 1775: 60, xiii (Al-Luhayya, Yemen, Red Sea)

761. 나비고기[257]   = 나비도미[a], 호접어[b] (나비고기)

Chaetodon auripes Jordan and Snyder 1901a: 90 (Nagasaki, Japan)

762. 룰나비고기 (정 1977)

Pomacentrus lunula Lacepède (ex Commerson) 1802: 507, 511 (Indian Ocean)

Chaetodon lunula (Lacepède)

---

255) Mori and Uchida(1934)가 부산의 표본을 *P. japonicus*로 소개하였고, Mori(1952)는 *P. umbrus*를 추가하였다. 정(1977)은 이에 따라 "날개주걱치속" *Pempheris*에 2종을 모두 표기하였으나 "주걱치" *P. umbrus*는 "날개주걱치" *P. japonica*의 동종이명으로 정리되었다. 국문 명칭으로 주로 통용되는 "주걱치"로 개칭함이 타당하다.

256) 유 등(1995)은 제주도 해역에서 촬영한 사진을 바탕으로 Seal(1910)의 기재에 해당하는 종을 기록하였으나 게재한 사진은 머리의 검은색 띠무늬가 눈을 완전히 둘러싸지 않으며, 양측의 띠무늬가 두정부에서 유합되고, 이 띠무늬 뒤로 흰색 테두리가 현저하며, 꼬리지느러미 기부에 수직 띠무늬가 있고, 체측 줄무늬가 전하방으로 경사진 종의 특징이 보이지 않으며, "나비고기" *C. auripes*의 미성어와 특징이 같다. 표본의 확보 및 재검토가 필요하다.

257) 최(1964), 정(1977), 김과 길(2007)은 Mori and Uchida(1934)에 따라 *C. collare*로 기록하였으나 이 종은 말레이시아, 필리핀 등에 서식하는 다른 종이다.

763. 세동가리돔   = 세줄나비도미[a], 포항돔[b] (세동가리돔)

Chaetodon modestus Temminck and Schlegel 1844: 80, Pl. 41 (fig. 2) (Nagasaki, Japan)

764. 나비돔   = 치레도미[a] (왜호접어)

Chaetodon nippon Steindachner and Döderlein 1883b: 124 (Tokyo, Japan)

765. 꼬리줄나비고기 (Kim IS and Lee WO 1994a)

Chaetodon wiebeli Kaup 1863: 127 (Guangdong, China)

Gen. 433 갈색띠돔속 (유 등 1995)

Coradion Kaup 1860: 137, 146 (type species: *Chaetodon chrysozonus* Cuvier 1831)

766. 갈색띠돔 (유 등 1995)

Coradion altivelis McClulloch 1916: 191, Pl. 56 (fig. 1) (Wide Bay, Queensland, Australia)

Gen. 434 두동가리돔속   = 기발도미속[a], 기발돔속[e]

Heniochus Cuvier 1816: 335 (type species: *Chaetodon macrolepidotus* Linnaeus 1758)

767. 두동가리돔   = 기발도미[a], 기발돔[be] (주동가리돔, 까치돔)

Chaetodon acuminatus Linnaeus 1758: 272 (Indies)

Heniochus acuminatus (Linnaeus)

768. 돛대돔 (유 등 1995)

Heniochus chrysostomus Cuvier (ex Solander) in Cuvier and Valenciennes 1831: 99

    (Tahiti, Society Islands, French Polynesia)

Fam. 154 청줄돔과 Pomacanthidae

Gen. 435 청줄돔속   = 청줄도미속[a]

Chaetodontoplus Bleeker 1876d: 307 (type species: *Holacanthus septentrionalis* Temminck and Schlegel 1844)

769. 청줄돔   = 청줄도미[a] (줄호접어)

Holacanthus septentrionalis Temminck and Schlegel 1844: 82, Pl. 44 (fig. 2) (Nagasaki, Japan)

Chaetodontoplus septentrionalis (Temminck and Schlegel)

Fam. 155 황줄돔과 Pentacerotidae   = 돼지도미과 (Histiopteridae)[a]

Gen. 436 육동가리돔속   = 띠무늬돼지도미속[a]

Evistias Jordan 1907: 236, 237 (type species: *Histiopterus acutirostris* Temminck and
Schlegel 1844)

770. 육동가리돔   = 띠무늬돼지도미[a] (띠무늬단지돔)

Histiopterus acutirostris Temminck and Schlegel 1844: 88 (Omura, Nagasaki, Kyushu,
Japan)

Evistias acutirostris (Temminck and Schlegel)

Gen. 437 황줄돔속   = 돼지도미속[a]

Histiopterus Temminck and Schlegel 1844: 86 (type species: *Histiopterus typus* Temminck
and Schlegel 1844)

771. 황줄돔   = 돼지도미[a] (큰날개단지돔)

Histiopterus typus Temminck and Schlegel 1844: 86, Pl. 45 (Nagasaki, Kyushu, Japan)

Gen. 438 사자구속   = 왕눈돼지도미속[a]

Pentaceros Cuvier in Cuvier and Valenciennes 1829a: 30 (type species: *Pentaceros*
capensis Cuvier 1829)

772. 사자구   = 왕눈돼지도미[a] (단지돔)

Pentaceros japonicus Steindachner in Steindachner and Döderlein 1883b: 124 (Tokyo, Japan)

Fam. 156 황줄깜정이과 Kyphosidae   = 극락도미과 (Cyphosidae)[a]

Gen. 439 벵에돔속   = 깜도미속[ae 258]

Girella Gray 1835: Pl. 98 (v. 2) (type species: *Girella punctata* Gray 1835)

773. 긴꼬리벵에돔   = 검은줄깜도미[a 259]

Crenidens leoninus Richardson 1846: 242 (Guangdong, China)

---

258) 최(1964), 손(1980), 김과 길(2007)은 "깜돔과=깜도미과" Girellidae로 배정하였다.

259) Yagishita and Nakabo(2000, 2002)는 Jordan and Thompson(1912) 이래 *G. melanichthys*로 사용하던 어류는
*G. leonina*를 오인한 것이며, *G. melanichthys* (Richardson)는 "벵에돔" *G. punctata*의 동종이명으로 설명하
였다. 김과 길(2007)은 동종이명의 기록이 없으나 아가미막이 검은색이며 가슴지느러미 기부에 검은줄이 있는
것으로 설명하여 *G. leonina*에 해당한다. 한편 *G. melanichthys*는 중국에서 별종으로 사용되고 있고(Randall
and Lim in Randall and Lim 2000: 623), 분자수준의 분석에서 *G. punctata*와 다른 종으로 보는 학자(Knudsen
and Clements 2016: 259)가 있어 추후 검토가 필요하다.

Girella leonina (Richardson)

774. 양벵에돔   = 노랑줄깜도미[a], 깜도미[e] (깜돔, 깜정이, 양벵에돔)

   Girella mezina Jordan and Starks 1907: 496, Fig. 3 (Naha, Okinawa Island, Ryukyu Islands, Japan)

775. 벵에돔   = 깜도미[a], 깜돔[b], 점무늬깜도미[e] (감정고기, 깜정이, 맹애돔, 벵에돔, 점무늬깜돔)

   Girella punctata Gray 1835: no page number, Pl. 98 (figs. 3-4) (Guangdong, China)

Gen. 440 황줄감정이속   = 극락도미속[a]

Kyphosus Lacepède 1801: 114 (type species: *Kyphosus bigibbus* Lacepède 1801)

776. 무늬깜정이 (Kim IS and Lee WO 1994a)[260]

   Kyphosus bigibbus Lacepède (ex Commerson) 1801: 114, 115, Pl. 8 (fig. 1) (no locality)

777. 무늬갈돔 (정 1977)

   Sciaena cinerascens Forsskål in Niebuhr 1775: 53, xii (Red Sea)

   Kyphosus cinerascens (Forsskål)

778. 황줄감정이   = 극락도미[a], 극락돔[b] (애깜돔)[261]

   Pimelepterus vaigiensis Quoy and Gaimard 1825: 386, Pl. 62 (fig. 4) (Pulau Waigeo, Papua Barat, Indonesia)

   Kyphosus vaigiensis (Quoy and Gaimard)

Gen. 441 황조어속   = 황조어속[a 262)]

Labracoglossa Peters 1866: 513 (type species: *Labracoglossa argenteiventris* Peters 1866)

779. 황조어   = 황조어[a]

   Labracoglossa argentiventris Peters 1866: 513 (Yokohama, Japan)

Gen. 442 범돔속   = 범나비도미속[a], 범나비돔속[de 263)]

Microcanthus Swainson 1839: 170, 215 (type species: *Chaetodon strigatus* Cuvier 1831)

---

260) Kim IS and Lee WO(1994a)이 발표한 국문명은 "황줄깜쟁이"이나 이전에 이 종류는 "~깜정이"로 하였으므로 "무늬깜정이"로 사용함이 합리적이다. 다만 표준어는 "깜장"이므로 추후 재검토되어야 한다.

261) 최(1964), 김과 길(2007)은 *K. lembus*를 사용하였으나 이는 *K. vaigiensis*의 동종이명으로 밝혀졌다(Sakai and Nakabo 1995: 61).

262) 김과 길(2006)은 "황조어과" Labracoglossidae로 기록하였다.

263) 손(1980)은 "범나비돔과" Scorpididae로 배정하였다.

780. 범돔   = 범나비도미[a], 범나비돔[de], 치레고기[b] (범돔, 돔도미)

Chaetodon strigatus Cuvier (ex Langsdorff) in Cuvier and Valenciennes 1831: 25, Pl. 170 (Nagasaki, Japan)

Microcanthus strigatus (Cuvier)

Fam. 157 살벤자리과 Teraponidae   = 소리도미과[ae], 소리돔과[b]

Gen. 443 줄벤자리속 [264]

Rhynchopelates Fowler 1931: 358, 363 (type species: *Therapon oxyrhynchus* Temminck and Schlegel 1843)

781. 줄벤자리   = 줄소리도미[ae], 줄소리돔[b] (줄벤자리)

Therapon oxyrhynchus Temminck and Schlegel 1843a: 16, Pl. 6 (fig. 3) (Bays of southern Japan)

Rhyncopelates oxyrhynchus (Temminck and Schlegel)

Gen. 444 살벤자리속   = 소리도미속[ae]

Terapon Cuvier 1816: 295 (type species: *Holocentrus servus* Bloch 1790)

782. 살벤자리   = 소리도미[ae], 소리돔[b] (살벤자리)

Sciaena jarbua Fabricius in Niebuhr (ex Forsskål) 1775: xii, 44, 50 (Jeddah, Saudi Arabia, Red Sea)

Terapon jarbua (Fabricius)

783. 네줄벤자리   = 애기소리도미[a] (네줄벤자리)

Terapon theraps Cuvier (ex Commerson) in Cuvier and Valenciennes 1829a: 129, Pl. 53 (Java, Indonesia)

Fam. 158 알롱잉어과 Kuhliidae   = 은잉어과[a]

Gen. 445 알롱잉어속   = 은잉어속[a]

Kuhlia Gill 1861b: 48 (type species: *Perca ciliata* Cuvier 1828)

    은잉어속 (정 1977)

Safole Jordan 1912: 655 (type species: *Dules taeniurus* Cuvier 1829)

784. 알롱잉어   = 알락은잉어[a]

Dules marginatus Cuvier in Cuvier and Valenciennes 1829a: 116, Pl. 52 (Java, Indonesia)

Kuhlia marginata (Cuvier)

---

264)   김과 길(2007)은 "줄벤자리"를 "살벤자리속" *Terapon*속으로 배정하여 국문속명이 없다.

785. 은잉어   = 은잉어ᵃ

Sciaena mugil Forster in Bloch and Schneider 1801: 541 (Tahiti, Society Islands, French
  Polynesia)

Kuhlia mugil (Forster)

Fam. 159 돌돔과 Oplegnathidae   = 돌도미과ᵉ(Hoplegnathidae)ᵃ, 돌돔과ᵈ, 청돔과ᵇ
Gen. 446 돌돔속   = 돌도미속ᵃᵉ, 돌돔속ᵈ ²⁶⁵⁾

Oplegnathus Richardson 1840: 27 (type species: *Oplegnathus conwaii* Richardson 1840)

786. 돌돔   = 줄돌도미ᵃᵉ, 줄돌돔ᵈ, 청돔ᵇ (군평선어, 돌도미, 돌돔, 청도미)

Scaradon fasciatus Temminck and Schlegel 1844: 89, Pl. 46 (figs. 1-2) (Omura Bay,
  near Nagasaki, Japan)

Oplegnathus fasciatus (Temminck and Schlegel)

787. 강담돔   = 점돌도미ᵃᵉ, 점줄돔ᵈ, 반석돔ᵇ (강당돔, 반석도미, 반석돔, 점돌돔)

Scaradon punctatus Temminck and Schlegel 1844: 91 (Nagasaki, Japan)

Oplegnathus punctatus (Temminck and Schlegel)

Fam. 160 가시돔과 Cirrhitidae ²⁶⁶⁾
Gen. 447 가시돔속 (명 1997)

Cirrhitichthys Bleeker 1857a: 3, 39 (type species: *Cirrhites graphidopterus* Bleeker 1853c)

788. 무늬가시돔 (명 1997)

Cirrhites aprinus Cuvier in Cuvier and Valenciennes 1829a: 76 (Timor Island, southern
  Malay Archipelago)

Cirrhitichthys aprinus (Cuvier)

789. 노랑가시돔 (명 1997, Youn CH 1998 황붉돔) ²⁶⁷⁾

Cirrhites aureus Temminck and Schlegel 1843a: 15, Pl. 7 (fig. 2) (Outer bays of Nagasaki,
  Japan)

---

265) Richardson(1840)의 원 기재는 *Oplegnathus*이며 이후 변경하여 사용된 *Hoplegnathus*는 정당한 사유가 없어
  유효하지 않다.

266) 이 과의 국문명칭은 Youn(1998)이 국명 신칭 "황붉돔과"를 제안했으나 명(1997)이 이미 "가시돔과"를 사용하였다.

267) 명(1997)이 "노랑가시돔"으로 기록하였으며, Youn(1998)은 이에 대한 언급 없이 미기록종 "황붉돔"으로 보고하
  였다. 이 종의 국문 명칭은 명(1997)의 기록이 앞서며, 명(1997)의 "무늬가시돔"을 수용하였으므로 이 종의 명
  칭도 수용하여 "노랑가시돔"으로 수정하였다.

Cirrhitichthys aureus (Temminck and Schlegel)

Fam. 161 다동가리과 Cheilodactylidae = 매도미과 (Aplodactylidae)ᵃ, 매돔과ᵇ

Gen. 448 아홉동가리속 = 매도미속ᵃ

Goniistius Gill 1862c: 120 (type species: *Cheilodactylus zonatus* Cuvier 1830)

790. 여덟동가리 = 매도미ᵃ, 매돔ᵇ

Chilodactylus quadricornis Günther 1860: 83 (Sea of Japan)

Goniistius quadricornis (Günther)

791. 아홉동가리 = 알락꼬리매도미ᵃ, 점꼬리매돔ᵇ

Cheilodactylus zonatus Cuvier in Cuvier and Valenciennes 1830a: 365, Pl. 129 (Japan)

Goniistius zonatus (Cuvier)

Fam. 162 홍갈치과 Cepolidae = 홍칼치과ᵃ, 홍갈치과ᵉ

Gen. 449 점줄홍갈치속 (국명개칭; 정 1977 먹줄홍갈치)²⁶⁸⁾ = 가시홍칼치속ᵃ

Acanthocepola Bleeker 1874b: 369 (type species: *Cepola krusensternii* Temminck and
   Schlegel 1845)

792. 남방홍갈치 (Park JH, Ryu JH *et al.* 2008)

Cepola indica Day 1888: 796 (Madras, India)

Acanthocepola indica (Day 1888)

793. 점줄홍갈치 = 가시홍칼치ᵃ (가시홍갈치)

Cepola krusensternii Temminck and Schlegel 1845: 130, Pl. 71 (fig. 1) (Seas of Japan)

Acanthocepola krusensternii (Temminck and Schlegel)

794. 먹점홍갈치 = 먹점홍칼치ᵃ

Cepola limbata Valenciennes in Cuvier and Valenciennes 1835: 402 (Japan)

Acanthocepola limbata (Valenciennes)

Gen. 450 홍갈치속 = 홍칼치속ᵃ, 홍갈치속ᵉ

Cepola Linnaeus 1764: 63 (type species: *Ophidion macrophthalmum* Linnaeus 1758)

---

268) 정(1977)은 "먹줄홍갈치속"으로 하였으나 소속 종은 체측에 둥근 반점이 줄을 이루는 "점줄홍갈치"와 등지느러
   미에 검은색 반점이 있는 "먹점홍갈치"의 2종이므로 "먹줄~"은 "점줄~"의 의도치 않은 인쇄오류로 생각되며,
   "점줄홍갈치"속으로 수정하였다.

795. 홍갈치   = 홍칼치[a], 홍갈치[e]

  Cepola schlegeli Bleeker 1854c: 412 (Kaminoseki, Japan)

Fam. 163 시클리과 (키크리과) Cichlidae   = 신선어과[a]

Gen. 451 틸라피아속 (역돔속; 이와 김 1996)[269]   = 틸라피아속[a]

Oreochromis Günther 1889a: 70 (type species: *Oreochromis hunteri* Günther 1889)

796. 나일틸라피아 (김 1997)

  Perca nilotica Linnaeus 1758: 290 (Nile River)

  Oreochromis niloticus (Linnaeus)

797. 모잠비크틸라피아 (국명개칭; 정 1977 태래어)   = 틸라피아[a] (열대붕어)

  Chromis (*Tilapia*) *mossambicus* Peters 1852: 681 (Zambezi River, Mozambique)

  Oreochromis mossambicus (Peters)

Fam. 164 망상어과 Embiotocidae   = 바다망성어과[ab], 바다납주레기과[de]

Gen. 452 망상어속   = 바다망성어속[a], 바다납주레기속[de]

Ditrema Temminck and Schlegel 1844: 77 (type species: *Ditrema temminckii* Bleeker 1853f)

798. 망상어   = 바다망성어[ab], 바다납주레기[de] (망상어, 망성어)

  Ditrema temminckii Bleeker 1853f: 33 (Nagasaki, Japan)

799. 청록망상어 (이와 김 1996)

  Ditrema viride Oshima 1940: 608 (Aburatsubo, Misaki, Kanagawa Prefecture, Japan)

Gen. 453 인상어속   = 인상어속[a], 은비늘치속[e]

Neoditrema Steindachner in Steindachner and Döderlein 1883d: 32 (type species:
  Neoditrema ransonnetii Steindachner 1883)

800. 인상어   = 인상어[ab], 은비늘치[e]

  Neoditrema ransonneti Steindachner in Steindachner and Döderlein 1883d: 32
    (Yokohama and Tokyo)

---

269) 정(1977)은 태국으로부터 이식하였다는 의미로 "태래어(泰來魚)속"으로 하였으나 원산지가 남아프리카로 한자
의 의미와 맞지 않으며, 이와 김(1996)은 어업인과 일반인들이 많이 사용하는 용어로 "역돔"을 속명으로 제안하
였다. 그러나 이 명칭은 *O. niloticus*와 *O. mossambicus* 모두를 포함하고 있어 혼동되며, 돔류로 오인하여 구
매하는 등 문제점이 있으므로 "틸라피아속"으로 하였다. 종명은 김(1997)을 따라 "~틸라피아"로 하였다.

Fam. 165 자리돔과 Pomacentridae   = 자도미과[ae], 차리과[b]

Gen. 454 줄자돔속   = 줄무늬자도미속[a], 자도미속[e]

Abudefduf Fabricius in Niebuhr (ex Forsskål) 1775: xiii, 59 (type species: *Chaetodon sordidus* Forsskål 1775)

801. 흑줄돔 (최와 김 2000)

    Chaetodon bengalensis Bloch 1787: 110, Pl. 213 (fig. 2) (Bay of Bengal, India)

    Abudefduf bengalensis (Bloch)

802. 동갈자돔   = 색무늬자도미[a] (참새돔)

    Glyphidodon notatus Day 1870: 521 (Andaman Islands)

    Abudefduf notatus (Day)

803. 검은줄꼬리돔 (최 등 2002)

    Labrus sexfasciatus Lacepède 1801: 430, 477, Pl. 19 (fig. 2) (Indian Ocean)

    Abudefduf sexfasciatus (Lacepède)

804. 줄자돔   = 줄무늬자도미[a], 줄자도미[e] (무늬참새돔, 줄자돔)

    Chaetodon sordidus Forsskål in Niebuhr 1775: 62, xiii (Jeddah, Saudi Arabia, Red Sea)

    Abudefduf sordidus (Forsskål)

805. 해포리고기 (정 1977)   = 애기무늬자도미[a], 애기줄자도미[e] [270] (애기무늬참새돔, 애기줄자돔, 해포리고기)

    Glyphisodon vaigiensis Quoy and Gaimard 1825: 391 (Pulau Waigeo, Papua Barat, Indonesia)

    Abudefduf vaigiensis (Quoy and Gaimard)

Gen. 455 흰동가리속   = 바위꽃도미속[a]

Amphiprion Bloch and Schneider 1801: 200 (type species: *Lutjanus ephippium* Bloch 1790)

806. 흰동가리

    Anthias clarkii Bennett 1830: unnumbered, Pl. 29 (Southern coast of Sri Lanka)

    Amphiprion clarkii (Bennett)

---

270) 손(1980)의 *A. saxatilis*는 예전부터 있었던 *A. vaigiensis*의 오동정 종이다(Tomiyama *et al.* 1962: 145, Tsadok *et al.* 2015: 101).

= ? 바위꽃도미^a (바위꽃돔)²⁷¹⁾

Perca polymna Linnaeus 1758: 291 (Indiis)

Amphiprion polymnus (Linnaeus)

Gen. 456 자리돔속   = 자도미속^a

Chromis Cuvier 1814: 88 (type species: *Sparus chromis* Linnaeus 1758)

807. 노랑자리돔 (Kim YU, Ko JP *et al*. 1994)

Heliases analis Cuvier in Cuvier and Valenciennes 1830a: 496 (Ambon Island, Molucca Islands, Indonesia)

Chromis analis (Cuvier)

808. 연무자리돔 (Kim YU, Ko JR *et al*. 1994)

Pomacentrus fumeus Tanaka 1917a: 9 (Fish market in Nagasaki, Japan)

Chromis fumea (Tanaka)

809. 자리돔   = 자도미^a, 차리^b (자리돔)

Heliases notatus Temminck and Schlegel 1843b: 66 (Japan)

Chromis notata (Temminck and Schlegel)

Gen. 457 샛별돔속 (국명개칭; Koh JR, Myoung JG *et al*. 1997 세줄자리돔속)²⁷²⁾

Dascyllus Cuvier 1829: 179 (type species: *Chaetodon aruanus* Linnaeus 1758)

810. 줄셋돔 (Koh JR, Myoung JG *et al*. 1997)

Dascyllus melanurus Bleeker 1854b: 109 (Banda Neira, Banda Island; Sumbawa Island; Priaman, Ulakan, western Sumatra, Indonesia)

811. 샛별돔 (국명개칭; 명 1997, Koh JR, Myoung JG 1997 세점자리돔)

Pomacentrus trimaculatus Rüppell 1829: 39, Pl. 8 (fig. 3) (Massawa, Eritrea, Red Sea)

Dascyllus trimaculatus (Rüppell)

---

271) Mori(1952)는 *A. polymnus*로 소개하였고, 정(1977: 403)은 *A. xanthurus*로 하고 *A. polymnus*를 동종이명으로 처리하였으나 후자는 인도양에서 남중국해까지 분포하는 별종(Allen in Carpenter and Niem 2001: 3351)으로 체측반문과 계수치가 우리나라에 분포하는 것으로 수정된 *A. clarkii*와 다르다. 김과 길(2007)의 계수치와 반문 등 기재 내용은 *A. polymnus*와 유사하므로 추후 출현 여부를 면밀히 검토할 필요가 있다.

272) Koh JR, Myoung JG *et al*.(1997, October)은 *Dascyllus*속을 기록하면서 국명으로 "세줄자리돔(Sai-jul-ga-ri-dom)"으로 표기하였다. 그러나 동시에 보고한 미기록종에는 "줄셋돔" *D. melanurus*와 "세점자리돔" *D. trimaculatus*의 2종이어서 국문속명은 "세점자리돔"의 오기인 것으로 판단되며, 더욱이 *D. trimaculatus*는 명 (1977, June)이 이미 "샛별돔"으로 기록한 종이므로 국문 속명을 "샛별돔"으로 사용함이 합리적이다.

Gen. 458 점자돔속 (Koh JR, Myoung JG *et al*. 1997)

Neopomacentrus Allen 1975: 39, 166 (type species: *Glyphisodon anabatoides* Bleeker 1847)

812. 점자돔　　　　　　　　　　　　　　　　　　= 보라자도미[a] (보라참새돔)

　Pristotis violascens Bleeker 1848: 637 (Bima, Sumbawa Island, Lesser Sunda Islands, Indonesia)

　Neopomacentrus violascens (Bleeker)

Gen. 459 파랑돔속 (이와 김 1996; 정 1977 점자돔속)　　　　= 푸른자도미속[a]

Pomacentrus Lacepède 1802: 505 (type species: *Chaetodon pavo* Bloch 1787)

813. 파랑줄돔[273)]

　Pomacentrus bankanensis Bleeker 1854a: 513 (Bangka, Indonesia)

　　　　　　　　　　　　　　　　　　　　　　= 등점자도미[a] (등점참새돔)

　Pomacentrus dorsalis Gill 1859b: 147 (Shimoda, Japan)

814. 파랑돔　　　　　　　　　　　　　　　　　　= 푸른자도미[a] (푸른참새돔)

　Pomacentrus coelestis Jordan and Starks 1901a: 383, Pl. 21 (Wakanoura, Kii Province, Wakayama Prefecture, Japan)

815. 나가사끼자리돔 (Koh JR, Myoung JG *et al*. 1997)

　Pomacentrus nagasakiensis Tanaka 1917a: 9 (Fish market in Nagasaki, Japan)

Gen. 460 살자리돔속 (명 1997)

Stegastes Jenyns 1840: 62 (type species: *Stegastes imbricatus* Jenyns 1840)

816. 살자리돔 (명 1997)

　Pomacentrus altus Okada and Ikeda 1937: 87, Fig. 3; Pl. 4 (fig. 1) (Kowan, Okinawa Island, Okinawa Prefecture, Ryukyu Islands, Japan)

　Stegastes altus (Okada and Ikeda)

---

273) 김과 길(2007)은 이 종의 학명으로 *P. dorsalis*를 사용하였으나 *P. bankanensis*의 동종이명이며, 유 등(1995)은 이전 기록(정 1977, 이와 김 1996, Koh JR, Myoung JG *et al*. 1997)에 대한 검토 없이 *P. bankanensis*를 미기록종 "파랑점자돔"으로 수록하였다.

Fam. 166 놀래기과 Labridae = 용치과[ab], 혹돔과[b], 놀내기과[e] [274)]

Gen. 461 사당놀래기속 = 흑용치속[a] [275)]

Bodianus Bloch 1790: 33 (type species: *Bodianus bodianus* Bloch 1790)

사랑놀래기속 (정 1977) = 여우용치속[a]

Verreo Jordan and Snyder 1902d: 619 (type species: *Cossyphus oxycephalus* Bleeker 1862c)

817. 사당놀래기 = 흑용치[a] (여우흑돔, 사당놀래기)

Labrus bilunulatus Lacepède (ex Commerson) 1801: 454, 526, Pl. 31 (fig. 2) (Mauritius, Mascarenes, southwestern Indian Ocean)

Bodianus bilunulatus (Lacepède)

818. 얼룩사당놀래기 (유 등 1995)

Labrus diana Lacepède (ex Commerson) 1801: 450, 522p, Pl. 32 (fig. 1) (Grand Océan équatorial, Indian Ocean)

Bodianus diana (Lacepède)

819. 사랑놀래기 = 여우용치[a], 여우배량[b] (사냥고기, 사냥놀래기)

Cossyphus oxycephalus Bleeker 1862c: 129 [7] (Nagasaki, Japan)

Bodianus oxycephalus (Bleeker)

Gen. 462 꼬치놀래기속 (고 등 1995)

Cheilio Lacepède 1802: 432 (type species: *Cheilio auratus* Lacepède 1802)

820. 꼬치놀래기 (고 등 1995)

Labrus inermis Forsskål in Niebuhr 1775: 34, xi (Al-Mukhā, Yemen, Red Sea)

Cheilio inermis (Forsskål)

Gen. 463 호박돔속 = 머리용치속[a]

Choerodon Bleeker 1847: 10 (type species: *Labrus macrodontus* Lacepède 1801)

821. 호박돔 = 머리용치[a], 등색돔[b] (호박돔)

Choerops azurio Jordan and Snyder 1901e: 747 (Japan)

Choerodon azurio (Jordan and Snyder)

---

274) 최(1964)는 "혹돔", "호박돔=등색돔"의 2종을 "혹돔과" Labridae로 하고, 나머지를 "용치과" Coridae로 기록하였다.

275) 김과 길(2007: 228, 232)은 *Halichoeres*와 *Bodianus* 2속에 대해 "용치속"을 중복하여 사용하였으나 검색표(p. 226)에서는 *Bodianus*속을 "흑용치속"으로 기록하였다.

Gen. 464 실용치속 (Chyung MK and Kim KH 1959)

Cirrhilabrus Temminck and Schlegel 1845: 167 (type species: *Cirrhilabrus temminckii* Bleeker 1853f)

822. 실용치 (Chyung MK and Kim KH 1959)

Cirrhilabrus temminckii Bleeker 1853f: 17 (Nagasaki, Japan)

Gen. 465 놀래기속　　　　　　　　　　　　　　　　**= 용치속[a], 용치놀내기속[e]**

Halichoeres Rüppell 1835: 14 (type species: *Halichoeres bimaculatus* Rüppell 1835)

823. 용치놀래기　　　　　　　**= 용치[ab], 용치놀내기[e]** (고생이, 수맹이, 용치놀래기)

Julis poecilepterus Temminck and Schlegel 1845: 169, Pl. 86bis (fig. 1) (Bay of Sinabara, Japan)

Halichoeres poecilopterus (Temminck and Schlegel)

824. 놀래기[276)]

Platyglossus bleekeri Steindachner and Döderlein 1887: 275 (Tokyo, Japan)

Halichoeres bleekeri (Steindachner and Döderlein)

놀래기 (정 1977)　　　　　　　　　　　　　　　　**= 가시용치[a]** (참배량, 참놀래기)

Halichoeres tenuispinis (not of Günther 1862)

참놀래기 (정 1977)　　　　　　　　　　　　　　　　　　　**= 참배량[b]**

Halichoeres tremebundus Jordan and Snyder 1902d: 639, Fig. 8 (Hiroshima, Japan)

Gen. 466 청줄청소놀래기속 (고 등 1995)

Labroides Bleeker 1851d: 227, 249 (type species: *Labroides paradiseus* Bleeker 1851)

825. 청줄청소놀래기 (고 등 1995)

Cossyphus dimidiatus Valenciennes in Cuvier and Valenciennes 1839: 136 (El-Tor, Sinai coast, South Sinai Governorate, Egypt; Mauritius, Mascarenes)

Labroides dimidiatus (Valenciennes)

---

276) Mori(1928b)가 *H. bleekeri*로 소개하였으나 1952년에 *H. tenuispinis*의 동종이명으로 정리하였으며, 이와 별도로 Uchida and Yabe(1939)는 *H. bleekeri*의 동종이명인 *H. tremebundus*으로 기록하였다. 그러나 그간 *H. tenuispinis* (Günther)의 동종이명으로 알려졌던 *H. bleekeri* (Steindachner and Döderlein)는 계수계측치와 색형이 서로 다른 별종이고, *H. tremebundus*는 *H. bleekeri*의 암컷을 종으로 기재한 경우로 정리되었다 (Randall 1999, Parenti and Randall 2000). 이에 따라 한국과 일본 동경에 기록된 종은 *H. bleekeri*이며 *H. tenuispinis*는 중국의 홍콩과 샤먼 및 대만 등에 분포하는 종이다. 국명은 "참놀래기"를 사용해야 하나 보편적으로 "놀래기"가 많이 알려졌으므로 이를 적용하였다.

Gen. 467 은하수놀래기속 (명 1997)

Macropharyngodon Bleeker 1862d: 412 (type species: *Julis geoffroy* Quoy and Gaimard 1824)

826. 은하수놀래기 (명 1997)

  Macropharyngodon negrosensis Herre 1932: 142 (Dumaguete, Oriental Negros, Philippines)

Gen. 468 황놀래기속   = 황놀내기속[e]

Pseudolabrus Bleeker 1862d: 413 (type species: *Labrus rubiginosus* Temminck and Schlegel 1845)

827. 무점황놀래기 (Kim BJ and Go YB 2003b) [277)]

  Labrus eoethinus Richardson 1846: 255 (Guangdong, China)

  Pseudolabrus eoethinus (Richardson)

  황놀래기 (정 1977)   = [어리용치[a], 검은줄배량[b], 황놀내기[e]]

  Pseudolabrus japonicus (not of Houttuyn 1782)

828. 황놀래기 (Kim BJ and Go YB 2003)

  Pseudolabrus sieboldi Mabuchi and Nakabo 1997: 323, Fig. 2A-C (Japan, Korea, and Taiwan)

  황놀래기 (정 1977)   = [어리용치[a], 검은줄배량[b], 황놀내기[e]]

  Pseudolabrus japonicus (not of Houttuyn 1782)

Gen. 469 어렝놀래기속   = 채찍용치속[a]

Pteragogus Peters 1855a: 451 (type species: *Cossyphus opercularis* Peters 1855)

  829. 어렝놀래기   = 채찍용치[a], 배량[b] (어뎅놀래기, 어뎅이)

  Ctenolabrus flagellifer Valenciennes in Cuvier and Valenciennes 1839: 240 (no locality)

  Pteragogus flagellifer (Valenciennes)

---

277) 이전에 사용되었던 학명 *P. japonicus*에는 실제로는 2종이 포함된 것으로 Mabuchi and Nakabo(1997)가 *P. eoethinus*와 *P. sieboldi*의 2종으로 구분하였다. Kim BJ and Go YB(2003b)가 제주도의 표본을 조사하여 이에 대해 논의하였고, *P. eoethinus*를 미기록종으로 보고하였다. 북한을 비롯하여 이전에 사용한 학명 *P. japonicus*에는 2종이 혼합되어 있으므로 "황놀래기"의 북한명을 "무점황놀래기"에 대해서도 적용하였다.

Gen. 470 혹돔속 = 혹도미속[a]

Semicossyphus Günther 1861a: 384 (type species: *Cossyphus reticulatus* Valenciennes 1839)

830. 혹돔 = 혹도미[a], 혹돔[b] (웽이, 악도미)

Cossyphus reticulatus Valenciennes in Cuvier and Valenciennes 1839: 139 (Japan)

Semicossyphus reticulatus (Valenciennes)

Gen. 471 무지개놀래기속 = 번개용치속[a]

Stethojulis Günther 1861a: 386 (type species: *Julis strigiventer* Bennett 1833)

831. 무지개놀래기 = 번개용치[a], 자흥어[b] (무지개놀내기, 자릉어)

Stethojulis terina Jordan and Snyder 1902d: 631, Fig. 6 (Misaki, Kanagawa Prefecture, Sagami Sea, Japan)

Stethojulis interrupta terina Jordan and Snyder

Gen. 472 실놀래기속 (국명신칭)[278] = 실용치속[a]

Suezichthys Smith 1958: 319 (type species: *Labrichthys caudavittatus* Steindachner 1898)

832. 실놀래기 = 실용치[a], 실놀내기[e] (실배량, 실놀래기)

Labrichthys gracilis Steindachner and Döderlein 1887: 273 [17] (Tokyo, Japan)

Suezichthys gracilis (Steindachner and Döderlein)

Gen. 473 고생놀래기속 = 비단용치속[a], 비단놀내기속[e]

Thalassoma Swainson 1839: 172, 224 (type species: *Scarus purpureus* Forsskål 1775)

833. 고생놀래기 = 비단용치[a], 금배량[b], 비단놀내기[e] (각시고기, 고생놀래기, 고생이)

Julis cupido Temminck and Schlegel 1845: 170, Pl. 86bis (fig. 3) (Nagasaki, Japan)

Thalassoma cupido (Temminck and Schlegel)

834. 녹색물결놀래기 (유 등 1995)

Labrus lunaris Linnaeus (ex Gronovius) 1758: 283 (Indonesia)

Thalassoma lunare (Linnaeus)

835. 비단놀래기 = 아롱비단용치[a], 아롱배량[b] (비단놀래기)

Scarus purpureus Forsskål in Niebuhr 1775: 27, x (Jeddah, Saudi Arabia, Red Sea)

---

278) *Pseudolabrus*속에서 분리되었으며(Russell 1988: 1, Russell and Westneat 2013: 3), 우리나라에 "실놀래기" 1
종 뿐이므로 종명을 따라 국명을 새로 정하였다.

Thalassoma purpureum (Forsskål)

Gen. 474 옥두놀래기속   = 뿔용치속[a]

Xyrichtys Cuvier 1814: 87 (type species: *Coryphaena novacula* Linnaeus 1758)

836. 옥두놀래기   = 뿔용치[a], 긴뿔배량[b]

    Xyrichthys dea Temminck and Schlegel 1845: 171, Pl. 87 (Seas of Japan)

837. 장미옥두놀래기 (Park JH, Kim JK *et al*. 2007c)

    Hemipteronotus verrens Jordan and Evermann 1902: 354, Fig. 22 (Keerun, northern Taiwan)

    Xyrichtys verrens (Jordan and Evermann)

Fam. 167 파랑비늘돔과 Scaridae   = 앵두도미과[a], 앵무돔과[b]

Gen. 475 비늘돔속   = 앵두도미속[a]

Calotomus Gilbert 1890: 70 (type species: *Calotomus xenodon* Gilbert 1890)

838. 비늘돔   = 앵무도미[a], 앵무돔[b]

    Callyodon japonicus Valenciennes in Cuvier and Valenciennes 1840a: 294, Pl. 406 (Japan)

    Calotomus japonicus (Valenciennes)

Gen. 476 파랑비늘돔속   = 파랑앵두도미속[a]

Scarus in Niebuhr Forsskål 1775: x, 25 (type species: *Scarus psittacus* Forsskål 1775)

839. 파랑비늘돔   = 파랑앵무도미[a] (비늘돔)

    Scarus ovifrons Temminck and Schlegel 1846: 173, Pl. 88 (Tokyo Bay, southwestern coast of Japan)

Fam. 168 바닥가시치과 Bathymasteridae

Gen. 477 바닥가시치속 (Kim IS and Kang EJ 1991)

Bathymaster Cope 1873: 31 (type species: *Bathymaster signatus* Cope 1873)

840. 바닥가시치 (Kim IS and Kang EJ 1991)

    Bathymaster derjugini Lindberg in Soldatov and Lindberg 1930: 478, Fig. 65 (Peter the Great Bay, near Vladivostok, Russia)

Fam. 169 등가시치과 Zoarcidae = 미역치과[a], 미역고기과[de], 등가시치과[b]

Gen. 478 청자갈치속 = 꽃미역치속[ae]

Bothrocara Bean 1890: 38 (type species: *Bothrocara mollis* Bean 1890)

841. 청자갈치 = 꽃미역치[abe] (청자갈치)

  Allolepis hollandi Jordan and Hubbs 1925: 323, Pl. 12 (fig. 2) (Near Fukui, Japan)

  Bothrocara hollandi (Jordan and Hubbs)

Gen. 479 한천갈치속 (국립수산진흥원 1988) = 물웅치속

Zestichthys Jordan and Hubbs 1925: 321 (type species: *Zestichthys tanakae* Jordan and
    Hubbs 1925)

842. 한천갈치 (국립수산진흥원 1988)[279)] = 물웅치[b]

  Zestichthys tanakae Jordan and Hubbs 1925: 321, Pl. 12 (fig. 1) (Kushiro, Hokkaido,
    Japan)

Gen. 480 문자갈치속 = 갈색꽃미역치속[e]

Davidijordania Popov 1931: 212 (type species: *Lycenchelys lacertinus* Pavlenko 1910)

843. 문자갈치 (Chyung MK and Kim KH 1959)

  Lycenchelys poecilimon Jordan and Fowler 1902c: 748, Fig. 2 (Off Kinkwazan in
    Matsushima Bay, Japan)

  Davidijordania poecilimon (Jordan and Fowler)

844. 긴문자갈치 (Shinohara and Kim 2009) = 갈색꽃미역치[e 280)]

  Lycenchelys lacertinus Pavlenko 1910: 53, Figs. 10-11 (Peter the Great Bay, Russia)

  Davidijordania lacertina (Pavlenko)

Gen. 481 자갈치속 = 자갈치속[e]

Gymnelopsis Soldatov 1922: 160 (type species: *Gymnelopsis ocellatus* Soldatov 1922)

---

279) 최(1964)는 Tomiyama *et al.*(1962)의 기록에 따라 원산에 이 종이 출현하는 것으로 기록하였다. 태평양 원양
    어류 중 이 종이 포함된 것으로 기록(국립수산과학원 2011)되었고, 제주도에서의 기록(Kim BJ, Kim IS *et al.*
    2009)은 의문스럽다. 이 속에 1종만이 기록되어 종명을 속명으로 하였다.

280) 북태평양 서부에 분포하는 종으로 손(1980)은 우리나라 동해 중부이북수역에 분포하는 것으로 기록하였고,
    Shinohara and Kim(2009)은 동해 앞바다에서 1개체를 채집하여 보고하였다.

845. 자갈치   = 자갈미역치[a], 자갈치[e] (청자갈치)

Gymnelopsis brashnikovi Soldatov 1922: 162 (Sakalov Island, Cape Eustaphie, Okhotsk Sea)

Gen. 482 벌레문치속   = 이리미역치속[a], 무늬미역치속[e]

Lycodes Reinhardt 1831: 18 (type species: *Lycodes vahlii* Reinhardt 1831)

846. 무늬가시치 (Kim IS, Kim SY *et al*. 2006)

Lycodes japonicus Matsubara and Iwai 1951: 368, Figs. 1-3 (Near the sea-coast of Uozu, southeast of Toyama Bay, Japan)

847. 먹갈치   = 먹미역치[a], 갈색미역치[e] (갈색노성, 먹갈치, 먹미역치) [281]

Furcimanus nakamurae Tanaka 1914: 303, Pl. 82 (fig. 276) (Off Niigata, Japan)

Lycodes nakamurae (Tanaka)

848. 북갈치 (Kim IS, Kim SY *et al*. 2006)

Lycodes pectoralis Toyoshima 1985: 228, Fig. 60 (Southern Okhotsk Sea)

849. 사도먹갈치 (Kim IS, Kim SY *et al*. 2006)

Lycodes sadoensis Toyoshima and Honma 1980: 48, Fig. 1 (Off Ishikawa Prefecture, Japan)

850. 굴곡무늬치 (Kim IS, Kim SY *et al*. 2006)

Lycodes sigmatoides Lindberg and Krasyukova 1975: 161, Fig. 127 (Near Rymnik, eastern Sakhalin Island, Okhotsk Sea; western Sakhalin Island)

851. 흰점벌레문치 (김과 길 2007)   = 이리미역치[a], [먹미역치[e]] (흰점미역치, 흰점먹미역치)

Lycodes soldatovi Taranetz and Andriashev 1935: 246, Fig. 3 (Okhotsk Sea, east of Cape Terpenija)

852. 벌레문치   = 흰무늬미역치[ae] (노성, 벌레문치)

Lycodes tanakae Jordan and Thompson 1914: 299, Pl. 37 (fig. 2) (Noto, Hondo, Japan)

Gen. 483 칠성갈치속   = 검은미역치속[e]

Petroschmidtia Taranetz and Andriashev 1934: 507 (type species: *Petroschmidtia*

---

281) 김과 길(2007)은 이 종을 "먹미역치" *L. nakamurae*로, *L. soldatovi*는 "이리미역치"로 기록하였다. 손(1980)은 후자를 "먹미역치"로 하였는데, 검은 색을 의미하는 "먹~"이 전자의 종 특징이므로 손(1980)의 명칭은 오기인 것으로 판단된다. *L. soldatovi*는 세계적으로 북태평양 서부 (Okhotsk Sea, Sea of Japan, Bering seas)의 수심 400-800m 깊이에 분포하는 종(Balanov *et al*. 2004)으로 손(1980), 김과 길(2007)은 우리나라 동해 북부수역에 도 분포하는 것으로 기록하였다.

albonotata Taranetz and Andriashev 1934)

853. 칠성갈치 = 검은미역치[e]

Petroschmidtia toyamensis Katayama 1941: 593, Fig. (Toyama Bay, Japan)

Gen. 484 등가시치속 = 미역치속[a], 미역고기속[e]

Zoarces Cuvier 1829: 240 (type species: *Blennius viviparus* Linnaeus 1758)

854. 등가시치 = 미역치[a], 미역고기[beh], 수장어[i] (물망둥어)

Zoarces gillii Jordan and Starks 1905: 212, Fig. 11 (Pusan, South Korea)

855. 무점등가시치 (Ko MH and Park JY 2008) = 얼룩미역치[ae], 미역고기[dh] (넓은입노싱, 물망둥어, 수장어)

Zoarces elongatus Kner 1868: 30 (Decastris Bay, Tatar Strait, Sea of Japan)

Gen. 485 쌍입술가시치속 (손 1980) = 쌍입술미역치속[e]

Bilabria Schmidt 1936: 98 (type species: *Lycenchelys ornatus* Soldatov 1922)

856. 쌍입술가시치 (손 1980) = 쌍입술미역치[e 282)]

Lycenchelys ornatus Soldatov 1922: 162, Fig. 2 (Tatar Strait near Cape Grasevich)

Bilabria ornata (Soldatov)

Fam. 170 장갱이과 Stichaeidae = 장괴이과[ae], 노데기과[b], 줄괴또라지과[d]

Gen. 486 벼슬베도라치속 (김과 강 1991)

Alectrias Jordan and Evermann 1898b: 2869 (type species: *Blennius alectrolophus* Pallas 1814)

857. 벼슬베도라치 (김과 강 1991) = 멘드미괴또라지[i]

Alectrias benjamini Jordan and Snyder 1902f: 475, Fig. 16 (Hakodate, Oshima Subprefecture, Hokkaido, Japan)

Gen. 487 큰눈등가시치속 (김 등 2001)

Anisarchus Gill 1864: 210 (type species: *Clinus medius* Reinhardt 1837)

858. 큰눈등가시치 (김 등 2001)

Lumpenus macrops Matsubara and Ochiai 1952: 206, Fig. 1 (Kanaiwa, southwest of Noto Peninsula, Japan)

Anisarchus macrops (Matsubara and Ochiai)

---

282) 북태평양 서부에 분포하는 어종으로 손(1980)은 우리나라 동해북부수역에도 분포하는 것으로 기록하였다.

Gen. 488 얼룩괴도라치속 (Kim IS and Kang EJ 1991)

Askoldia Pavlenko 1910: 50 (type species: *Askoldia variegata* Pavlenko 1910)

859. 얼룩괴도라치 (Kim IS and Kang EJ 1991)

 Askoldia variegata Pavlenko 1910: 50, Fig. 9 (Near Askold Island, Peter the Great Bay, Russia)

Gen. 489 송곳니베도라치속 (Kim IS and Kang EJ 1991)

Bryozoichthys Whitley 1931: 334 (type species: *Bryolophus lysimus* Jordan and Snyder 1902)

860. 송곳니베도라치 (Kim IS and Kang EJ 1991)

 Bryolophus lysimus Jordan and Snyder 1902g: 617p, Fig. 3 (Pacific south of Sanak Islands, Aleutian Islands, Alaska, U.S.A.)

 Bryozoichthys lysimus (Jordan and Snyder)

Gen. 490 괴도라치속   = 수장어속[ade]

Chirolophis Swainson 1839: 73-74, 182, 275 (type species: *Blennius yarellii* Valenciennes 1836)

861. 괴도라치   = 수장어[ade], 노데기[b] (괴또라치, 노메기, 열점괴또라치)

 Chirolophis japonicus Herzenstein 1890: 123 [33] (Hakodate, Hokkaido, Japan)

                                 = 룡궁괴또라치[e 283)]

 Bryostemma polyactocephalum (= *Soldatovia polyactocephala*) (not of Pallas 1814)

862. 꽃송이괴도라치 (김 등 2001)

 Bryostemma snyderi Taranetz 1938: 123, Fig. 6 (insert) (West of Sakhalin Island)

 Chirolophis snyderi (Taranetz)

863. 왜도라치 (김과 강 1991)

 Azuma wui Wang and Wang 1935: 210, Fig. 36 (Chefoo, Shantung Province, China)

 Chirolophis wui (Wang and Wang)

---

283) 김 등(2001)은 동해에 분포하는 "꽃송이베도라치" *Chirolophis snyderi*를 기록했다. Taranetz(1938)는 이전 학자들이 *B. polyactocephalum*(Pallas)로 기록한 종이 오동정이었음을 밝히고 신종 *C. snyderi*를 보고하였다 (Makushok 1958: 83 [70]). 손(1980)이 기록한 "룡궁괴또라치" *B. polyactocephalum*(Pallas)는 *C. snyderi*로도 해석되지만 한편 *B. otohime* (= *C. japonicus*)를 동종이명으로 하여 "괴도라치"를 의미하는 것으로 판단하였다. 다만 우리나라 북부해역은 *Soldatovia polyactocephala*의 분포범위에 해당하므로 추후 표본을 확인할 필요가 있다.

Gen. 491 그물베도라치속 = 그물괴또라지속[ade]

Dictyosoma Temminck and Schlegel 1845: 139, Pl. 73 (type species: *Dictyosoma burgeri* van der Hoeven 1855)

864. 그물베도라치 = 그물괴또라지[ade], **뿔놀맹이[b]**(그물무늬놀맹이, 그물베도라치, 그물베또라치, 뱀놀맹이, 뿔놀맹이)

Dictyosoma burgeri van der Hoeven 1855: 347 (Simabara Bay, Nagasaki Prefecture, Kyushu, Japan)

865. 황점베도라치 (김과 강 1991)

Dictyosoma rubrimaculatum Yatsu, Yasuda and Taki 1978: 41, Figs. 1, 2, 3a, 4 (Kominato, Chiba Prefecture, Japan)

Gen. 492 세줄베도라치속 = 줄장괴이속[ae], 줄괴또라지속[de]

Ernogrammus Jordan and Evermann 1898b: 2441 (type species: *Stichaeus enneagrammus* Kner 1868)

866. 세줄베도라치 = 여섯줄장괴이[a], 여섯줄고기[b], 세줄괴또라지[d], 세줄장괴이[e] (세줄베도라치)

Stichaeus hexagrammus Schlegel in Temminck and Schlegel 1845: 136, Pl. 78 (fig. 1) (Shimabara Bay, near Nagasaki, Japan)

Ernogrammus hexagrammus (Temminck and Schlegel)

Gen. 493 가시베도라치속 = 모래바두치속[a], 검바두치속[e]

Lumpenella Hubbs 1927: 378 (type species: *Lumpenus longirostris* Evermann and Goldsborough 1907)

867. 가시베도라치 = 긴부리바두치[a], 검바두치[e] (번티, 쥐놀맹이)

Lumpenus longirostris Evermann and Goldsborough 1907: 340, Fig. 115 (Taiya Inlet, Lynn Canal, southeastern Alaska, U.S.A.)

Lumpenella longirostris (Evermann and Goldsborough)

Gen. 494 장어베도라치속 (Kim IS and Kang EJ 1991) = 바두치속[ae] [284)]

Lumpenus Reinhardt 1836: 11 (type species: *Blennius lumpenus* Fabricius (not of Linnaeus) 1793)

---

284) 손(1980), 김과 길(2007)은 "바두치과" Lumpenidae로 배정하였다.

868. 장어베도라치 (Kim IS and Kang EJ 1991)   = 바두치[abe]

   Lumpenus sagitta Wilimovsky 1956: 24 (San Francisco Bay, California, U.S.A.)

= 모래바두치[abe] (바두치) [285]

   Lumpenella (= *Acantholumpenus*) *mackayi* (not of Gilbert 1896)

Gen. 495 얼룩가시치속[286]   = 큰입미역치속[a], 가시치속[e 287]

Neozoarces Steindachner 1880a: 263 (type species: *Neozoarces pulcher* Steindachner
     1880a)

869. 얼룩가시치   = 큰입미역치[a], 가시치[e] (얼룩가시치)

   Neozoarces pulcher Steindachner 1880a: 263 [26], Pl. 6 (fig. 2) (Northern Japan)

= 무늬가시치[e 288]

   Neozoarces steindachneri Jordan and Snyder 1902f: 479, fig. 18 (Japan)

Gen. 496 육점날개속   = 점무늬괴또라지속[a], 점괴또라지속[e]

Opisthocentrus Kner 1868: 29 (type species: *Centronotus quinquemaculatus* Kner 1868)

870. 참육점날개 (Kim IS and Kang EJ 1991)   = 륙점괴또라지[a], 여섯점괴또라지[e] (여섯점놀맹이)

   Ophidium ocellatum Tilesius 1811: 237, Pl. 8 (fig. 2) (Petropavlovsk harbor, Kamchatka,
     Russia)

   Opisthocentrus ocellatus (Tilesius)

871. 둥근점육점날개 (김 등 2001)

   Opisthocentrus tenuis Bean and Bean 1897: 463, Pl. 35 (Volcano Bay, Port Muroran,
     Hokkaido, Japan)

872. 육점날개   = 점괴또라지[ae] (육점날개, 충해놀맹이, 점놀맹이)

   Opisthocentrus zonope Jordan and Snyder 1902f: 485, Fig. 21 (Muroran, Japan)

---

285) Lindberg and Krasyukova(1989)는 *Lumpenus mackayi*(Gilbert)의 동종이명으로 *Blennius anguillaris* Pallas
     를 기록하였고 최(1964)와 김과 길(2007)은 이에 따랐다. 그러나 *B. anguillaris*는 *L. mackayi*이 아니라 "장어
     베도라치" *L. sagitta*의 동종이명이다. *L. mackayi*는 북태평양과 북극해에 분포하는 종이다.

286) 손(1980), 김과 길(2007)은 "얼룩가시치과" Cryptacanthodidae에 "얼룩가시치속" *Cryptacanthoides*을 두고 "얼
     룩가시치" *Cryptacanthoides bergi*를 기록하였다. 이 종은 남한의 "얼룩가시치" *Neozoarces pulcher*와 전혀
     다르다.

287) 손(1980)은 "가시치과" Cebidichthyidae로 배정하였다.

288) 이 종은 "얼룩가시치 [큰입미역치, 가시치]"와 유사하나 척추골수 등이 전혀 다른 별종으로 취급되기도 하였다
     (Makushok 1961, Lindberg and Krasyukova 1989).

Gen. 497 무늬괴도라치속 (손 1980)

Pholidapus Bean and Bean 1897: 389 (type species: *Pholidapus grebnitskii* Bean and Bean 1897)

873. 무늬괴도라치 (손 1980)   = 무늬괴또라지[ae 289]

　　Centronotus dybowskii Steindachner 1880a: 259 [22] (Gulf of Strielok near Vladivostok, Russia)

　　Pholidapus dybowskii (Steindachner)

Gen. 498 큰줄베도라치속 (Kim IS and Kang EJ 1991)

Stichaeopsis Kner in Steindachner and Kner 1870: 441 (type species: *Stichaeopsis nana* Kner in Steindachner and Kner 1870)

874. 큰줄베도라치 (Kim IS and Kang EJ 1991)   = 줄장괴이[e] (검은장피, 줄괴또라지)

　　Ernogrammus epallax Jordan and Snyder 1902f: 491, Fig. 24 (Otaru, Japan)

　　Stichaeopsis epallax (Jordan and Snyder)

875. 그물무늬괴도라치 (손 1980)   = 그물무늬장괴이[e] (그물괴또라지)[290]

　　Stichaeopsis nana Kner in Steindachner and Kner 1870: 441 [21] (Decastris Bay, Tatar Strait, northern Sea of Japan)

Gen. 499 장갱이속   = 장괴이속[ae]

Stichaeus Reinhardt 1836: 11 (type species: *Blennius punctatus* Fabricius 1780)

876. 장갱이   = 장괴이[ae], 장괴[b] (바다메기, 장갱이, 장게)

　　Stichaeus grigorjewi Herzenstein 1890: 119 [29] (Volcano Bay, Hokkaido, Japan)

877. 큰눈장갱이 (Ko MH, Kim HS *et al.* 2010)   = 어리장괴이[ae], 어리노데기[b] (어리장괴)[291]

　　Stichaeus nozawae Jordan and Snyder 1902f: 496, Fig. 26 (Otaru, Hokkaido, Japan)

---

289) Taranetz(1937)가 원산에 분포하는 것으로 기록하였고, 동해에서 보고된 *Abryois azumae* Jordan Snyder (1902f)는 이 종의 동종이명이다. 손(1980), 김과 길(2007)은 우리나라 중부이북수역에도 분포하는 것으로 기록하였다.

290) Jordan and Snyder(1902f)는 "세줄베도라치" *E. hexagrammus* (Schlegel)의 동종이명으로 인용하였으나 Kner(1868)가 변이로 판단하였다가 신종 *Stichaeopsis nana* Kner (Steindachner and Kner 1870)로 발표했던 종이다. 손(1980)의 기재 내용은 *Stichaeopsis nana* Kner와 유사하다(Makushok 1961, Lindberg and Krasyukova 1989). 이 종은 일본의 하코다테, 오츠크해 등 북부수역에 분포하며, 손(1980)은 동해의 중부이북 수역에 분포하는 것으로 기록하였다.

291) 이 종은 서해에 분포하는 "장갱이"와 달리 동해북부 수역에만 분포하는 것으로 알려졌다(최 1964, 손 1980, Lindberg and Krasyukova 1989, 김과 길 2007, Moreva *et al.* 2016).

Gen. 500 우베도라치속 (국명개칭; 정 1977 실베도라치속)[292]　　　**= 실미역치속[a], 등가시치속[e]**

Zoarchias Jordan and Snyder 1902f: 480 (type species: *Zoarchias veneficus* Jordan and Snyder 1902f)

878. 민베도라치 (김과 강 1991)[293]

　Zoarchias major Tomiyama 1972: 14, Fig. 6 (Ike-jima, Japan)

879. 우베도라치 (김과 강 1991)　　　　　　　**= 실미역치[a], 실등가시치[be]** (우베도라치)

　Zoarchias uchidai Matsubara 1932: 67, Fig. 1 (Busan, South Korea)

880. 독베도라치 (손 1980)　　　　　　　　**= 등가시치[e]** (실베도라치)[294]

　Zoarchias veneficus Jordan and Snyder 1902f: 480, fig. 19 (Japan)

Fam. 171 귀신장갱이과 (최 등 2021) **Cryptacanthodidae**　　　**= 얼룩가시치과**[295]

Gen. 501 귀신장갱이속 (최 등 2021)　　　　　　**= 얼룩가시치속[ae]**

Cryptacanthodes Storer 1839: 322 [27] (type species: *Cryptacanthodes maculatus* Storer 1839)

881. 귀신장갱이 (최 등 2021)　　　　　　　　**= 얼룩가시치[ae]** [296]

　Cryptacanthoides bergi Lindberg in Soldatov and Lindberg 1930: 484, Figs. 66-67 (Peter the Great Bay, Japan Sea, Russia)

Fam. 172 황줄베도라치과 Pholididae　　　**= 놀맹이과[ab], 꽃괴또라지과[de]**

Gen. 502 베도라치속　　　　　　　　　　**= 놀맹이속[a], 꽃괴도라지속[e]**

Pholis Scopoli (ex Gronow) 1777: 456 (type species: *Blennius gunnellus* Linnaeus 1758)

---

292) 정(1977)의 "실베도라치" *Zoarchias aculeatus* (Basilewsky)는 *Sinobdella sinensis* (Bleeker 1870)로 정리되어 이 속의 국문 속명으로 사용할 수 없다. 따라서 *Zoarchia*속의 이름은 우리나라 고유종인 "우베도라치"를 따라 제안하였다.

293) 김과 강(1991)이 *Z. glaber*로 동정하였으나 유사종인 *Z. major*인 것으로 밝혀졌다(Kimura and Sato 2007, Kwun HJ and Kim JK 2015).

294) 이 종은 등지느러미 극조수가 28개로 *Z. uchidai* (극조수 15개), *Z. glaber* (극조수 32개)와 쉽게 구분된다 (Matsubara 1932, Makushok 1961). 국문 명칭은 종명의 의미를 따라 "독베도라치"로 제안하며, 우리나라에서 출현 여부를 면밀히 검토하여 정리해야 한다.

295) "장갱이과 (= 장괴이과)" Stichaeidae의 "얼룩가시치속 (= 큰입미역치속)" *Neozoarces* 및 "얼룩가시치 (= 큰입미역치)" *N. pulcher*와 다른 분류군이다(Radchenko *et al.* 2011).

296) *Lyconectes ezoensis* Hikita and Hikita 1950는 이 종의 동종이명이며(Matsubara 1950), 북태평양 서부지역인 오츠크해의 남부수역과 홋카이도에서 혼슈까지 분포(Antonenko *et al.* 2011; Shinohara *et al.* 2014, Dyldin and Orlov 2017b)하는 것으로 알려졌다. 우리나라에서는 동해의 북부수역이 분포지로 알려졌으며(손 1980, 김과 길, 2007) 최근 최 등(2021)은 강원도 강릉과 속초에서 자어를 발견하여 보고하였다.

= 놀맹이속[de]

Enedrias Jordan and Gilbert in Jordan and Evermann 1898b: 2414 (type species: *Gunnellus nebulosus* Temminck and Schlegel 1845)

882. 점베도라치 (김과 강 1991)

Gunellus crassispina Temminck and Schlegel 1845: 139 (Japan)

Pholis crassispina (Temminck and Schlegel)

883. 흰베도라치 (Hur SB and Yoo JM 1983)

Enedrias fangi Wang and Wang 1935: 215, Fig. 39 (Chefoo, Shantung Province, China)

Pholis fangi (Wang and Wang)

884. 베도라치   = 놀맹이[abde] (괴또라지, 미또라지, 베도라지, 베또라지, 뽀도라지, 뽀드락지)

Gunnellus nebulosus Temminck and Schlegel 1845: 138, Pl. 73 (fig. 2) (Bay of Mogi, near Nagasaki, Japan)

Pholis nebulosa (Temminck and Schlegel)

885. 오색베도라치 (Chyung MK and Kim KH 1959)

Pholis nea Peden and Hughes 1984: 301, Fig. 3 (Hokkaido, Japan)

Gunellus (= *Pholis*) *ornata* (not of Girard 1854)

886. 꽃베도라치 (손 1980)   = 꽃괴또라지[e 297)]

Urocentrus pictus Kner 1868: 51, pl. 7, fig. 21 (Singapore; probably Decastris Bay, Tatar Strait, northern Sea of Japan)

Pholis picta (Kner)

Gen. 503 황줄베도라치속

Rhodymenichthys Jordan and Evermann 1896b: 474 (type species: *Gunnellus ruberrimus* Valenciennes 1836)

887. 황줄베도라치   = 황줄놀맹이[a], 참술괴또라지[be]

Blennius dolichogaster Pallas 1814: 175, Pl. 2 (fig. 2) (Kamchatka, Russia)

Rhodymenichthys dolichogaster (Pallas)

---

297) 손(1980)은 우리나라 동해 북부수역에 분포하는 것으로 기록하였으며, Mecklenburg(2003: 5) 역시 한국을 분 포지역으로 기록하였다.

Fam. 173 악어치과 (Kim YU, CB Kang *et al.* 1995) **Champsodontidae**

Gen. 504 악어치속 (Kim YU, CB Kang *et al.* 1995)

Champsodon Günther 1867: 102 (type species: *Champsodon vorax* Günther 1867)

888. 악어치 (Kim YU, CB Kang *et al.* 1995)

  Champsodon snyderi Franz 1910: 82, Pl. 9 (fig. 74) (Wakasa Bay, Kyoto Prefecture, Japan)

Fam. 174 도루묵과 Trichodontidae   = 도루메기과[ae], 도루묵과[b]

Gen. 505 도루묵속   = 도루메기속[ae]

Arctoscopus Jordan and Evermann 1896b: 464 (type species: *Trichodon japonicus* Steindachner 1881)

889. 도루묵   = 도루메기[ae], 도루묵[b] (도루묵어, 돌메기, 은어, 환목어, 활맥어)

  Trichodon japonicus Steindachner 1881: 182 [4], Pl. 4 (figs. 1-1a).

  Arctoscopus japonicus (Steindachner)

Fam. 175 동미리과 (국명개칭)[298) **Pinguipedidae**

            = 고도리과 (Mugiloididae = Parapercidae)[ad], 서두어과[b 299)

Gen. 506 동미리속   = 고도리속[ad]

Parapercis Bleeker 1863b: 236 (type species: *Sciaena cylindrica* Bloch 1792)

  열동가리속 (정 1998)

  Chilias Ogilby 1910: 40 (type species: *Percis stricticeps* De Vis 1884)

890. 황쌍동가리 (Youn CH 1998)

  Parapercis aurantica Döderlein in Steindachner and Döderlein 1884: 191 [23], Pl. 3 (figs. 2-2a) (Japan)

891. 노랑열동가리 (김 등 2005)

  Neopercis decemfasciata Franz 1910: 81, Pl. 9 (fig. 78) (Misaki, Aburatsubo, and Yokohama, Japan)

  Parapercis decemfasciata (Franz)

---

298) 과 내에 "양동미리속" 혹은 "양동미리"가 없으므로 "동미리과"를 국명으로 제안하였다.

299) 최(1964)는 "서두어과" Parapercidae로, 김과 길(2007)은 "고도리과" Mugilodidae (Parapercidae)로 다르게 칭하였다.

892. 열쌍동가리 = 열줄고도리[a], 횡문고기[b]

Parapercis multifasciata Döderlein in Steindachner and Döderlein 1884: 190 [22], Pl. 6 (figs. 2-2a) (Tokyo, Japan)

893. 다섯줄양동미리 (Park JH, Kim JK *et al.* 2007d)

Neopercis muronis Tanaka 1918: 227 (Tanabe, Wakayama Prefecture, Japan)

Parapercis muronis (Tanaka)

894. 눈동미리 = 고도리[a], 고도치[b]

Percis pulchella Temminck and Schlegel 1843b: 24, Pl. 10 (fig. 2) (Nagasaki, Japan)

Parapercis pulchella (Temminck and Schlegel)

895. 쌍동가리 = 여섯줄고도리[a], 세고도치[b], 쌍줄고도리[d] (쌍동가리, 세고도리)

Percis sexfasciata Temminck and Schlegel 1843b: 23, 25 (Nagasaki, Japan)

Parapercis sexfasciata (Temminck and Schlegel)

896. 동미리 = 범고도리[a], 서두어[b] (동미리)

Parapercis snyderi Jordan and Starks 1905: 210, Fig. 10 (Korea)

897. 눈동가리 (김과 길 2007) = 눈고도리[a 300)]

Parapercis ommatura Jordan and Snyder 1902b: 465, Fig. 1 (Nagasaki, Japan)

Fam. 176 꼬리점눈퉁이과 (김 등 1988) **Percophidae**

Gen. 507 수염동미리속 (이 등 2000)

Acanthaphritis Günther 1880: 43 (type species: *Acanthaphritis grandisquamis* Günther 1880)

898. 수염동미리 (이 등 2000)

Spinapsaron barbatus Okamura and Kishida 1963: 43, Figs. 1-2 (Bungo Channel, off Yamatahama, Ehime Prefecture, Japan)

Acanthaphritis barbata (Okamura and Kishida)

Gen. 508 꼬리점눈퉁이속 (김 등 1988)

Bembrops Steindachner 1876: 211 (type species: *Bembrops caudimacula* Steindachner 1876)

---

300) 이 종은 *Percis caudimaculatum* Haly 1875의 동종이명으로 취급되었으나 Haly(1875)의 학명은 Rüppell(1838)의 *Percis caudimaculata*가 선점하였고, 동일 종을 기록한 Jordan and Snyder(1902b)의 종명 *Parapercis ommatura*가 유효한 학명으로 정리되었다. 아울러 이 종은 외국학자들이 우리나라에도 출현하는 것으로 기록하고 있다(Cantwell 1964, Imammura and Yoshino 2007, Prokofiev 2008, Ray *et al.* 2015).

899. 꼬리점눈퉁이 (김 등 1988)

Bembrops caudimacula Steindachner 1876: 212 [164] (Nagasaki, Japan)

900. 줄굽은눈퉁이 (Lee CL and Kim IS 1999)

Bembrops curvatura Okada and Suzuki 1952: 68, Fig. 1 (Owashi, Sea of Japan, Mie Prefecture, Japan)

Gen. 509 실눈퉁이속 (Park JH, Kim JK *et al.* 2007c)

Pteropsaron Jordan and Snyder 1902b: 470 (type species: *Pteropsaron evolans* Jordan and Snyder 1902b)

901. 실눈퉁이 (Park JH, Kim JK *et al.* 2007c)

Pteropsaron evolans Jordan and Snyder 1902b: 471, Fig. 2 (Sagami Sea, Japan)

Gen. 510 노랑띠눈퉁이속 (Oh J and Kim S 2009)

Osopsaron Jordan and Starks 1904: 600 (type species: *Pteropsaron verecundum* Jordan and Snyder 1902b)

902. 노랑띠눈퉁이 (Oh J and Kim S 2009)

Osopsaron formosensis Kao and Shen 1985: 175, Figs. 1-2 (Tachi harbor, northeastern Taiwan)

Fam. 177 까나리과 Ammodytidae = 까나리과[abde]

Gen. 511 까나리속 = 까나리속[ade]

Ammodytes Linnaeus 1758: 247 (type species: *Ammodytes tobianus* Linnaeus 1758)

903. 까나리[301)] = 까나리[abde] (대양어, 멸치, 양매, 양메리, 양미리, 양어)

Ammodytes japonicus Duncker and Mohr 1939: 20 (Hokkaido, Japan)

Ammodytes personatus (not of Girard 1856)

---

301) 북서태평양에 분포하는 "까나리" *A. personatus*는 근래 *A. personatus*, *A. japonicus*, *A. heian*, *A. hexapterus* 등 4종으로 재분류되었다(Orr *et al.* 2015, Kim JK, Bae SE *et al.* 2017, Turanov *et al.* 2019). 기존의 "까나리" *A. personatus* 개체군 중 황해와 우리나라 남부지역을 포함하여 동해안 일부, 일본 남부에 분포하는 종은 *A. japonicus*로, 동해 북부로 갈수록 많아지는 종은 *A. heian*으로 정리되었다. 다만, 기존 기록이 원산 등 북부지 방을 포함하고 있으므로 동해 북부지역에서 *A. heian* 표본의 채집 및 검증이 필요하다. 최(1964)의 "북까나리" *A. hexapterus marinus*는 우리나라에서 다른 종에 대한 기록이며 *A. heian*과의 관계 구명이 필요하다.

904. 북까나리 (최 1964)   = 북까나리[b] [302)]

   ? Ammodytes heian Orr, Wildes and Kai in Orr, Wildes, Kai, Raring, Nakabo, Katugin
      and Guyon 2015: 148, Figs. 6D, 7D (Iwate Prefecture, Pacific Coast of Tohoku
      District, Ohfunato, Japan)

   ? Ammodytes hexapterus marinus Raitt 1934

      Fam. 178 통구멍과 Uranoscopidae   = 도수깨비과[abd]

Gen. 512 큰무늬통구멍속 (Lee CL and Paek MH 1995)

Ichthyscopus Swainson 1839: 181, 269 (type species: *Uranoscopus inermis* Cuvier 1829)

905. 큰무늬통구멍 (Lee CL and Paek MH 1995)[303)]

   Uranoscopus lebeck Bloch and Schneider 1801: 47 (Tharangambadi, India)

   Ichthyscopus lebeck (Bloch and Schneider)

Gen. 513 통구멍속   = 도수깨비속[ad]

Uranoscopus Linnaeus 1758: 250 (type species: *Uranoscopus scaber* Linnaeus 1758)

906. 통구멩이   = 안경도수깨비[a], 안경또수개비[b] (통구멍이, 통구생이)

   Uranoscopus bicinctus Temminck and Schlegel 1843b: 26, Pl. 10B (Japan)

907. 민통구멍 (Lee CL 1991)

   Uranoscopus chinensis Guichenot in Sauvage 1882: 169 (China)

908. 얼룩통구멍   = 도수깨비[ad], 또수개비[b] (얼룩통구멍, 협상망둥어)

   Uranoscopus japonicus Houttuyn 1782: 314 (Outward Miho Peninsula, innermost
      Suruga Bay, Japan)

909. 비늘통구멍 (Lee CL 1993a)

   Zalescopus tosae Jordan and Hubbs 1925: 312, Pl. 11 (fig. 3) (Kochi in Tosa, Shikoku
      Island, Japan)

   Uranoscopus tosae (Jordan and Hubbs)

---

302) 최(1964)의 "북까나리" *A. hexapterus marinus*는 현재 북대서양에 분포하는 *A. marinus*의 동종이명(Parin *et al.* 2014: 464)으로 우리나라 분포범위에 들지 않는다. 채집지를 원산으로 하고 "까나리"와 구분하여 표기하였으므로 근래 분류된 *A. heian*에 해당할 것으로 판단된다. 아울러 기존 기록 중 북방계열에는 *A. heian*이 포함되었을 것이므로 최(1964)의 국명 "북까나리"를 사용하여 구분하고자 하였다.

303) 이 등(2000)은 "익살통구멍"으로 기록하였으나 Lee CL and Paek MH(1995)의 기록이 앞서므로 선취권에 따랐다. 한편 이전에는 *I. sannio*를 *I. lebeck*의 아종으로 취급하였으나 현재 *I. sannio*는 Australia에만 분포하는 별종으로 구분하고 있으므로(Gomon and Johnson 1999, Vilasri *et al.* 2019) 학명을 *I. lebeck*으로 수정하였다.

Gen. 514 파랑통구멍속   = 청도수깨비속[ad]

Xenocephalus Kaup 1858: 85 (type species: *Xenocephalus armatus* Kaup 1858)

910. 파랑통구멍 (국명개칭)[304]   = 청도수깨비[ad], 청또수개비[b] (푸른통구멍)

   Uranoscopus elongatus Temminck and Schlegel 1843b: 27, Pl. 9 (fig. 2) (Japan)

   Xenocephalus elongatus (Temminck and Schlegel)

         Fam. 179 먹도라치과 Tripterygiidae   = 범괴또라지과[a]

Gen. 515 가막베도라치속   = 범괴또라지속[a]

Enneapterygius Rüppell 1835: 2 (type species: *Enneapterygius pusillus* Rüppell 1835)

911. 가막베도라치   = 범괴또라지[a], 뱀괴또라지[b]

   Tripterygium (=*Tripterygion*) *etheostoma* Jordan and Snyder 1902f: 444, Fig. 1 (Misaki,
      Japan)

   Enneapterygius etheostomus (Jordan and Snyder)

912. 검정베도라치 (이 등 2000)

   Tripterygium hemimelas Kner and Steindachner 1867: 371 (Fagasa Bay, Tutuila Island,
      American Samoa)

   Enneapterygius hemimelas (Kner and Steindachner)

Gen. 516 청황베도라치속 (Kim BJ, Endo H *et al.* 2005)

Springerichthys Shen 1994: 26 (type species: *Tripterygion bapturum* Jordan and Snyder
      1902f)

913. 청황베도라치 (유 등 1995)

   Tripterygion bapturum Jordan and Snyder 1902f: 447, Fig. 2 (Misaki, Japan)

   Springerichthys bapturus (Jordan and Snyder)

         Fam. 180 비늘베도라치과 (김과 강 1991) Labrisomidae

Gen. 517 비늘베도라치속 (김과 강 1991)

Neoclinus Girard 1858: 114 (type species: *Neoclinus blanchardi* Girard 1858)

914. 비늘베도라치 (김과 강 1991)

   Zacalles bryope Jordan and Snyder 1902f: 448, Fig. 3 (Misaki, Japan)

   Neoclinus bryope (Jordan and Snyder)

---

304) 정(1977)은 속명을 "파랑통구멍"으로 하였으나 유일한 해당 종을 "푸렁통구멍"으로 하였다. 녹색 계통을 의미
   하는 우리말 "푸렁"은 청색(blue)을 의미하는 "파랑"과 다르므로 국명 개칭을 제안하였다.

Fam. 181 청베도라치과 Blenniidae = 괴또라지과[abde]

Gen. 518 노랑꼬리베도라치속 (명 1997)

Ecsenius McCulloch 1923: 121 (type species: *Ecsenius mandibularis* McCulloch 1923)

915. 노랑꼬리베도라치 (명 1997)

　Salarias namiyei Jordan and Evermann 1902: 362, Fig. 25 (Hokuto, Taipei City or Pescadores Islands, Taiwan)

　Ecsenius namiyei (Jordan and Evermann)

Gen. 519 저울베도라치속 (김과 강 1991)[305]

Entomacrodus Gill 1859d: 168 (type species: *Entomacrodus nigricans* Gill 1859d)

916. 저울베도라치 = 별괴또라지[a], 흰점개구리고기[b] (저울베또라지)

　Scartichthys stellifer Jordan and Snyder 1902f: 461, Fig. 10 (Wakanoura, Wakayama Prefecture, Japan)

　Entomacrodus stellifer (Jordan and Snyder)

Gen. 520 대강베도라치속 = 개구리고기속[a]

Istiblennius Whitley 1943: 185 (type species: *Salarias muelleri* Klunzinger 1879)

917. 대강베도라치 = 개구리고기[ab]

　Scartichthys enosimae Jordan and Snyder 1902f: 460, Fig. 9 (Misaki, Kanagawa Prefecture, Japan)

　Istiblennius enosimae (Jordan and Snyder)

918. 검은점베도라치 (Kim BJ and An JH 2007)

　Salarias dussumieri Valenciennes in Cuvier and Valenciennes 1836: 310 (Malabar region, India)

　Istiblennius dussumieri (Valenciennes)

Gen. 521 앞동갈베도라치속 = 미끈괴또라지속[ade]

Omobranchus Valenciennes (ex Ehrenberg) in Cuvier and Valenciennes 1836: 287 (type species: *Blennechis fasciolatus* Valenciennes 1836)

---

305) "대강베도라치속" *Istiblennius*속에 해당하던 "저울베도라치" *I. stellifer*가 *Entomacrodus*속을 따랐으므로(김과 강 1991) 새로운 국문 속명으로 유일하게 포함된 종명 "저울베도라치"를 사용하였다.

919. 앞동갈베도라치 　　　　　　　　= 미끈괴또라지[abde] (노랑괴또라지, 앞동갈베도라치)

　　Petroscirtes elegans Steindachner 1876: 217 [169] (Nagasaki, Japan)

　　Omobranchus elegans (Steindachner)

920. 구름베도라치 (Kim BJ and An JH 2010)

　　Petroscirtes loxozonus Jordan and Starks 1906a: 705, Fig. 13 (Tanegashima, Japan)

　　Omobranchus loxozonus (Jordan and Starks)

921. 골베도라치 　　　　　　　　= 골괴또라지[a], 판점괴또라지[be] (골베또라지, 골베도라치)

　　Blennechis punctatus Valenciennes in Cuvier and Valenciennes 1836: 286 (Mumbai, India)

　　Omobranchus punctatus (Valenciennes)

Gen. 522 갈기베도라치속 (Kim BJ and Endo H 2009)

Scartella Jordan 1886: 50 (type species: *Blennius microstomus* Poey 1860)

922. 갈기베도라치 (한과 황 2003)

　　Blennius emarginatus Günther 1861b: 224 (No locality)

　　Blennius (= *Scartella*) *cristata* (not of Linnaeus 1758)

　　Scartella emarginata (Günther)

Gen. 523 청베도라치속 　　　　　　　　　　　　　= 괴또라지속[ad]

Parablennius Miranda Ribeiro 1915: 3 (type species: *Blennius pilicornis* Cuvier 1829)

923. 청베도라치 　　　　　　　　= 괴또라지[abd] (베도라치, 청베도라치)

　　Blennius yatabei Jordan and Snyder 1900: 374, Pl. 19 (Near Misaki, Japan)

　　Parablennius yatabei (Jordan and Snyder)

Gen. 524 두줄베도라치속 　　　　　　　　　　　　= 칠색괴또라지속[a]

Petroscirtes Rüppell 1830: 110 (type species: *Petroscirtes mitratus* Rüppell 1830)

924. 두줄베도라치 　　　　　　　　= 칠색괴또라지[ab] (두줄베도라치)

　　Blennechis breviceps Valenciennes in Cuvier and Valenciennes 1836: 283 (Bay of
　　　　Bengal, northeastern Indian Ocean)

　　Petroscirtes breviceps (Valenciennes)

925. 개베도라치 (유 등 1995)

　　Petroscirtes variabilis Cantor 1849: 1182 [200] (Sea of Penang, Malaysia; Singapore)

Gen. 525 청줄베도라치속 (유 등 1995)

Plagiotremus Gill 1865: 138 (type species: *Plagiotremus spilistius* Gill 1865)

926. 청줄베도라치 (유 등 1995)

Petroskirtes rhinorhynchos Bleeker 1852c: 273 (Wahai, northern Ceram, Indonesia)

Plagiotremus rhinorhynchos (Bleeker)

Gen. 526 갈치베도라치속 (Kwun HJ, Ryu JH *et al.* 2010)

Xiphasia Swainson 1839: 179, 259 (type species: *Xiphasia setifer* Swainson 1839)

927. 갈치베도라치 (Kwun HJ, Ryu JH *et al.* 2010)

Xiphasia setifer Swainson 1839: 259 (Vizagapatam, India)

Fam. 182 학치과 Gobiesocidae = 학치과 [306]

Gen. 527 황학치속 (국명개칭) [307]

Aspasmichthys Briggs 1955: 133 (type species: *Aspasma ciconiae* Jordan and Fowler 1902b)

928. 황학치 = 노랑학치[a] (황학치) [308]

Aspasma ciconiae Jordan and Fowler 1902b: 415, Fig. (Tide pools near Wakanoura, Wakayama Prefecture, Japan)

Aspasmichthys ciconiae (Jordan and Fowler)

Gen. 528 학치속 (김과 길 2008) [309] = 학치속[a]

Kopua Hardy 1984: 244 (type species: *Kopua nuimata* Hardy 1984)

---

306) 김과 길(2008)은 "학치목" Gobiesociformes로 배정하였다.

307) 정(1977)은 "학치속" *Aspasma*에 "황학치" *Aspasma ciconiae*만을 두었으나 이 종이 *Aspamichthys*속으로 전속되었고, "학치" *Kopua minima*가 별도의 속에 존재하므로 이 속은 "황학치속" *Aspamichthys*으로 수정하였다.

308) 최(1964: 280)는 "미끈망둥어" *Aspasmichthys ciconiae* (Jordan and Fowler)를 기록하였는데, 기재 내용에 배지느러미가 흡반으로 변형된 특징이 기술되어 망둑어의 일종을 의미하므로 인쇄오류인 것으로 판단하였으며, "황학치"의 북한명에서 제외하였다.

309) Han SH, Kim MJ *et al.*(2008)이 "꼬마학치" *Aspasma minima*를 미기록종으로 기록하면서 "꼬마학치속" *Aspasma*를 제안하였으나, 김과 길(2008)의 "학치속"이 Han SH, Kim MJ *et al.*(2008)보다 발행일이 빠르며, 이 종은 *Kopua*속으로 전속되었다(Fujiwara and Motomura 2019), 따라서 정(1977)의 "학치"속 *Aspasma*이 더 이상 사용되지 않게 되어 "학치과"에 해당 속이 없으므로 이를 "학치속" *Kopua*으로 하였다.

929. 학치 (김과 길 2008, Han SH, Kim MJ *et al.* 2008 꼬마학치)   **= 학치**[a] (흡반치)

    Lepadogaster minimus Döderlein in Steindachner and Döderlein 1887: 270 [14] (Sagami Bay, Kanagawa Prefecture, Japan)

    Kopua minima (Döderlein)

Gen. 529 큰입학치속 (Kim BJ, Endo H *et al.* 2005)

Lepadichthys Waite 1904: (139) 180 (type species: *Lepadichthys frenatus* Waite 1904)

930. 큰입학치 (Kim BJ, Endo H *et al.* 2005)

    Lepadichthys frenatus Waite 1904: 180, Pl. 24 (fig. 2) (Lord Howe Island)

        Fam. 183 돛양태과 Callionymidae   **= 쥐달재과**[abdf]

Gen. 530 남방돛양태속 (Lee WO, Youn CH *et al.* 1995)   **= [쥐달재속]** [310)]

Bathycallionymus Nakabo 1982: 86 (type species: *Callionymus kaianus* Günther 1880)

931. 남방돛양태 (Lee WO, Youn CH *et al.* 1995)

    Callionymus kaianus Günther 1880: 44, Pl. 19 (fig. B) (Kai Islands, Indonesia, Banda Sea)

    Bathycallionymus kaianus (Gühther)

Gen. 531 꽁지양태속 (Lee CL and Kim IS 1993)   **= [쥐달재속]** [311)]

Calliurichthys Jordan and Fowler 1903a: 941 (type species: *Callionymus japonicus* Houttuyn 1782)

932. 꽁지양태   **= 각시쥐달재**[a]**, 쇠돛양태**[b]

    Callionymus japonicus Houttuyn 1782: 312 (Nagasaki, Japan)

    Calliurichthys japonicus (Houttuyn)

Gen. 532 민양태속   **= 룡쥐달재속**[a 312)]

Eleutherochir Bleeker 1879b: 102 (type species: *Callionymus opercularioides* Bleeker

---

310) Fricke(1982, 2002)는 *Callionymus*속으로 취급하므로 이를 따르면 국명이 정(1977)의 "동갈양태속", 김과 길 (2008)의 "쥐달재속"으로 바뀔 수 있다.

311) Fricke(2002) 등 학자들은 *Callionymus*속으로 취급하므로 이를 따르면 국명이 정(1977)의 "동갈양태속", 김과 길(2008)의 "쥐달재속"으로 바뀔 수 있다.

312) 김과 길(2007: 279)은 "쥐달재속" *Draculo Snyder*로 하였으나 "쥐달재속"은 이미 *Callionymus*속에 대해 사용하였으므로 (275p), "룡쥐달재속"의 오자인 것으로 판단하였다.

1850)

933. 민양태 = 롱쥐달재[a]

Draculo mirabilis Snyder 1911: 545 (Near Tomakomai, Hokkaido, northern Japan)
Eleutherochir mirabilis (Snyder)

Gen. 533 도화양태속 (Lee CL and Kim IS 1993) = 붉은쥐달재속[a]

Foetorepus Whitley 1931: 323 (type species: *Callionymus calauropomus* Richardson 1844c)

934. 도화양태 = 붉은쥐달재[a] (홍양태)

Callionymus altivelis Temminck and Schlegel 1845: 155, Pl. 79 (fig. 1) (Nagasaki, Japan)
Foetorepus altivelis (Temminck and Schlegel)

Gen. 534 연지알롱양태속 (Choi SH, Cha SS *et al.* 2002) = [붉은쥐달재속][a] [313]

Neosynchiropus Nalbant 1979: 349 (type species: *Neosynchiropus bacescui* Nalbant 1979)

935. 연지알롱양태 (유 등 1995)

Synchiropus ijimae Jordan and Thompson 1914: 295, Pl. 36 (fig. 1) (Misaki, Japan)
Neosynchiropus ijimae (Jordan and Thompson)

Gen. 535 동갈양태속

Repomucenus Whitley 1931: 323 (type species: *Callionymus calcaratus* Macleay 1881)

동갈양태속 (정 1998) = 쥐달재속[adf]

Callionymus Linnaeus 1758: 249 (type species: *Callionymus lyra* Linnaeus 1758)

936. 날돛양태 (Nakabo and Jeon 1986a) = 매쥐달재[a], 매달재[dh]

Callionymus beniteguri Jordan and Snyder 1900: 370, Pl. 17 (Tokyo Bay, Japan)
Repomucenus beniteguri (Jordan and Snyder)

937. 동갈양태 = 쥐달재[abdf] (동갈양태, 양태, 장대)

Callionymus curvicornis Valenciennes in Cuvier and Valenciennes 1837: 298 (Réunion)
Repomucenus curvicornis (Valenciennes 1837)

---

313) Fricke(1982, 2002)는 *Neosynchiropus, Foetorepus* 모두 *Synchiropus*속으로 취급하므로 북한명이 바뀔 수 있다.

938. 찰양태[314]   = 참쥐달재[a] (창달재)

   Callionymus huguenini Bleeker 1858c: 7, Pl. 2 (fig. 1) (Nagasaki, Japan)

   Repomucenus huguenini (Bleeker)

939. 참주걱양태 (Nakabo *et al.* 1991)

   Callionymus sagitta Pallas 1770: 29, Pl. 4 (figs. 4-5) (Mouth of Hooghli River, Sundarbans, Bengal Province, India)

   Repomucenus sagitta (Pallas)

940. 실양태[315]   = 실쥐달재[a], 쥐달재[b]

   Callionymus valenciennei Temminck and Schlegel 1845: 153, Pl. 78 (fig. 3) (Nagasaki Bay, Japan)

   Repomucenus valenciennei (Temminck and Schlegel)

   춤양태 (정 1998)   = 검은쥐달재[a], 검은달재[dh] (춤양태)

   Callionymus kitaharae Jordan and Seale 1906a: 148, Fig. 6 (Nagasaki harbor, Japan)

941. 참돛양태 (Nakabo *et al.* 1987)

   Repomucenus koreanus Nakabo, Jeon and Li, 1987: 286, Figs. 1-3 (Sea of the Sa-dong, Ansan-shi, Kyong'gi-do, Korea)

942. 흰점양태 (Frike and Lee 1993)

   Callionymus leucopoecilus Fricke and Lee 1993: 275, Fig. 1 (Jeollabuk-do, Gunsan-shi, Uen-dong, Korea)

   Repomucenus leucopoecilus (Fricke and Lee)

943. 돛양태   = 돛쥐달재[a], 돗양태[b]

   Callionymus lunatus Temminck and Schlegel 1845: 155, Pl. 78 (fig. 4) (Japan)

   Repomucenus lunatus (Temminck and Schlegel)

944. 강주걱양태 (Nakabo and Jeon 1985)

   Callionymus olidus Günther 1873a: 242 (Shanghai, China)

   Repomucenus olidus (Gühther)

---

314) Lee CL and Kim IS(1993)은 정(1977)의 "춤양태" *C. kitaharae*를 *R. curvicornis*의 동종이명으로 보고 국명을 이에 따랐으나 *C. kitaharae*는 "실양태" *R. valenciennei*의 동종이명이므로 (Nakabo *et al.* 1991: 261) 이를 사용할 수 없다. *C. huguenini*의 동종이명인 "찰양태" *C. doryssus*의 국명을 이 종에 사용함이 타당하다.

315) Nakabo(1983: 243)는 *Callionymus kitaharae* Jordan and Seale (1906a)의 모식표본을 검토한 결과 등지느러미 반점 및 두부측선감각관이 *R. valenciennei*와 동종임을 밝혀 *C. kitaharai*를 *R. valenciennei*의 동종이명으로 처리하였다.

945. 꽃돛양태 (Nakabo and Jeon 1986b)

Callionymus ornatipinnis Regan 1905: 23, Pl. 3 (Inland Sea of Japan)

Repomucenus ornatipinnis (Regan)

946. 망토돛양태 (Lee WO, Youn CH *et al*. 1995)

Callionymus virgis Jordan and Fowler 1903a: 957, Fig. 9 (Misaki, Japan)

Repomucenus virgis (Jordan and Fowler)

Fam. 184 동사리과 Odontobutidae[316]

Gen. 536 좀구굴치속 (김 등 1986)

Micropercops Fowler and Bean 1920: 318 (type species: *Micropercops dabryi* Fowler and Bean 1920)

947. 좀구굴치 (김 등 1986)

Eleotris swinhonis Günther 1873a: 242 (Shanghai, China)

Micropercops swinhonis (Güthther)

Gen. 537 동사리속   = 뚝지속[ac 317]

Odontobutis Bleeker 1874a: 305 (type species: *Eleotris obscura* Temminck and Schlegel 1845)

948. 얼룩동사리 (Iwata and Jeon 1985)

Odontobutis obscura interrupta Iwata and Jeon in Iwata, Jeon, Mizuno and Choi 1985: 380, Figs. 1 (E-F), 5A (Chongyang-gun, Chungchongnam-do, Korea)

Odontobutis interrupta Iwata and Jeon

949. 남방동사리   = 뚝지[abcf] (개뚝지, 개뚝중이, 껄껄이, 못뚝지, 망챙이)

Eleotris obscura Temminck and Schlegel 1845: 149, Pl. 77 (figs. 1-3) (Rivers emptying into Nagasaki Bay, Japan)

Odontobutis obscurus (Temminck and Schlegel)

---

316) 최(1964), 김과 길 (2007)은 "동사리과" Odontobutidae와 "구굴무치과" Eleotridae를 구분하지 않고 모두 "뚝지과" Eleotridae로 하였다.

317) 최(1964), 김과 길(2008)은 *Obscurus*와 *Eleotris*속을 구분하지 않고 "뚝지속" *Eleotris*으로 취급하였으며, 김(1972)는 "뚝지속" *Mogurnda*로 하였다.

950. 껄동사리 (정 1977)[318]   = 강뚝지[a], 껄껄이[b] (뚝지, 떨동사리)

  Eleotris potamophila Günther 1861b: 557 (Yang-tse-kiang, China)

  Odontobutis potamophilus (Günther)

951. 동사리 (Iwata and Jeon 1985)

  Odontobutis platycephala Iwata and Jeon in Iwata, Jeon, Mizuno and Choi 1985: 383,
      Figs. 1 (G-H), 5B (Jinan, Jeollabuk-do, Korea)

Fam. 185 구굴무치과 Eleotridae   = 뚝지과[acf]

Gen. 538 구굴무치속   = 뚝지속[a]

Eleotris Bloch and Schneider 1801: 65 (type species: *Gobius pisonis* Gmelin 1789)

952. 구굴무치   = 남뚝지[a], 남껄껄이[b] (구구리, 구굴무치)

  Eleotris oxycephala Temminck and Schlegel 1845: 150, Pl. 77 (figs. 4-5) (Japan)

Gen. 539 발기속   = 먹뚝지속[acf]

Perccottus Dybowski 1877: 28 (type species: *Perccottus glenii* Dybowski 1877)

953. 발기   = 먹뚝지[acf], 아무르뚝지[b] (뚝준이, 뚝중이, 특실개, 발기)

  Perccottus glenii Dybowski 1877: 28 (Ussuri River area, Russia)

Fam. 186 망둑어과 Gobiidae   = 망둥어과[acdef]

Gen. 540 문절망둑속   = 가시망둥어속[a], 망둥어속[cdef]

Acanthogobius Gill 1859b: 145 (type species: *Gobius flavimanus* Temminck and Schlegel
      1845)

954. 왜풀망둑 (Iwata and Jeon 1987)

  Aboma elongata Fang 1942: 83 (Chefoo, Shantung Province, China)

  Acanthogobius elongata (Fang)

---

318) Iwata *et al.* (1985: 379)은 중국에 분포하는 아종 *O. o. potamophila*으로 분류하였고 현재 종으로 유효한 *O. potamophila*로 정리되었다(Iwata and Sakai 2002, Kottelat 2013: 388). 우리나라에서는 Regan(1908a)이 충북 청주에서 채집된 표본을 *O. potamophila*로 기록했지만 분포지가 중부지방이므로 *O. platycephalus*의 오동정인 것으로 판단되며, 이후 Mori(1928b), Mori(1936a), 최(1964)는 이 종이 압록강을 포함한 북부지역에서 출현하는 것으로 기록했다. Iwata *et al.* (1985)은 이들 북한지역의 표본을 조사하지 못했음을 밝혔고 중국 동부와 아무르 유역에 이 종이 분포한다면 한국에도 분포할 것으로 기록하였다.

955. 문절망둑   = 망둥어[abcdef] (고생이, 망둑어, 망둑이, 망둥어, 문저리, 문절기, 문절망둑, 문절이, 문주리, 범치, 운절이)

Gobius[319] *flavimanus* Temminck and Schlegel 1845: 141, Pl. 74 (fig. 1) (River mouths of Nagasaki Bay, Japan)

Acanthogobius flavimanus (Temminck and Schlegel)

= 룡암망둥어[b 320]

Acanthogobius stigmothonus (not of Richardson 1845b)

956. 흰발망둑   = 흰발망둥어[ae], 감탕망둥어[b] (감탕망둑, 매지, 현말망둑)

Gobius lactipes Hilgendorf 1879b: 109 (Tokyo, Japan)

Acanthogobius lactipes (Hilgendorf)

= 매지[b] (웅기)

Aboma tsushimae Jordan and Snyder 1901e: 759 (Sasuma, Tsushima, Japan)

957. 비늘흰발망둑 (Iwata and Jeon 1987)

Acanthogobius luridus Ni and Wu 1985: 384 (English p. 387), Fig. 2 (Yangtze River off Baozhen, Chongming, Shanghai, China)

Gen. 541 줄망둑속 (김 등 1986)

Acentrogobius Bleeker 1874a: 321 (type species: *Gobius chlorostigma* Bleeker 1849b)

958. 점줄망둑 (Lee YJ and Kim IS 1992)

Acentrogobius pellidebilis Lee and Kim 1992: 14, Fig. 1 (Yeongam, Korea)

959. 줄망둑   = 줄망둥어[ae], 툭눈매지[b] (줄망둑)

Gobius pflaumii Bleeker 1853e: 42, Pl. (figs. 3, 3a-b) (Nagasaki, Japan)

Acentrogobius pflaumii (Bleeker)

---

319) 정(1977), 김과 길(2008)의 "망둑어속", 손(1980)의 "줄망둥어속" *Gobius*속은 현재 여러 속으로 나뉘어 사용되고 있어 국명 "망둥어속"은 특정 속에 대해 사용하기 어렵다.

320) *Acanthogobius stigmothonus*은 "문절망둑" *A. flavimanus*와 혼동하기 쉬우나(Shibukawa and Iwata 2013), 남중국해와 베트남에 분포하는 다른 종이며, 우리나라에서 기록된 이 학명은 "문절망둑" *A. flavimanus*의 오동정인 것으로 정정되었다(Mori 1952: 145, 이 1992: 6).

960. 갈밀어 (정 1977) = 밀양매지^{ab 321)}

Gobius caninus Valenciennes in Cuvier and Valenciennes 1837: 86 (Java, Indonesia)

Acentrogobius caninus (Valenciennes)

Gen. 542 도화망둑속 (최 등 2002)

Amblychaeturichthys Bleeker 1874a: 324 (type species: *Chaeturichthys hexanema* Bleeker 1853f)

961. 도화망둑³²²⁾ = 붉은수염망둥어^{ade}, 수염망둥어^b (도황망둑)

Chaeturichthys hexanema Bleeker 1853f: 43, Pl. (figs. 5, 5a-b) (Nagasaki, Japan)

Amblychaeturichthys hexanema (Bleeker)

962. 수염문절 = 왕눈수염망둥어^{abe} (수염문절)

Chaeturichthys sciistius Jordan and Snyder 1901i: 107, Fig. 22 (Hakodate, Oshima Subprefecture, Hokkaido, Japan)

Amblychaeturichthys sciistius (Jordan and Snyder)

Gen. 543 숨이망둑속 (김 등 1986)

Apocryptodon Bleeker 1874a: 327 (type species: *Apocryptes madurensis* Bleeker 1849)

963. 숨이망둑 (김 등 1986)

Apocryptodon punctatus Tomiyama 1934: 332, Figs. 4-5 (Ariake Sound, western Kyushu, Japan)

Gen. 544 청별망둑속 (Kim BJ, Lee YJ *et al*. 2007)

Asterropteryx Rüppell 1830: 138 (type species: *Asterropterix semipunctatus* Rüppell 1830)

964. 청별망둑 (Kim BJ, Lee YJ *et al*. 2007)

Asterropterix semipunctatus Rüppell 1830: 138, Pl. 34 (fig. 4) (Massawa, Eritrea, Red Sea)

---

321) 정(1977)은 Mori and Uchida(1934), Mori(1952)에 따라 담수산 종을 언급하였으나 김과 길(2008)은 남해 연안의 기수 및 해산 어류를 언급하고 있어 대상 종이 다른 것으로 판단된다. 김 등(1986)은 우리나라에서 출현이 의심스러운 어종으로 목록에서 제외하였으며, 외국에서는 스리랑카에서 일본까지 연안과 기수역 모래바탕에 서식하는 어종으로 알려졌다. 종 상태가 확실하며, 유사종과 동종이명관계로 언급된 바 없으므로 우리나라 어류 목록으로 남겨둔다.

322) *Chaeturichthys*에 해당되었던 *C. hexanema*와 *C. stigmatias*의 국명이 서로 혼동되어 김 등(1986)은 *C. hexanema*를 "쉬쉬망둑"으로 기록했고, 최(1964), 김과 길(2008)은 "붉은수염망둥어" *C. stigmatias*의 방언에 *C. hexanema*의 표준명인 "수염망둥어 (= 쉬쉬망둑)"이 기록되었다.

Gen. 545 무늬망둑속 (김 등 1986)

Bathygobius Bleeker 1878: 54 (type species: *Gobius nebulopunctatus* Valenciennes 1837)

965. 무늬망둑   = 무늬망둥어[a], 통영망둥어[b] (무늬망둑)

   Gobius fuscus Rüppell 1830: 137 (Red Sea)

   Bathygobius fuscus (Rüppell)

Gen. 546 짱뚱어속   = 짱뚱어속[acd] [323)]

Boleophthalmus Valenciennes in Cuvier and Valenciennes 1837: 198 (type species: *Gobius boddarti* Pallas 1770)

966. 짱뚱어   = 짱뚱어[acd], 짝똥이[b] (대광어, 장동어, 장두어, 짝둥이)

   Gobius pectinirostris Linnaeus 1758: 264 (China)

   Boleophthalmus pectinirostris (Linnaeus)

Gen. 547 별망둑속[324)]   = 밀기망둥어속[df], 살망둥어속[e]

Chaenogobius Gill 1859e: 12 (type species: *Chaenogobius annularis* Gill 1859e)

   별망둑속 (정 1977)   = 긴턱매지속[a], 큰입매지속[e]

   Chasmichthys Jordan and Snyder 1901k: 941 (type species: *Chasmias misakius* Jordan and Snyder 1901e)

967. 점망둑   = 긴턱매지[a], 긴웃턱매지[b], 긴웃턱큰입매지[e] (검은점망둥어, 점망둑, 점망둥어)

   Chaenogobius annularis Gill 1859e: 12 [1] (Hakodate, Hokkaido, Japan)

968. 별망둑   = 큰입매지[abe] (별망둑, 망둥어, 망두기, 망두가지)

   Saccostoma gulosus Sauvage (ex Guichenot) 1882: 171 (Japan)

   Chaenogobius gulosus (Sauvage)

---

323) 김과 길(2008)은 종명으로 "짱뚱어"를, 속명으로 "짱뚱어속"을 사용했으나 색인에서는 "짱뚱어속"으로 수정하였고, 김(1977)은 "짱뚱어속"을 사용했다.

324) 이전에 사용하던 속명인 *Chamichthys*속은 *Chaenogobius*속의 동속이명이다(Stevenson, 2002; Bogutskaya and Naseka, 2004). 이 속의 국명에 대해 정(1977), 김(1997)은 "날망둑속" *Chaenogobius*을 사용하였으나 "날망둑" *C. castaneus*은 *Gymnogobius breunigii* (Steindachner)의 동종이명으로 밝혀져 전속되었으므로 국문 속명으로 타당하지 않다. 정(1977)은 이전 속인 *Chasmichthys*에 대해 "별망둑속"을 사용하였고, "별망둑" *C. dolichognathus gulosus*는 속에 잔류되므로 국문 속명으로 "별망둑속"을 따랐다.

Gen. 548 날망둑속[325]   = 날망둥어속[a], 밀기망둥어속[c]

Gymnogobius Gill 1863d: 269 (type species: *Gobius macrognathos* Bleeker 1860c)

                                                    = 풀색망둥어속[a]

Chloea Jordan and Snyder 1901i: 78 (type species: *Gobius castaneus* O'Shaughnessy 1875)

969. 날망둑 (이 2010)[326]

   Gobius breunigii Steindachner 1879: 140 [22] (Hakodate, Oshima Subprefecture, Hokkaido, Japan)

   Gymnogobius breunigii (Steindachner)

970. 살망둑   = 살망둥어[adef] (살망둑, 살매지)

   Gobius heptacanthus Hilgendorf 1879b: 110 (Tokyo, Japan)

   Gymnogobius heptacanthus (Hilgendorf)

                                                        = 살매지[b]

   Chloea sarchynnis Jordan and Snyder 1901i: 82, Fig. 15 (Wakanoura, Wakayama Prefecture, Japan, Inland Sea)

971. 꾹저구   = 큰머리매지[b][327]

   Gobius urotaenia Hilgendorf 1879: 107 (Japan)

   Gymnogobius urotaenia (Hilgendorf)

                        = 풀색망둥어[a], 날살망둥어[e] (날알망둥어, 원산매지, 날망둑)

   Gobius castaneus (not of O'Shaughnessy 1875)

                                          = 흰배망둥어[a] (날망둑, 원산매지)

   Gymnogobius annularis (not of Gill 1859e)

---

325) 이전의 국문 속명 "날망둑속"은 *Chaenogobius*에 대해 사용하였으나 (김 등 1986, 1987, 김 1997, 정 1977) "날망둑"과 "꾹저구" 모두 *Gymnogobius*속으로 이전되었으므로 *Gymnogobius*의 국문 속명을 "날망둑속"으로 기록하였다. 한편 이(2010)는 *Gynmogobius*속의 국명을 "꾹저구속"으로 신칭하였으나, 혼동을 피하기 위해 이전에 사용하던 속명을 유지하는 것이 타당하다고 보았다.

326) 우리나라에서 "날망둑" *Chaenogobius castaneus* (O'Shaughnessy)로 기록되었던 종은 감각관 구조 등 주요 분류형질이 원기재와 맞지 않으며, *Gymnogobius breunigii* (Steindachner)의 오동정으로 알려졌다(Stevenson 2002, 김 등 2011). 한편 *Gymnogobius castaneus* (O'Shaughnessy)는 과거 홋카이도에서 큐슈까지 분포가 알려졌으며 사할린과 쿠릴반도까지도 분포한다(Stevenson 2002). 따라서 북한에서 과거 이 종명으로 사용했던 어종은 "날망둑", "꾹저구" 등이 혼합된 것으로 판단되지만 동종이명 처리과정만 볼 때 "날망둑"에 해당하는 종명은 불확실하며, 오히려 북방종인 *Gymnogobius castaneus*가 포함되었을 가능성이 있으므로 표본의 검토가 필요하다.

327) 김과 길(2008)은 *G. urotaenia*를 "왜꾹저구"의 동종이명으로 처리하였다.

$$= 원산매지^b$$

Chloea nakamurae Jordan and Richardson 1907: 265, Fig. 3 (Nagaoka, Echigo, Japan)

$$= 사각매지^b$$

Gobius laevis Steindachner 1879: 138 [20] (Hakodate, Oshima Subprefecture, Hokkaido, Japan)

$$= 밀기망둥어^{acde} (꾹적우, 망둥어, 밀기망둑, 큰매지, 큰머리매지)^{328)}$$

Gobius (= *Chaenogobius*) *macrognathos* (not of Bleeker 1860c)

972. 왜꾹저구 (전 1992)

Gobius macrognathos Bleeker 1860c: 83, Pl. 1 (fig. 1) (Tokyo, Japan)

Gymnogobius macrognathos (Bleeker)

973. 얼룩망둑 　　　　　　　　　　　　　　= 뱀살망둥어^{ae}, 뱀매지^b (얼룩망둑, 뱀살매지)

Chloea mororana Jordan and Snyder 1901i: 80, Fig. 14 (Mororan, Hokkaido, Japan)

Gymnogobius mororanus (Jordan and Snyder)

$$= 북매지^b$$

Chloea bungei Schmidt 1931: 119 (Port Shestakoff, North Korea)

974. 무늬꾹저구 (김과 전 1996, 이 2010)

Chaenogobius sp. MR

Gymnogobius opperiens Stevenson 2002: 299, Figs. 4N, 8C (Yuapu River, Yamagoe, Toshima, Hokkaido, Japan)

975. 검정꾹저구 (김과 전 1996, 이 2010)

Gobius petschiliensis Rendahl 1924: 20 (Shan-Hai-Kuan and Pei-Tai-Ho, Hebei Province, China)

Chaenogobius sp. BW

Gymnogobius petschiliensis (Rendahl)

Gen. 549 쉬쉬망둑속 　　　　　　　　　　　　　　　　= 수염망둥어속^{ade}

Chaeturichthys Richardson 1844c: 54 (type species: *Chaeturichthys stigmatias* Richardson 1844b)

---

328) Mori(1952)는 1928년에 *Chaenogobius macrognathus*로 기록하였던 것을 "꾹저구" *C. annularis urotaenia*로 정정하였으며, 최(1964), 김과 길(2008)은 이 학명의 동종이명에 "꾹저구" *G. urotaenia*의 학명을 포함시켰다. 아울러 김과 길(2008)은 방언에 "큰머리매지"를 포함시켜 모두 같은 종인 것으로 판단하였다. 우리나라에서 실제 *Chaenogobius* (= *Gymnogobius*) *macrognathus*의 분포는 전(1992)년에 의해서야 밝혀졌고 국명으로 "왜꾹저구"가 부여되었다.

976. 쉬쉬망둑 = 수염망둥어[ad 329], 큰수염망둥어[b] (쉬쉬망둑)

Chaeturichthys jeoni Shibukawa and Iwata 2013: 39, Figs. 2B, 3B, 4B, 5A, 6A, 7A, 8-10 (East China Sea)

Chaeturichthys stigmatias (not of Richardson 1844b)

Gen. 550 실망둑속 = 실망둥어속[a]

Cryptocentrus Valenciennes (ex Ehrenberg) in Cuvier and Valenciennes 1837: 111 (type species: *Gobius cryptocentrus* Valenciennes 1837)

977. 실망둑 = 실망둥어[a], 큰매지[b]

Gobius filifer Valenciennes in Cuvier and Valenciennes 1837: 106 (Indian seas)

Cryptocentrus filifer (Valenciennes)

Gen. 551 빨갱이속 = 수수망둥어속[a], 비늘개소경속[df 330]

Ctenotrypauchen Steindachner 1867a: 63 (type species: *Ctenotrypauchen chinensis* Steindachner 1867a)

978. 빨갱이 = 수수망둥어[ab]

Trypauchen microcephalus Bleeker 1860d: 62 (Sungiduri, Indonesia)

Ctenotrypauchen microcephalus (Bleeker)

= 비늘개소경[df] (수수망둥어)[331]

Ctenotrypauchen chinensis (not of Steindachner 1867a)

Gen. 552 댕기망둑속 = 댕기망둥어속[adf]

Eutaeniichthys Jordan and Snyder 1901i: 122 (type species: *Eutaeniichthys gilli* Jordan and Snyder 1901i)

979. 댕기망둑 = 댕기망둥어[adf], 가는매지[b] (띠망둥어)

Eutaeniichthys gilli Jordan and Snyder 1901i: 122, Fig. 28 (Tone River near Tokyo, Japan)

---

329) 최(1964)는 "도화망둑" *C. hexanema*에 대해 "수염망둥어"를 사용하여 혼동된다.

330) 최(1964)는 "수수망둥어과" Trypauchenidae를 구분하였다.

331) Murdy(2008)는 *C. chinensis*의 분포범위가 훨씬 넓을 것으로 보아 우리나라 출현 가능성이 있으나 김(1977)의 방언이 *C. microcephalus*의 표준명과 같고, 동종이명 및 기재내용이 김과 길(2008)과 동일하므로 *C. microcephalus*의 오동정으로 해석하였다.

Gen. 553 풀비늘망둑속 = 애기뚝지속[a]

Eviota Jenkins 1903: 501 (type species: *Eviota epiphanes* Jenkins 1903)

980. 풀비늘망둑 = 애기뚝지[a], 쇠제주망둥어[b]

   Asterropteryx abax Jordan and Snyder 1901i: 40, Fig. 2 (Misaki, Kanagawa Prefecture, Sagami Sea, Japan)

   Eviota abax (Jordan and Snyder)

981. 두건망둑 (유 등 1995)

   Eviota epiphanes Jenkins 1903: 501, Fig. 42 (Honolulu, Oahu Island, Hawaiian Islands)

982. 흑점풀비늘망둑 (Kim BJ, Choi SH *et al*. 2005)

   Eviota melasma Lachner and Karnella 1980: 27, Figs. 8(c-d), 9b, 10 (Endeavour Reef, Australia)

983. 남방풀비늘망둑 (Kim BJ and Go YB 2003a)

   Eleotris prasinus Klunzinger 1871: 481 (Al-Qusair, Red Sea Governorate, Egypt, Red Sea)

   Eviota prasina (Klunzinger)

Gen. 554 날개망둑속 (김 등 1986)

Favonigobius Whitley 1930a: 122 (type species: *Gobius lateralis* Macleay 1881)

984. 날개망둑 = 각시망둥어[ad], 애기매지[b] (애기망둑, 날개망둑어, 날개망둑)

   Gobius gymnauchen Bleeker 1860c: 84, Pl. 1 (fig. 2) (Tokyo, Japan)

   Favonigobius gymnauchen (Bleeker)

Gen. 555 비단망둑속 (Lee YJ 1991)[332]

Istigobius Whitley 1932a: 301 (type species: *Gobius* (*Istigobius*) *stephensoni* Whitley 1932)

985. 사자코망둑 (Kim IS and Lee WO 1994a)

   Ctenogobius campbelli Jordan and Snyder 1901i: 62, Fig. 8 (Wakanoura, Kii Province, Wakayama Prefecture, Japan, Inland Sea)

   Istigobius campbelli (Jordan and Snyder)

986. 비단망둑 (Lee YJ 1991)

   Rhinogobius hoshinonis Tanaka 1917c: 226 (Hiro, Wakayama Prefecture, Japan)

   Istigobius hoshinonis (Tanaka)

---

332) Lee YJ(1991)는 국문 속명을 사용하지는 않았지만 "비단망둑" *Istigobius hoshinonis*를 기록하면서 우리나라에 이 속이 소개되었고, 이후 "사자코망둑" *I. campbelli*가 추가되었다.

Gen. 556 사백어속 = 흰망둥어속[a]

Leucopsarion Hilgendorf 1880: 340 (type species: *Leucopsarion petersii* Hilgendorf 1880)

987. 사백어 = 흰망둥어[ab] (사백어)

Leucopsarion petersii Hilgendorf 1880b: 340, Fig. (Southern Japan)

Gen. 557 오셀망둑속 = 텁석부리망둥어속[acdf]

Lophiogobius Günther 1873a: 241 (type species: *Lophiogobius ocellicauda* Günther 1873a)

988. 오셀망둑 = 텁석부리망둥어[abcdf] (수염망둥어, 오셀망둥어)

Lophiogobius ocellicauda Gühther 1873a: 241 (Shanghai, China)

Gen. 558 미끈망둑속 = 미끈망둥어속[adef]

Luciogobius Gill 1859b: 146 (type species: *Luciogobius guttatus* Gill 1859b)

989. 큰미끈망둑 (김 등 1986)

Luciogobius grandis Arai 1970: 199, Figs. 1-2; Pl. 1 (figs. 3-6) (Kuwa, Izuhara, Tsushima Islands, Japan)

990. 미끈망둑 = 미끈망둥어[abdef 333)], 막대망둥어[b] (미끈망둑)

Luciogobius guttatus Gill 1859b: 146 (Shimoda, Japan)

991. 왜미끈망둑 (Kim IS and Choi SH 1997)

Luciogobius saikaiensis Dôtu 1957: 71, Fig. 1; Pl. 2 (Sea shore of Tomioka, Amakusa Islands, Kumamoto Prefecture, Kyushu, Japan)

Gen. 559 꼬마망둑속 (김과 길 2008) = 꼬마망둥어속[a]

Inu Snyder 1909: 607 (type species: *Inu koma* Snyder 1909)

992. 꼬마망둑[334)] = 꼬마망둥어[a]

Inu koma Snyder 1909: 607 (Misaki, Japan)

---

333) 최(1964: 280)는 국명 "미끈망둥어"에 "황학치 [노랑학치]" *Aspamichthys cisoniae*의 학명을 사용하여 인쇄오류로 생각된다.

334) *Inu*속은 *Luciogobius*속의 동속이명으로 처리되었지만 (Okiyama 2001, 김 등 2011) 근래 별 속으로 보는 학자(Shibukawa *et al.* 2019)도 있으며, 여기에서는 *Inu*속에 대한 북한명을 알리기 위해 별 속으로 기록하였다. Snyder(1909)는 이 종의 명칭이 일본어 koma-inu를 의미한다고 하였는데, 절 앞에 놓인 개 모양의 상(=돌사자 혹은 해태)를 의미하므로 국명 "꼬마망둑"은 부적절하며, 추후 개명이 필요하다.

Gen. 560 모치망둑속 (Kim IS and Lee YJ 1986)

Mugilogobius Smitt 1900: 552 (type species: *Ctenogobius abei* Jordan and Snyder 1901i)

993. 모치망둑 (Kim IS and Lee YJ 1986)

  Ctenogobius abei Jordan and Snyder 1901i: 55, Fig. 5

  Mugilogobius abei (Jordan and Snyder)

994. 제주모치망둑 (김과 이 1994)

  Vaimosa fontinalis Jordan and Seale 1906b: 395, Fig. 85 (Near Apia, Upolu Island, Samoa)

  Mugilogobius fontinalis (Jordan and Seale)

Gen. 561 말뚝망둥어속   = 말뚝망둥어속[acdf]

Periophthalmus Bloch and Schneider 1801: 63 (xxvii) (type species: *Periophthalmus papilio* Bloch and Schneider 1801)

995. 큰볏말뚝망둥어 (Lee YJ, Choi Y *et al.* 1995)

  Periophthalmus magnuspinnatus Lee, Choi and Ryu 1995: 123 (Hodu-ri, Haery-ong-myon, Sungiu-gun, Chollanam-do, Korea)

996. 말뚝망둥어   = 말뚝망둥어[abcdf] (꺽석개비, 나는문저리, 나는망둥어, 날개망둥어, 눈껍썩이, 말뚝고기, 홀딱개비)

  Periophthalmus modestus Cantor 1842: 484 (Chusan Island, China)

Gen. 562 흰동갈망둑속

Priolepis Valenciennes (ex Ehrenberg) in Cuvier and Valenciennes 1837: 67 (type species: *Priolepis mica* Valenciennes 1837)

997. 흰동갈망둑   = 쇠망둥어[ab] (흰동갈망둑)[335]

  Zonogobius boreus Snyder 1909: 605 (Tidepools at Misaki, Japan)

  Priolepis boreus (Snyder)

Gen. 563 애기망둑속 (김 1997)

Pseudogobius Popta 1922: 36 (type species: *Gobius javanicus* Bleeker 1856b)

998. 애기망둑 (김 등 1986)

  Gobius ornatus form *masago* Tomiyama 1936: 73, Fig. 26 (Coast of Chiba-ken, Japan)

---

335) 김과 길(2008)은 *Gobius semidoliatus*로 사용하였고, 동종이명에 *Zonogobius boreus*를 기록하였다.

Pseudogobius masago (Tomiyama)

Gen. 564 흰줄망둑속   = 날개망둥어속[a], 비단망둥어속[e]

Pterogobius Gill 1863c: 266 (type species: *Gobius virgo* Temminck and Schlegel 1845)

999. 일곱동갈망둑   = 검은띠망둥어[a], 여섯줄망둥어[b] (까치고쟁이, 설곱동갈망둑, 장구쟁이)

   Gobius elapoides Günther 1872: 665, Pl. 63 (fig. D) (Locality unknown)

   Pterogobius elapoides (Günther)

1000. 금줄망둑   = 비단망둥어[ab] (금줄망둑)

   Gobius virgo Temminck and Schlegel 1845: 143, Pl. 74 (fig. 4) (Nagasaki, Japan)

   Pterogobius virgo (Temminck and Schlegel)

1001. 다섯동갈망둑 (Kang EJ 1990)

   Pterogobius zacalles Jordan and Snyder 1901i: 93, Fig. 18 (Rock pool on Yogashima
       Island, Misaki, Kanagawa Prefecture, Sagami Sea, Japan)

1002. 흰줄망둑   = 흰띠망둥어[a], 흰줄망둥어[b], 흰줄비단망둥어[e] (흰줄망둑)

   Pterogobius zonoleucus Jordan and Snyder 1901i: 94, Fig. 19 (Yoga Island, Misaki,
       Kanagawa Prefecture, Sagami Sea, Japan)

Gen. 565 밀망둑속   = 퉁거니속[cf]

Rhinogobius Gill 1859b: 145 (type species: *Rhinogobius similis* Gill 1859b)

1003. 밀어

   Gobius brunneus Temminck and Schlegel 1845: 142, Pl. 74 (fig. 2) (Nagasaki Bay, Japan)

   Rhinogobius brunneus (Temminck and Schlegel)

   베드폴치 (정 1977)   = 청주매지[b] [336]

   Ctenogobius bedfordi Regan 1908a: 62, Pl. 3 (fig. 1) (Cheongju, South Korea)

   밀어 (정 1977)   = 퉁거니[abcf] (가마쟁이, 갈대망둥어, 갈퉁이, 밀어, 얼문)

   Rhinogobius similis (not of Gill 1859b)

1004. 갈문망둑   = 갈무늬망둥어[a]

   Gobius giurinus Rutter 1897: 86 (Swatow, Shantou, coast of southeastern China)

---

336) 우리나라에서 *Rhinogobius bedfordi*와 *R. similis*는 "밀어" *R. brunneus*의 동종이명으로 정리되었으나(김
    등 2011) 학자에 따라서는 각각을 3개의 별종으로 기록하기도 한다(Takahashi and Okazaki 2017, Suzuki
    et al. 2015, Suzuki *et al.* 2017). 아울러 *R. bedfordi*는 우리나라 청주를 모식산지로 기록된 종으로 재검토
    가 필요하다.

Rhinogobius giurinus (Rutter)

= 경기매지[b]

Ctenogobius hadropterus Jordan and Snyder 1901i: 60, Fig. 7 (Nagasaki, Japan)
Rhinogobius hadropterus (Jordan and Snyder)

Gen. 566 바닥문절속
= 바둑망둥어속[a]

Sagamia Jordan and Snyder 1901i: 100 (type species: *Sagamia russula* Jordan and Snyder 1901i)

1005. 바닥문절
= **바둑망둥어**[a], **제주망둥어**[b] (바다문절, 바다문주리)

Gobius geneionema Hilgendorf 1879b: 108 (Tokyo Bay, Japan)
Sagamia geneionema (Hilgendorf)

Gen. 567 남방짱뚱어속 (Iwata and Jeon 1987)

Scartelaos Swainson 1839: 183, 279 (type species: *Gobius viridis* Hamilton 1822)

1006. 남방짱뚱어 (Iwata and Jeon 1987)

Scartelaos gigas Chu and Wu in Chu, Chan and Chen 1963: 437, Fig. 333 (Ta Chen Island, Zhejiang Province, China)

Gen. 568 열동갈문절속
= 번대망둥어속[a]

Sicyopterus Gill 1860: 101 (type species: *Sicydium* (*Sicyopterus*) *stimpsoni* Gill 1860)

1007. 열동갈문절
= **번대망둥어**[a] (열동갈문절)

Sicydium japonicum Tanaka 1909: 22 (Tosa, Shikoku Island, Kochi Prefecture, Japan)
Sicyopterus japonicus (Tanaka)

Gen. 569 풀망둑속 (이 1992)

Synechogobius Gill 1859g: 46 (type species: *Gobius hasta* Temminck and Schlegel 1845)

1008. 풀망둑
= **풀망둥어**[acdf], **큰망둥어**[b] (망둥어, 물망둥어, 큰망둥어, 풀망둑)

Gobius hasta Temminck and Schlegel 1845: 144, Pl. 75 (fig. 1) (Nagasaki, Japan)
Synechogobius hasta (Temminck and Schlegel)

Gen. 570 꽃개소겡속 = 수수뱀속^{a 337)}

Taenioides Lacepède 1800: 532 (type species: *Taenioides hermannii* Lacepède 1800)

1009. 꽃개소겡 = 수수뱀^{a 338)}

Amblyopus cirratus Blyth 1860: 147 (Calcutta, India)

Taenioides cirratus (Blyth)

Gen. 571 개소겡속 (정 1977)³³⁹⁾ = 뱀망둥어속^a, 개소경속^{df}

Odontamblyopus Bleeker 1874a: 330 (type species: *Gobioides rubicundus* Hamilton 1822)

1010. 개소겡³⁴⁰⁾ = 뱀망둥어^a (개소겡, 개소경)

Amblyopus lacepedii Temminck and Schlegel 1845: 146, Pl. 75 (fig. 2) (Bays of provinces of Fizen and Omura, Japan)

Odontamblyopus lacepedii (Temminck and Schlegel)

= 서북개소경^b

Taenioides abbotti Jordan and Starks 1906c: 524, Fig. 4 (Port Arthur, Manchuria, China)

---

337) 종이 혼동되어 "꽃개소겡 [수수뱀]" *Taenioides cirratus*의 동종이명으로 다른 종인 *O. lacepedi*가 사용되어 북한에서는 속이 혼용되었으며, 김과 길(2008)의 국문 속명이 정확히 일치한다.

338) Jordan and Hubbs(1925)는 이전의 *T. lacepdii*에 대한 기록(Jordan and Snyder 1901i)이 Temminck and Schlegel(1845)의 종이 아니었던 것으로 정정하고, 대체 신종 *T. snyderi*를 발표하였다(Tomiyama 1936). Mori(1952) 역시 이에 따라 Mori and Uchida(1934)의 *Taenioides lacepedii*를 이 종의 동종이명으로 정리하였으며, 정(1977), 김과 길(2008)도 이에 따랐다. 한편 최(1964)는 "수수뱀 (개소경)" *O. rubicundus*의 동종이명에 *T. lacepdii*를 기록하였는데 동종이명 항목에서 Mori and uchida(1934)를 따른 것으로 표기하였으므로 *T. cirratus*임을 의미한다. 김(1972), 김과 김(1981)은 이들 학명을 모두 1종에 같이 표기하여 혼합되어 종을 특정할 수 없으므로 김과 길(2008)의 "수수뱀"만 이 종의 북한명으로 인용하였다.

339) 김 등(2011)은 "개소겡속" *Odontamblyopus*속을 "꽃개소겡속" *Taenioides*으로 통합하였으나 "개소겡"은 *Odontamblyopus*속의 규정(Murdy and Shibukawa 2001, 2003, Tang *et al.* 2010)에 부합하므로 *Odontamblyopus*속을 적용하였다.

340) Fowler(1939)는 미얀마의 *T. rubicundus*가 일본의 기록(Tomiyama 1936)과 차이가 있음을 지적하였다. 한편 일본에서 기록된 *O. lacepedi*는 Omura에서 구한 1개체를 그린 Burger collection의 그림에 근거하여 Temminck and Schlegel(1845)이 기재한 것으로 (Boeseman 1947: 127), Murdy and Shibukawa(2001: 41)는 인천에서 채집한 표본을 포함한 개체군을 *O. lacepedii*로 규정하고 실제 *O. rubicundus*는 인도 동부에서 미얀마까지 분포하는 종이라 하였다. 근래 Tang *et al.*(2010)의 분자 및 형태적 분석으로 이에 동의하였으며, 서해 일부 지역에 국한되는 종은 *O. lacepedii*로 수정하였다. 한편 북한에서 김(1972), 김과 김(1981) 등은 *O. lacepedii*, *T. cirratus* 등을 모두 동종이명으로 처리하여 혼합되었으므로 종을 특정할 수 없어 국문 명칭에서 배제하였다.

Gen. 572 검정망둑속 = 매지속[acdef]

Tridentiger Gill 1859f: 16 (type species: *Sicydium obscurum* Temminck and Schlegel 1845)

아작망둑속 (정 1977) = 통망둥어속[acdf]

Triaenopogon Bleeker 1874a: 312 (type species: *Triaenophorichthys barbatus* Günther 1861a)

1011. 아작망둑 = 통망둥어[abcdf] (아작망둑, 아작망둑어)

Triaenophorichthys barbatus Günther 1861a: 90 (China)

Tridentiger barbatus (Gühther)

1012. 민물두줄망둑 (전 1994) = 줄무늬점망둥어[b]

Tridentiger bifasciatus Steindachner 1881: 190 [12], Pl. 7 (figs. 2, 2a) (Strielok Bay, Sea of Japan near Vladivostock, Japan Sea)

1013. 두줄망둑 = 줄무늬매지[acdef] (두줄망둑, 점망둥어, 줄무늬, 줄무늬망둥어, 줄무늬점망둥어)

Triaenophorus trigonocephalus Gill 1859f: 18 (Hong Kong)

Tridentiger trigonocephalus (Gill)

1014. 민물검정망둑 (김과 최 1989)

Tridentiger obscurus brevispinis Katsuyama, Arai and Nakamura 1972: 600, Pl. 2 (figs. 1-4) (Minato River, Chiba Prefecture, Japan)

Tridentiger brevispinis Katsuyama, Arai and Nakamura

1015. 황줄망둑 (Iwata and Jeon 1987)

Tridentiger nudicervicus Tomiyama 1934: 328, Fig. 2 (Ariake Sound, western Kyushu, Japan)

1016. 검정망둑 = 매지[acdef], 뚝지[b] [341)] (가마생이, 가매쟁이, 검정망둑, 뚝재, 룡지렁이, 매지, 졸망둥어, 쪽재)

Sicydium obscurum Temminck and Schlegel 1845: 145, Pl. 76 (fig. 1) (Nagasaki, Japan)

Tridentiger obscurus (Temminck and Schlegel)

= 점망둥어[b]

Tridentiger coreanus Regan 1908a: 63, Pl. 3 (fig. 2) (Chong-ju, Kin River, South Korea)

Gen. 573 꼬마줄망둑속 (유 등 1995)

Trimma Jordan and Seale 1906b: 391 (type species: *Trimma caesiura* Jordan and Seale 1906b)

1017. 꼬마줄망둑 (유 등 1995)

Eviota grammistes Tomiyama 1936: 47, Fig. 7 (Hayama, Japan)

Trimma grammistes (Tomiyama)

---

341) 최(1964), 김과 길(2008)은 "남방동사리" *Odontobutis obscurus*에 대해서도 "뚝지"라는 국명을 사용하였다.

Gen. 574 점박이망둑속 (Kim MJ, Han SH *et al.* 2010)

Redigobius Herre 1927: 98 (type species: *Gobius sternbergi* Smith 1902)

1018. 점박이망둑 (Kim MJ, Han SH *et al.* 2010)

   Vaimosa bikolana Herre 1927: 151, Pl. 11 (fig. 2) (Creek at barrio Puru, Legaspi, Albay Province, Philippines)

   Redigobius bikolanus (Herre)

Fam. 187 청황문절과 Microdesmidae

Gen. 575 꼬마청황속 (Iwata and Jeon 1992)

Parioglossus Regan 1912: 302 (type species: *Parioglossus taeniatus* Regan 1912)

1019. 꼬마청황 (Iwata and Jeon 1992)[342]

   Parioglossus dotui Tomiyama in Tomiyama and Abe 1958: 1179, Pl. 230 (fig. 582) (Mogi, Nagasaki Prefecture, Japan)

Gen. 576 청황문절속   = 꽃뚝지속[a]

Ptereleotris Gill 1863d: 271 (type species: *Eleotris microlepis* Bleeker 1856c)

1020. 청황문절   = 꽃뚝지[a] (꽃매지)

   Vireosa hanae Jordan and Snyder 1901i: 38, Fig. 1 (Off Misaki, Japan)

   Ptereleotris hanae (Jordan and Snyder)

1021. 흑꼬리청황문절 (유 등 1995)

   Eleotris heteropterus Bleeker 1855d: 422 (Bandjarmasin, Borneo, Indonesia)

   Ptereleotris heteroptera (Bleeker)

Fam. 188 활치과 Ephippidae   = 제비도미과 (Platacidae)[a]

Gen. 577 제비활치속   = 제비도미속[a]

Platax Cuvier 1816: 334 (type species: *Chaetodon teira* of Bloch and Schneider 1801)

1022. 초승제비활치 (김 등 2001)

   Platax boersii Bleeker 1853a: 758 (Makassar, Sulawesi, Indonesia)

1023. 제비활치   = 제비도미[a] (제비고기, 제비활치)

   Chaetodon pinnatus Linnaeus 1758: 272 (Indian Ocean)

---

342) Kim YU and Han KH(1993: 52)는 제주도 성산포에서 다량의 표본을 채집하여 "등설망둑"으로 보고하였으나 선취권에 따라 "꼬마청황"을 사용하였다.

Platax pinnatus (Linnaeus)

1024. 남방제비활치 (Kim BJ, Lee YD *et al.* 2006)

    Chaetodon orbicularis Forsskål in Niebuhr 1775: 59, xii (Jeddah, Saudi Arabia, Red
       Sea)

    Platax orbicularis (Forsskål)

1025. 깃털제비활치 (김 등 2001)   = [제비도미][a] [343]

    Chaetodon teira Fabricius (ex Forsskål) in Niebuhr 1775: 60, xii (Al-Luhayya, Yemen)

    Platax teira (Fabricius)

      Fam. 189 납작돔과 (Lee CL and Joo DS 1998a) **Scatophagidae**

Gen. 578 납작돔속 (Lee CL and Joo DS 1998a)

Scatophagus Cuvier in Cuvier and Valenciennes 1831: 136 (type species: *Chaetodon*
    argus Linnaeus 1766)

1026. 납작돔 (유 등 1995, Lee CL and Joo DS 1998a)[344]

    Chaetodon argus Linnaeus (ex Brünnich) 1766: 464 (India)

    Scatophagus argus (Linnaeus)

      Fam. 190 독가시치과 Siganidae   = 민도미과[ade], 민돔과[b]

Gen. 579 독가시치속   = 민도미속[ade]

Siganus Fabricius (ex Forsskål) in Niebuhr 1775: 25 (type species: *Siganus rivulatus*
    Fabricius 1775)

1027. 흰점독가시치[345] (Park *et al.* 1992)

    Chaetodon canaliculatus Park 1797: 33 (Bengkulu Province, Sumatra, Indonesia)

    Siganus canaliculatus (Park)

---

343) 김과 길(2007: 207)의 "제비도미" *P. pinnatus*의 동종이명에 *P. teira*가 포함되어 있다.

344) 유 등(1995)이 제주도에서 수중촬영한 사진을 근거로 점박이돔과, 점박이돔속, 점박이돔으로 국명을 제안하였
    고, 이후 Lee CL and Joo DS(1998a)는 전북 부안에서 채집한 2개체의 표본을 근거로 다시 기록하면서 국명은
    납작돔과, 납작돔속, 납작돔으로 하였다. 한편 2000년 추계어류학회 총회 (제주대학교)에서 미기록종의 국명
    은 실제 표본의 계수계측과 함께 제시된 경우 표본의 확보없이 사진을 근거로 한 경우보다 우선하는 것으로 합
    의되었으며, 이에 따라 본 종의 국명은 "납작돔"으로 수정하였다(최 등 2002: 487, 최 등 2003b: 125).

345) 김 등(2001)은 "관독가시치"로 기록하였으나 황(1999), 황 등(2004)에 따르면 Part ME, Lee YD *et al.* (1992)이
    이미 "흰점독가시치"로 사용하였으므로 이에 따랐다.

1028. 독가시치   = 민도미[ade], 민돔[b] (독까시치, 뻔뻔이)

   Centrogaster fuscescens Houttuyn 1782: 333 (Nagasaki, Kyushu)

   Siganus fuscescens (Houttuyn)

Fam. 191 깃대돔과 (유 등 1991) Zanclidae

Gen. 580 깃대돔속 (유 등 1991)

Zanclus Cuvier (ex Commerson) in Cuvier and Valenciennes 1831: 102 (type species:
   Chaetodon cornutus Linnaeus 1758)

1029. 깃대돔 (유 등 1991)

   Chaetodon cornutus Linnaeus 1758: 273 (Indian seas)

   Zanclus cornutus (Linnaeus)

Fam. 192 양쥐돔과 Acanthuridae   = 쥐도미과[a], 해초돔과[b]

Gen. 581 양쥐돔속 (Kim JK, Park JH *et al.* 2007)

Acanthurus Forsskål in Niebuhr 1775: 59 (type species: *Teuthis hepatus* Linnaeus 1766)

1030. 양쥐돔 (Kim JK, Park JH *et al.* 2007)

   Acanthurus gahm var. *nigricauda* Duncker and Mohr 1929: 75 (Massau Island, St.
   Matthias Islands, northeast of New Ireland Island)

   Acanthurus nigricauda Duncker and Mohr

Gen. 582 표문쥐치속   = 뿔쥐도미속[a]

Naso Lacepède 1801: 104 (type species: *Naso fronticornis* Lacepède 1801)

1031. 큰뿔표문쥐치 (김과 이 1994)

   Naseus brevirostris Cuvier 1829: 225 (No locality)

   Naso brevirostris (Cuvier)

1032. 남방표문쥐치 (Kim MJ, Kim BY *et al.* 2008b)

   Priodon hexacanthus Bleeker 1855c: 421 (Ambon Island, Molucca Islands, Indonesia)

   Naso hexacanthus (Bleeker)

1033. 제주표문쥐치 (Lee WO, Kim IS *et al.* 2000)

   Acanthurus lituratus Forster in Bloch and Schneider 1801: 216 (no locality)

   Naso lituratus (Forster)

1034. 표문쥐치 = 뿔쥐도미[a] (뿔고기)

Chaetodon unicornis Forsskål in Niebuhr 1775: 63, xiii (Jeddah, Saudi Arabia, Red Sea)

Naso unicornis (Forsskål)

Gen. 583 쥐돔속 = 톱쥐도미속[a]

Prionurus Lacepède 1804: 211 (type species: *Prionurus microlepidotus* Lacepède 1804)

1035. 쥐돔 = 해초돔[b]

Prionurus scalprum Valenciennes in Cuvier and Valenciennes 1835: 298 (Nagasaki, Japan)

= 톱쥐도미[a]

Prionurus microlepidotus Lacepède 1804: 205, 211 (no locality)

Fam. 193 꼬치고기과 Sphyraenidae = 꼬치어과[abde]

Gen. 584 꼬치고기속 = 꼬치어속[ade]

Sphyraena Bloch and Schneider 1801: 109 (type species: *Esox sphyraena* Linnaeus 1758)

1036. 애꼬치 = 왜꼬치어[a] [346]

Sphyraena acutipinnis Day 1876: 342, Pl. 79 (fig. 1) (Sindh, Pakistan, Arabian Sea)

1037. 창꼬치 = 남꼬치어[b] [꼬치어[a]] [347]

Sphyraena obtusata Cuvier in Cuvier and Valenciennes 1829a: 350 (Puducherry, India)

1038. 꼬치고기 = 꼬치어[ade] (꼬치, 꼬치고기)

Sphyraena pinguis Gühther 1874a: 157 (Yantai, Shantung Province, China)

Fam. 194 갈치꼬치과 Gempylidae = 통치과[a]

Gen. 585 통치속 = 통치속[a]

Rexea Waite 1911: 49 (type species: *Rexea furcifera* Waite 1911)

1039. 통치 = 왕통치[a] (통치)

Thyrsites prometheoides Bleeker 1856a: 42 (Ambon Island, Molucca Islands, Indonesia)

---

346) *Sphyraena japonica* Cuvier 1829는 그림에 근거하여 기재된 것으로서 *Sphyraena japonica* Bloch 1801의 이종동명이어서 유효성이 없고, *S. acutipinnis*의 동종이명이다(Kottelat 2013: 445). 김과 길(2007: 73)은 "외꼬치어(애꼬치어)"로 표기하였으나 김과 길(2008: 280)에는 "왜꼬치어"로 표기되어 있다. 종소명이 *japonica*이므로 "외꼬치어"는 "왜꼬치어"의 인쇄오류로 판단하였다.

347) 김과 길(2007: 73)은 *S. obtusata*를 "꼬치어" *S. pinguis*의 동종이명으로 처리하였으므로 부분적으로는 "창꼬치"의 북한 명칭이다.

Rexea prometheoides (Bleeker)

Fam. 195 갈치과 Trichiuridae = 칼치과[abde]

Gen. 586 붕동갈치속[348)] = 장칼치속[a]

Assurger Whitley 1933: 84 (type species: *Evoxymetopon anzac* Alexander 1917)

1040. 붕동갈치 = 장칼치[a] (긴칼치번티기, 붕동갈치)

　Evoxymetopon anzac Alexander 1917: 104, Pl. 7 (North Fremantle, Western Australia)

　Assurger anzac (Alexander)

Gen. 587 동동갈치속 = 칼치번티기속[a]

Evoxymetopon Gill (ex Poey) 1863a: 227 (type species: *Evoxymetopon taeniatus* Gill 1863a)

1041. 동동갈치 = 칼치번티기[a] (동동갈치)

　Evoxymetopon taeniatus Gill (ex Poey) 1863a: 228 (Cuba)

Gen. 588 분장어속 = 늦칼치속[a]

Eupleurogrammus Gill 1862d: 126 (type species: *Trichiurus muticus* Gray 1831)

1042. 분장어 = 늦칼치[ad], 작은칼치[b] (문걸어, 민쟁이, 수수잎칼치)

　Trichiurus muticus Gray 1831b: 10 (India)

　Eupleurogrammus muticus (Gray)

Gen. 589 갈치속 = 칼치속[ade]

Trichiurus Linnaeus 1758: 246 (type species: *Trichiurus lepturus* Linnaeus 1758)

1043. 갈치[349)] = 칼치[abde] (갈치, 갈티, 민쟁이, 풀치)

　Trichiurus lepturus japonicus Temminck and Schlegel 1844: 102, Pl. 54 (Japan)

---

348)　*Evoxymetopon anzac*로 기재되었으나 이 종을 모식종으로 *Assurger*속이 설립되어 전속되었으므로 국문속명 "붕동갈치속"을 *Assurger*에 대해 사용하였다. 우리나라의 *Evoxymetopon*속에는 "동동갈치[칼치번티기]" *E. taeniatus*가 있다.

349)　Chakraborty *et al.* (2006)는 그간 분류학적으로 혼동되었던 *Trichiurus sp.* 1, *T. sp.* 2, *T. lepturus* 등을 구명하기 위해 미코콘드리아 DNA를 비교하여 *T. japonicus*와 *T. lepturus*는 서로 다른 계통으로 구분되는 별종인 것으로 주장하였다. 이에 따라 중국, 일본 등 동아시아 연해에 서식하는 종은 *T. japonicus*로 정리되었고 *T. lepturus*는 범 세계적인 열대 및 온대성 어종이지만 멕시코만, 캐리비안해, 지중해, 홍해, 페르시안만 등에 분포하는 다른 종이다.

Trichiurus japonicus Temminck and Schlegel

Fam. 196 고등어과 Scombridae   = 고등어과[abde]

Gen. 590 꼬치삼치속   = 꼬치삼치속[a] [350)]

Acanthocybium Gill 1862d: 125 (type species: *Cybium sara* Lay and Bennett 1839)

1044. 꼬치삼치   = 꼬치삼치[ab]

Cybium solandri Cuvier in Cuvier and Valenciennes 1832: 192 (no locality)

Acanthocybium solandri (Cuvier)

Gen. 591 물치다래속   = 칼고등어속[ade]

Auxis Cuvier 1829: 199 (type species: *Scomber rochei* Risso 1810)

1045. 몽치다래[351)]

Scomber rochei Risso 1810: 165 (Nice, France, northwestern Mediterranean Sea)

Auxis rochei (Risso)

= 둥근칼고등어[abde] (뭉치다래, 뭉치, 모고드리, 오고드리)

Auxis tapeinosoma (not of Bleeker 1854c)

1046. 물치다래   = 칼고등어[abe] (다랭이, 뒤다래, 목만둥이, 무태다랭, 물치, 물치다래, 쥐다래)

Scomber thazard Lacepède (ex Commerson) 1800: 599 (Kampung Loleba, Wasile District, Halmahera Island, Molucca Islands, Indonesia)

Auxis thazard (Lacepède)

Gen. 592 점다랑어속[352)]   = 점다랑어속[a]

Euthynnus Lütken in Jordan and Gilbert 1883: 429 (type species: *Thynnus thunina* Cuvier 1829)

1047. 점다랑어   = 점다랑어[a] (백복아지, 점다랭이, 강고등어)

Thynnus affinis Cantor 1849: 1088 [106] (Malacca Strait, eastern Indian Ocean)

---

350) 최(1964)는 "꼬치삼치과" Acanthocyblidae로 구분하였다.

351) Jordan and Metz(1913)는 *A. thazard*를 기록하였고 이후 학자들도 이를 기록하였으며, 이와는 별도로 Mori and Uchida(1934)는 *A. tapeinosoma*를 기록하였다. *A. tapeinosoma*는 *A. thazard*의 동종이명이지만 초기에 종 동정과 학명 사용에 혼동이 있었으며, *A. tapeinosoma*의 일본명은 *A. rochei*의 일본명과 같아 부정확한 학명사용의 오류로 판단하였다.

352) 정(1977)은 "~다랭이"로 표기하였으나 표준어는 "다랑어"이며, 이후 학자들은 표준어를 따라 표기하였다(국립국어원 표준국어대사전).

Euthynnus affinis (Cantor)

= 백복어[b]

Euthynnus yaito Kishinouye 1915: 22 [13], Pl. 1 (fig. 15) (Southern waters of Japan)

Gen. 593 가다랑어속　　　　　　　　　　　　　　= 줄다랑어속[a], 강고등어속[e]

Katsuwonus Kishinouye 1915: 21 (type species: *Scomber pelamis* Linnaeus 1758)

1048. 가다랑어　　= 줄다랑어[a], 강고등어[be] (가다랭이, 다랭이, 목만둥이, 소용치, 여다랭이, 칼고등어)

　　Scomber pelamis Linnaeus 1758: 297 (Pelagic, between the tropics)

　　Katsuwonus pelamis (Linnaeus)

Gen. 594 줄삼치속　　　　　　　　　　　　　　= 등줄다랑어속[a], 등줄삼치속[e]

Sarda Cuvier 1829: 199 (type species: *Scomber sarda* Bloch 1793)

1049. 줄삼치　　　　　　　　　　　= 등줄다랑어[a], 등줄삼치[be] (이빨강고등어, 줄삼치)

　　Pelamys orientalis Temminck and Schlegel 1844: 99, Pl. 52 (Nagasaki, Nagasaki
　　　　Prefecture, Japan)

　　Sarda orientalis (Temminck and Schlegel)

Gen. 595 고등어속　　　　　　　　　　　　　　　　　　= 고등어속[ade]

Scomber Linnaeus 1758: 297 (type species: *Scomber scombrus* Linnaeus 1758)

1050. 망치고등어　　　　　　　　　　　　= 기름고등어[ad] (남방고등어)

　　Scomber australasicus Cuvier in Cuvier and Valenciennes 1832: 49 (King George
　　　　Sound, Western Australia)

= 남고등어[b]

　　Scomber tapeinocephalus Bleeker 1854c: 407 (Nagasaki, Japan)

1051. 고등어　　　　　　　　　= 고등어[abde] (고망어, 고망이, 쇠고도리, 쇠고등어)

　　Scomber japonicus Houttuyn 1782: 331 (Nagasaki, Nagasaki Prefecture, Japan)

Gen. 596 삼치속　　　　　　　　　　　　　　　　　= 삼치속[ade 353)]

Scomberomorus Lacepède 1801: 292 (type species: *Scomberomorus plumierii* Lacepède
　　1801)

---

353)　최(1964), 김(1977), 손(1980), 김과 길(2008)은 "삼치과" Cybiidae로 배정하였다.

1052. 동갈삼치   = 줄삼치[ab] (동갈삼치, 재망어, 재방어)

Scomber commerson Lacepède (ex Commerson) 1800: 598, 600p, Pl. 20 (fig. 1) (no locality)

Scomberomorus commerson (Lacepède)

1053. 평삼치   = 평삼치[abd] (망어, 엽치기)

Scomberomorus koreanus (Kishinouye)

Scomber commerson (not of Lacepède 1800)

1054. 삼치   = 삼치[abde] (망어, 망에, 고시, 삼어, 삼티, 쌍치)

Cybium niphonium Cuvier in Cuvier and Valenciennes 1832: 180 (Japan)

Scomberomorus niphonius (Cuvier)

1055. 재방어   = 소삼치[a], 재방어[b] (왕삼치, 장달방어, 지방어)

Scomber sinensis Lacepède 1800: 599 (no locality)

Scomberomorus sinensis (Lacepède)

1056. 점삼치 (국립수산진흥원 1988)   = 별삼치[a] (반점삼치)[354)]

Scomber guttatus Bloch and Schneider 1801: 23, Pl. 5 (Tharangambadi, India)

Scomberomorus guttatus (Bloch and Schneider)

Gen. 597 참다랑어속   = 다랑어속[ae]

Thunnus South 1845: 620 (type species: *Scomber thynnus* Linnaeus 1758)

                                           = 툭눈다랑어속[e]

Parathunnus Kishinouye 1923: 442 (type species: *Thunnus mebachi* Kishinouye 1915)

황다랭이속 (정 1977)   = 노란다랑어속[e]

Neothunnus Kishinouye 1923: 445 (type species: *Thynnus macropterus* Temminck and Schlegel 1844)

1057. 날개다랑어   = 날개다랑어[a] (개다랑어, 긴지느러미다랑어, 날개다랭이, 띠다랭이)

Scomber alalunga Bonnaterre (ex Cetti) 1788: 139 (Sardinia, Italy, western Mediterranean Sea)

Thunnus alalunga (Bonnaterre)

                                  = 띠다랑어[e] (날개다랭이, 띠다랭이)

Scomber germo Lacepède (ex Commerson) 1801: 1 (Eastern Pacific)

---

354) 이 종은 황해와 중국해에도 서식하는 것으로 알려졌으며(Lindberg and Krasyukova 1989, Collette in Randall and Lim 2000), 김과 길(2008)은 우리나라 서해와 중국 동남해를 분포지로 언급하였다.

Germo germo (Lacepède)

1058. 황다랑어 = 황다랑어[a], 노란다랑어[e] (황다랭이)

Scomber albacares Bonnaterre (ex Sloane) 1788: 140 (Jamaica)

Thunnus albacares (Bonnaterre)

1059. 눈다랑어 = 툭눈다랑어[ae] (눈다랭이, 눈다랑이)

Thynnus obesus Lowe 1839: 78 (Madeira, eastern Atlantic)

Thunnus obesus (Lowe)

1060. 참다랑어[355] = 다랑어[abe] (다랭이, 참치)

Thynnus orientalis Temminck and Schlegel 1844: 94 (Nagasaki, Japan)

Thunnus orientalis (Temminck and Schlegel)

1061. 백다랑어 = 흰다랑어[ab] (긴다리다랑어, 긴허리다랑어)

Thynnus tonggol Bleeker 1851a: 356 (Jakarta, Java, Indonesia)

Thunnus tonggol (Bleeker)

Fam. 197 황새치과 Xiphidae = 돛고기과 (Istiophoridae)[a] (Histiophoridae)[e]

Gen. 598 돛새치속 = 돛고기속[ae]

Istiophorus Lacepède 1801: 374 (type species: *Xiphias platypterus* Shaw in Shaw and Nodder 1792)

1062. 돛새치 = 돛고기[ae] (돛대치, 돛새치, 바렌, 배방치, 부채, 부채곳고기, 새치, 항가치)

Xiphias platypterus Shaw in Shaw and Nodder 1792: no page number, Pl. 88 (Indian Ocean)

Istiophorus platypterus (Shaw)

Gen. 599 녹새치속 (국명개칭)[356] = 줄새치속[a], 새치속[e]

Makaira Lacepède 1802: 688 (type species: *Makaira nigricans* Lacepède 1802)

1063. 백새치 = 흰새치[a] (인디아새치)

Tetrapturus indicus Cuvier in Cuvier and Valenciennes 1832: 286 (Sumatra, Indonesia)

---

355) 최(1964), 김과 길(2008)은 이 종의 학명으로 *Thunnus orientalis*를 사용했으며, 근래 대서양 "참다랑어" *Thunnus thynnus*를 구분하고 있다(Collete 1999, Parin *et al.* 2014).

356) 정 (1977)은 "청새치"를 *Makaira*속으로 분류하고 *Makaira*속에 대해 국명으로 "청새치속"을 사용하였으나, 근래 "청새치"는 *Tetrapturus* 속으로 분류되어 *Makaira*속에 대한 새로운 국명이 필요하므로 제안하였다.

Makaira indica (Cuvier)

1064. 녹새치   = 검새치[a] (속새치)

Tetrapturus mazara Jordan and Snyder 1901b: 305 (Misaki, Kanagawa Prefecture, Sagami Sea, Japan)

Makaira mazara (Jordan and Snyder)

Gen. 600 청새치속   = 새치속[a]

Tetrapturus Rafinesque 1810a: 54 (type species: *Tetrapturus belone* Rafinesque 1810a)

1065. 청새치   = 새치[ae] (룡삼치, 청대치, 청새치)

Histiophorus audax Philippi 1887: 567 [35], Pl. 8 (Iquique, Chile)

Tetrapturus audax (Philippi)

Gen. 601 황새치속   = 칼고기속[ae]

Xiphias Linnaeus 1758: 248 (type species: *Xiphias gladius* Linnaeus 1758)

1066. 황새치   = 칼고기[ae] (눈새치, 황새치, 눈항거치)

Xiphias gladius Linnaeus 1758: 248 (European ocean)

Fam. 198 샛돔과 Centrolophidae   = [연어병치과] [357]

Gen. 602 연어병치속[358]   = 눈치병어속[a]

Hyperoglyphe Günther 1859: 337 (type species: *Diagramma porosa* Richardson 1845)

1067. 연어병치   = 눈치병어[a] (돔병어)

Centrolophus japonicus Döderlein in Steindachner and Döderlein 1884: 183 [15] (Tokyo, Japan)

Hyperoglyphe japonica (Döderlein)

Gen. 603 샛돔속   = 흑병어속[ae]

Psenopsis Gill 1862d: 127 (type species: *Trachinotus anomalus* Temminck and Schlegel 1844)

---

357) 김과 길(2008)은 "연어병치 [눈치병어]", "샛돔 [흑병어]"가 포함된 "연어병치과" Nomeidae를 사용하여 김 등 (2011)의 "노메치과" Nomeidae 보다 범위가 넓으므로 국명 내용이 서로 정확히 대응되지 않는다.

358) 김과 길(2008)은 이 속을 "눈치병어속"으로, "가는동강연치속" Nomeus속을 "연어병치속"으로 사용하였다.

1068. 샛돔　　　　　　　　　　　　　　= 흑병어ᵃ, 돔병어ᵇ, 흑돔병어ᵉ (샛돔)

Trachinotus anomalus Temminck and Schlegel 1844: 107, Pl. 57 (fig. 2) (Nagasaki, Kyushu, Japan)

Psenopsis anomala (Temminck and Schlegel)

Fam. 199 노메치과 Nomeidae　　　　　　　　= 연어병치과ᵃ

Gen. 604 동강연치속 (김 등 1988)

Cubiceps Lowe 1843: 82 (type species: *Seriola gracilis* Lowe 1843)

1069. 동강연치 (김 등 1988)

Mulichthys squamiceps Lloyd 1909: 158 (Arabian Sea)

Cubiceps squamiceps (Lloyd)

Gen. 605 물릉돔속 (정 1961)　　　　　　　　= 물렁병어속ᵃ

Psenes Valenciennes in Cuvier and Valenciennes 1833: 259 (type species: *Psenes cyanophrys* Valenciennes 1833)

1070. 물릉돔 (정 1961)　　　　　　　　　　= 물렁병어ᵃ

Psenes pellucidus Lütken 1880: 12, 516 [108], 610p, Fig. (p. 516) (Surabaja Strait, Java, Indonesia)

Gen. 606 가는동강연치속 (Lee SJ, Kim JK *et al*. 2015)　　= 연어병치속ᵃ

Nomeus Cuvier 1816: 315 (type species: *Gobius gronovii* Gmelin 1789)

1071. 가는동강연치 (Lee SJ, Kim JK *et al*. 2015)　　= 연어병치ᵃ (년어병치, 얼룩병치)³⁵⁹

Gobius gronovii Gmelin 1789: 1205 (Habitat in oceano americano zona torridae)

Nomeus gronovii (Gmelin)

Fam. 200 보라기름눈돔과 (김 등 1988) **Ariommatidae**

Gen. 607 보라기름눈돔속 (김 등 1988)

Ariomma Jordan and Snyder 1904b: 942 (type species: *Ariomma lurida* Jordan and Snyder

---

359) 이 종은 아열대성 어류로 일본과 대만을 포함한 북태평양 서부에도 분포하는데, 남한에서는 Lee SJ, Kim JK *et al.* (2015)이 제주도에서 표본 1개체를 채집하여 미기록종으로 보고하였다. 김과 길(2008: 28, fig 3-592)는 "노메치과"에 *Nomeus*속과 *Nomeus albula* (= *gronovii*)를 기록하였으며, "연어병치속", "연어병치"로 표기하였다. 국제멸종위기종 목록에 포함된 어종으로 추가적인 연구가 필요하다(Dooley *et al*. 2015).

1904b)

1072. 보라기름눈돔 (김 등 1988)

Cubiceps indicus Day 1871: 690 [14] (Madras, India)

Ariomma indica (Day)

Fam. 201 병어과 Stromateidae = 병어과[abde]

Gen. 608 병어속 = 병어속[ade]

Pampus Bonaparte 1834: puntata 48 (type species: *Stromateus candidus* Cuvier 1833)

1073. 병어 = 병어[abde] (덕재, 병애, 병단이, 병치, 은병어, 편어)

Stromateus argenteus Euphrasen 1788: 53, Pl. 9 (Fort Boca Tigris, Humen, mouth of the Pearl River, Guangdong Province, China)

Pampus argenteus (Euphrasen)

1074. 덕대 = 가시병어[ab], 덕제[d] (덕대, 큰병단이, 큰병장이)

Stromateus echinogaster Basilewsky 1855: 223 (Bohai, China)

Pampus echinogaster (Basilewsky)

1075. 중국병어 (김과 한 1989, 최 등 2002)

Stromateus chinensis Euphrasen 1788: 54 (Fort Boca Tigris, Humen, mouth of the Pearl River, Guangdong Province, China)

Pampus chinensis (Euphrasen)

Fam. 202 버들붕어과 Belontiidae = 꽃붕어과[abcf]

Gen. 609 버들붕어속 = 꽃붕어속[acf]

Macropodus Lacepède 1801: 416 (type species: *Macropodus viridiauratus* Lacepède 1801)

1076. 버들붕어 = 꽃붕어[abcf] (녕감고기, 버들붕어, 버들치, 수수붕어, 투어)

Macropodus ocellatus Cantor 1842: 484 (Shoushan Island, China)

Fam. 203 가물치과 Channidae = 가물치과[abcf 360)]

Gen. 610 가물치속 = 가물치속[acf]

Channa Scopoli (ex Gronow) 1777: 459 (type species: *Channa orientalis* Bloch and Schneider 1801)

---

360) 김과 김(1981)은 "가물치목" Ophiocephaliformes로 배정하였다.

1077. 가물치   = **가물치**[abcf] (가모치, 가무치, 가이치)

Ophicephalus argus Cantor 1842: 484 (Chusan Island, China)

Channa argus (Cantor)

━━━━━ **42. 가자미목 Pleuronectiformes**   = **가재미목**[acdf], **넙치목**[b] [361]

Fam. 204 풀넙치과 Citharidae

Gen. 611 풀넙치속   = **풀넙치속**[a]

Citharoides Hubbs 1915: 452 (type species: *Citharoides macrolepidotus* Hubbs 1915)

1078. 풀넙치   = **풀넙치**[ab]

Citharoides macrolepidotus Hubbs 1915: 453, Pl. 25 (fig. 1) (Eastern channel of the Korean Strait)

Fam. 205 둥글넙치과 Bothidae   = **넙치과**[ade]

Gen. 612 목탁가자미속   = **비늘넙치속**[a]

Arnoglossus Bleeker 1862a: 427 (type species: *Pleuronectes arnoglossus* Bloch and Schneider 1801)

1079. 목탁가자미   = **비늘넙치**[a] (목탁가재미)

Arnoglossus japonicus Hubbs 1915: 454, Pl. 25 (fig. 2) (Vincennes Strait, south of Kyushu, Japan)

1080. 노랑반점가자미 (Kim MJ, Choi CM *et al.* 2010)

Anticitharus polyspilus Günther 1880: 48, Pl. 22 (fig. A) (Kai Islands, Indonesia)

Arnoglossus polyspilus (Günther)

Gen. 613 별목탁가자미속   = **별넙치속**[a] [362]

Bothus Rafinesque 1810a: 23 (type species: *Bothus rumolo* Rafinesque 1810a)

---

361) 김과 길(2008)은 "가자미목" Pleuronectiformes을 아목 수준인 "가재미아목" Pleuronectoidei으로 기록하였고, 아목 내에 "넙치과" Bothidae와 "가재미과" Pleuronectidae의 2개 과만을 두었다. 따라서 김 등(2011)의 "풀넙치과" Citharidae, "둥글넙치과" Bothidae, "넙치과" Paralichthyidae가 모두 김과 길(2008)의 "넙치과" Bothidae에 포함되어 있다.

362) 손(1980), 김과 길(2008)은 "별목탁가지미속, 별목탁가자미" *Bothus myriaster*에 대해 "별넙치속, 별넙치"로 하였고, 김 등(2005)의 "별넙치속, 별넙치" *Pseudorhombus cinnamoneus*는 "쇠점넙치"로 기록하였으나 김(1977)은 김 등(2005)과 같이 "별넙치속, 별넙치" *Pseudorhombus cinnamoneus*를 기록하여 혼동된다.

1081. 별목탁가자미   = 별넙치[a] (별복낙가재미)

   Rhombus myriaster Temminck and Schlegel 1846: 181, Pl. 92 (fig. 2) (Nagasaki, Japan)

   Bothus myriaster (Temminck and Schlegel)

Gen. 614 고베둥글넙치속 (이 등 2000)

Crossorhombus Regan 1920: 211 (type species: *Platophrys dimorphus* Gilchrist 1904)

1082. 고베둥글넙치 (이 등 2000)

   Scaeops kobensis Jordan and Starks 1906b: 170, Fig. 2 (Kobe, Japan)

   Crossorhombus kobensis (Jordan and Starks)

Gen. 615 흰비늘가자미속   = 창넙치속[a]

Laeops Günther 1880: 29 (type species: *Laeops parviceps* Günther 1880)

1083. 흰비늘가자미   = 창넙치[a] (흰비늘가재미)

   Lambdopsetta kitaharae Smith and Pope 1906: 496, Fig. 12 (Kagoshima Bay, Kyushu, Japan)

   Laeops kitaharae (Smith and Pope)

   넙치가자미 (정 1977)[363]   = 줄무늬창넙치[a] (넙치가재미)

   Laeops lanceolata (not of Franz 1910)

Gen. 616 긴가자미속 (김과 윤 1994)

Parabothus Norman 1931: 600 (type species: *Arnoglossus polylepis* Alcock 1889)

1084. 긴가자미 (김과 윤 1994)

   Platophrys kiensis Tanaka 1918: 225 (Tanabe, Wakayama Prefecture, Japan)

   Parabothus kiensis (Tanaka)

Gen. 617 동백가자미속   = 둥근넙치속[a]

Psettina Hubbs 1915: 456 (type species: *Engyprosopon iijimae* Jordan and Starks 1904d)

1085. 동백가자미   = 둥근넙치[a] (동백가자미)

   Engyprosopon iijimae Jordan and Starks 1904d: 626, Pl. 8 (fig. 1) (Suruga Bay, Japan)

   Psettina iijimae (Jordan and Starks)

---

363) Mori(1952)가 *L. kitaharae*와 *L. lanceolata* 2종을 기록했지만 Amaoka(1969)이 동일종으로 처리했으며, Voronina *et al.* (2016: 391)은 2종이 별종이지만 *L. lanceolata*는 필리핀에만 분포하는 종으로 구분하였다. 김과 윤(1994)이 우리나라 어류 목록에서 삭제하였다.

1086. 사량넙치 (Lee CL and Lee CS 2007)

Psettina tosana Amaoka 1963: 59, Figs. 5-6 (Mimase, Kochi Prefecture, Japan)

Gen. 618 큰비늘넙치속 (Lee HH and Choi Y 2010)

Engyprosopon Günther 1862: 431, 438 (type species: *Rhombus mogkii* Bleeker 1854e)

1087. 큰비늘넙치 (Lee HH and Choi Y 2010)

Rhombus grandisquama Temminck and Schlegel 1846: 183, Pl. 92 (figs. 3-4) (Nagasaki, Japan)

Engyprosopon grandisquama (Temminck and Schlegel)

Fam. 206 넙치과 (김과 윤 1994) **Paralichthyidae**　　　　　= 넙치과[ab 364)]

Gen. 619 넙치속　　　　　　　　　　　　　　　　　= 넙치속[ade]

Paralichthys Girard 1858: 146 (type species: *Pleuronectes maculosus* Girard 1854b)

1088. 넙치　　　　　　　　　　　　　　　= 넙치[abde] (넙, 광어)

Hippoglossus olivaceus Temminck and Schlegel 1846: 184, Pl. 94 (Nagasaki, Japan)

Paralichthys olivaceus (Temminck and Schlegel)

Gen. 620 별넙치속　　　　　　　　　= 점넙치속[ae], 별넙치속[d]

Pseudorhombus Bleeker 1862a: 426 (type species: *Rhombus polyspilos* Bleeker 1853b)

1089. 별넙치　　　　　　= 쇠점넙치[abe], 별넙치[d] (쇠점광어, 쇠점넙치)

Rhombus cinnamoneus Temminck and Schlegel 1846: 180, Pl. 93 (Bays of Japan)

Pseudorhombus cinnamoneus (Temminck and Schlegel)

1090. 점넙치　　　　　　　　　　　　　　　　　= 점넙치[abe]

Pseudorhombus pentophthalmus Gühther 1862: 428 (China seas)

점목탁가자미 (정 1977)　　　　　　　　= 점비늘넙치[a] (점목탁가재미)

Arnoglossus wakiyai Schmidt 1931: 313, Fig. 1 (Pusan, South Korea)

1091. 남해넙치 (Lee CL and Lee CS 2007)

Pseudorhombus oculocirris Amaoka 1969: 94 [30], Fig. 15 (Mimase, Kochi Prefecture, Japan)

---

364) 최(1964), 김(1977), 김과 길(2008)은 "둥근넙치과" Bothidae에 대해 "넙치과"로 수정하였으나, 의미상 Paralichthyidae를 포함한다.

Gen. 621 왜넙치속 (김과 윤 1994)

Tarphops Jordan and Thompson 1914: 307 (type species: *Rhombus oligolepis* Bleeker 1858)

1092. 좀넙치 (이와 주 1996, 김 등 2005)[365)]

   Tarphops elegans Amaoka 1969: 110 [46], Fig. 26 (Choshi, Chiba Prefecture, Japan)

1093. 왜넙치 (김과 윤 1994)

   Rhombus oligolepis Bleeker 1858c: 8, Pl. 2 (fig. 2) (Nagasaki, Japan)

   Tarphops oligolepis (Bleeker)

      Fam. 207 가자미과 Pleuronectidae   = 가재미과[abcdef]

Gen. 622 가시가자미속   = 이가재미속[ae]

Acanthopsetta Schmidt 1904: 237 (type species: *Acanthopsetta nadeshnyi* Schmidt 1904)

1094. 가시가자미   = 이가재미[abe] (가시가재미)

   Acanthopsetta nadeshnyi Schmidt 1904: 237, Pl. 5 (fig. 1) (Aniva Bay, Okhotsk Sea;
      Sea of Japan: Amerika Bay and Peter the Great Bay, Primorye, Russia; Wonsan,
      Korea)

Gen. 623 줄가자미속   = 상어가재미속[ae]

Clidoderma Bleeker 1862a: 425 (type species: *Platessa asperrima* Temminck and Schlegel 1846)

1095. 줄가자미   = 상어가재미[abe] (줄가재미)

   Platessa asperrima Temminck and Schlegel 1846: 177, Pl. 91 (Japan)

   Clidoderma asperrimum (Temminck and Schlegel)

Gen. 624 눈가자미속   = 툭눈가재미속[ae]

Dexistes Jordan and Starks 1904d: 624 (type species: *Dexistes rikuzenius* Jordan and
   Starks 1904d)

1096. 눈가자미   = 툭눈가재미[abe] (눈가재미)

   Dexistes rikuzenius Jordan and Starks 1904d: 624, Pl. 6 (fig. 1) (Matsushima Bay, Japan)

Gen. 625 물가자미속   = 물가재미속[ade]

Eopsetta Jordan and Goss in Jordan 1885: 923 [135] (type species: *Hippoglossoides*

---

365) 김과 윤(1994)은 당시 검토한 표본이 *T. elegans*보다는 분포가 넓은 *T. oligolepis*일 것으로 판단하여 "왜넙치"
    만 기록하였다. 이후 이와 주(1996)가 소흑산도 표본에 대해 미기록종으로 보고하였다.

jordani Lockington 1879)

1097. 물가자미　　　　　　　　　　　= 물가재미[ade], [별가재미][b 366] (벌제가재미, 벌레가재미)

Hippoglossus grigorjewi Herzenstein 1890: 134 [56 in n. s.] (Hakodate, Hokkaido, Japan)

Eopsetta grigorjewi (Herzenstein)

Gen. 626 기름가자미속　　　　　　　　　　　　　　　= 기름가재미속[ae]

Glyptocephalus Gottsche 1835: 136, 156 (type species: *Pleuronectes saxicola* Faber 1828)

1098. 기름가자미　　　　　　　　　　　　　　　= 기름가재미[abe]

　　Microstomus stelleri Schmidt 1904: 247 (Aniva Bay, Okhotsk Sea; Sea of Japan from
　　　　Tatar Strait to Wonsan, Korea)

　　Glyptocephalus stelleri (Schmidt)

　　　　　　　　　　　　　　　　　　　　　= 검정지느러미[b]

　　Microstomus hireguro Tanaka 1916a: 67 (Obama, Fukui Prefecture, Japan)

　　Tanakius hireguro (Tanaka)

Gen. 627 갈가자미속 (정 1977, 김과 윤 1994)　　　　　= 통가재미속[ade]

Tanakius Hubbs 1918: 370 (type species: *Microstomus kitaharae* Jordan and Starks
　　1904d)

1099. 갈가자미　　　　　　　　　　= 통가재미[abde] (갈가재미, 긴가재미)

　　Microstomus kitaharae Jordan and Starks 1904d: 625, Pl. 7 (fig. 2) (Matsushima Bay,
　　　　Japan)

　　Tanakius kitaharae (Jordan and Starks)

Gen. 628 홍가자미속　　　　　　　　　　= 말가재미속[a], 붉가재미속[e]

Hippoglossoides Gottsche 1835: 164, 168 (type species: *Hippoglossoides limanda*
　　Gottsche 1835)

　　　　　　　　　　　　　　　　　　　　= 어기가재미속[ade]

Cleisthenes Jordan and Starks 1904d: 622 (type species: *Cleisthenes pinetorum* Jordan
　　and Starks 1904d)

---

366) 최(1964)는 "물가자미" *E. grigorjewi*를 "별가재미"로 하였으나 김(1977)은 이 종의 방언으로 "별가재미"를 기록
　　하였고, 김과 길(2008)은 "범가자미" *V. variegatus*를 "별가재미"로 하여 혼동된다. 여러 서적에서 "범가자미"를
　　"별가재미"로 사용(김 1977, 손 1980, 김과 길 2008)하고 있어 최(1964)의 국문속명은 오기인 것으로 판단된다.

1100. 홍가자미 = 붉은가재미[a], 붉가재미[be] (홍가재미)

Hippoglossoides dubius Schmidt 1904: 227, Pl. 6 (fig. 1) (Mauka, western Sakhalin Island)

= ? 말가재미[a], 대가재미[be] (붉가재미) [367]

Hippoglossoides elassodon Jordan and Gilbert 1880: 278 (Seattle and Tacoma, Washington, U.S.A.)

1101. 용가자미 = 어기가재미[abde] (쓸가재미, 용가재미)

Cleisthenes pinetorum Jordan and Starks 1904d: 622, Fig. (Kinkwazan Island, Matsushima Bay, Japan)

Hippoglossoides pinetorum (Jordan and Starks)

Gen. 629 돌가자미속 = 돌가재미속[acde]

Kareius Jordan and Snyder 1900: 379 (type species: *Pleuronectes scutifer* Steindachner 1870)

1102. 돌가자미 = 돌가재미[abcdef] (새뫼가재미, 세피가재미)

Platessa bicolorata Basilewsky 1855: 260 (Shantung, China)

Kareius bicoloratus (Basilewsky)

Gen. 630 강도다리속 = 강가재미속[ace], 돌가재미속[f]

Platichthys Girard 1854a: 139 (type species: *Platichthys rugosus* Girard 1854)

1103. 강도다리 = 강가재미[ace], 독가재미[b] (강도다리, 늪가재미, 독다지, 독가재미, 돌가재미, 돌도다리, 물가재미, 소가재미, 원가재미, 풀가자매)

Pleuronectes stellatus Pallas 1787: 347, Pl. 9 (fig. 1) (Kuril Islands; Kamchatka Peninsula)

Platichthys stellatus (Pallas)

Gen. 631 까지가자미속 = 이측선가재미속[ae]

Lepidopsetta Gill 1862g: 330 (type species: *Platichthys umbrosus* Girard 1856)

1104. 까지가자미 = 이측선가재미[abe] (가시가재미, 쌍측선가재미)

Platessa bilineata Ayres 1855: 40 (Gulf of the Farallones, off San Francisco, California, U.S.A.)

---

[367] 정(1977)은 "홍가자미" *H. dubius*를 기록하면서 *H. elassodon*일 가능성을 언급하였다. 이 종은 근래 북태평양과 북극 인근에 분포하는 별종으로 인식되고 있으며(**Parin** *et al.* 2014: 532, Vinnikov *et al.* 2018: 159), 최(1964)는 *H. elassodon dubius*로 아종 취급을 하여 일단 동종이명으로 남겼다. 추후 북한 표본의 검토가 필요하다(최 1964, 정 1977, 김과 길 2008).

Lepidopsetta bilineata (Ayres)

1105. 술봉가자미   = 청가재미[ae] (술봉가재미), [점가재미][b 368)]

Lepidopsetta mochigarei Snyder 1911: 547 (Otaru, Hokkaido, Japan)

Gen. 632 찰가자미속   = 룡가재미속[ade]

Microstomus Gottsche 1835: 136, 150 (type species: *Microstomus latidens* Gottsche 1835)

1106. 찰가자미   = 룡가재미[abde] (찰가재미)

Veraequa achne Jordan and Starks 1904d: 625, Pl. 7 (fig. 1) (Matsushima Bay, Japan)

Microstomus achne (Jordan and Starks)

Gen. 633 뿔가자미속[369)]

Pleuronectes Linnaeus 1758: 268 (type species: *Pleuronectes platessa* Linnaeus 1758)

문치가자미속 (Ji HS, Kim JK *et al*. 2016)   = 가재미속[d]

Pseudopleuronectes Bleeker 1862a: 428 (type species: *Pleuronectes planus* Mitchill 1814)

호수가자미속 (정 1977)   = 매끈가재미속[a], 검은가재미속[e]

Liopsetta Gill 1864: 217 (type species: *Platessa glabra* Storer 1843)

각시가자미속 (정 1977)   = 참가재미속[ae]

Limanda Gottsche 1835: 136, 160 (type species: *Limanda vulgaris* Gottsche 1835)

1107. 각시가자미   = 송계가재미[abe] (각시가재미, 뽀베다가재미, 자색띠가재미)

Pleuronectes asper Pallas 1814: 425 (Sea between Kamchatka, Russia and Alaska, U.S.A.).

1108. 뿔가자미 (김과 윤 1994)

Pleuronectes quadrituberculatus Pallas 1814: 423 (Sea between Kamchatka, Russia and Alaska, U.S.A.)

---

368) 김과 길(2008)의 "점가재미" *Limanda schrencki*와 중복되었고, 인쇄오류인 것으로 판단된다.

369) 김과 윤(1994)은 "뿔가자미"를 미기록종으로 보고하면서 "뿔가자미속" *Pleuronectes*을 사용했으며, 이후 김 등 (2005)은 "각시가자미속(정 1977) = 참가재미속(손 1980, 김과 길 2008)" *Limanda*, "호수가자미속(정 1977) = 감성가자미속(김과 윤 1994) = 검은가재미속(손 1980) = 매끈가재미속(김과 길 2008)" *Liopsetta*에 포함되었던 종들을 "뿔가자미속" *Pleuronectes*으로 이전시켜 여러 개의 국문 속명이 무의미해졌으며, 국문 속명 "뿔가자미속" 자체도 많은 종들이 전속 및 이입되어 대표성을 잃게 되었다. 근래 Ji *et al.*(2016)은 이들 종 중 *P. herzensteini, P. obscurus, P. schrenki* 및 *P. yokohamae*을 *Pseudopleuronectes*속에 배정하고 국문 속명을 "문치가자미속"으로 하였으나 김(1977)이 이미 "가재미속"을 사용하고 있어서 국문 속명의 혼동이 심화되었다. 추후 *Pleuronectes*속은 "뿔가자미속"을, *Pseudopleuronectes*속은 이전 속명 중 여러 종을 포괄하는 의미가 있는 "가자미속"으로 개칭하는 것으로 검토되어야 한다.

1109. 참가자미 = 참가재미[ae], 가재미[dh]

Limanda herzensteini Jordan and Snyder 1901e: 746 (Vladivostok, Russia; Hakodate, Japan)

Pleuronectes herzensteini (Jordan and Snyder)

= 여우가재미[b]

Limanda angustirostris Jordan and Starks (ex Kitahara) 1906b: 208, Fig. 15 (Aomori, Japan)

Limandella angustirostris (Kitahara)

1110. 감성가자미 = 검은가재미[abe] (감장가재미)

Pleuronectes obscurus Herzenstein 1890: 127 [49] (Vladivostok, Russia; Japan)

1111. 호수가자미 = 줄무늬가재미[a], 무늬날개가재미[e] (호수가재미)

Pleuronectes pinnifasciatus Kner in Steindachner and Kner 1870: 422 [2], Pl. 1 (fig. 1) (Decastris Bay, Tatar Strait, northern Sea of Japan)

1112. 층거리가자미 = 모래가재미[abe] (층거리가재미)

Hippoglossoides (*Hippoglossina*) *punctatissimus* Steindachner 1879: 167 [49] (Hakodate, Oshima Subprefecture, Hokkaido, Japan)

Pleuronectes punctatissimus (Steindachner)

1113. 점가자미 = 점가재미[ae], 검은머리가재미[b]

Limanda schrenki Schmidt 1904: 235 (Korsakovsky Post, Aniva Bay, southern Sea of Okhotsk; Mauka, south-western Sakhalin Island, Sea of Japan)

Pleuronectes schrenki (Schmidt)

1114. 문치가자미 = 검둥가재미[ade], 검둥이[b] (문치가재미, 범가재미)

Pleuronectes yokohamae Günther 1877b: 442 (Yokohama Bay, Japan)

Gen. 634 도다리속 = 도다리속[ade]

Pleuronichthys Girard 1854a: 139 (type species: *Pleuronichthys coenosus* Girard 1854)

1115. 도다리 = 도다리[abde] (나무잎가재미)

Platessa cornuta Temminck and Schlegel 1846: 179, Pl. 92 (fig. 1) (Japan)

Pleuronichthys cornutus (Temminck and Schlegel)

1116. 흘림도다리(김 등 2001)

Pleuronichthys japonicus Suzuki, Kawashima and Nakabo 2009: 277, Figs. 1a-c, e, f, 2a-e (Off Hamada, Shimane Prefecture, Japan)

Gen. 635 좌대가자미속 (김 등 2001)

Poecilopsetta Günther 1880: 48 (type species: *Poecilopsetta colorata* Günther 1880)

1117. 좌대가자미 (김 등 2001)

   Alaeops plinthus Jordan and Starks 1904d: 623, Pl. 5 (fig. 2) (Suruga Bay, Japan)

   Poecilopsetta plinthus (Jordan and Starks)

Gen. 636 범가자미속 (정 1977)[370]   = 별가재미속[ade]

Verasper Jordan and Gilbert in Jordan and Evermann 1898b: 2606, 2618 (type species: *Verasper moseri* Jordan and Gilbert 1898)

1118. 노랑가자미   = 노랑가재미[abe]

   Verasper moseri Jordan and Gilbert in Jordan and Evermann 1898b: 2619 (Shana Bay, Iturup Island, Kuril Islands)

1119. 범가자미   = 별가재미[ade], 범가재미[b] (별납쟁이)

   Platessa variegata Temminck and Schlegel 1846: 176, Pl. 90 (Japan)

   Verasper variegatus (Temminck and Schlegel)

Fam. 208 신월가자미과 (Park JH, Kim JK *et al*. 2007a) **Samaridae**

Gen. 637 신월가자미속 (Park JH, Kim JK *et al*. 2007a)

Samariscus Gilbert 1905: 682 (type species: *Samariscus corallinus* Gilbert 1905)

1120. 신월가자미 (Park JH, Kim JK *et al*. 2007a)

Samariscus japonicus Kamohara 1936: 1006, Fig. 1 (Mimase, Kochi Prefecture, Japan)

Gen. 638 중설가자미속 (Park JH, Kim JK *et al*. 2007a)

Plagiopsetta Franz 1910: 64 (type species: *Plagiopsetta glossa* Franz 1910)

1121. 중설가자미 (Park JH, Kim JK *et al*. 2007a)

   Plagiopsetta glossa Franz 1910: 64, Pl. 8 (fig. 58) (Yagoshima, Japan)

Fam. 209 납서대과 Soleidae   = 줄무늬설판이과[ade], 횡선설판과[b]

Gen. 639 뿔서대속 (최 등 2002)

Aesopia Kaup 1858b: 97 (type species: *Aesopia cornuta* Kaup 1858b)

---

370) 김과 윤(1994)은 특별한 설명없이 "노랑가자미속"을 사용하였다.

1122. 뿔서대 (최 등 2002)

Aesopia cornuta Kaup 1858b: 98 (India, Indian Ocean)

Gen. 640 동서대속   = 날개설판이속ª, 날개서대속ᵉ

Aseraggodes Kaup 1858b: 103 (type species: *Aseraggodes guttulatus* Kaup 1858b)

1123. 동서대   = 날개설판이ª, 날개서대ᵉ (동서대, 날각시서대)

　Solea (*Achirus*) *kobensis* Steindachner 1896: 218 (Kobe, Japan)

　Aseraggodes kobensis (Steindachner)

1124. 그물동서대 (Park JH, Kim JK *et al*. 2007a)

　Solea kaiana Günther 1880: 49, Pl. 21 (fig. C) (Kai Islands, Indonesia, Banda Sea)

　Aseraggodes kaianus (Günther)

Gen. 641 납서대속   = 애기설판이속ª

Heteromycteris Kaup 1858b: 103 (type species: *Heteromycteris capensis* Kaup 1858b)

1125. 납서대   = 애기설판이ª (납서대)

　Achirus japonicus Temminck and Schlegel 1846: 186 (Japan)

　Heteromycteris japonica (Temminck and Schlegel)

Gen. 642 각시서대속   = 줄무늬설판이속ª 371)

Pseudaesopia Chabanaud 1934: 424, 433 (type species: *Synaptura regani* Gilchrist 1906)

1126. 각시서대   = 각시줄무늬설판이ª, 횡선설판ᵇ (각시서대)

　Aesopia japonica Bleeker 1860c: 71 (Nagasaki, Japan)

　Pseudaesopia japonica (Bleeker)

Gen. 643 노랑각시서대속 (국명개칭)372)   = 줄무늬설판이속ᵃᵈ

Zebrias Jordan and Snyder 1900: 380 (type species: *Solea zebrina* Temminck and
　Schlegel 1846)

---

371)　정(1977)은 "각시서대속" *Zebrias*에 "각시서대" *Zebrias japonicus*를 배정하였으나 최 등(2002), 김 등(2005)이
　　　*Pseudaesopia*속으로 전속하였다. 근래 *Pseudaesopia*속은 *Zebrias*속의 동종이명으로 취급되므로 재검토가
　　　필요하며, 북한명은 의미상 같은 *Zebrias*속의 국문 명칭을 따랐다.

372)　정(1977)의 "각시서대속" *Zebrias*, "각시서대" *Zebrias japonicus*가 *Pseudaesopia*속으로 이전되어 *Zebrias*에
　　　대한 국명이 필요하였다. 그러나 *Pseudaesopia*속이 재검토되어 *Zebrias*속으로 환원되면 불필요한 국명이다.

1127. 노랑각시서대　　　　　　　　　= 띠줄무늬설판이[a], 남횡선설판[b] (노랑각시서대)

　Solea fasciata Basilewsky 1855: 261 (Shandong, China)

　Zebrias fasciatus (Basilewsky)

1128. 궁제기서대　　= 줄무늬설판이[ad] (각시서대, 궁제기서대, 설판이, 소헤때기, 횟대기, 노랑탕선설판)

　Solea zebrina Temminck and Schlegel 1846: 185, Pl. 95 (fig. 1) (Japan)

　Zebrias zebrinus (Temminck and Schlegel)

　　　　　Fam. 210 참서대과 Cynoglossidae　　　　= 설판이과[acdef], 설판과[b]

Gen. 644 참서대속 (국명개칭; 정 1977 개서대속)[373]　　　　　　　　= 설판이속[acdf]

Cynoglossus Hamilton 1822: 32, 365 (type species: *Cynoglossus lingua* Hamilton 1822)

　참서대속 (정 1977)　　　　　　　　　　　　　　　　= 붉은설판이속[a]

　Areliscus Jordan and Snyder 1900: 380 (type species: *Cynoglossus joyneri* Günther
　　1878a)

1129. 용서대　　　　　　　　　　　　　= 룡설판이[ad], 소헤때기[b] (용서대)

　Plagusia abbreviata Gray 1834: no page number, Pl. 94 (fig. 3) (China)

　Cynoglossus abbreviatus (Gray)

　까지서대 (정 1977)

　Cynoglossus trigrammus Günther 1862: 494 (China)

　Areliscus trigrammus (Günther)

　　　　　　　　　　　　　　　= 자지설판이[ad], 자지설판[b] (까지서대)

　Cynoglossus purpureomaculatus Regan 1905: 26 (Inland Sea, Japan)

　Areliscus purpureomaculatus (Regan)

1130. 물서대　　　　　= 설판이[acdf], 긴소헤때기[b] (긴소헤때기, 물서대, 박대, 서대, 설대, 소헤때기)

　Cynoglossus gracilis Güther 1873a: 244 (Shanghai, China)

　　　　　　　　　　　　　　　　　　　　= 서대어[b]

　Areliscus hollandi Jordan and Metz 1913: 62, Pl. 9 (fig. 3) (Busan, Korea)

1131. 칠서대　　　　　　　　　　　　= 서덕어[ab] (자지설판이, 칠서대)

　Cynoglossus interruptus Güther 1880: 70, Pl. 30 (fig. B) (Yokohama market, Japan)

1132. 참서대　　　　　　　　　= 붉은설판이[ad], 붉은소헤때기[b] (참서대)

　Cynoglossus joyneri Güther 1878a: 486 (Tokyo, Japan)

---

373)　정(1977)은 "참서대속" *Areliscus*, "개서대속" *Cynoglossus*으로 하였으나 전자가 후자의 동종이명으로 처리되
　　어 참서대과에 참서대속이 불필요하므로 "개서대속" *Cynoglossus*의 국명을 "참서대속"으로 개칭하였다.

1133. 개서대 = 넙적설판이[a], 넓은소혜때기[b], 개설판이[d] (개서대)

Cynoglossus robustus Gühther 1873a: 243 (Shanghai, China)

1134. 박대 = 서치[abd] (소혜때기, 황남)

Cynoglossus semilaevis Gühther 1873b: 379 (Chefoo, Shandong Province, China)

Gen. 645 흑대기속 = 검은설판이속[a]

Paraplagusia Bleeker 1865a: 274 (type species: *Pleuronectes bilineatus* Bloch 1787)

1135. 흑대기 = 검은설판이[a], 검은설판[b] (흙대기)

Plagusia japonica Temminck and Schlegel 1846: 187, Pl. 95 (fig. 2) (Nagasaki Bay, Japan)

Paraplagusia japonica (Temminck and Schlegel)

Gen. 646 보섭서대속 = 민둥설판이속[ae]

Symphurus Rafinesque 1810: 13, 52 (type species: *Symphurus nigrescens* Rafinesque 1810)

1136. 보섭서대 = 민둥설판이[ae], 민둥설판[b] (보섭서대)

Aphoristia orientalis Bleeker 1879a: 31, Pl. 2 (fig. 1) (Tosa Bay, off Kochi, Japan)

Symphurus orientalis (Bleeker)

43. 복어목 Tetraodontiformes = 복아지목[acdef], 고악목[b]

Fam. 211 분홍쥐치과 Triacanthodidae

Gen. 647 나팔쥐치속 (최 등 2002)

Macrorhamphosodes Fowler 1934: 364 (type species: *Macrorhamphosodes platycheilus* Fowler 1934)

1137. 나팔쥐치 (최 등 2002)

Halimochirus uradoi Kamohara 1933: 389 [English p. 392], Figs. 1-3 (Mimase, Kochi Prefecture, Japan)

Macrorhamphosodes uradoi (Kamohara)

Gen. 648 분홍쥐치속 = 분홍박피속[a]

Triacanthodes Bleeker 1857b: 37 (type species: *Triacanthus anomalus* Temminck and Schlegel 1850)

1138. 분홍쥐치 = 분홍박피[a] (분홍쥐치, 애기세가시박피)

Triacanthus anomalus Temminck and Schlegel 1850: 295, Pl. 129 (fig. 3) (Entrance to

Omura Bay, Nagasaki, Japan)

Triacanthodes anomalus (Temminck and Schlegel)

Fam. 212 은비늘치과 Triacanthidae   **= 가시박피과ᵃ, 박피과ᵇ, 비늘복아지과ᵈᵉ**

Gen. 649 은비늘치속   **= 가시박피속ᵃ, 비늘복아지속ᵈᵉ**

Triacanthus Oken (ex Cuvier) 1817: 1183 (type species: *Balistes biaculeatus* Bloch 1786)

1139. 은비늘치   **= 가시박피ᵃ, 세가시박피ᵇ, 비늘복아지ᵈᵉ** (박피, 비늘쥐치, 비늘쥐치어,
            은비늘복아지, 은비늘치)

 Balistes biaculeatus Bloch 1786: 17, Pl. 148 (fig. 2) (Indian Ocean)

 Triacanthus biaculeatus (Bloch)

Fam. 213 쥐치복과 Balistidae   **= 쥐치과ᵃ, 박피과ᵉ**

Gen. 650 가는꼬리쥐치속 (김과 이 1991)

Abalistes Jordan and Seale 1906b: 364 (type species: *Leiurus macrophthalmus* Swainson 1839)

1140. 가는꼬리쥐치 (김과 이 1991)

 Balistes stellatus Anonymous (ex Commerson, [Lacepède]) 1798: 681, 685 (Mauritius,
  Mascarenes, southwestern Indian Ocean)

 Abalistes stellatus (Anonymous [Lacepède])

Gen. 651 쥐치복속   **= 박피속ᵃ**

Balistoides Fraser-Brunner 1935: 659, 662 (type species: *Balistes viridescens* Bloch and
 Schneider 1801)

1141. 파랑쥐치   **= 파랑쥐치ᵃ, 박피ᵇ**

 Balistes conspicillum Bloch and Schneider 1801: 474 (Mauritius, Mascarenes)

 Balistoides conspicillum (Bloch and Schneider)

Gen. 652 무늬쥐치속   **= 그물박피속ᵃ, 그물무늬박피속ᵉ**

Canthidermis Swainson 1839: 194, 325 (type species: *Balistes oculatus* Gray 1831)

1142. 무늬쥐치   **= 무늬박피ᵃ, 큰박피ᵇ** (무늬쥐치)

 Balistes maculatus Bloch 1786: 25, Pl. 151 (Tharangambadi, India)

 Canthidermis maculata (Bloch)

그물쥐치 (정 1977)　　　　　　　　= 그물박피ᵃ, 망상박피ᵇ, 그물무늬박피ᵉ (그물쥐치)

Balistes rotundatus Marion de Procé 1822: 130 (Manila Bay, Philippines)

Canthidermis rotundatus (Marion de Procé)

Gen. 653 황록쥐치속 (김과 이 1991)

Pseudobalistes Bleeker 1865c: Pls. 218, 225 (type species: *Balistes flavimarginatus*
　　　Rüppell 1829)

1143. 황록쥐치 (김과 이 1991)

　Balistes flavimarginatus Rüppell 1829: 33 (Jeddah, Saudi Arabia, Red Sea)

　Pseudobalistes flavimarginatus (Rüppell)

Gen. 654 배주름쥐치속 (김과 이 1991)

Rhinecanthus Swainson 1839: 194, 325 (type species: *Balistes ornatissimus* Lesson 1831)

1144. 배주름쥐치 (정 1977)

　Balistes aculeatus Linnaeus 1758: 328 (Indo-West Pacific)

　Rhinecanthus aculeatus (Linnaeus)

Gen. 655 갈쥐치속 (김과 이 1991)

Sufflamen Jordan 1916: 27 (type species: *Balistes capistratus* Shaw 1804)

1145. 갈쥐치 (김과 이 1991)　　　　　　　　　= 안경쥐치ᵃ (갈쥐치)

　Balistes fraenatus Latreille 1804: 74 (no locality)

　Sufflamen fraenatum (Latreille)

　　　Fam. 214 쥐치과 Monacanthidae　　　　= 쥐치과ᵇ ³⁷⁴⁾, 말쥐치어과 (Aluteridae)ᵈᵉ

Gen. 656 객주리속　　　　　　　　　　　= 외뿔쥐치속ᵃ, 외뿔쥐치어속ᵈ

Aluterus Cloquet 1816: 135 (type species: *Balistes monoceros* Linnaeus 1758)

　　　　　　　　　　　　　　　　　　= 날개쥐치속ᵃ

Osbeckia Jordan and Evermann 1896b: 424 (type species: *Balistes scriptus* Osbeck 1765)

1146. 객주리　　　　　　　　　　　　　= 외뿔쥐치ᵃᵇ, 외뿔쥐치어ᵈ (객주리)

　Balistes monoceros Linnaeus 1758: 327 (Asia)

　Aluterus monoceros (Linnaeus)

---

374)　김과 길(2008)은 "쥐치복과" Balistidae를 "쥐치과" Balistidae로 수정하였다.

1147. 날개쥐치   = 날개쥐치[a] (날객쥐치)

Balistes scriptus Osbeck 1765: 145 (South China Sea, off Vietnam, between Pulo Condor and Hainan, south of 'Piedra Blanca')

Aluterus scriptus (Osbeck)

Gen. 657 흑백쥐치속 (김과 이 1991)   = 말쥐치속[a] 375)

Cantherhines Swainson 1839: 194, 327 (type species: *Monocanthus* (*Cantherines*) *nasutus* Swainson 1839)

별쥐치속 (정 1977)   = 먹쥐치속[a]

Amanses Gray 1835: Pl. 98 (v. 2) (type species: *Monacanthus* (*Amanses*) *hystrix* Gray 1835)

1148. 흑백쥐치

Monacanthus dumerilii Hollard 1854: 361 (Mauritius)

Cantherhines dumerilii (Hollard)

    = 안락쥐치[a] (흑백쥐치)

Monacanthus howensis Ogilby 1889: 73 (Between main island and the Admiralty Islets, Lord Howe Island)

Cantherhines howensis (Ogilby)

1149. 육각무늬쥐치 (Kim MJ, Han SH *et al*. 2017)[376]   = 먹쥐치[a], 검은쥐치[b]

Monacanthus pardalis Rüppell 1837: 57, Pl. 15 (fig. 3) (El-Tor, Sinai coast, Egypt, Gulf of Suez, Red Sea)

Cantherhines pardalis (Rüppell)

Gen. 658 가시쥐치속 (김과 이 1991)

Chaetodermis Swainson 1839: 327 (type species: *Balistes penicilligerus* Cuvier 1816)

---

375) 정(1977)은 "별쥐치속" *Amanses*에 "흑백쥐치" *A. howensis*를 배정하였으나 김과 이(1991)는 속의 특성을 들어 "흑백쥐치속" *Cantherines*로 기록하였다. 한편 김과 길(2008)은 "말쥐치속" *Cantherines*을 사용하고 이에 "흑백쥐치"를 배정하였으나, 현재 "말쥐치"의 속이 *Thamnaconus*로 바뀌었으므로 부분적으로 일치한다. 아울러 김과 길(2008)은 "먹쥐치속" *Amanses*에 *A. pardalis*를 두었으나 이는 *Cantherines*속으로 전속되어 역시 의미상 부분적으로 부합한다.

376) Kim MJ, Han SH *et al.*(2017)은 부산연안에서 1개체를 채집하여 이 종으로 동정하고 미기록종으로 보고하였으나 Tomiyama *et al.*(1962)가 울릉도를 분포지로 하였고, 이를 인용한 최(1964), 김과 길(2008)이 남해에 분포하는 것으로 기록하여 표본검토가 필요하다.

1150. 가시쥐치 (김과 이 1991)

Balistes penicilligerus Cuvier 1816: no page number, Pl. 9 (fig. 3) in v. 4 (Australia seas)

Chaetodermis penicilligera (Cuvier)

Gen. 659 톱쥐치속 (이 등 2000)

Paraluteres Bleeker 1865c: Pl. 228 (type species: *Alutarius prionurus* Bleeker 1851d)

1151. 톱쥐치 (이 등 2000)

Alutarius prionurus Bleeker 1851d: 260 (Bandaneira, Banda Islands, Molucca Islands, Indonesia)

Paraluteres prionurus (Bleeker)

Gen. 660 새앙쥐치속 (김과 이 1991)

Paramonacanthus Bleeker 1865c: Pls. 225, 227 (type species: *Monacanthus curtorhynchos* Bleeker 1855c)

1152. 새앙쥐치   = 생쥐치[a], 남쥐치[b] (새앙쥐치)

Balistes japonicus Tilesius 1809: 212, Pl. 13 (Japan)

Paramonacanthus japonicus (Tilesius)

Gen. 661 물각쥐치속   = 코뿔쥐치속[a]

Pseudalutarius Bleeker 1865a: 273 (type species: *Aluteres nasicornis* Temminck and Schlegel 1850)

1153. 물각쥐치   = 코뿔쥐치[a] (물각쥐치)

Alutera nasicornis Temminck and Schlegel 1850: 293, Pl. 131 (fig. 2) (no locality)

Pseudalutarius nasicornis (Temminck and Schlegel)

Gen. 662 그물코쥐치속   = 그물쥐치속[a], 그물쥐치어속[e]

Rudarius Jordan and Fowler 1902a: 270 (type species: *Rudarius ercodes* Jordan and Fowler 1902)

1154. 그물코쥐치   = 그물쥐치[a], 그물쥐치어[e], 망상쥐치[b] (그물코쥐치)

Rudarius ercodes Jordan and Fowler 1902a: 270, Fig. 4 (Japan)

Gen. 663 쥐치속

Stephanolepis Gill 1861c: 78 (type species: *Monacanthus setifer* Bennett 1831b)

= 쥐치속[a], 쥐치어속[e 377)]

Monacanthus Oken (ex Cuvier) 1817: 1183 (type species: *Balistes chinensis* Osbeck 1765)

1155. 쥐치   = 쥐치[ab], 쥐치어[e] (가치, 객주리, 새고기, 제고기, 쥐고기)

  Monacanthus cirrhifer Temminck and Schlegel 1850: 290, Pl. 130 (fig. 1) (Japan)

  Stephanolepis cirrhifer (Temminck and Schlegel)

Gen. 664 말쥐치속

Thamnaconus Smith 1949: 404 (type species: *Cantherines arenaceus* Barnard 1927)

= 말쥐치어속[ade 378)]

Cantherhines Swainson 1839: 194, 327 (type species: *Monocanthus* (*Cantherines*) *nasutus* Swainson 1839)

Navodon Whitley 1930b: 179 (type species: *Balistes australis* Donovan 1824)

1156. 별쥐치[379)]   = 별쥐치[a]

  Monacanthus hypargyreus Cope 1871: 477 (Supposed to be from Australia)

  Thamnaconus hypargyreus (Cope)

  Navodon (= *Thamnaconus*) *tessellatus* (not of Günther 1880)

1157. 말쥐치   = 말쥐치[a], 말쥐치어[de] (상치어)

  Monacanthus modestus Günther 1877: 446 (Inland Sea, Japan)

  Thamnaconus modestus (Günther)

= 진쥐치[b]

  Balistes unicornus Basilewsky 1855: 263 (Shandong, China)

  Pseudomonacanthus unicornus (Basilewsky)

---

377) "쥐치"가 최초 *Monacanthus cirrhifer*로 기재되었기 때문에 김과 길(2008)은 *Monacanthus*속을 사용한 것이며, *Stephanolepis*속의 동속이명은 아니다.

378) 손(1980), 김과 길(2008)은 "말쥐치속" *Cantherines*으로 사용하였으나 이는 남한의 "흑백쥐치"가 속한 속명으로 제한되어 사용되므로 의미가 다르다. 김(1977)은 "말쥐치어속" *Navodon*을 사용하였으며, 이 속명이 현재 "말쥐치"의 속명인 *Thamnaconus*와 의미가 같다.

379) Uchida and Yabe(1939) 이후 이 종은 *Navodon* (= *Thamnaconus*) *tessellatus*로 기록되었으나 (정1977, 김과 이 1991) 오동정이며, 김 등(2005)은 *T. hypargyreus*로 수정하였다. 실제 *T. tessellatus*는 Park JH, Jang SH *et al.* (2017: 278)이 제주도 서부에서 1개체를 채집하여 미기록종 "남별쥐치"로 보고하였다.

Fam. 215 거북복과 Ostraciidae   = 상자복아지과[ade], 상자복과[b]

Gen. 665 육각복속   = 실패복아지속[a]

Kentrocapros Kaup 1855: 220 (type species: *Ostracion hexagonus* Thunberg 1787)

1158. 육각복   = 실패복아지[a], 실패복[b] (육각복)

     Ostracion cubicus aculeatus Houttuyn 1782: 346 (Nagasaki, Kyushu, Japan)

     Kentrocapros aculeatus (Houttuyn)

Gen. 666 뿔복속   = 뿔상자복아지속[ad]

Lactoria Jordan and Fowler 1902a: 278, 279 (type species: *Ostracion cornutus* Linnaeus 1758)

1159. 뿔복   = 뿔상자복아지[ad], 소머리복[b] (뿔복)

     Ostracion cornutus Linnaeus 1758: 331 (India)

     Lactoria cornuta (Linnaeus)

1160. 줄무늬뿔복 (Kim MJ, Kim BY *et al.* 2008)

     Ostracion fornasini Bianconi 1846: 115, Pl. 1 (figs. 1-2) (Mozambique, western Indian Ocean)

     Lactoria fornasini (Bianconi)

Gen. 667 거북복속   = 상자복아지속[ade]

Ostracion Linnaeus 1758: 330 (type species: *Ostracion cubicus* Linnaeus 1758)

1161. 노랑거북복 (유 등 2005)   = [상자복아지[ad]] [380)]

     Ostracion cubicum Linnaeus 1758: 332 (India)

1162. 거북복   = 상자복[b], 상자복아지[e] (거북복, 거북복어, 돌복, 돌복어, 상자복, 상자복어)

     Ostracion immaculatum Temminck and Schlegel 1850: 296 (Japan)

     Ostracion tuberculatus (not of Linnaeus 1758)

Fam. 216 불뚝복과 Triodontidae   = 주머니복아지과[a]

Gen. 668 불뚝복속   = 주머니복아지속[a]

Triodon Cuvier 1829: 370 (type species: *Triodon macropterus* Lesson 1829)

---

380) 김과 이(1991)은 *O. cubicum*에 흰색 반점이 있으며 청색 반점이 있는 *O. immaculatum*는 구분되는 것으로 기술하였다. 현재 *O. tuberculatus*는 *O. cubicum*의 동종이명이며, *O. immaculatum*은 이와는 다른 종으로 처리되었다. 종 구분점으로 보면 손(1980), 김과 길(2008)은 *O. immaculatum*을 동종이명으로 기록하면서도 뼈판에 흰색 점이 있는 것으로 기술하여 *O. cubicum*에 해당하는 종을 기록한 것으로 판단된다.

1163. 불뚝복[381]　　　　　　　　　　= **주머니복아지**[a] (불둑복, 배불둑복, 부채복)

Triodon macropterus Lesson 1829: (103), Poissons Pl. 4 (Mauritius, Mascarenes, southwestern Indian Ocean)

Fam. 217 참복과 Tetraodontidae　　　　　　= **복아지과**[acdef], **복어과**[b]

Gen. 669 꺼끌복속

Arothron Müller 1841: 252 (type species: *Tetrodon testudinarius* Müller 1841)

　　　　　　　　　　　　　　　　　　　= **껄껄이복아지속**[a] [382)]

Tetraodon Linnaeus 1758: 332 (type species: *Tetraodon lineatus* Linnaeus 1758)

　별복속 (정 1977)

　Boesemanichthys Abe 1952: 40 (type species: *Tetraodon firmamentum* Temminck and Schlegel 1850)

1164. 별복　　　　　　　　　　　= **별복아지**[a] (별복, 점복)

Tetraodon firmamentum Temminck and Schlegel 1850: 280, Pl. 126 (fig. 2) (Japan)

Arothron firmamentum (Temminck and Schlegel)

1165. 흰점꺼끌복 (Lee WO 1993)

Tetraodon hispidus Linnaeus 1758: 333 (India)

Arothron hispidus (Linnaeus)

1166. 흑점꺼끌복 (Lee WO 1993)

Tetrodon nigropunctatus Bloch and Schneider 1801: 507 (Tharangambadi, India)

Arothron nigropunctatus (Bloch and Schneider)

1167. 꺼끌복　　　　　　　　　　= **모양복아지**[a] (꺼끌복) [383)]

Tetrodon stellatus Anonymous (ex Commerson, [Lacepède]) 1798: 683 (Mauritius, Mascarenes, southwestern Indian Ocean)

Arothron stellatus (Anonymous)

---

381) 김과 길(2008) 등이 사용한 학명 *Triodon bursarius* Cuvier 1829은 1899년 이후 사용되지 않은 망각명칭으로 *Triodon macropterus* Lesson 1829이 사용된다.

382) 김과 길(2008)은 해당 종의 원 기재에 따라 *Tetraodon*속을 사용했을 뿐 *Tetraodon*속이 *Arothron*속의 동종이 명은 아니다.

383) Bloch and Schneider(1801)는 T*etrodon lagocephalus* var. *stellatus*로 기재하였으며 이는 *Tetrodon stellatus* Anonymous (ex Commerson, Lacepède) 1798이 선점하였으므로 이에 따랐다.

Gen. 670 청복속

= 벼개복아지속[ae]

Canthigaster Swainson 1839: 194 (type species: *Tetrodon rostratus* Bloch 1786)

1168. 청복

= 벼개복아지[ae], 벼개복[b]

Tetraodon rivulatus Temminck and Schlegel 1850: 285, Pl. 124 (fig. 3) (Nagasaki Bay, Japan)

Canthigaster rivulata (Temminck and Schlegel)

Gen. 671 밀복속

= [복아지속[a]] [384]

Lagocephalus Swainson 1839: 194, 328 (type species: *Tetraodon lagocephalus* Linnaeus 1758)

1169. 밀복[385]

Lagocephalus lunaris (not of Bloch and Schneider 1801)

= 갈복아지[a], 개복어[b], 개복아지[e] (개복치, 눈복, 밀복)

Tetrodon spadiceus Richardson 1845: 123, Pl. 58 (figs. 4-5) (China seas)

Sphaeroides spadiceus (Richardson)

1170. 은밀복 (김과 이 1990)[386]

Lagocephalus wheeleri Abe, Tabeta and Kitahama 1984: 4, Pls. 2-3 (Sagami Bay, off Manazuru, Japan)

1170. 흑밀복 (김과 이 1990)

Lagocephalus gloveri Abe and Tabeta 1983: 2, Pls. 1-3 (Futo, Ito City, Shizuoka Prefecture, Japan)

1171. 민밀복 (Lee WO 1993)

Tetraodon inermis Temminck and Schlegel 1850: 278, Pl. 122 (fig. 2) (Bay of Simabara, Japan)

Lagocephalus inermis (Temminck and Schlegel)

---

384) 김과 길(2008)은 "복아지속" *Fugu*에 모든 종이 포함되어 있기 때문에 의미상 그리고 부분적으로 *Lagocephalus*속과 부합한다.

385) Mori and Uchida(1934)는 *Lagocephalus spadiceus* (Richardson)으로 기록하였으나 Mori(1952)가 *Sphoeroides*속으로 전속시켰고, 정(1977)은 *Lagocephalus lunaris*의 아종인 *Lagocephalus lunaris spadiceus* (Bloch and Schneider)로 사용하였다. 김과 이(1990)는 표본을 구하지 못하고 Mori(1952) 및 정(1977)의 기록에 따라 *L. lunaris* (Bloch and Schneider)로 하였음을 나타냈지만, 종 상태를 유효한 것으로 인정하는 경우 *L. spediceus*로 하지 않고 *L. lunaris*로 처리하는 것은 합리적이지 못하므로 추후 검토가 필요하다.

386) 최근 Sakai *et al.*(2021)은 *L. spediceus*와 *L. wheeleri*의 구분점이었던 등쪽 가시부 영역의 차이가 성적 이형이 아니고 성장에 따른 변이로 보고 동일종으로 취급하였으므로 종 상태의 검토가 필요하다.

1172. 청밀복 (최 등 2002)

Lagocephalus oceanicus Jordan and Evermann 1903: 199 (Honolulu, Oahu Island, Hawaiian Islands)

Lagocephalus lagocephalus oceanicus (Jordan and Evermann)

1173. 은띠복 (김 등 2001)

Tetrodon sceleratus Gmelin (ex Forster) 1789: 1444 (American [in error] and Pacific)

Lagocephalus sceleratus (Gmelin)

Gen. 672 불룩복속 (김 등 2001) = 무늬복아지속[c 387)]

Sphoeroides Anonymous [Lacepède] 1798: 676 (type species: *Tetrodon spengleri* Bloch 1785)

1174. 불룩복 (김 등 2001)

Tetrodon (*Cheilichthys*) *pachygaster* Müller and Troschel in Schomburgk 1848: 677 [20] (Barbados, West Indies)

Sphoeroides pachygaster (Müller and Troschel)

Gen. 673 참복속 = 복아지속[adef]

Takifugu Abe 1949: 90 (in key) (type species: *Tetrodon oblongus* Bloch 1786)

1175. 복섬[388)] = 흰점복아지[ae], 보리복[b] (보리복아지, 복아지, 복장이, 흰점복)

황해흰점복 (Lee WO 1993)

Tetrodon alboplumbeus Richardson 1845: 121, Pl. 58 (figs. 6-7) (China Seas, Canton, China)

Takifugu alboplumbeus (Richardson)

 = 졸복아지[ae], 졸보가지[d], 복섬[b] (흰점복, 별복아지)

Spheroides niphobles Jordan and Snyder 1901j: 246, Fig. 6 (Tokyo, Japan)

Takifugu niphobles (Jordan and Snyder)

---

387) 정(1977)은 "참복속" *Fugu* (= *Sphoeroides*)로 하였으나 현재 이전의 *Fugu*속으로 사용하던 어종은 *Takifugu*로 전속되었다. 김(1972)은 "무늬복아지속" *Sphoeroides*로 사용하였으나 *Fugu* (= *Takifugu*)에 해당하므로 의미상 부합하지는 않는다.

388) 최근 Matsuura(2017)는 모식표본의 검토로 "복섬" *T. niphobles*는 "황해흰점복" *T. alboplumbeus*의 동종이명임을 밝혀 동일종으로 처리되었다. 국명은 "복섬"이 보편화되었으므로 이를 따랐다. 최(1964)의 "모리복"은 "보리복"의 오자로 판단된다.

1176. 흰점복[389] = [흰점복아지[ae]]

Tetraodon poecilonotus Temminck and Schlegel 1850 (in part): 279 (Japan)

Sphoeroides alboplumbeus (not of Richardson 1845)

Takifugu flavipterus Matsuura 2017: 76, Figs. 6-9 (Waku, Shimonoseki, Honshu, Japan)

1177. 바실복[390] = 당복아지[a], 남포복[b] (바실복)

Tetrodon basilevskianus Basilewsky 1855: 262 (Northern China)

Takifugu basilevskianus (Basilewsky)

1178. 두점박이복 (김 등 2001)

Tetrodon bimaculatus Richardson (ex Bennett) 1845: 119, Pl. 57 (figs. 7-9) (Estuaries of Chinese rivers, Canton, Chusan)

Takifugu bimaculatus (Richardson)

1179. 참복 (김과 이 1990)

Sphoeroides rubripes form *chinensis* Abe 1949: 105, Pl. 2 (fig. 2) (East China Sea or adjoining waters, obtained at Tokyo market, Japan)

Takifugu chinensis (Abe)

1180. 눈불개복 = 붉은눈복아지[ae] (눈불개복, 붉눈복)

Tetrodon (*Liosarcus*) *chrysops* Hilgendorf 1879a: 80 (Japan)

Takifugu chrysops (Hilgendorf)

1181. 황점복 (Kim IS and Lee WO 1989) = 강복아지[a], 강보가지[391]

Fugu flavidus Li, Wang and Wang in Cheng *et al.* 1975: 372 [English p. 378], Fig. 23; Pl. 2 (figs. 8-10) (Qingdao, China)

---

389) Temminck and Schlegel(1850)의 *T. poecilonotus*에는 *T. alboplumbeus*의 동종이명인 *T. niphobles* 표본이 혼합되어 있었고, 이 표본이 Boeseman(1947)에 의해 *T. poecilonotus*의 신모식 표본으로 지정되는 오류가 발생하여 종의 실체가 사라진 셈이 되었다. Matsuura(2017)는 이 문제를 해결하기 위해 이전 *T. poecilonotus*에 해당하는 표본들을 신종 *T. flavipterus*으로 재기재하였다. 김과 이(1990)는 "흰점복" *T. poecilonotus*을 정리하면서 *T. alboplumbeus*와 동일종일 가능성이 검토되어야 함을 언급하였고, Lee WO(1993)는 "황해흰점복" *T. alboplumbeus*을 미기록종으로 보고하였으나 *T. poecilonotus*에 *T. alboplumbeus*가 혼합되었던 오류에서 출발된 것으로 여기에서는 Matsuura(2017)에 따라 다시 정리하였다. 북한에서 손(1980), 김과 길(2008)은 *P. poecilonotus*를 *P. alboplumbeus*의 동종이명관계로 언급하였으므로 혼합된 종이었음을 의미하므로 "흰점복아지"를 이 종의 북한명으로 다시 사용하였다.

390) 근래 유전적 자료는 이 종이 "자주복" *T. rubripes*와 동일종인 것으로 나타나 추후 검토가 필요하다(Song *et al.* 2001, Yamanoue *et al.* 2009, Dyldin and Orlov 2017b).

391) 김과 김(1987)은 *Fugu fluviatilus*를 신종으로 발표하면서 국명을 "강보가지"로 하였으며, 김과 길(2008)은 "황점복" *Takifugu flavidus*을 *F. fluviatilus*의 동종이명으로 처리하였다.

Takifugu flavidus (Li, Wang and Wang)

1182. 폭포무늬복 (한 등 2003)[392]

Tetrodon oblongus Bloch 1786: 6, Pl. 146 (fig. 1) (Coromandel, India)

Takifugu oblongus (Bloch)

1183. 황복   = **황복아지**[acf], **황복**[b] (강복, 눈무늬복, 복사리, 복아지, 줄복아지)

Sphoeroides ocellatus form *obscurus* Abe 1949: 97, Pls. 1 (figs. 3-4), 2 (fig. 1) (Market in Tokyo, Japan [among fishes caught from eastern China Sea or its adjoining waters])

Takifugu obscurus (Abe)

= **안경복아지** (황복)[a]

Fugu ocellatus (Abe)

1184. 졸복   = **표문복아지**[a], **졸복아지**[b], **검은점복아지**[de] (노랑복, 밀복, 점복어, 졸복, 졸복어)

Tetraodon pardalis Temminck and Schlegel 1850: 282, Pl. 123 (fig. 2) (Japan)

Takifugu pardalis (Temminck and Schlegel)

1185. 검복   = **복아지**[ade], **복어**[b], **보가지**[h] (검복, 복쟁이, 점복, 참복)

Tetraodon porphyreus Temminck and Schlegel 1850: 282, Pl. 121 (fig. 1) (Bay of Nagasaki, Japan)

Takifugu porphyreus (Temminck and Schlegel)

= **보리복아지**[ae], **동해복**[b] (동해복아지, 보리복)

Spheroides borealis Jordan and Snyder 1901j: 245, Fig. 5 (Mororan, Hokkaido, Japan)

Fugu borealis (Jordan and Snyder)

1186. 흰점참복 (Lee WO 1993)[393]

Lagocephalus pseudommus Chu 1935: 87 (Chusan, Chekiang, China)

Takifugu pseudommus (Chu)

1187. 망복 (Lee WO 1993)

Fugu reticularis Tian, Cheng and Wang in Cheng *et al.* 1975: 369 [English p. 377], Pl. 1 (fig. 6) (Shidao, Shandong Province, China)

Takifugu reticularis (Tien, Chen and Wang)

---

392) 국외에서 일본명을 번역하여 "폭포복"으로 반입되는 등 혼동이 있으므로 한 등(2003)이 종의 특징을 기재하였으나 우리나라 연해에 출현 기록은 없다.

393) Dyldin and Orlov(2017b)는 *T. rubripes*의 동종이명으로 취급하였고, 백 등(2018: 409)도 *T. rubripes*와 유전적으로 구분되지 않음을 밝혔다. 추후 종 상태의 재검토가 필요하다.

1188. 자주복 = **검복아지**[ae], **자지복**[b], **자지복아지**[c], **검보가지**[h] (복복어, 북북이, 점복, 점복아지)

Tetraodon rubripes Temminck and Schlegel 1850: 283, Pl. 123 (fig. 1) (Coasts of Japan)

Takifugu rubripes (Temminck and Schlegel)

1189. 까칠복 = **얼룩복아지**[a], **얼럭복**[b], **얼럭복아지**[e] (까칠복)

Tetraodon stictonotus Temminck and Schlegel 1850: 280, Pl. 126 (fig. 1) (Japan)

Takifugu stictonotus (Temminck and Schlegel)

1190. 국매리복 (김 등 2005)[394]

Sphoeroides vermicularis radiatus form Abe 1947: 159, Fig. 1 (Ariake Sound, Fukuoka, Japan; paratype from Busan)

Fugu vermicularis snyderi Abe 1988: 13 (Western Pacific)

Takifugu snyderi (Abe)

= **그물복아지**[a], **그물복**[b]

Fugu vermicularis radiatus (Abe)

1191. 매리복 = **벌레복아지**[ade], **벌레복**[b], **벌레보가지**[h] (매리복)

Tetraodon vermicularis Temminck and Schlegel 1850: 278, Pl. 124 (fig. 1) (Bay of Nagasaki, Japan)

Takifugu vermicularis (Temminck and Schlegel)

1192. 까치복 = **까치복아지**[ade], **무늬복**[b], **까치보가지**[h] (까치복, 까치복어, 무늬복어, 무늬복아지, 복아지)

Tetraodon xanthopterus Temminck and Schlegel 1850: 284, Pl. 125 (fig. 1) (Nagasaki, Japan)

Takifugu xanthopterus (Temminck and Schlegel)

Fam. 218 가시복과 Diodontidae = **가시복아지과**[ade], **가시복과**[b]

Gen. 674 강담복속 (정 1977)

Chilomycterus Brisout de Barneville (ex Bibron) 1846: 140 (type species: *Diodon reticulatus* of Brisout de Barneville 1846)

---

394) Abe(1947)는 일본과 인근에서 출현하는 종은 *T. v. radiatus*인 것으로 기록하였으나 1988년에는 *T. v. snyderi* 에 해당한다고 정정하였으며 이는 종 수준에서 정리되었다(김 등 2005, Yamanoue *et al.* 2009: 626, Dyldin *et al.* 2016, 136). 김과 이(1990)는 *T. v. vermicularis*, *T. v. porphyreus*, *T. v. radiatus* 등 아종 구분을 인정하지 않고 *T. vermicularis* 1종으로 보았으므로 국매리복과 매리복이 혼합된 셈이다.

1193. 강담복 (정 1977)[395]

Chilomycterus affinis Günther 1870: 314 (Unknown locality)

Gen. 675 가시복속   = 가시복아지속[ade]

Diodon Linnaeus 1758: 334 (type species: *Diodon hystrix* Linnaeus 1758)

1194. 가시복   = 가시복아지[ade], 가시복[b]

Diodon holocanthus Linnaeus 1758: 335 (India)

Fam. 219 개복치과 Molidae   = 물복아지과[ade], 물복과[b]

Gen. 676 물개복치속   = 꼬리물복아지속[a]

Masturus Gill 1884: 425 (type species: *Orthagoriscus oxyuropterus* Bleeker 1873a)

1195. 물개복치   = 꼬리물복아지[a] (물개복치)

Orthagoriscus lanceolatus Liénard 1840: 291 (Port Louis, Mauritius, Mascarenes, sout
    hwestern Indian Ocean)

Masturus lanceolatus (Liénard)

Gen. 677 개복치속   = 물복아지속[ae]

Mola Koelreuter 1766: 337 (type species: *Mola aculeata* Koelreuter 1766)

1196. 개복치   = 물복아지[ad], 물복[b] (개복치, 골부쟁이, 만보, 망어, 안진복)

Tetraodon mola Linnaeus 1758: : 334 (Mediterranean Sea)

Mola mola (Linnaeus)

Gen. 678 쐐기개복치속 (Park JH, Kim JK *et al.* 2007b)

Ranzania Nardo 1840: 105 (type species: *Ranzania typus* Nardo 1840)

1197. 쐐기개복치 (Park JH, Kim JK *et al.* 2007b)

Ostracion laevis Pennant 1776: 129, Pl. 19, fig. 54 (Cornwall, England, northeastern Atlantic)

Ranzania laevis (Pennant)

---

395) 정(1977)은 이 종이 부산 해안에서 채집된 것으로 기록하였고, 김과 이(1990)는 표본을 확인하지 못하였다.
    Leis (1986: 904)는 이 종의 속은 *C. reticulatus*만 있는 단모식성이며, *C. affinis*의 표본이 박제표본에 근거하
    여 기재되었고 *C. reticulatus*의 변이 범위안에 있는 동종이명인 것으로 주장하였다(Leis 2006: 81). 추후 학명
    사용의 검토가 필요하다.

Abbott. J. F. 1901 (25 Feb.). List of fish collected in the river Pei-Ho, at Tien-Tsin, China, by Noah Fields Drake with descriptions of seven new specise. Proceedings of the United States National Museum v. 23 (no. 1221): 483-491.

Abe T. 1947 (Oct.). On a new puffer, *Sphoeroides vermicularis radiatus* form. nov. Zoological Magazine Tokyo v. 57 (no. 10): 159-161. (In Japanese.)

Abe T. 1949 (26 Dec.). Taxonomic studies on the puffers (Tetraodontidae, Teleostei) from Japan and adjacent regions - V. Synopsis of the puffers from Japan and adjacent regions. Bulletin of the Biogeographical Society of Japan v. 14 (no. 13): 89-140, Pls. 1-2.

Abe T. 1952 (29 Feb.). Taxonomic studies on the puffers (Tetraodontidae, Teleostei) from Japan and adjacent regions - VII. Concluding remarks, with the introduction of two new genera, *Fugu* and *Boesemanichthys*. Japanese Journal of Ichthyology v. 2 (no. 1): 35-44. [Continued in Japanese Journal of Ichthyology v. 2 (no. 2): 93-97 and v. 2 (no. 3): 117-127.]

Abe T. 1958 (Mar.). Two new subspecies of fishes from the path of the "Kuro-Shiwo". Records of Oceanographic Works in Japan Spec. no. 2: 175-180. (In Fricke *et al.* 2021)

Abe T. 1988 (18 Aug.). A new scientific name for a Japanese common tetraodontid fish. Uo (Japanese Society of Ichthyologists) no. 38: 13-14. (In Fricke *et al.* 2021)

Abe T. and Tabeta O. 1983 (27 Jan.). Description of a new swellfish of the genus *Lagocephalus* (Tetraodontidae, Teleostei) from Japanese waters and the East China Sea. Uo (Japanese Society of Ichthyologists) no. 32: 1-8, Pls. 1-3. (In Fricke *et al.* 2021)

Abe T., Tabeta O. and Kitahama K. 1984 (27 June). Notes on some swellfishes of the genus *Lagocephalus* (Tetraodontidae, Teleostei) with description of a new species from Japan. Uo (Japanese Society of Ichthyologists) no. 34: 1-10, Pls. 1-3. (In Fricke *et al.* 2021)

Agassiz L. 1832. Untersuchungen über die fossilen Süsswasser-Fische der tertiären Formationen. Jahrbuch für Mineralogie, Geognosie, Geologie und Petrefaktenkunde. v. 3: 129-138.

Agassiz L. 1833-1843. Recherches sur les poissons fossiles. Neuchâtel, Switzerland. 5 vols. with atlas.

Agassiz L. 1835 (after 7 Jan.). Description de quelques espèces de cyprins du Lac de Neuchâtel, qui sont encore inconnues aux naturalistes. Mémoires de la Société Neuchateloise des Sciences Naturelles v. 1: 33-48, Pls. 1-2.

Ahl J. N. 1789. Specimen ichthyologicum de Muraena et Ophichtho, quod venia exp. Fac. Med. Ups. Praeside Carol. Pet. Thunberg, etc. J. Edman, Upsaliæ [Upsala]. 1-14, 2 pls.

Alcock A. W. 1889 (1 Dec.). Natural history notes from H. M. Indian marine survey steamer `Investigator,' Commander Alfred Carpenter, R. N., D. S. O., commanding. No. 13. On the bathybial fishes of the Bay of Bengal and neighbouring waters, obtained during the seasons

1885-1889. Annals and Magazine of Natural History (Series 6) v. 4 (no. 24): 450-461.

Alcock A. W. 1890 (1 Sept.). Natural history notes from H. M. Indian marine survey steamer 'Investigator,' Commander R. F. Hoskyn, R. N., commanding. No. 16. On the bathybial fishes collected in the Bay of Bengal during the season 1889-1890. Annals and Magazine of Natural History (Series 6) v. 6 (no. 33) (art. 26): 197-222, Pls. 8-9.

Alcock A. W. 1891 (1 July-1 Aug.). Class Pisces. In: II. Natural history notes from H. M. Indian marine survey steamer 'Investigator,' Commander R. F. Hoskyn, R. N., commanding. Series II., No. 1. On the results of deep-sea dredging during the season 1890-91. Annals and Magazine of Natural History (Series 6) v. 8 (no. 43/44): 16-34 (1 July); 119-138 (1 Aug.), Pls. 7-8.

Alcock A. W. 1894. Natural history notes from H. M. Indian marine survey steamer 'Investigator,', Commander C. F. Oldham, R. N., commanding. Series II., No. 11. An account of a recent collection of bathybial fishes from the Bay of Bengal and from the Laccadive Sea. Journal of the Asiatic Society of Bengal v. 63 (pt 2): 115-137, Pls. 6-7.

Alexander W. B. 1917. Description of a new species of fish of the genus *Evoxymetopon* Poey. Journal and Proceedings of the Royal Society, Western Australia, Perth v. 2: 104-105, Pl. 7.

Allen G. R. 1975. Damselfishes of the South Seas. T.F.H. Publ., Inc., Neptune City, New Jersey. 1-240, pls. (In Fricke *et al*. 2021)

Alleyne H. G. and Macleay W. 1877 (Feb.-Mar.). The ichthyology of the Chevert expedition. Proceedings of the Linnean Society of New South Wales v. 1 (pts. 3-4): 261-281, 321-359, Pls. 3-9, 10-17. (Pp. 261-281, Pls. 3-9 published Feb. 1877; pp. 321-359, Pls. 10-17 published Mar. 1877.)

Amaoka K. 1963 (25 Mar.). A revision of the flatfish referable to the genus *Psettina* found in the waters around Japan. Bulletin of the Misaki Marine Biological Institute, Kyoto University No. 4: 53-62. (In Lee CL and Lee CS 2007)

Amaoka K. 1969 (Nov.). Studies on the sinistral flounders found in the waters around Japan -taxonomy, anatomy and phylogeny. Journal of the Shimonoseki University of Fisheries v. 18 (no. 2): 65-340.

Anderson W. D., Jr. and Heemstra P. C. 2012. Review of Atlantic and eastern Pacific anthiine fishes (Teleostei: Perciformes: Serranidae), with descriptions of two new genera. Transactions of the American Philosophical Society v. 102 (pt 2): i-xviii + 1-173, 12 pls.

Anderson M. E., Stevenson D. E. and Shinohara G. 2009. Systematic review of the genus *Bothrocara* Bean 1890 (Teleostei: Zoarcidae). Ichthyological Research v. 56 (no. 2): 172-194.

Andriashev A. P. 1937 (1 Mar.). Neue Angaben über die Systematik und geographische Verbreitung der zweihörnigen pazifischen Icelus-Arten. Zoologische Jahrbücher, Abteilung für Systematik, Geographie und Biologie der Tiere (Jena) v. 69 (no. 4): 253-276, Pls. 5-6. (In Fricke *et al.*, 2021)

Anonymous [Bennett E. T.] 1830. Class Pisces. Pp. 686-694. In: Memoir of the life and public services of Sir Thomas Stamford Raffles, F.R.S. &c. Particulary in the Government of Java, 1811-1816, and of Bencoolen and its dependencies, 1817-1824 with detailsof the commerce and resources of the eastern archipelago, and selections from his correspondence. By his Widow [Lady Stamford Raffles]. John Murray, London. 701 pp.

Anonymous [Lacepède B. G. E.] 1798 (Sept.). Paris b. Plassan: Histoire naturelle des poissons par le Cit. La Cepède, etc. (Beschluss der im vorigen Stücke abgebrochenen Recension). Allgemeine Literatur-Zeitung 1798 (pt. 3) (no. 288) (for 25 Sept. 1798): cols. 681-685.

Antonenko D. V., Solomatov S. F. and Panchenko V. V. 2011. On occurrence and biology of Berg wrymouth *Cryptacanthodes bergi* (Cryptacanthodidae) in the north-western part of the Sea of Japan. Journal of Ichthyology v. 51 (no. 2): 173-177.

Arai R. 1970 (13 June). *Luciogobius grandis*, a new goby from Japan and Korea. Bulletin of the National Science Museum (Tokyo) v. 13 (no. 2): 199-206, Pl. 1.

Arai R., Jeon S.-R. and Ueda T. 2001. *Rhodeus pseudosericeus* sp. nov., a new bitterling from South Korea (Cyprinidae: Acheilognathinae). Ichthyological Research v. 48 (no. 3): 275-282.

Arunachalam M., Chinnaraja S., Sivakumar P. and Mayden R. L. 2016 (Dec.). Description of a new species of large barb of the genus *Hypselobarbus* (Cypriniformes: Cyprinidae) from Kali River, Karnataka region of Western Ghats, peninsular India. Iranian Journal of Ichthyology, 3(4): 266-274.

Arunachalam M., Raja M., Muranlidharan M. and Mayden R. L. 2012. Phylogenetic relationships of species of *Hypselobarbus* (Cypriniformes: Cyprinidae): An Enigmatic Clade Endemic to Aquatic Systems of India. Zootaxa 3499: 63-73.

Asano, H. 1958 (15 July). Studies on the conger eels of Japan. I. Description of two new subspecies referable to the genus *Alloconger*. Zoological Magazine Tokyo v. 67 (no. 7): 191-196. (In Japanese with English summary.)

Ascanius, P. 1767-1805. Icones rerum naturalium, ou figures enluminées d'histoire naturelle du Nord. Copenhagen, 1767-1806. 5 parts, 36 pp., 50 pls. Pt. 1 (1867), 22 pp., Pls. 1-10; 2 (1772), 8 pp., Pls. 11-20; 3 (1775), 6 pp., Pls. 21-30; 4 (1777), 6 pp., Pls. 31-40; 5 (1805), 8 pp., Pls. 41-50. [Part 1 with 2nd ed. (1772) and 3rd ed. (1806); parts 3 and 4 with 2nd ed. (1806).]

Ayres W. O. 1854. Description of new fishes from California. A number of short notices read before the Society at several meetings in 1854. Proceedings of the California Academy of Sciences (Series 1) (pt 1): 3-22.

Ayres W. O. 1855. Descriptions of new species of Californian fishes. A number of short notices read before the Society at several meetings in 1855. Proceedings of the California Academy of Sciences (Series 1) v. 1 (pt 1): 23-77.

Ayres W. O. 1859. [Descriptions of fishes]. Proceedings of the California Academy of Sciences (Series 1) v. 2 (1858-1862): 25-32.

Bae S. E., Kwun H. J., Kim J.-K., Kweon S.-M. and Kang C. B. 2013 (Oct.). New record of *Sillago sinica* (Pisces: Sillaginidae) in Korean waters, and re-identification of *Sillago parvisquamis* previously reported from Korea as *S. sinica*. Animal Systematics, Evolution and Diversity v. 29 (no. 4): 288-293.

Balanov A. A., Zemnukhov V. V. and Ivanov O. A. 2004 (Jul.). Distribution of the eelpout *Lycodes soldatovi* (Pisces: Zoarcidae) over the continental slope of the Sea of Okhotsk. Russian Journal of Marine Biology v 30(4): 248-258.

Balon E. K. 1974. Domestication of the carp *Cyprinus carpio* L. Royal Ontario Museum Publications in Life Sciences Miscellaneous Publication, 37pp.

Bamber R. C. 1915 (30 Sept.). Reports on the marine biology of the Sudanese Red Sea, from collections made by Cyril Crossland, M.A., D.Sc., F.L.S. XXII. The Fishes. The Journal of the Linnean Society of London. Zoology v. 31 (no. 210): 477-485, Pl. 46.

Bănăresco P. 1964. Révision du genre *Pseudolaubuca* Bleeker 1864 = *Parapelecus* Günther 1889 (Pisces, Cyprinidae). Revue Roumaine de Biologie, Série de Zoologie v. 9 (no. 2): 76-86.

Bănărescu P. M. 1971. Further studies on the systematics of Cultrinae with reidentification of 44 type specimens (Pisces, Cyprinidae). Revue Roumaine de Biologie, Série de Zoologie v. 16 (no. 1): 9-20, 1 pl.

Bănărescu P. M. 1997 (June). The status of some nominal genera of Eurasian Cyprinidae (Osteichthyes, Cypriniformes). Revue Roumaine de Biologie, Série de Biologie Animale v. 42 (no. 1): 19-30.

Bănărescu P. M. and Nalbant T. T. 1973 (Sept.). Pisces, Teleostei. Cyprinidae (Gobioninae). Das Tierreich v. 93: i-vii + 1-304.

Barnard K. H. 1923 (Sept.). Diagnoses of new species of marine fishes from South African waters. Annals of the South African Museum v. 13 (pt 8, no. 14): 439-445.

Barnard K. H. 1927 (1 July). Diagnoses of new genera and species of South African marine fishes. Annals and Magazine of Natural History (Series 9) v. 20 (no. 115) (art. 8): 66-79. (In Fricke *et al.* 2021)

Barsukov V. V. 1972. The systematic analysis of the group *Sebastes wakiyai - Sebastes* paradoxus - *Sebastes steindachneri*. Communication 1 (containing the description of a new species). Voprosy Ikhtiologii v. 12 (no. 4): 629-639. (In Russian.) (In Fricke *et al*. 2021)

Barsukov V. V. and Chen L.-C. 1978. Review of the subgenus *Sebastiscus* (*Sebastes*, Scorpaenidae) with a description of a new species. Voprosy Ikhtiologii v. 18 (no. 2): 195-210. (In Russian.) (In Fricke *et al*. 2021)

Basilewsky S. 1855. Ichthyographia Chinae borealis. Nouveaux mémoires de la Société impériale des naturalistes de Moscou v. 10: 215-263, Pls. 1-9.

Bean T. H. 1890 (1 July). Scientific results of explorations by the U. S. Fish Commission steamer Albatross. No. XI. New fishes collected off the coast of Alaska and the adjacent region southward. Proceedings of the United States National Museum v. 13 (no. 795): 37-45.

Bean T. H. and Bean B. A. 1897 (28 Jan.). Description of a new blenny-like fish of the genus *Opisthocentrus*, collected in Vulcano Bay, Port Mororan, Japan, by Nicolai A. Grebnitski. Proceedings of the United States National Museum v. 20 (no. 1127): 463-464, Pl. 35.

Bennett J. W. 1828-1830. A selection from the most remarkable and interesting fishes found on the coast of Ceylon. London. First Edition: i--viii + 30 unnumbered pp., Pls. 1-30.

Bennett E. T. 1831a (6 May). A portion of a large collection of fishes from the Mauritius, presented to the Society of Mr. Telfair, ... Four of these fishes appear to have been previously undescribed ... Proceedings of the Committee of Science and Correspondence of the Zoological Society of London 1830-31 (pt 1): 59-60.

Bennett E. T. 1831b (1 Sept.). A small collection of fishes, formed during the voyage of H. M. S. Chanticleer, ..., and two species which appeared to be new to science ... Proceedings of the Committee of Science and Correspondence of the Zoological Society of London 1830-31 (pt 1): 112.

Bennett E. T. 1831c (6 Dec.). A collection of fishes .... presented to the Society by Captain Belcher, R.N., ... formed during his recent survey of part of the Atlantic coast of northern Africa. Proceedings of the Committee of Science and Correspondence of the Zoological Society of London 1830-31 (pt 1): 145-148

Bennett F. D. 1840. Narrative of a whaling voyage round the globe, from the year 1833 to 1836. R. Bentley, London. v. 2: i-vii + 1-395

Berg L. S. 1906a (17 July). Übersicht der Salmoniden vom Amur-Becken. Zoologischer Anzeiger v. 30 (nos 13/14): 395-398.

Berg L. S. 1906b (1 Nov.). Description of a new species of *Leucogobio* from Korea. Annals and Magazine of Natural History (Series 7) v. 18 (no. 107) (art. 57): 394-395.

Berg L. S. 1907a. Notes on several Palaearctic species of the genus *Phoxinus*. Ezhegodnik,

Zoologicheskago Muzeya Imperatorskoi Akademii Nauk v. 11 (for 1906): 196-213, foldout table. (In Russian.)

Berg L. S. 1907b (1 Feb.). Description of a new cyprinoid fish, *Acheilognathus signifer*, from Korea, with a synopsis of all the known Rhodeinae. Annals and Magazine of Natural History (Series 7) v. 19 (no. 110) (art. 18): 159-163.

Berg L. S. 1907c (June). Révision des poissons d'eau douce de la Corée. Ezhegodnik, Zoologicheskago Muzeya Imperatorskoi Akademii Nauk v. 12 (no. 1): 1-12. (In Russian, with French subtitles.)

Berg L. S. 1907d. Beschreibungen einiger neuer Fische aus dem Stromgebiete des Amur. Ezhegodnik, Zoologicheskago Muzeya Imperatorskoi Akademii Nauk v. 12 (no. 3): 418-423.

Berg L. S. 1909. Fishes of the Amur River basin. Zapiski Imperatorskoi Akademii Nauk de St.-Petersbourg (Ser. 8) v. 24 (no. 9): 1-270, Pls. 1-3. (In Russian.)

Berg L. S. 1913. On the collection of fresh water fishes collected by A. I. Czerskii, in the vicinities of Vladivostok and the basin of the Lake Khanka. Zapiski obshchestva izucheniya Amurskogo Kraya [The Acta of the Society for the Study of the Amur Region] v. 13: 11-21. (In Russian.) (In Fricke *et al.* 2021)

Berg L. S. 1914. Faune de la Russie et des pays limitrophes. Poissons, Marsipobranchii et Pisces. Vol. III. Ostariophysi, Part 2. Imperatorskii Akademii Nauk, Petrograd [St. Petersburg]. 337-704, Pls. 3-5.

Berg L. S. 1916. Les Poissons des eaux douces de la Russie. Moscow. i-xxvii + 1-563. (In Russian) (In Nichols 1925a)

Berg L. S. 1931. A review of the lampreys of the Northern Hemisphere. Ezhegodnik, Zoologicheskago Muzeya Imperatorskoi Akademii Nauk v. 32: 87-116, Pls. 1-8. (In Fricke *et al.* 2021)

Berg L. S. 1932. Les poissons des eaux douces de l'U.R.S.S. et des pays limitrophes. 3-e édition, revue et augmentée. Leningrad. Les poissons des eaux douces de l'U.R.S.S. Part 1: 1-543. (In Russian.) (In Fricke *et al.* 2021)

Berry F. H. 1968. A new species of carangid fish (*Decapterus tabl*) from the western Atlantic. Contributions in Marine Science v. 13: 145-167.

Bianconi G. G. 1846. Lettera [sul *Ostracion fornasini*, n. sp. de pesce del Mosambico]. Nuovi Annali delle Scienze naturali Bologna (Ser. 2) v. 5: 113-115, Pl. 1.

Birstein V. J., Doukakis P. and DeSalle R. 2002. Molecular phylogeny of Acipenseridae: Nonmonophyly of Scaphirhynchinae. Copeia, 2002(2): 287-301.

Blainville H. de 1810 (Sept.). Note sur plusieurs espèces de squale, confondues sous le nom de

Squalus maximus de Linnée. Journal de Physique, de Chimie et d'Histoire Naturelle Paris v. 71: 248-259, Pl. 2.

Blainville H. de 1816. Prodrome d'une nouvelle distribution systématique du règne animal. Bulletin des Sciences, par la Société Philomathique de Paris v. 8: 105-112 [sic for 113-120] +121-124.

Bleeker P. 1847 (Dec.). Overzigt der te Batavia voorkomende Gladschubbige Labroïeden, met beschrijving van 11 nieuwe species. Verhandelingen van het Bataviaasch Genootschap van Kunsten en Wetenschappen. v. 22 [3]: 1-64.

Bleeker P. 1848 (Sept.). A contribution to the knowledge of the ichthyological fauna of Sumbawa. Journal of the Indian Archipelago and Eastern Asia (Singapore) v. 2 (no. 9): 632-639.

Bleeker P. 1849a (Jan.). A contribution to the knowledge of the ichthyological fauna of Celebes. Journal of the Indian Archipelago and Eastern Asia (Singapore) v. 3 (no. 1): 65-74.

Bleeker P. 1849b (after 28 Aug.). Bijdrage tot de kennis der Blennioïden en Gobioïden van den Soenda-Molukschen Archipel, met beschrijving van 42 nieuwe soorten. Verhandelingen van het Bataviaasch Genootschap van Kunsten en Wetenschappen. v. 22 [6]: 1-40.

Bleeker P. 1849c (after 28 Aug.). Bijdrage tot de kennis der ichthyologische fauna van het eiland Madura, met beschrijving van eenige nieuwe soorten. Verhandelingen van het Bataviaasch Genootschap van Kunsten en Wetenschappen. v. 22 [8]: 1-16.

Bleeker P. 1849d (after 28 Aug.). Bijdrage tot de kennis der Percoïden van den Malaijo-Molukschen Archipel, met beschrijving van 22 nieuwe soorten. Verhandelingen van het Bataviaasch Genootschap van Kunsten en Wetenschappen. v. 22 [13]: 1-64.

Bleeker P. 1849e (31 Dec.). Bijdrage tot de kennis der Sciaenoïden van den Soenda-Molukschen Archipel, met beschrijving van 7 nieuwe soorten. Verhandelingen van het Bataviaasch Genootschap van Kunsten en Wetenschappen. v. 23 (no. 5): 1-31.

Bleeker P. 1850 (Dec.). Over eenige nieuwe soorten van Belone en Hemiramphus van Java. Natuurkundig Tijdschrift voor Nederlandsch Indië v. 1 (no. 2): 93-95.

Bleeker P. 1851a (Apr.). Over eenige nieuwe geslachten en soorten van Makreelachtige visschen van den Indischen Archipel. Natuurkundig Tijdschrift voor Nederlandsch Indië v. 1 (no. 4): 341-372.

Bleeker P. 1851b (June). Nieuwe bijdrage tot de kennis der Percoïdei, Scleroparei, Sciaenoïdei, Maenoïdei, Chaetodontoïdei en Scombreoïdei van den Soenda-Molukschen Archipel. Natuurkundig Tijdschrift voor Nederlandsch Indië v. 2 (no. 1): 163-179.

Bleeker P. 1851c (Sept.). Nieuwe bijdrage tot de kennis der ichthyologische fauna van Celebes. Natuurkundig Tijdschrift voor Nederlandsch Indië v. 2 (no. 2): 209-224.

Bleeker P. 1851d (Sept.). Bijdrage tot de kennis der ichthyologische fauna van de Banda-eilanden. Natuurkundig Tijdschrift voor Nederlandsch Indië v. 2 (no. 2): 225-261.

Bleeker P. 1852a (Apr.). Bijdrage tot de kennis der ichthyologische fauna van Singapore. Natuurkundig Tijdschrift voor Nederlandsch Indië v. 3 (no. 1): 51-86.

Bleeker P. 1852b (Apr.). Bijdrage tot de kennis der ichthyologische fauna van Blitong (Billiton), met beschrijving van eenige nieuwe soorten van zoetwatervisschen. Natuurkundig Tijdschrift voor Nederlandsch Indië v. 3 (no. 1): 87-100.

Bleeker P. 1852c (July). Bijdrage tot de kennis der ichthijologische fauna van de Moluksche Eilanden. Visschen van Amboina en Ceram. Natuurkundig Tijdschrift voor Nederlandsch Indië v. 3 (no. 2): 229-309.

Bleeker P. 1852d (Sept.). Bijdrage tot de kennis der ichthyologische fauna van het eiland Banka. Natuurkundig Tijdschrift voor Nederlandsch Indië v. 3 (no. 3): 443-460

Bleeker P. 1852e (Oct.). Diagnostische beschrijvingen van nieuwe of weinig bekende vischsoorten van Sumatra. Tiental I - IV. Natuurkundig Tijdschrift voor Nederlandsch Indië v. 3 (no. 4): 569-608.

Bleeker P. 1853a (before 17 Feb.). Derde bijdrage tot de kennis der ichthyologische fauna van Celebes. Natuurkundig Tijdschrift voor Nederlandsch Indië v. 3 (no. 5): 739-782.

Bleeker P. 1853b (Oct.). Diagnostische beschrijvingen van nieuwe of weinig bekende vischsoorten van Batavia. Tiental I-VI. Natuurkundig Tijdschrift voor Nederlandsch Indië v. 4 (no. 3): 451-516.

Bleeker P. 1853c (9 Nov.). Bijdrage tot de kennis der ichthyologische fauna van Solor. Natuurkundig Tijdschrift voor Nederlandsch Indië v. 5 (no. 1): 67-96.

Bleeker P. 1853d (Oct.). Bijdrage tot de kennis der ichthyologische fauna van Japan. Verhandelingen der Koninklijke Akademie van Wetenschappen (Amsterdam) v. 1 (art. 1): 1-16.

Bleeker P. 1853e (Dec.). Bijdrage tot de kennis der Muraenoïden en Symbranchoïden van den Indischen Archipel. Verhandelingen van het Bataviaasch Genootschap van Kunsten en Wetenschappen. v. 25 (art. 5): 1-62 (Dec. 1852) + 63-76.

Bleeker P. 1853f (Nov.). Nalezingen op de ichthyologie van Japan. Verhandelingen van het Bataviaasch Genootschap van Kunsten en Wetenschappen. v. 25 (art. 7): 1-56, 1 pl.

Bleeker P. 1854a (16 Feb.). Nieuwe tientallen diagnostische beschrijvingen van nieuwe of weinig bekende vischsoorten van Sumatra. Natuurkundig Tijdschrift voor Nederlandsch Indië v. 5 (no. 3): 495-534.

Bleeker P. 1854b (May). Derde bijdrage tot de kennis der ichthyologische fauna van de Banda-eilanden. Natuurkundig Tijdschrift voor Nederlandsch Indië v. 6 (no. 1): 89-114.

Bleeker P. 1854c (July). Faunae ichthyologicae japonicae species novae. Natuurkundig Tijdschrift voor Nederlandsch Indië v. 6 (no. 2): 395-426.

Bleeker P. 1854d (July). Vijfde bijdrage tot de kennis der ichthyologische fauna van Amboina. Natuurkundig Tijdschrift voor Nederlandsch Indië v. 6 (no. 3): 455-508.

Bleeker P. 1854e (after 25 Oct.). Vijfde bijdrage tot de kennis der ichthyologische fauna van Celebes. Natuurkundig Tijdschrift voor Nederlandsch Indië v. 7 (no. 2): 225-260.

Bleeker P. 1855a. Nieuwe nalezingen op de ichthyologie van Japan. Verhandelingen van het Bataviaasch Genootschap van Kunsten en Wetenschappen. v. 26 (art. 4): 1-132, Pls. 1-8.

Bleeker P. 1855b (May). Bijdrage tot de kennis der ichthyologische fauna van de Batoe Eilanden. Natuurkundig Tijdschrift voor Nederlandsch Indië v. 8 (no. 2): 305-328.

Bleeker P. 1855c (Aug.). Zesde bijdrage tot de kennis der ichthyologische fauna van Amboina. Natuurkundig Tijdschrift voor Nederlandsch Indië v. 8 (no. 3): 391-434.

Bleeker P. 1855d (Nov.). Negende bijdrage tot de kennis der ichthyologische fauna van Borneo. Zoetwatervisschen van Pontianak en Bandjermasin. Natuurkundig Tijdschrift voor Nederlandsch Indië v. 9 (no. 3): 415-430.

Bleeker P. 1856a. Beschrijvingen van nieuwe en weinig bekende vischsoorten van Amboina, verzameld op eene reis door den Molukschen Archipel, gedaan in het gevolg van den Gouverneur Generaal Duymaer van Twist, in September en Oktober 1855. Acta Societatis Regiae Scientiarum Indo-Neêrlandicae v. 1: 1-72, 73-76.

Bleeker P. 1856b (after 17 May). Verslag omtrent eenige vischsoorten gevangen aan de Zuidkust van Malang in Oost-Java. Natuurkundig Tijdschrift voor Nederlandsch Indië v. 11 (no. 1): 81-92.

Bleeker P. 1856c (after 17 May). Vijfde bijdrage tot de kennis der ichthyologische fauna van de Banda-eilanden. Natuurkundig Tijdschrift voor Nederlandsch Indië v. 11 (no. 1): 93-110.

Bleeker P. 1857a (9 Apr.). Achtste bijdrage tot de kennis der vischfauna van Amboina. Acta Societatis Regiae Scientiarum Indo-Neêrlandicae v. 2 (art. 7): 1-102.

Bleeker P. 1857b (14 May). Vierde bijdrage tot de kennis der ichthyologische fauna van Japan. Acta Societatis Regiae Scientiarum Indo-Neêrlandicae v. 3 (art. 10): 1-46, Pls. 1-4.

Bleeker P. 1857c (26 June). Bijdrage tot de kennis der ichthyologische fauna van de Sangi-eilanden. Natuurkundig Tijdschrift voor Nederlandsch Indië v. 13 (no. 2): 369-380.

Bleeker P. 1857d (Dec.). Index descriptionum specierum piscium Bleekerianarum in voluminibus I ad XIV diarii Societatis Scientiarum Indo-Batavae. Natuurkundig Tijdschrift voor Nederlandsch Indië v. 14 (no. 2): 447-486.

Bleeker P. 1858a. Vierde bijdrage tot de kennis der ichthyologische fauna van Japan. Acta Societatis Regiae Scientiarum Indo-Neêrlandicae v. 3 (art. 10): 1-46, Pls. 1-4.

Bleeker P. 1858b (23 Sept.). De visschen van den Indischen Archipel beschreven en toegelicht. Deel I. Siluri. Acta Societatis Regiae Scientiarum Indo-Neêrlandicae v. 4 (art. 2): i-xii + 1-370.

Bleeker P. 1858c. Vijfde bijdrage tot de kennis der ichthyologische fauna van Japan. Acta Societatis Regiae Scientiarum Indo-Neêrlandicae v. 5 (art. 9): 1-12, Pls. 1-3.

Bleeker P. 1859. Enumeratio specierum piscium hucusque in archipelago indico observatarum, adjectis habitationibus citationibusque, ubi descriptiones earum recentiores reperiuntur, nec non speciebus Musei Bleekeriani Bengalensibus, Japonicis, Capensibus Tamanicisque. Acta Societatis Scientiarum Indo-Neêrlandicae, 6 (3): i–xxxvi + 1-276.

Bleeker P. 1860a (14 Feb.). Conspectus systematis Cyprinorum. Natuurkundig Tijdschrift voor Nederlandsch Indië v. 20 (no. 3): 421-441.

Bleeker P. 1860b (2 Aug.). De visschen van den Indischen Archipel, beschreven en toegelicht. Deel II. Ordo Cyprini, karpers. Acta Societatis Regiae Scientiarum Indo-Neêrlandicae v. 7 (art. 2): 1-492 + i-xiii.

Bleeker P. 1860c (19 July). Zesde bijdrage tot de kennis der vischfauna van Japan. Acta Societatis Regiae Scientiarum Indo-Neêrlandicae v. 8 (art. 1): 1-104.

Bleeker P. 1860d (12 Jan.). Achtste bijdrage tot de kennis der vischfauna van Sumatra (Visschen van Benkoelen, Priaman, Tandjong, Palembang en Djambi). Acta Societatis Regiae Scientiarum Indo-Neêrlandicae v. 8 (art. 2): 1-88.

Bleeker P. 1862a. Sur quelques genres de la famille des Pleuronectoïdes. Verslagen en Mededeelingen der Koninklijke Akademie van Wetenschappen. Afdeling Natuurkunde. v. 13: 422-429.

Bleeker P. 1862b. Sixième memoire sur la faune ichthyologique de l'île de Batjan. Verslagen en Mededeelingen der Koninklijke Akademie van Wetenschappen. Afdeling Natuurkunde. v. 14: 99-112.

Bleeker P. 1862c. Notices ichthyologiques (I-X). Verslagen en Mededeelingen der Koninklijke Akademie van Wetenschappen. Afdeling Natuurkunde. v. 14: 123-141.

Bleeker P. 1862d (Apr.). Conspectus generum Labroideorum analyticus. Proceedings of the Zoological Society of London 1861 (pt 3): 408-418.

Bleeker P. 1863a. Systema Cyprinoideorum revisum. Nederlandsch Tijdschrift voor de Dierkunde v. 1: 187-218.

Bleeker P. 1863b. Onzième notice sur la faune ichthyologique de l'île de Ternate. Nederlandsch Tijdschrift voor de Dierkunde v. 1: 228-238.

Bleeker P. 1863c. Sur une nouvelle espèce de poisson du Japon appartenant à un nouveau genre. Verslagen en Mededeelingen der Koninklijke Akademie van Wetenschappen. Afdeling Natuurkunde. v. 15: 257-260.

Bleeker P. 1864a. *Rhinobagrus* et *Pelteobagrus* deux genres nouveaux de Siluroïdes de Chine. Nederlandsch Tijdschrift voor de Dierkunde v. 2: 7-10.

Bleeker P. 1864b. Description de deux espèces inédites de Cobitioïdes. Nederlandsch Tijdschrift voor de Dierkunde v. 2: 11-14.

Bleeker P. 1864c (May-Aug.). Notices sur quelques genres et espèces de Cyprinoïdes de Chine. Nederlandsch Tijdschrift voor de Dierkunde v. 2: 18-29.

Bleeker P. 1864d. Sixième notice sur la faune ichthyologique de Siam. Nederlandsch Tijdschrift voor de Dierkunde v. 2: 171-176.

Bleeker P. 1864e-1865. Atlas ichthyologique des Indes Orientales Néêrlandaises, publié sous les auspices du Gouvernement colonial néêrlandaises. Tome IV. Murènes, Synbranches, Leptocéphales. v. 4: 1-132, Pls. 145-193.

Bleeker P. 1865a. Enumération des espèces de poissons actuellement connues de l'île d'Amboine. Nederlandsch Tijdschrift voor de Dierkunde v. 2: 270-276, 273-293

Bleeker P. 1865b. Sur les espèces d'Exocet de l'Inde Archipélagique. Nederlandsch Tijdschrift voor de Dierkunde v. 3: 105-129.

Bleeker P. 1865c-1869. Atlas ichthyologique des Indes Orientales Néêrlandaises, publié sous les auspices du Gouvernement colonial néêrlandais. Tome V. Baudroies, Ostracions, Gymnodontes, Balistes. 1-152, Pls. 194-231.

Bleeker P. 1869. Description d'une espèce inédite de Caesio de l'île de Nossibé. Verslagen en Mededeelingen der Koninklijke Akademie van Wetenschappen. Afdeeling Natuurkunde (Ser. 2) v. 3: 78-79.

Bleeker P. 1870a. Description et figure d'une espèce inédite de *Rhynchobdella* de Chine. Verslagen en Mededeelingen der Koninklijke Akademie van Wetenschappen. Afdeeling Natuurkunde (Ser. 2) v. 4: 249-250, Pl.

Bleeker P. 1870b. Mededeeling omtrent eenige nieuwe vischsoorten van China. Verslagen en Mededeelingen der Koninklijke Akademie van Wetenschappen. Afdeeling Natuurkunde (Ser. 2) v. 4: 251-253, 1 pl.

Bleeker P. 1871a. Mémoire sur les cyprinoïdes de Chine. Verhandelingen der Koninklijke Akademie van Wetenschappen (Amsterdam) v. 12 (art. 2): 1-91, Pls. 1-14.

Bleeker P. 1871b-1876. Atlas ichthyologique des Indes Orientales Néêrlandaises, publié sous les auspices du Gouvernement colonial néêrlandais. Tome VII. Percoides I, Priacanthiformes, Serraniformes, Grammisteiformes, Percaeformes, Datniaeformes. v. 7: 1-126, Pls. 279-320.

Bleeker P. 1873a. Description et figure d'une espèce insulindienne d'Orthagoriscus. Verslagen en Mededeelingen der Koninklijke Akademie van Wetenschappen. Afdeeling Natuurkunde (Ser. 2) v. 7: 151-153, Pl.

Bleeker P. 1873b. Sur le genre Parapristipoma et sur l'identité spécifique des Perca trilineata Thunb., Pristipoma japonicum CV. et Diagramma japonicum Blkr. Archives néerlandaises des sciences exactes et naturelles v. 8: 19-24, 1 pl.

Bleeker P. 1873c. Sur les espèces indo-archipélagiques d'Odontanthias et de Pseudopriacanthus. Nederlandsch Tijdschrift voor de Dierkunde v. 4: 235-240.

Bleeker P. 1874a. Esquisse d'un système naturel des Gobioïdes. Archives néerlandaises des sciences exactes et naturelles v. 9: 289-331.

Bleeker P. 1874b. Typi nonnuli generici piscium neglecti. Verslagen en Mededeelingen der Koninklijke Akademie van Wetenschappen. Afdeeling Natuurkunde (Ser. 2) v. 8: 367-371.

Bleeker P. 1874c (Dec.). Poissons de Madagascar et de l'île la Réunion des collections de MM. Pollen et van Dam. In: Recherches sur la faune de Madagascar et de ses dépendances d'après les découvertes de François P. L. Pollen et D. C. van Dam. 4e partie. E. J. Brill, Leide [Leiden]. Poissons de Madagascar et de l'Ile la Réunion Part 4: 1-104 + 2 p. index.

Bleeker P. 1876a. Notice sur les genres *Gymnocaesio*, *Pterocaesio*, *Paracaesio* et *Liocaesio*. Verslagen en Mededeelingen der Koninklijke Akademie van Wetenschappen. Afdeeling Natuurkunde (Ser. 2) v. 9: 149-154.

Bleeker P. 1876b. Genera familiae Scorpaenoideorum conspectus analyticus. Verslagen en Mededeelingen der Koninklijke Akademie van Wetenschappen. Afdeeling Natuurkunde (Ser. 2) v. 9: 294-300.

Bleeker P. 1876c. Systema Percarum revisum. Pars Ia. Percae. Archives néerlandaises des sciences exactes et naturelles v. 11: 247-288.

Bleeker P. 1876d. Systema Percarum revisum. Pars II. Archives néerlandaises des sciences exactes et naturelles v. 11: 289-340.

Bleeker P. 1877 (Dec.). [Over slokdarm, maag en dunnen darm van Caprodon Schlegeli. De Heer Bleeker ... Hamburger Museum ... visschen van China.]. Processen-verbaal van de gewone vergaderingen der Koninklijke Akademie van Wetenschappen; Afdeeling Natuurkunde 1877-1878 (no. 5): 2-3. (In Fricke *et al*. 2021)

Bleeker P. 1878. Quatrième mémoire sur la faune ichthyologique de la Nouvelle-Guinée. Archives néerlandaises des sciences exactes et naturelles v. 13: 35-66, Pls. 2-3.

Bleeker P. 1879a. Énumerátion des espèces de poissons actuellement connues du Japon et description de trois espèces inédites. Verhandelingen der Koninklijke Akademie van

Wetenschappen, Afdeeling Natuurkunde (Amsterdam) v. 18: 1-33, Pls. 1-3.

Bleeker P. 1879b. Révision des espèces insulindiennes de la famille des Callionymoïdes. Verslagen en Mededeelingen der Koninklijke Akademie van Wetenschappen. Afdeeling Natuurkunde (Ser. 2) v. 14: 79-107.

Bloch M. E. 1782. M. Marcus Elieser Bloch's ..., ausübenden Arztes zu Berlin, Oeconomische Naturgeschichte der Fische Deutschlands. Berlin. v. 1: 1-128, Pls. 1-37.

Bloch M. E. 1784. M. Marcus Elieser Bloch's ..., ausübenden Arztes zu Berlin, Oeconomische Naturgeschichte der Fische Deutschlands. Berlin. v. 3: i-viii + 1-234, Pls. 73-108.

Bloch M. E. 1785. Naturgeschichte der ausländischen Fische. Berlin. v. 1: i-viii + 1-136, Pls. 109-144.

Bloch M. E. 1786. Naturgeschichte der ausländischen Fische. Berlin. v. 2: i-viii + 1-160, Pls. 145-180.

Bloch M. E. 1787. Naturgeschichte der ausländischen Fische. Berlin. v. 3: i-xii + 1-146, Pls. 181-216.

Bloch M. E. 1788. Ichthyologie, ou Histoire naturelle, générale et particulière des poissons. Avec des figures enluminées dessinées d'apres nature. Berlin. pt. 6: 150pp.

Bloch M. E. 1790. Naturgeschichte der ausländischen Fische. Berlin. v. 4: i-xii + 1-128, Pls. 217-252.

Bloch M. E. 1791. Naturgeschichte der ausländischen Fische. Berlin. v. 5: i-viii + 1-152, Pls. 253-288.

Bloch M. E. 1792. Beschreibung zweyer neuen Fische. Schriften der Gesellschaft Naturforschender Freunde zu Berlin v. 10 (art. 38): 422-424, Pl. 9.

Bloch M. E. 1793. Naturgeschichte der ausländischen Fische. Berlin. v. 7: i-xiv + 1-144, Pls. 325-360.

Bloch M. E. 1794. Naturgeschichte der ausländischen Fische. Berlin. v. 8: i-iv + 1-174, Pls. 361-396.

Bloch M. E. 1795. Naturgeschichte der ausländischen Fische. Berlin. v. 9: i-ii + 1-192, Pls. 397-429.

Bloch M. E. 1797. Ichtyologie, ou, Histoire naturelle, générale et particulière des poissons: avec des figures enluminées, dessinées d'après nature, Berlin. pt. 11, 136pp.

Bloch M. E. and Schneider J. G. 1801. M. E. Blochii, Systema Ichthyologiae Iconibus cx Ilustratum. Post obitum auctoris opus inchoatum absolvit, correxit, interpolavit Jo. Gottlob Schneider, Saxo. Berolini. Sumtibus Auctoris Impressum et Bibliopolio Sanderiano Commissum. i-lx + 1-584, Pls. 1-110.

Blyth E. 1860. Report on some fishes received chiefly from the Sitang River and its tributary streams, Tenasserim Provinces. Journal of the Asiatic Society of Bengal v. 29 (no. 2): 138-174.

Boeseman M. 1947. Revision of the fishes collected by Burger and Von Siebold in Japan. Zoologische Mededelingen (Leiden) v. 28: i-vii + 1-242, Pls. 1-5.

Boeseman M. and Ligny W. de 2004 (18 June). Martinus Houttuyn (1720-1798) and his contributions to the natural sciences, with emphasis on Zoology. Zoologische Verhandelingen (Leiden) No. 349: 1-222.

Bogutskaya N. G. and Naseka A. M. 1996 (Jan.). Cyclostomata and fishes of Khanka Lake drainage area (Amur Riber Basin) an annotated check-list with comments on taxonomy and zoogeography of the region. GosNIORKu and Zin Ran. St. Petersburg (for 1996). 1-89. (In Russian with English abstract.)

Bogutskaya N. G. and Naseka A. M. 2004. Catalogue of agnathans and fishes of fresh and brackish waters of Russia with comments on nomenclature and taxonomy. Russian Academy of Sciences, Moscow. 1-389. (In Russian.)

Bogutskaya N. G., Naseka A. M. and Komlev A. M. 2001. Freshwater fishes of Russia: preliminary results of the fauna revision. Proceedings of the Zoological Institute, Russian Academy of Sciences v. 289: 39-50.

Bogutskaya N. G., Naseka A. M., Shedko S. V., Vasil'eva E. D. and Chereshnev I. A. 2008. The fishes of the Amur River: updated check-list and zoogeography. Ichthyological Exploration of Freshwaters v. 19 (no. 4): 301-366.

Böhlke E. B. and McCosker J. E. 2001. The moray eels of Australia and New Zealand, with the description of two new species (Anguilliformes: Muraenidae). Records of the Australian Museum (2001) Vol. 53: 71-102.

Bonaparte C. L. 1834. Iconografia della fauna italica per le quattro classi degli animali vertebrati. Tomo III. Pesci. Roma. Fasc. 6-11, puntata 29-58, 12 pls.

Bonaparte C. L. 1840. Iconografia della fauna italica per le quattro classi degli animali vertebrati. Tomo III. Pesci. Roma. Fasc. 27-29, puntata 136-154, 10 pls.

Bonelli F. A. 1820. Description d'une nouvelle espèce de poisson de la Méditerranée appartenant au genre Trachyptère avec des observations sur les caractères de çe même genre. Memorie della Reale Accademia delle Scienze di Torino v. 24 (for 31 May 1819): 485-494, Pl. 9.

Bonnaterre J. P. 1788. Tableau encyclopédique et methodique des trois règnes de la nature... Ichthyologie. Panckoucke, Paris. i-lvi + 1-215, Pls. A-B + 1-100.

Bosc L. A. G. 1816-1819. [Pisces accounts.] In: Nouveau Dictionnaire d'Histoire Naturelle, Appliquée aux Arts..., Nouv. Ed. Paris. v. 1-36. [v. 7 (1817)].

Boulenger G. A. 1895. Catalogue of the fishes in the British Museum. Catalogue of the perciform fishes in the British Museum. Second edition. Vol. I. Catalogue of the fishes in the British Museum 2nd edition v. 1: i-xix + 1-394, Pls. 1-15.

Boulenger G. A. 1901 (1 Mar.). On some deep-sea fishes collected by Mr. F. W. Townsend in the sea of Oman. Annals and Magazine of Natural History (Series 7) v. 7 (no. 39) (art. 32): 261-

263, Pl. 6.

Boulenger G. A. 1902 (1 Mar.). Notes on the classification of teleostean fishes. II. On the Berycidae. Annals and Magazine of Natural History (Series 7) v. 9 (no. 51) (art. 33): 197-204.

Breder C. M., Jr. 1928 (Mar.). Scientific results of the second oceanographic expedition of the "Pawnee" 1926. Nematognathii, Apodes, Isospondyli, Synentognathi, and Thoracostraci from Panama to Lower California with a generic analysis of the Exocoetidae. Bulletin of the Bingham Oceanographic Collection Yale University v. 2 (art. 2): 1-25. (In Fricke *et al.* 2021)

Brevoort J. C. 1856. Notes on some figures of Japanese fish taken from recent specimens by the artists of the U. S. Japan Expedition. Pp. 253-288, Pls. 3-12 (color) In: M. C. Perry, Narrative of the Expedition of an American Squadron to the China Seas and Japan, performed in the years 1852, 1853, and 1854 under the command of Commodore M. C. Perry, United States Navy, published by order of the Government of the United States. Vol. 2. U.S. Senate Ex. Doc. No. 79, 33rd Congress, 2nd Session. Beverley Tucker, Washington, D.C. [i-viii] + 1-414 + 1-14 + I-XI + [1], 17 folded charts, Pls.

Briggs J. C. 1955 (21 Sept.). A monograph of the clingfishes (Order Xenopterygii). Stanford Ichthyological Bulletin v. 6: i-iv + 1-224. (In Fricke *et al.* 2021)

Brisout de Barneville C. N. F. 1846 (Apr.). Note sur les Diodoniens. Revue Zoologique par la Société Cuvierienne (Paris) 1846: 136-143.

Broussonet P. M. A. 1782. Ichthyologia, sistens piscium descriptiones et icones. Decas I. London. 49 unnum. pages, incl. i-iv., Unnum. Pls. 1-11.

Burke C. V. 1912 (12 Dec.). A new genus and six new species of fishes of the family Cyclogasteridae. Proceedings of the United States National Museum v. 43 (no. 1941): 567-574.

Cadenat J. 1963. Notes d'ichtyologie ouest-africaine. XXXIX.-- Notes sur les requins de la famille des Carchariidae et formes apparentées de l'Atlantique ouest-africain (avec la description d'une espèce nouvelle: *Pseudocarcharias pelagicus*, clasée dans un sous-genre nouveau). Bulletin de l'Institut Français d'Afrique Noire (Sér A) Sciences Naturelles v. 25 (no. 2): 526-543. (In Fricke *et al.* 2021)

Cantor T. E. 1842 (1 Aug.). General features of Chusan, with remarks on the flora and fauna of that island. Annals and Magazine of Natural History (New Series) v. 9 (nos 58, 59, 60): 265-278, 361-370, 481-493.

Cantor T. E. 1849. Catalogue of Malayan fishes. Journal of the Asiatic Society of Bengal v. 18 (pt 2): i-xii + 983-1443, Pls. 1-14.

Cantwell G. E. 1964 (Jul.). A revision of the genus *Parapercis*, family Mugiloididae. Pacific Science, v. 18: 239-280.

Carpenter K. E. 1987 (Sept.). Revision of the Indo-Pacific fish family Caesionidae (Lutjanoidea), with descriptions of five new species. Indo-Pacific Fishes No. 15: 1-56, Pls. 1-7. (In Fricke *et al.* 2021)

Carpenter K. E. and Niem V. H. 2001. Species identification guide for fishery purposes. The living marine resources of the western central Pacific. Bony fishes part 3 (Menidae to Pomacentridae). FAO, Rome. v. 5: iii-iv; 2791-3379, I-XXVII.

Castelnau F. L. 1875. Researches on the fishes of Australia. Official Record, containing Introduction, Catalogues, Official Awards of the Commissioners, Report and Recommendations of the Experts, and Essays and Statistics on the Social and Economic Resources of the Colony of Victoria.: 1-52. [Article No. II under Part VII - Intercolonial Exhibition Essays.]

Chabanaud P. 1934. Les soléidés du groupe Zebrias. Définition d'un sous-genre nouveau et description d'une sous-espèce nouvelle. Bulletin de la Société Zoologique de France v. 59: 420-436.

Chae B.-S. and Yang H.-J. 1999 (Mar.). *Microphysogobio rapidus*, a new species of gudgeon (Cyprinidae, Pisces) from Korea, with revised key to species of the genus Microphysogobio of Korea. Korean Journal of Biological Sciences v. 3 (no. 1): 17-21.

Chakraborty A., Aranishi F. and Iwatsuki Y. 2006. Genetic differences among three species of the genus *Trichiurus* (Perciformes: Trichiuridae) based on mitochondrial DNA analysis. Ichthyological Research v. 53: 93-96.

Chan W. L. 1965 (30 Jul.). A systematic revision of the Indo-Pacific clupeid fishes of the genus *Sardinella* (family Clupeidae). Japanese Journal of Ichthyology 13(1/3): 1-39.

Chen J.-X. 1981. A study on the classification of the subfamily Cobitinae of China. Transactions of the Chinese Ichthyological Society No. 1: 21-32. (In Chinese, English summary)

Chen L.-C. and Barsukov V. V. 1976 (20 Aug.). A study of the western north Pacific *Sebastes vulpes* species complex (Scorpaenidae), with description of a new species. Japanese Journal of Ichthyology v. 23 (no. 1): 1-8.

Chen Y.-R., Uwa H. and Chu X.-L. 1989 (Apr.). Taxonomy and distribution of the genus *Oryzias* in Yunnan, China (Cyprinodontiformes: Oryziidae). Acta Zootaxonomica Sinica v. 14 (no. 2): 239-246. (In Chinese with English summary.) (In Fricke *et al.* 2021)

Cheng, Q. and B. Zheng (eds) 1987. Systematic synopsis of Chinese fishes. 1-2. Vol. 1, pp. xxiv+644+iii, vol. 2, pp. ii+645-1458, figs. 2752, Science Press, Beijing.

Cheng Q.-T., Wang C.-X., Tian M.-C., Li C.-S., Wang Y.-G. and Wang Q. 1975 (Dec.). Studies on the Chinese tetraodonoid fishes of the genus *Fugu*. Acta Zoologica Sinica v. 21 (no. 4): 359-378, Pls. 1-2. (In Chinese with English summary.) (In Fricke *et al.* 2021)

Choi S.-H., Cha S.-S. and Choi Y. 2002. First record of the dragonet Fish, *Neosynchiropus ijimai* (Pisces: Callionymidae) from Korea. Korean Journal of Ichtyology v. 14(no. 4): 300-303.

Choi Y., Kim I.-S. and Nakaya K. 1997 (Dec.). New records of sharks, *Sphyrna lewini* and *Alopias vulpinus* (Pisces: Elasmobranchii) in Korea. The Korean Journal of Systematic Zoology v. 13 (no. 4): 285-290.

Choi Y., Kim I.-S. and Nakaya K. 1998. A taxonomic revision of genus *Carcharhinus* (Pisces: Elasmobranchii) with description of two new records in Korea. Korean Journal of Systematic Zoology v. 14 (no. 1): 43-49.

Choi Y., Kweon S. M. and Ra H. K. 2002. First record of the carangid fish, *Decapterus macarellus* (Pisces: Carangidae) from Korea. Korean Journal of Ichthyology v. 14 (no. 1): 8-10.

Chu Y.-T. 1935 (Feb.). Description of a new species of *Lagocephalus* from Chusan, China. The China Journal v. 22 (no. 2): 87. (In Fricke *et al*. 2021)

Chu Y.-T. 1960. Cartilaginous fishes of China. i-x + 1-225. (In 정 등 1995)

Chu Y.-T. Chan C.-L. and Chen C.-T. 1963 (Aug.). Ichthyofauna of the East China Sea. Beijing. i-xxviii + 1-642. (In Chinese.)

Chu Y.-T., Lo Y.-L. and Wu H.-L. 1963. A study on the classification of the sciaenoid fishes of China, with description of new genera and species. Monographs of fishes of China. Publications Shanghai Fisheries Institute: i-ii + 1-100, 40 pls. (In Chinese with English summary.)

Chu X.-L., Chen Y.-R. *et al*. (eds) 1989 (Aug.) The fishes of Yunnan, China. Part 1 Cyprinidae. Science Press, Beijing, China. i-vii + 1-377.

Chyung M. K. and Kim K. H. 1959 (Jun). Thirteen unrecorded species of fish from Korean waters. Korean Journal of Zoology v. 2(no. 1): 2-10.

Cloquet H. 1816-1830. [Pisces accounts.] In: Dictionnaire des sciences naturelles. Volumes 1-60.

Cocco A. 1833 (Apr.). Su di alcuni pesci de' mari di Messina. Giornale di Scienze Lettere e Arti per La Sicilia v. 42 (no. 124): 9-21, Pl. 42.

Cocco A. 1838. Su di alcuni salmonidi del mare di Messina. Nuovi annali delle scienze naturali e rendiconto dei lavori dell'Accademia della Scienze dell'Instituto di Bologna con appendice agraria. Bologna Anno 1 Tomo 2 (fasc. 9): 161-194, Pls. 5-8.

Collette B. B. 1999. Mackerels, molecules, and morphology. In: Proc. 5th Indo-Pac. Fish Conf., Noumea, 1997 [Séret B. and Sire J.-Y. eds]. 149-164.

Collett R. 1895 (Apr.). On a new agonoid fish (*Agonus gilberti*) from Kamtschatka. Proceedings of the Zoological Society of London 1894 (pt 4): 670-675, Pl. 45.

Compagno L. J. V. 1984a. FAO species catalogue. Vol. 4. Sharks of the World. An annotated and illustrated catalogue of shark species known to date. Part 1. Hexanchiformes to Lamniformes. FAO (Food and Agriculture Organization of the United Nations) Fisheries Synopsis No. 125, v. 4 (pt 1): i-viii + 1-249.

Compagno L. J. V. 1984b. FAO species catalogue. Vol. 4. Sharks of the world. An annotated and illustrated catalogue of shark species known to date. Part 2. Charcharhiniformes. FAO (Food and Agriculture Organization of the United Nations) Fisheries Synopsis No. 125, v. 4 (pt 2): 251-655.

Cope E. D. 1871. Contribution to the ichthyology of the Lesser Antilles. Transactions of the American Philosophical Society (New Series) v. 14 (pt 3) (art. 5): 445-483.

Cope E. D. 1873 (11 Mar.). A contribution to the ichthyology of Alaska. Proceedings of the American Philosophical Society v. 13 (for 17 Jan. 1873): 24-32.

Coste P. 1848. Nidification des épinoches et des épinochettes. Mémoires Présentés par Divers Savants à l'Académie des Sciences de l'Institut de France, Sciences Mathématiques et Physiques (Ser. 2) v. 10: 574-588, 1 pl.

Creaser C. W. and Hubbs C. L. 1922. A revision of the Holarctic lampreys. Occasional Papers of the Museum of Zoology University of Michigan No. 120: 1-14, Pl. 1.

Cuvier G. 1814 (Sept.-Oct.). Observations et recherches critiques sur différens poissons de la Méditerranée et, à leur occasion, sur des poissons des autres mers plus ou moins liés avec eux. Bulletin des Sciences, par la Société Philomathique de Paris Sér. 3, v. 1 (for 29 Mar. 1814): 80-92.

Cuvier G. 1816 (Nov.). Le Règne Animal distribué d'après son organisation pour servir de base à l'histoire naturelle des animaux et d'introduction à l'anatomie comparée. Les reptiles, les poissons, les mollusques et les annélides. Edition 1. v. 2: i-xviii + 1-532.

Cuvier G. 1829. Le Règne Animal, distribué d'après son organisation, pour servir de base à l'histoire naturelle des animaux et d'introduction à l'anatomie comparée. Edition 2. v. 2: i-xv + 1-406.

Cuvier G. and Valenciennes A. 1828 (Oct.). Histoire naturelle des poissons. Tome second. Livre Troisième. Des poissons de la famille des perches, ou des percoïdes. v. 2: i-xxi + 2 pp. + 1-490, Pls. 9-40.

Cuvier G. and Valenciennes A. 1829a (Apr.). Histoire naturelle des poissons. Tome troisième. Suite du Livre troisième. Des percoïdes à dorsale unique à sept rayons branchiaux et à dents en velours ou en cardes. F. G. Levrault, Paris. v. 3: i-xxviii + 2 pp. + 1-500, Pls. 41-71.

Cuvier G. and Valenciennes A. 1829b (Nov.). Histoire naturelle des poissons. Tome quatrième. Livre quatrième. Des acanthoptérygiens à joue cuirassée. F. G. Levrault, Paris. v. 4: i-xxvi + 2 pp. + 1-518, Pls. 72-99, 97 bis.

Cuvier G. and Valenciennes A. 1830a (July). Histoire naturelle des poissons. Tome cinquième. Livre cinquième. Des Sciénoïdes. v. 5: i-xxviii + 1-499 + 4 pp., Pls. 100-140

Cuvier G. and Valenciennes A. 1830b (Sept.). Histoire naturelle des poissons. Tome Sixième. Livre sixième. Partie I. Des Sparoïdes; Partie II. Des Ménides. v. 6: i-xxiv + 6 pp. + 1-559, Pls. 141-169.

Cuvier G. and Valenciennes A. 1831 (Apr.). Histoire naturelle des poissons. Tome septième. Livre septième. Des Squamipennes. Livre huitième. Des poissons à pharyngiens labyrinthiformes. F. G. Levrault, Paris. v. 7: i-xxix + 1-531, Pls. 170-208.

Cuvier G. and Valenciennes A. 1832. Histoire naturelle des poissons. Tome huitième. Livre neuvième. Des Scombéroïdes. v. 8: i-xix + 5 pp. + 1-509, Pls. 209-245.

Cuvier G. and Valenciennes A. 1833 (Mar.). Histoire naturelle des poissons. Tome neuvième. Suite du livre neuvième. Des Scombéroïdes. v. 9: i-xxix + 3 pp. + 1-512, Pls. 246-279.

Cuvier G. and Valenciennes A. 1835. Histoire naturelle des poissons. Tome dixième. Suite du livre neuvième. Scombéroïdes. Livre dixième. De la famille des Teuthyes. Livre onzième. De la famille des Taenioïdes. Livre douzième. Des Athérines. v. 10: i-xxiv + 1-482 + 2 pp., Pls. 280-306.

Cuvier G. and Valenciennes A. 1836 (July). Histoire naturelle des poissons. Tome onzième. Livre treizième. De la famille des Mugiloïdes. Livre quatorzième. De la famille des Gobioïdes. v. 11: i-xx + 1-506 + 2 pp., Pls. 307-343.

Cuvier G. and Valenciennes A. 1837 (Mar.). Histoire naturelle des poissons. Tome douzième. Suite du livre quatorzième. Gobioïdes. Livre quinzième. Acanthoptérygiens à pectorales pédiculées. v. 12: i-xxiv + 1-507 + 1 p., Pls. 344-368.

Cuvier G. and Valenciennes A. 1839 (Apr.). Histoire naturelle des poissons. Tome treizième. Livre seizième. Des Labroïdes. v. 13: i-xix + 1-505 + 1 p., Pls. 369-388.

Cuvier G. and Valenciennes A. 1840a (Jan.). Histoire naturelle des poissons. Tome quatorzième. Suite du livre seizième. Labroïdes. Livre dix-septième. Des Malacoptérygiens. Pitois-Levrault, Paris. v. 14: i-xxii + 2 pp. + 1-464 + 4 pp., Pls. 389-420.

Cuvier G. and Valenciennes A. 1840b (Nov.). Histoire naturelle des poissons. Tome quinzième. Suite du livre dix-septième. Siluroïdes. v. 15: i-xxxi + 1-540, Pls. 421-455.

Cuvier G. and Valenciennes A. 1844 (July). Histoire naturelle des poissons. Tome dix-septième. Suite du livre dix-huitième. Cyprinoïdes. v. 17: i-xxiii + 1-497 + 2 pp., Pls. 487-519.

Cuvier G. and Valenciennes A. 1846 (Aug. (or Sept.)). Histoire naturelle des poissons. Tome dix-huitième. Suite du livre dix-huitième. Cyprinoïdes. Livre dix-neuvième. Des Ésoces ou Lucioïdes. v. 18: i-xix + 2 pp. + 1-505 + 2 pp., Pls. 520-553.

Cuvier G. and Valenciennes A. 1847a (May). Histoire naturelle des poissons. Tome dix-neuvième. Suite du livre dix-neuvième. Brochets ou Lucioïdes. Livre vingtième. De quelques familles de Malacoptérygiens, intermédiaires entre les Brochets et les Clupes. P. Bertrand, Paris. v. 19: i-xix + 1-544 + 6 pp., Pls. 554-590

Cuvier G. and Valenciennes A. 1847b (Nov.). Histoire naturelle des poissons. Tome vingtième. Livre vingt et unième. De la famille des Clupéoïdes. v. 20: i-xviii + 1 p. + 1-472, Pls. 591-606

Cuvier G. and Valenciennes A. 1848 (Sept.). Histoire naturelle des poissons. Tome vingt et unième. Suite du livre vingt et unième et des Clupéoïdes. Livre vingt-deuxième. De la famille des Salmonoïdes. v. 21: i-xiv + 1 p. + 1-536, Pls. 607-633.

Cuvier G. and Valenciennes A. 1850 (Jan.). Histoire naturelle des poissons. Tome vingt-deuxième. Suite du livre vingt-deuxième. Suite de la famille des Salmonoïdes. Table générale de l'Histoire Naturelle des Poissons (pp. 1-91). v. 22: i-xx + 1 p. + 1-532 + 1-91, Pls. 634-650.

Dai Z.-Y., Zhang E., Jiang Z.-G. and Wang X. 2014. Re-description of the gudgeon species *Saurogobio gracilicaudatus* Yao and Yang in Luo, Yue and Chen, 1977 (Teleostei: Cyprinidae) from the Chang-Jiang basin, South China, with a note on its generic classification. Zootaxa 3847 (2): 283-291.

Daudin F. M. 1816 (Dec.). Antennaire. [*Antennarius*.] P. 193. In: Dictionaire des sciences naturelles. V. 2. [AMA-ARGE.] F. G. Levrault, Strasbourg & Paris.

Day F. 1870 (Apr.). Remarks on some of the fishes in the Calcutta Museum.--Part I. Proceedings of the Zoological Society of London 1869 (pt 3) (art. 7) (for 11 Nov. 1869): 511-527.

Day F. 1871 (Apr.). On the fishes of the Andaman Islands. Proceedings of the Zoological Society of London 1870 (pt 3): 677-705 [1-29].

Day F. 1876 (Aug.). The fishes of India; being a natural history of the fishes known to inhabit the seas and fresh waters of India, Burma, and Ceylon. Part 2: 169-368, Pls. 41-78.

Day F. 1888 (Oct.). The fishes of India; being a natural history of the fishes known to inhabit the seas and fresh waters of India, Burma, and Ceylon. Suppl.: 779-816

De la Pylaie A. J. M. 1835 (Sept.). Recherches, en France, sur les poissons de l'Océan, pendant les années 1832 et 1833. Congrès Scientifique de France. Pontiers. Congrès Scientifique de France v. 2 (Sept. 1834) (art. 5): 524-534.

De Vis C. W. 1884 (29 Nov.). New fishes in the Queensland Museum. No. 3. Proceedings of the Linnean Society of New South Wales v. 9 (pt 3): 537-547.

Dean B. 1904a. Notes on Japanese myxinoids. A new genus *Paramyxine* and a new species *Homea okinoseana*. Reference also to their eggs. Journal of the College of Science. Imperial University, Tokyo v. 19 (art. 2): 1-25, Pl. 1.

Dean B. 1904b. Notes on *Chimaera*. Two Japanese species, *C. phantasma* Jordan and Snyder and *C. mitsukurii* n. s., and their egg cases. Journal of the College of Science. Imperial University, Tokyo v. 19 (art. 3): 1-9, Pl. 1.

DeKay J. E. 1842. Zoology of New-York, or the New-York fauna; comprising detailed descriptions of all the animals hitherto observed within the state of New-York, with brief notices of those occasionally found near its borders, and accompanied by appropriate illustrations. Part IV. Fishes. W. & A. White & J. Visscher, Albany. (part of: Natural History of New York). i-xv + 1-415, Pls. 1-79.

Dolganov V. N. 1983. Rukovodstvo po opredeleniyu khryashchevykh ryb dal'nevostochnykh morei SSSR i sopredel'nykh vod. [Manual for identification of cartilaginous fishes of Far East seas of USSR and adjacent waters.] TINRO, Vladivostok. 92 pp. [In Russian]. (Species described as new in Dolganov 1985, New species of skates of the family Rajidae from the northwestern Pacific Ocean. Voprosy Ikhtiologii v. 25 (no. 3): 415-425.) (In Fricke *et al.* 2021)

Donovan E. 1824. The naturalist's repository; or Monthly miscellany ... vol. III. London. v. 3 [for 1825]: unnumbered, LXXIII-CVIII.

Dooley J. K. 1978 (Apr.). Systematics and biology of the tilefishes (Perciformes: Branchiostegidae and Malacanthidae), with descriptions of two new species. NOAA (National Oceanic and Atmospheric Administration) Technical Report NMFS (National Marine Fisheries Service) Circular No. 411: i-v + 1-78.

Dooley J., Collette B., Aiken K. A., Marechal J., Pina Amargos F., Kishore R. and Singh-Renton S. 2015. *Nomeus gronovii* (errata version published in 2016). The IUCN Red List of Threatened Species 2015: e.T16545183A103978497.

Dôtu Y. 1957 (30 Aug.). A new species of a goby with a synopsis of the species of the genus *Luciogobius* Gill and its allied genera. Journal of the Faculty of Agriculture Kyushu University v. 11 (no. 1): 69-76, Pl. 2.

DPRK 1998. The first national report of the DPRK to the conference of parties to the convention on biological diversity. Available at https://www.cbd.int/doc/world/kp/kp-nr-01-p1-en.pdf

Duméril A. H. A. 1853. Monographie de la tribu des Scylliens ou Roussettes (poissons plagiostomes) comprenant deux espèces nouvelles. Revue et Magasin de Zoologie (Sér. 2) v. 5: 8-25; 73-87; 119-130, Pl. 3.

Duméril A. H. A. 1869. Note sur trois poissons de la collection du Muséum, un esturgeon, un polydonte, et un malarmat, accompgnée de quelques considérations générales sur les groupes auxquels ces espèces appartiennent. Nouvelles Archives du Muséum d'Histoire Naturelle, Paris v. 4: 93-116, Pls. 22-23.

Duméril A. M. C. 1805. Zoologie Analytique, ou méthode naturelle de classification des animaux, rendu plus facile à l'aide de tableaux synoptiques. Librairie Allais, Paris. i-xxxiii + 1-344.

Duncker G. and Mohr E. 1929 (July). Die Fische der Südsee-Expedition der Hamburgischen Wissenschaftlichen Stiftung 1908--1909. 3. Teil. Acanthopteri sens. ampl., Physoclisti malacopterygii, Physostomi, Plagiostomi. Mitteilungen aus dem Zoologischen Staatsinstitut und Zoologischen Museum in Hamburg. v. 44: 57-84. (In Fricke *et al.* 2021)

Dybowski B. N. 1869. Vorläufige Mittheilungen über die Fischfauna des Ononflusses und des Ingoda in Transbaikalien. Verhandlungen der K.-K. zoologisch-botanischen Gesellschaft in Wien v. 19: 945-958, table, Pls. 14-18.

Dybowski B. N. 1872. Zur Kenntniss der Fischfauna des Amurgebietes. Verhandlungen der K.-K. zoologisch-botanischen Gesellschaft in Wien v. 22: 209-222.

Dybowski B. N. 1877 (31 Mar.). Ryby sistemy vod' Amura. [Fishes of the Amur water system.]. Izvestiya Zapadno Sibirskogo Otdela Imperatorskago Russkago Geograpficheskago Obshchestva, Irkutsk v. 8 (nos. 1-2): 1-29. (In Russian.) (In Fricke *et al.* 2021)

Dyldin Yu. V. 2015 (15 Sept.). Annotated checklist of the sharks, batoids and chimaeras (Chondrichthyes: Elasmobranchii, Holocephali) from waters of Russia and adjacent areas. Publications of the Seto Marine Biological Laboratory v. 43: 40-91.

Dyldin Yu. V. and Orlov A. M. 2016. Ichthyofauna of fresh and brackish waters of Sakhalin Island: an annotated list with taxonomic comments: 1. Petromyzontidae - Clupeidae families. Journal of Ichthyology v. 56 (no. 4): 534-555.

Dyldin Yu. V. and Orlov A. M. 2017a (Feb.). Ichthyofauna of fresh and brackish waters of Sakhalin Island: an annotated list with taxonomic comments: 3. Gadidae - Cryptacanthodidae families. Journal of Ichthyology v. 57 (no. 1): 53-88.

Dyldin Yu. V. and Orlov A. M. 2017b (Apr.). Ichthyofauna of fresh and brackish waters of Sakhalin Island: an annotated list with taxonomic comments: 4. Pholidae-Tetraodontidae families. Journal of Ichthyology v. 57 (no. 2): 183-218.

Dyldin Yu. V., Hanel L., Romanov V. I. and Plesník J. 2017. A review of the fish genus *Thymallus* (Pisces: Salmoniformes, Salmonidae, Thymallinae) with taxonomic notes. Bulletin Lampetra, ZO ČSOP Vlašim v. 8: 103-126.

Eagderi S., Fricke R., Esmaeili H. R. and Jalili P. 2019 (12 Oct.). Annotated checklist of the fishes of the Persian Gulf: diversity and conservation status. Iranian Journal of Ichthyology v. 6 (Suppl. 1): 1-171.

Ebert D. A., White W. T., Goldman K. J., Compagno L. J. V., Daly-Engel T. S. and Ward R. D. 2010. Resurrection and redescription of *Squalus suckleyi* (Girard, 1854) from the North Pacific, with comments on the *Squalus acanthias* subgroup (Squaliformes, Squalidae). Zootaxa 2612: 22-40.

Euphrasen B. A. 1788. Beskrifning på 3:ne fiskar. Kongliga Vetenskaps- Academiens Handlingar, Stockholm v. 9 (for 1788): 51-55, Pl. 9.

Evermann B. W. and Goldsborough E. L. 1907 (6 Dec.). The fishes of Alaska. Bulletin of the Bureau of Fisheries v. 26 (Doc. 624) (for 1906): 219-360, Pls. 14-42.

Eydoux J. F. T. and Souleyet F. A. 1850. Poissons. Pp. 155-216. In: Voyage autour du monde exécuté pendant les années 1836 et 1837 sur la corvette La Bonite, commandée par M. Vaillant. Zoologie, Vol. 1 (pt 2). Paris. i-iv, i-xxxix + 1-334, Pls. 1-10.

Faber F. 1829. Naturgeschichte der Fische Islands. Frankfurt-am-Main. 1-206.

Fabricius O. 1780. Fauna groenlandica, systematice sistens animalia Groenlandiae occidentalis hactenus indagata, quoad nomen specificum, trivale, vernaculumque; ... I. G. Rothe, Hafniae & Lipsiae (Copenhagen & Leipzig). i-xvi + 1-452, 1 pl.

Fan X.-G., Wei Q.-W., Chang J., Rosenthal H., He J.-X., Chen D.-Q., Shen L., Du H. and Yang D.-G. 2006. A review on conservation issues in the upper Yangtze River – a last chance for a big challenge: Can Chinese paddlefish (*Psephurus gladius*), Dabry's sturgeon (*Acipenser dabryanus*) and other fish species still be saved ? Journal of Applied Ichthyology, v. 22 (Suppl. 1): 32-39.

Fang P.-W. 1942. Poissons de Chine de M. Ho: Description de cinq espèces et deux sous-espèces nouvelles. Bulletin de la Société Zoologique de France v. 67: 79-85. (In Fricke *et al*. 2021)

FAO 2016. The state of world fisheries and aquaculture 2016. Contributing to food security and nutrition for all. Rome. 200 p.

Fedorov V. V., Chereshnev I. A., Nazarkin M. V., Shestakov A. V. and Volobuev V. V. 2003. Catalog of marine and freshwater fishes of the northern part of the Sea of Okhotsk. Vladivostok, Dalnauka. 1-204. (In Russian.)

Fischer G. 1813a. Recherches Zoologiques. [With subtitles.]. Mémoires de la Société impériale des naturalistes de Moscou v. 4 (art. 11): 237-275

Fischer G. 1813b. Zoognosia, tabulis synopticis illustrata, in usum praelectionum Academiae Imperialis Medico-Chirurgicae Mosquensis edita. 3rd ed. v. 1: i-xii + 1-466, 8 pls.

Fitch J. E. and Crooke S. J. 1984 (11 Dec.). Revision of eastern Pacific catalufas (Pisces: Priacanthidae) with description of a new genus and discussion of the fossil record. Proceedings of the California Academy of Sciences (Series 4) v. 43 (no. 19): 301-315.

Fleming J. 1822. The philosophy of zoology; or a general view of the structure, functions, and classification of animals. Archibald Constable & Co., Edinburgh. v. 2: 1-618

Fowler H. W. 1904a (7 Apr.). New, little known and typical berycoid fishes. Proceedings of the

Academy of Natural Sciences of Philadelphia v. 56: 222-238.

Fowler H. W. 1904b (ca. 10 June). A collection of fishes from Sumatra. Journal of the Academy of Natural Sciences, Philadelphia. Second series. v. 12 (pt 4): 495-560, Pls. 7-28.

Fowler H. W. 1926 (1 Nov.). Notes on fishes from Bombay. Journal of the Bombay Natural History Society v. 31 (pt 3): 770-779.

Fowler H. W. 1928. The fishes of Oceania. Memoirs of the Bernice P. Bishop Museum. No. 10: i-iii + 1-540, Pls. 1-49. (In Fricke *et al.* 2021)

Fowler H. W. 1931 (21 Mar.). Contributions to the biology of the Philippine Archipelago and adjacent regions. The fishes of the families Pseudochromidae ... and Teraponidae, collected by ... steamer "Albatross," chiefly in Philippine seas and adjacent waters. Bulletin of the United States National Museum No. 100, v. 11: i-xi + 1-388.

Fowler H. W. 1933 (19 May). Contributions to the biology of the Philippine Archipelago and adjacent regions. The fishes of the families Banjosidae...Enoplosidae collected by the United States Bureau of Fisheries steamer "Albatross," chiefly in Philippine seas and adjacent waters. Bulletin of the United States National Museum No. 100, v. 12: i-vi + 1-465.

Fowler H. W. 1934 (20 Jan.). Descriptions of new fishes obtained 1907 to 1910, chiefly in the Philippine Islands and adjacent seas. Proceedings of the Academy of Natural Sciences of Philadelphia v. 85 (for 1933): 233-367.

Fowler H. W. 1939 (7 July). A collection of fishes from Rangoon, Burma. Notulae Naturae (Philadelphia) No. 17: 1-12.

Fowler H. W. 1941 (10 Mar.). Contributions to the biology of the Philippine archipelago and adjacent regions. The fishes of the groups Elasmobranchii, Holocephali, Isospondyli, and Ostariophysi obtained by the United States..."Albatross" in 1907 to 1910, chiefly in the Philippine Islands and adjacent seas. Bulletin of the United States National Museum No. 100, v. 13: i-x + 1-879.

Fowler H. W. 1943 (19 July). Contributions to the biology of the Philippine Archipelago and adjacent regions. Descriptions and figures of new fishes obtained in Philippine seas and adjacent waters by the United States Bureau of Fisheries steamer "Albatross.". Bulletin of the United States National Museum No. 100, v. 14 (pt 2): i-iii + 53-91.

Fowler H. W. and Bean B. A. 1920 (3 Nov.). A small collection of fishes from Soochow, China, with descriptions of two new species. Proceedings of the United States National Museum v. 58 (no. 2338): 307-321.

Franz V. 1910. Die japanischen Knochenfische der Sammlungen Haberer und Doflein. (Beiträge zur Naturgeschichte Ostasiens.). Abhandlungen der math.-phys. Klasse der K. Bayer Akademie der Wissenschaften v. 4 (Suppl.) (no. 1): 1-135, Pls. 1-11.

Fraser T. H. 2008. Cardinalfishes of the genus *Nectamia* (Apogonidae, Perciformes) from the Indo-Pacific region with descriptions of four new species. Zootaxa 1691: 1-52.

Fraser T. H. and Prokofiev A. M. 2016 (27 July). A new genus and species of cardinalfish (Percomorpha, Apogonidae, Sphaeramiini) from the coastal waters of Vietnam: luminescent or not ?. Zootaxa 4144 (no. 2): 227-242.

Fraser-Brunner A. 1935 (31 May [for June]). Notes on the Plectognath fishes.--I. A synopsis of the genera of the family Balistidae. Annals and Magazine of Natural History (Series 10) v. 15 (no. 90): 658-663.

Fricke R. 1982 (15 July). Nominal genera and species of dragonets (Teleostei: Callionymidae, Draconettidae). Annali del Museo Civico di Storia Naturale `Giacomo Doria' v. 84: 53-92.

Fricke R. 2002 (15 Nov.). Annotated checklist of the dragonet families Callionymidae and Draconettidae (Teleostei: Callionymoidei), with comments on callionymid fish classification. Stuttgarter Beiträge zur Naturkunde. Serie A (Biologie). No. 645: 1-103.

Fricke R. 2008 (30 Apr.). Authorship, availability and validity of fish names described by Peter (Pehr) Simon Forsskål and Johann Christian Fabricius in the 'Descriptiones animalium' by Carsten Niebuhr in 1775 (Pisces). Stuttgarter Beiträge zur Naturkunde A, Neue Serie. v. 1: 1-76.

Fricke R. and Lee C.-L. 1993 (15 Feb.). *Callionymus leucopoecilus* a new dragonet (Callionymidae) from the Yellow Sea. Japanese Journal of Ichthyology v. 39 (no. 4): 275-279.

Fricke R., Eschmeyer W. N. and Fong J. D. 2021. Eschmeyer's catalog of fishes: Genera/Species by Family/subfamily. (http://researcharchive.calacademy.org/research/ichthyology/catalog/SpeciesByFamily.asp). Electronic version, 2021.

Fricke R., Mahafina J., Behivoke F., Jaonalison H., Léopold M. and Ponton D. 2018 (14 Feb.). Annotated checklist of the fishes of Madagascar, southwestern Indian Ocean, with 158 new records. FishTaxa v. 3 (no. 1): 1-432.

Fricke R., Allen G. R., Amon D., Andréfouët S., Chen W.-J., Kinch J., Mana R., Russell B. C., Tully D. and White W. T. 2019 (23 Apr.). Checklist of the marine and estuarine fishes of New Ireland Province, Papua New Guinea, western Pacific Ocean, with 810 new records. Zootaxa 4588 (no. 1): 1-360.

Fritzsche R. A., 1976 (Apr.). A review of the cornetfishes, genus *Fistularia* (Fistulariidae), with a discussion of intrageneric relationships and zoogeography. Bulletin of Marine Science v. 26 (no. 2): 196-204.

Fritzsche R. A. 2002. Aulostomidae (P. 1226). Fistularidae (Pp. 1227-1228), Macrorhamphosidae (P. 1229). In Carpenter K. E. (ed.), 2003. The living marine resources of the Western Central Atlantic. Volume 2: Bony fishes part 1 (Acipenseridae to Grammatidae). FAO species identification guide for fishery purposes and American Society of Ichthyologist and

Herpetologists Special Publication No. 5. FAO, Rome. v. 2: i-vii + 602-1373

Fujii R., Choi Y. and Yabe M. 2005. A new species of freshwater sculpin, *Cottus koreanus* (Pisces: Cottidae) from Korea. Species Diversity v. 10 (no. 1): 7-17.

Fujiwara K. and Motomura H. 2019 (Sept.). *Kopua minima* (Döderlein 1887), a senior synonym of *K. japonica* Moore, Hutchins and Okamoto 2012, and description of a new species of *Aspasma* (Gobiesocidae). Ichthyological Research First Online: 1-18.

Garman S. 1885 (6 May). Notes and descriptions taken from selachians in the U. S. National Museum. Proceedings of the United States National Museum v. 8 (no. 482): 39-44.

Garman S. 1892 (Apr.). The Discoboli. Cyclopteridae, Liparopsidae, and Liparididae. Memoirs of the Museum of Comparative Zoology v. 14 (pt 2): 1-96, Pls. 1-13.

Garman S. 1899 (Dec.). The Fishes. In: Reports on an exploration off the west coasts of Mexico, Central and South America, and off the Galapagos Islands ... by the U. S. Fish Commission steamer "Albatross," during 1891 ... No. XXVI. Memoirs of the Museum of Comparative Zoology v. 24: Text: 1-431, Atlas: Pls. 1-85 + A-N.

Garrick, J. A. F., 1982 (May). Sharks of the genus *Carcharhinus*. NOAA (National Oceanic and Atmospheric Administration) Technical Report NMFS (National Marine Fisheries Service) Circular No. 445: 1-194.

Gilbert C. H. 1890 (1 July). A preliminary report on the fishes collected by the steamer Albatross on the Pacific coast of North America during the year 1889, with descriptions of twelve new genera and ninety-two new species. Proceedings of the United States National Museum v. 13 (no. 797): 49-126.

Gilbert C. H. 1896 (9 Dec.). The ichthyological collections of the steamer Albatross during the years 1890 and 1891. United States Commission of Fish and Fisheries, Report of the Commissioner v. 19 (for 1893) (art. 6): 393-476, Pls. 20-35.

Gilbert C. H. 1905 (5 Aug.). II. The deep-sea fishes of the Hawaiian Islands. In: The aquatic resources of the Hawaiian Islands. Bulletin of the U. S. Fish Commission v. 23 (pt 2) [for 1903]: 577-713, Pls. 66-101.

Gilbert C. H. and Burke C. V. 1912a (6 May). Fishes from Bering Sea and Kamchatka. Bulletin of the Bureau of Fisheries v. 30 (Doc. 754) (for 1910): 31-96.

Gilbert C. H. and Burke C. V. 1912b (3 July). New cyclogasterid fishes from Japan. Proceedings of the United States National Museum v. 42 (no. 1907): 351-380, Pls. 41-48.

Gilchrist J. D. F. 1904 (1 Mar.). Descriptions of new South African fishes. Marine Investigations in South Africa v. 3: 1-16, Pls. 19-36.

Gilchrist J. D. F. 1906 (30 Oct.). Descriptions of fifteen new South African fishes, with notes on other species. Marine Investigations in South Africa v. 4: 143-171, Pls. 37-51.

Gill T. N. 1859a (ca. 10 May). Description of *Hyporhamphus*, a new genus of fishes allied to *Hemirhamphus*, Cuv. Proceedings of the Academy of Natural Sciences of Philadelphia v. 11: 131.

Gill T. N. 1859b (May or June). Notes on a collection of Japanese fishes, made by Dr. J. Morrow. Proceedings of the Academy of Natural Sciences of Philadelphia v. 11: 144-150.

Gill T. N. 1859c (before 18 Oct.). Description of new generic types of cottoids, from the collection of the North Pacific exploring expedition under Com. John Rodgers. Proceedings of the Academy of Natural Sciences of Philadelphia v. 11: 165-166.

Gill T. N. 1859d (before 18 Oct.). Description of a new genus of Salarianae, from the West Indies. Proceedings of the Academy of Natural Sciences of Philadelphia v. 11: 168.

Gill T. N. 1859e. Prodromus descriptionis subfamiliae Gobinarum squamis cycloideis piscium, cl. W. Stimpsono in mare Pacifico acquisitorum. Annals of the Lyceum of Natural History of New York v. 7 (nos 1-3, art. 3): 12-16.

Gill T. N. 1859f. Prodromus descriptionis familiae Gobioidarum duorum generum novorum. Annals of the Lyceum of Natural History of New York v. 7 (nos 1-3, art. 4): 16-19.

Gill T. N. 1859g. Description of a new generic form of Gobinae from the Amazon River. Annals of the Lyceum of Natural History of New York v. 7 (nos 1-3, art. 10): 45-48.

Gill T. N. 1860 (before July). Conspectus piscium in expeditione ad oceanum Pacificum septentrionalem, C. Ringold et J. Rodgers ducibus, a Gulielmo Stimpson collectorum. Sicydianae. Proceedings of the Academy of Natural Sciences of Philadelphia v. 12: 100-102.

Gill T. N. 1861a (Feb.). Catalogue of the fishes of the eastern coast of North America, from Greenland to Georgia. Proceedings of the Academy of Natural Sciences of Philadelphia v. 13 (Suppl.): 1-63.

Gill T. N. 1861b (19 Mar. or 2 Apr.). Synopsis of the subfamily of Percinae. Proceedings of the Academy of Natural Sciences of Philadelphia v. 13: 44-52.

Gill T. N. 1861c (14 May). On several new generic types of fishes contained in the museum of the Smithsonian Institution. Proceedings of the Academy of Natural Sciences of Philadelphia v. 13: 77-78.

Gill T. N. 1861d (22 Oct.). Notes on some genera of fishes of the western coast of North America. Proceedings of the Academy of Natural Sciences of Philadelphia v. 13: 164-168.

Gill T. N. 1861e (24 Sept.). On the genus *Podothecus*. Proceedings of the Academy of Natural Sciences of Philadelphia v. 13: 258-261.

Gill T. N. 1861f (31 Dec.). Description of a new species of *Sillago*. Proceedings of the Academy of Natural Sciences of Philadelphia v. 13: 505-507.

Gill T. N. 1862a (before 25 Apr.). On the subfamily Argentininae. Proceedings of the Academy of Natural Sciences of Philadelphia v. 14: 14-15.

Gill T. N. 1862b (before 25 Apr.). Appendix to the synopsis of the subfamily of Percinae. Proceedings of the Academy of Natural Sciences of Philadelphia v. 14: 15-16.

Gill T. N. 1862c (before 27 May). Synopsis of the family of cirrhitoids. Proceedings of the Academy of Natural Sciences of Philadelphia v. 14 (nos 3-4): 102-124.

Gill T. N. 1862d. On the limits and arrangement of the family of scombroids. Proceedings of the Academy of Natural Sciences of Philadelphia v. 14: 124-127.

Gill T. N. 1862e (ca. June). On a new genus of fishes allied to *Aulorhynchus* and on the affinities of the family Aulorhynchoidae, to which it belongs. Proceedings of the Academy of Natural Sciences of Philadelphia v. 14: 233-235.

Gill T. N. 1862f (ca. June). Remarks on the relations of the genera and other groups of Cuban fishes. Proceedings of the Academy of Natural Sciences of Philadelphia v. 14: 235-242.

Gill T. N. 1862g. Note on some genera of fishes of western North America. Proceedings of the Academy of Natural Sciences of Philadelphia v. 14: 329-332.

Gill T. N. 1862h. Analytical synopsis of the order of Squali; and revision of the nomenclature of the genera. Annals of the Lyceum of Natural History of New York v. 7 (art. 32): 367-370, 371-408.

Gill T. N. 1863a (before 28 Nov.). Synopsis of the family of lepturoids, and description of a remarkable new generic type. Proceedings of the Academy of Natural Sciences of Philadelphia v. 15: 224-229.

Gill T. N. 1863b (before 28 Nov.). Descriptions of the genera of gadoid and brotuloid fishes of western North America. Proceedings of the Academy of Natural Sciences of Philadelphia v. 15: 242-254.

Gill T. N. 1863c (before 28 Nov.). Descriptions of the gobioid genera of the western coast of temperate North America. Proceedings of the Academy of Natural Sciences of Philadelphia v. 15: 262-267.

Gill T. N. 1863d (before 28 Nov.). On the gobioids of the eastern coast of the United States. Proceedings of the Academy of Natural Sciences of Philadelphia v. 15: 267-271.

Gill T. N. 1864 (before 12 Dec.). Note on the family of stichaeoids. Proceedings of the Academy of Natural Sciences of Philadelphia v. 16 (no. 4): 208-211.

Gill T. N. 1865 (May). On a remarkable new type of fishes allied to *Nemophis*. Annals of the Lyceum of Natural History of New York v. 8 (art. 14): 138-141, Pl. 3.

Gill T. N. 1881. A deep-sea rock-fish. Annual Report of the Board of Regents of the Smithsonian Institution v. 14 (for 1880): 375.

Gill T. N. 1883 (3 Apr.). Supplementary note on the Pediculati. Proceedings of the United States National Museum v. 5 (no. 316): 551-556.

Gill T. N. 1884 (9-18 Oct.). Synopsis of the plectognath fishes. Proceedings of the United States National Museum v. 7 (nos. 26-27) (art. 448): 411-427.

Gill T. N. 1896 (23 Apr.). The families of synentognathous fishes and their nomenclature. Proceedings of the United States National Museum v. 18 (no. 1051): 167-178.

Giorna M. E. 1809. Mémoire sur des poissons d'espèces nouvelles et de genres nouveaux. Plus: Suite et conclusion du mémoire (pp. 177-180). Mémoires de l'Académie impériale des sciences, littérature et beaux-arts, Turin, Sér. Sciences Physiques et Mathématiques. [v. 16] (pt 1) (for 1805-1808): 1-19, 177-180, Pls. 1-2.

Girard C. F. 1854a (before 20 Oct.). Descriptions of new fishes, collected by Dr. A. L. Heermann, naturalist attached to the survey of the Pacific railroad route, under Lieut. R. S. Williamson, U. S. A. Proceedings of the Academy of Natural Sciences of Philadelphia v. 7: 129-140.

Girard C. F. 1854b. Observations upon a collection of fishes made on the Pacific coast of the United States, by Lieut. W. P. Trowbridge, U. S. A., for the museum of the Smithsonian Institution. Proceedings of the Academy of Natural Sciences of Philadelphia v. 7: 142-156.

Girard C. F. 1855. Contributions to the fauna of Chile. Report to Lieut. James M. Gilliss, U. S. N., upon the fishes collected by the U. S. Naval Astronomical Expedition to the southern hemisphere during the years 1849-50-51-52. Washington, D.C. 1858, 2 vols., 42 pls. Fishes in v. 2: 230-253, Pls. 29-34.

Girard C. F. 1856 (ca. 18 June). Contributions to the ichthyology of the western coast of the United States, from specimens in the museum of the Smithsonian Institution. Proceedings of the Academy of Natural Sciences of Philadelphia v. 8: 131-137.

Girard C. F. 1858. Fishes. Pp. i-xiv, 1-400, Pls. 7-8, 13-14, 17-18, 22c, 26, 29-30, 34, 37, 40-41, 48, 53, 59, 61, 64-65, 71 In: General report upon zoology of the several Pacific railroad routes, 1857. In: Reports of explorations and surveys, to ascertain the most practicable and economical route for a railroad from the Mississippi River to the Pacific Ocean, v. 10. Beverley Tucker, Washington, D.C.

Gistel J. 1848. Naturgeschichte des Thierreichs, für höhere Schulen. Hoffmannsche Verlags-Buchhandlung, Stuttgart. i-xvi + 1-216, Pls. 1-32.

Gmelin J. F. 1789. Caroli a Linné ... Systema Naturae per regna tria naturae, secundum classes, ordines, genera, species; cum characteribus, differentiis, synonymis, locis. Editio decimo tertia, aucta, reformata. 3 vols. in 9 parts. Lipsiae, 1788-93. v. 1 (pt 3): 1033-1516.

Golani D. and Fricke R. 2018 (5 Nov.). Checklist of the Red Sea fishes with delineation of the Gulf of Suez, Gulf of Aqaba, endemism and Lessepsian migrants. Zootaxa 4509 (no. 1): 1-215.

Gomon, M. F. and Johnson J. W. 1999 (30 June). A new fringed stargazer (Uranoscopidae: *Ichthyscopus*) with descriptions of the other Australian species. Memoirs of the Queensland Museum v. 43 (no. 2): 597-619.

Gomon M. F. and Struthers C. D. 2015 (19 Nov.). Three new species of the Indo-Pacific fish genus *Hime* (Aulopidae, Aulopiformes), all resembling the type species *H. japonica* (Günther 1877). Zootaxa 4044 (no. 3): 371-390.

Gomon M. F., Struthers C. D. and Stewart A. L. 2013 (25 Nov.). A new genus and two new species of the family Aulopidae (Aulopiformes), commonly referred to as *Aulopus*, flagfins, Sergeant Bakers or Threadsails, in Australasian waters. Species Diversity v. 18: 141-161.

Goode G. B. and Bean T. H. 1885 (21 Nov.). Descriptions of new fishes obtained by the United States Fish Commission mainly from deep water off the Atlantic and Gulf coasts. Proceedings of the United States National Museum v. 8 (no. 543): 589-605.

Goode G. B. and Bean T. H. 1896 (23 Aug.). Oceanic ichthyology, a treatise on the deep-sea and pelagic fishes of the world, based chiefly upon the collections made by the steamers Blake, Albatross, and Fish Hawk in the northwestern Atlantic, with an atlas containing 417 figures. Special Bulletin U. S. National Museum No. 2: Text: i-xxxv + 1-26 + 1-553, Atlas: i-xxiii, 1-26, 123 pls.

Goto A., Yokoyama R. and Sideleva V. G. 2014 (8 Apr.). Evolutionary diversification in freshwater sculpins (Cottoidea): a review of two major adaptive radiations. Environmental Biology of Fishes v. 98 (no. 1): 307-335.

Goto A., Yokoyama R. and Sideleva V. G. 2015 (8 Apr.). Evolutionary diversification in freshwater sculpins (Cottoidea): a review of two major adaptive radiations. Environmental Biology of Fishes v. 98 (no. 1): 307-335.

Goto A., Yokoyama R., Yamazaki Y. and Sakai H. 2001 (29 Aug.). Geographic distribution pattern of the fluvial sculpin, *Cottus nozawae* (Pisces: Cottidae), supporting its position as endemic to the Japanese archipelago. Biogeography 3: 69-76.

Gottsche C. M. 1835. Die seeländischen Pleuronectes-Arten. Archiv für Naturgeschichte v. 2 (pt 2, no. 2): 133-185.

Goüan A. 1770. Historia piscium, sistens ipsorum anatomen externam, internam, atque genera in classes et ordines redacta. Also: Histoire des poissons, contenant la déscription anatomique de leurs parties externes et internes, & le caractère des divers genres rangés par classes & par ordres. Amand König, Argentorati (Strasbourg). i-xviii + 1-252 (twice), Pls. 1-4.

Gratzianov V. I. 1907 (21 May). Übersicht der Süßwassercottiden des russischen Reiches.

Zoologischer Anzeiger v. 31 (no. 21/22): 654-660. (In German.)

Gray J. E. 1830-35. Illustrations of Indian zoology; chiefly selected from the collection of Major-General Hardwicke, F.R.S., ... 20 parts in 2 vols. Pls. 1-202.

Gray J. E. 1831a. Description of three new species of fish, including two undescribed genera, discovered by John Reeves, Esq., in China. Zoological Miscellany no. 1(art. 6): 4-5.

Gray J. E. 1831b. Description of three species of *Trichiurus* in the British Museum. Zoological Miscellany no. 1: 9-10.

Gray K. N., McDowell J. R., Collette B. B. and Graves J. E. 2009. A molecular phylogeny of the remoras and their relatives. Bulletin of Marine Science v. 84 (no. 2): 183-198.

Griffith E. and Smith C. H. 1834. The class Pisces, arranged by the Baron Cuvier, with supplementary additions, by Edward Griffith, F.R.S., &c. and Lieut.-Col. Charles Hamilton Smith, F.R., L.S.S., &c. &c. In: Cuvier, G: The animal kingdom, arranged in conformity with its organization, by the Baron Cuvier, member of the Institute of France, &c. &c. &c., with supplementary additions to each order, by Edward Griffith ... and others. (2nd ed.) Whittaker & Co., London. 1-680, Pls. 1-62 + 3.

Gronow L. T. 1772. Animalium rariorum fasciculus. Pisces. Acta Helvetica, Physico-Mathematico-Anatomico-Botanico-Medica (Basile) v. 7: 43-52, Pls. 2-3.

Guichenot A. 1866. Notice sur un nouveau genre de la famille des Cottoides, du muséum de Paris. Mémoires de la Société Impériale des Sciences Naturelles de Cherbourg v. 12 (Sér. 2, v. 2): 253-256, Pl. 9.

Guichenot A. 1867. Ichthyologie. III. L'Argentine léioglosse, nouveau genre de Salmonoïdes. Annales de la Société Linnéenne du Département de Maine-et-Loire v. 9: 15-17.

Guichenot A. 1869. Notice sur quelques poissons inédits de Madagascar et de la Chine. Nouvelles Archives du Muséum d'Histoire Naturelle, Paris v. 5 (fasc. 3): 193-206, Pl. 12.

Gunnerus J. E. 1765a. Brugden (*Squalus maximus*). Det Trondhiemske Selskabs Skrifter v. 3: 33-49, Pl. 2.

Gunnerus J. E. 1765b. Efterretning om Berglaxen, en rar Norsk fisk, som kunde kaldes: *Coryphaenoides* rupestris. Det Trondhiemske Selskabs Skrifter v. 3: 50-58, Pl. 3.

Günther A. 1859 (10 Dec.). Catalogue of the fishes in the British Museum. Catalogue of the acanthopterygian fishes in the collection of the British Museum. Gasterosteidae, Berycidae, Percidae, Aphredoderidae, Pristipomatidae, Mullidae, Sparidae. v. 1: i-xxxi + 1-524

Günther A. 1860 (13 Oct.). Catalogue of the fishes in the British Museum. Catalogue of the acanthopterygian fishes in the collection of the British Museum. Squamipinnes, Cirrhitidae, Triglidae, Trachinidae, Sciaenidae, Polynemidae, Sphyraenidae, Trichiuridae, Scombridae,

Carangidae, Xiphiidae. British Mus., London. v. 2: i-xxi + 1-548

Günther A. 1861a (1 Nov.). A preliminary synopsis of the labroid genera. Annals and Magazine of Natural History (Series 3) v. 8 (no. 47): 382-389.

Günther A. 1861b (14 Dec.). Catalogue of the fishes in the British Museum. Catalogue of the acanthopterygian fishes in the collection of the British Museum. Gobiidae, Discoboli, Pediculati, Blenniidae, Labyrinthici, Mugilidae, Notacanthi. London. v. 3: i-xxv + 1-586 + i-x

Günther A. 1862 (8 Nov.). Catalogue of the fishes in the British Museum. Catalogue of the Acanthopterygii, Pharyngognathi and Anacanthini in the collection of the British Museum. British Museum, London. v. 4: i-xxi + 1-534.

Günther A. 1866 (13 Oct.). Catalogue of fishes in the British Museum. Catalogue of the Physostomi, containing the families Salmonidae, Percopsidae, Galaxidae, Mormyridae, Gymnarchidae, Esocidae, Umbridae, Scombresocidae, Cyprinodontidae, in the collection of the British Museum. v. 6: i-xv + 1-368.

Günther A. 1867 (May). Descriptions of some new or little-known species of fishes in the collection of the British Museum. Proceedings of the Zoological Society of London 1867 (pt 1) (art. 2) (for 24 Jan. 1867): 99-104, Pl. 10.

Günther A. 1868 (14 Mar.). Catalogue of the fishes in the British Museum. Catalogue of the Physostomi, containing the families Heteropygii, Cyprinidae, Gonorhynchidae, Hyodontidae, Osteoglossidae, Clupeidae, Chirocentridae, Alepocentridae, Notopteridae, Halosauridae, in the collection of the British Museum. v. 7: i-xx + 1-512

Günther A. 1870. Catalogue of the Physostomi, containing the families Gymnotidae, Symbranchidae, Muraenidae, Pegasidae, and of the Lophobranchii, Plectognathi, Dipnoi, Ganoidei, Chondropterygii, Cyclostomata, Leptocardii, in the British Museum. Catalogue of the fishes in the British Museum, v. 8: i-xxv + 1-549.

Günther A. 1872 (Apr.). Report on several collections of fishes recently obtained for the British Museum. Proceedings of the Zoological Society of London 1871 (pt 3) (art. 1) (for 21 Nov. 1871): 652-675, Pls. 53-70.

Günther A. 1873a (1 Sept.). Report on a collection of fishes from China. Annals and Magazine of Natural History (Series 4) v. 12 (no. 69) (art. 31): 239-250.

Günther A. 1873b (1 Nov.). On a collection of fishes from Chefoo, north China. Annals and Magazine of Natural History (Series 4) v. 12 (no. 71): 377-380.

Günther A. 1874a. Third notice of a collection of fishes made by Mr. Swinhoe in China. Annals and Magazine of Natural History (Series 4) v. 13 (no. 74) (art. 23): 154-159.

Günther A. 1874b (1 Nov.). Descriptions of new species of fishes in the British Museum. Annals and Magazine of Natural History (Series 4) v. 14 (no. 83) (art. 47): 368-371.

Günther A. 1877 (1 Nov.). Preliminary notes on new fishes collected in Japan during the expedition of H. M. S. `Challenger.'. Annals and Magazine of Natural History (Series 4) v. 20 (no. 119) (art. 56): 433-446.

Günther A. 1878a (1 June). Notes on a collection of Japanese sea-fishes. Annals and Magazine of Natural History (Series 5) v. 1 (no. 6) (art. 56): 485-487.

Günther A. 1878b (1 July/1 Aug./1 Sept.). Preliminary notices of deep-sea fishes collected during the voyage of H. M. S. `Challenger.'. Annals and Magazine of Natural History (Series 5) v. 2 (nos 7/8/9)(art. 2/22/28): 17-28, 179-187, 248-251.

Günther A. 1880 (before 31 Aug.). Report on the shore fishes procured during the voyage of H. M. S. Challenger in the years 1873-1876. In: Report on the scientific results of the voyage of H. M. S. Challenger during the years 1873-76. Zoology. v. 1 (pt 6): 1-82, Pls. 1-32.

Günther A. 1887 (before 11 Oct.). Report on the deep-sea fishes collected by H. M. S. Challenger during the years 1873-76. Report on the Scientific Results of the Voyage of H. M. S. Challenger v. 22 (pt 57): i-lxv + 1-268, Pls. 1-66.

Günther A. 1888 (1 June). Contribution to our knowledge of the fishes of the Yangtsze-Kiang. Annals and Magazine of Natural History (Series 6) v. 1 (no. 6): 429-435.

Günther A. 1889a (June). On some fishes from Kilima-Njaro District. Proceedings of the Zoological Society of London 1889 (pt 1): 70-72, Pl. 8.

Günther A. 1889b (1 Sept.). Third contribution to our knowledge of reptiles and fishes from the upper Yangtsze-Kiang. Annals and Magazine of Natural History (Series 6) v. 4 (no. 21): 218-229.

Haly A. 1875 (1 Apr.). Descriptions of new species of fish in the collection of the British Museum. Annals and Magazine of Natural History (Series 4) v. 15 (no. 88) (art. 35): 268-270.

Hamilton F. 1822. An account of the fishes found in the river Ganges and its branches. Edinburgh & London. i-vii + 1-405, Pls. 1-39.

Han S.-H., Kim M. J., Kim B.-Y., Choi C.-M. and Song C. B. 2008 (Sep.). First record of a clingfish, *Aspasma minima* (Perciformes: Gobiesocidae) from Korea. Korean Journal of Ichthyology v. 20 (no. 3): 224-227.

Han S.-Y., Kim J.-K., Kai Y. and Senou H. 2017 (31 Oct.). Seahorses of the *Hippocampus coronatus* complex: taxonomic revision, and description of *Hippocampus haema*, a new species from Korea and Japan (Teleostei, Syngnathidae). ZooKeys No. 712: 113-139.

Hardy G. S. 1984. A new genus and species of deepwater clingfish (family Gobiesocidae) from New Zealand. Bulletin of Marine Science v. 34 (no. 2): 244-247.

Harry R. R. 1953a (Apr.). Studies on the bathypelagic fishes of the family Paralepididae. 1. Survey of the genera. Pacific Science v. 7 (no. 2): 219-249.

Harry R. R. 1953b (31 Dec.). Studies on the bathypelagic fishes of the family Paralepididae (order Iniomi). 2. A revision of the North Pacific species. Proceedings of the Academy of Natural Sciences of Philadelphia v. 105: 169-230.

Hata H. 2018. *Thryssa chefuensis* (Günther, 1874). P. 42. In: Kimura, S., Imamura, H., Quan, N. V., and Duong, P. T. (Eds) Fishes of Ha Long Bay, the World Natural Heritage Site in Northern Vietnam. Fisheries Research Laboratory, Mie University, Shima.

Hata H. and Motomura H. 2019 (17 Dec.). Validity of *Sardinella dayi* Regan 1917 and redescription of *Sardinella jussieui* (Valenciennes 1847) (Teleostei: Clupeiformes: Clupeidae). Ichthyological Research v. 67 (no. 2): 287-293.

Hata H. and Nakae M. 2019. First Japanese record of the engraulid *Thrissina chefuensis* (Teleostei: Clupeiformes), from Yamaguchi Prefecture. Species Diversity 24: 287–290

Heckel J. J. 1839. Ichthyologische Beiträge zu den Familien der Cottoiden, Scorpaenoiden, Gobioiden und Cyprinoiden. Annalen des Wiener Museums der Naturgeschichte v. 2 (no. 1): 143-164, Pls. 8-9.

Heemstra P. C. and Randall J. E. 1977. A revision of the Emmelichthyidae (Pisces: Perciformes). Australian Journal of Marine and Freshwater Research v. 28 (no. 3): 361-396.

Herre A. W. C. T. 1923 (9 July). Notes on Philippine sharks, I. Philippine Journal of Science v. 23 (no. 1): 67-73, Pl. 1.

Herre A. W. C. T. 1927 (15 Sept.). Gobies of the Philippines and the China Sea. Monographs, Bureau of Science Manila Monogr. 23: 1-352, frontispiece + Pls. 1-30.

Herre A. W. C. T. 1932 (7 Oct.). Five new Philippine fishes. Copeia 1932 (no. 3): 139-142. (In Fricke *et al.* 2021)

Herzenstein S. M. 1888. Fische. In: Wissenschaftliche Resultate der von N. M. Przewalski nach Central-Asien unternommenen Reisen. Zoologischer Theil, St. Petersburg v. 3 (2 abt.) (1): i-vi + 1-91, Pls. 1-8. (In Russian and German.) (In Fricke *et al.* 2021)

Herzenstein S. M. 1890. Ichthyologische Bemerkungen aus dem Zoologischen Museum der Kaiserlichen Akademie der Wissenschaften. II. Mélanges Biologiques, tirés du Bulletin physico-mathématique de l'Académie Impériale des Sciences de St. Pétersbourg v. 13: 127-141.

Herzenstein S. M. 1892. Ichthyologische Bemerkungen aus dem Zoologischen Museum der Kaiserlichen Akademie Wissenschaften. III. Mélanges Biologiques, tirés du Bulletin physico-mathématique de l'Académie Impériale des Sciences de St. Pétersbourg v. 13 (pt 2): 219-

235.

Herzenstein S. M. 1896. Über einige neue und seltene Fische des Zoologischen Museums der Kaiserlichen Akademie der Wissenschaften. Ezhegodnik, Zoologicheskago Muzeya Imperatorskoi Akademii Nauk v. 1 (no. 1): 1-14.

Hidaka, K., Y. Iwatsuki, and J. E. Randall, 2008. A review of the Indo-Pacific bonefishes of the *Albula argentea* complex, with a description of a new species. Ichthyological Research 55: 53-64.

Higuchi M., Sakai H. and Goto A. 2014. A new threespine stickleback, *Gasterosteus nipponicus* sp. nov. (Teleostei: Gasterosteidae), from the Japan Sea region. Ichthyological Research 61: 341-351.

Hikita T. 1913 (15 Mar.). On a new species of Argentinidae occurring in Japan. Zoological Magazine Tokyo v. 25 (no. 293): 127-129, Pl. 4. (In Japanese.)

Hikita T. and Hikita T. 1950 (20 Oct.). On a new wry-mouth fish found in Japan. Japanese Journal of Ichthyology v. 1 (no. 2): 140-142.

Hilgendorf F. M. 1878a. Über das Vorkommen einer Brama-Art und einer neuen Fischgattung Centropholis aus der Nachbarschaft des Genus Brama in den japanischen Meeren. Sitzungsberichte der Gesellschaft Naturforschender Freunde zu Berlin 1878 (for 15 Jan.): 1-2.

Hilgendorf F. M. 1878b. Einige neue japanische Fischgattungen. Sitzungsberichte der Gesellschaft Naturforschender Freunde zu Berlin 1878: 155-157.

Hilgendorf F. M. 1879a. Einige Beiträge zur Ichthyologie Japan's. Sitzungsberichte der Gesellschaft Naturforschender Freunde zu Berlin 1879: 78-81.

Hilgendorf F. M. 1879b. Diagnosen neuer Fischarten von Japan. Sitzungsberichte der Gesellschaft Naturforschender Freunde zu Berlin 1879: 105-111.

Hilgendorf F. M. 1880a. Uebersicht über die japanischen Sebastes-Arten. Sitzungsberichte der Gesellschaft Naturforschender Freunde zu Berlin 1880: 166-172.

Hilgendorf F. M. 1880b (5 Apr.). Über eine neue bemerkenswerthe Fischgattung Leucopsarion aus Japan. Monatsberichte der Königlichen Preussischen Akademie der Wissenschaften zu Berlin 1880: 339-341.

Hilgendorf F. M. 1892. Neue Stör-Art von Nord-Japan, *Acipenser mikadoi*. Sitzungsberichte der Gesellschaft Naturforschender Freunde zu Berlin 1892: 98-100.

Hilgendorf F. M. 1904. Ein neuer Scyllium-artiger Haifisch, Proscyllium habereri, nov. subgen., n. spec. von Formosa. Sitzungsberichte der Gesellschaft Naturforschender Freunde zu Berlin 1904 (no. 2): 39-41.

Hiyama Y. 1940. Descriptions of two new species of fish, *Raja tobitukai* and *Chlorophthalmus acutifrons*. Japanese Journal of Zoology v. 9 (no. 1): 169-173. (In Fricke *et al*. 2021)

Hollard H. L. G. M. 1854. Monographie de la famille des Balistides. Suite 3. Annales des Sciences Naturelles, Paris (Zoologie) (Sér. 4) v. 2: 321-366, Pls. 12-14.

Hosoya K. and Jeon S.-R. 1984. A new cyprinid fish, *Squalidus multimaculatus* from small rivers on the eastern slope of the Taebik Mountain chain, Korea. Korean Journal of Limnology v. 17 (nos 1-2): 41-49.

Houttuyn M. 1782. Beschryving van eenige Japanese visschen, en andere zee-schepzelen. Verhandelingen der Hollandsche Maatschappij der Wetenschappen, Haarlem v. 20 (pt 2): 311-350.

Hubbs C. L. 1915 (20 Mar.). Flounders and soles from Japan collected by the United States Bureau of Fisheries steamer "Albatross" in 1906. Proceedings of the United States National Museum v. 48 (no. 2082): 449-496, Pls. 25-27.

Hubbs C. L. 1918 (after 15 Oct.). Supplementary notes on flounders from Japan with remarks on the species of *Hippoglossoides*. Annotationes Zoologicae Japonenses v. 9 (pt 4): 369-376.

Hubbs C. L. 1927 (7 Apr.). Notes on the blennioid fishes of western North America. Papers of the Michigan Academy of Science Arts and Letters v. 7 (1926): 351-394.

Hubbs C. L. 1929 (5 Apr.). The generic relationships and nomenclature of the Californian sardine. Proceedings of the California Academy of Sciences (Series 4) v. 18 (no. 11): 261-265.

Hubbs C. L. and Follett W. I. 1947. *Lamna ditropis*, new species, the salmon shark of the North Pacific. Copeia 1947 (no. 3): 194. (In Fricke . 2021)

Hur S. B. and Yoo J. M. 1983. Notes on external morphoiogy of *Enedrias nebulosus* and *E. fangi* in Korean waters. Bull. Korean Fish. Soc., 16: 97-102.

ICZN 1965 (Nov.). Opinion 749. *Atherina japonica* Houttuyn, 1782 (PISCES): Suppressed under the Plenary Powers v. 22(pt. 4): 218-219.

ICZN 1992 (Mar.). Opinion 1672. *Muraena* Linnaeus, 1758 and *Anguilla* Schrank, 1798 (Osteichthyes, Anguilliformes): placed on the Official List of Generic Names. Bulletin of Zoological Nomenclature 49(1): 93-94.

ICZN 2003 (Mar.). Opinion 2027 (Case 3010). Usage of 17 specific names based on wild species which are pre-dated by or contemporary with those based on domestic animals (Lepidoptera, Osteichthyes, Mammalia): conserved. Bulletin of Zoological Nomenclature, 60 (1): 81-84.

ICZN 2011. Opinion 2274 (Case 3455). *Pseudobagrus* Bleeker, 1859 (Osteichthyes, Siluriformes, Bagridae): conservation by suppression of senior synonym not approved. Bulletin of Zoological Nomenclature, 68 (2): 152-153.

Ikeda H. 1936 (Dec.). On the sexual dimorphism and the taxonomical status of some Japanese loaches. Zoological Magazine Tokyo v. 48 (no. 12): 983-994. (In Japanese with English résumé.)

Imamura H. 2010. A new species of the flathead genus *Inegocia* (Teleostei: Platycephalidae) from East Asia. Bulletin of the National Museum of Nature and Science (Ser. A) Supplement No. 4: 21-29.

Imamura H. and Yoshino T. 2007. Taxonomic status of the sandperch *Percis caudimaculatum* and validity of *Parapercis ommatura* (Actinopterygii: Perciformes: Pinguipedidae). Species Diversity 12: 83-87.

Imamura H. and Yoshino T. 2009. Authorship and validity of two flatheads, *Platycephalus japonicus* and *Platycephalus crocodilus* (Teleostei: Platycephalidae). Ichthyological Research v. 56 (no. 3): 308-313.

Inoue T. and Nakabo T. 2006. The *Saurida undosquamis* group (Aulopiformes: Synodontidae), with description of a new species from southern Japan. Ichthyological Research v. 53: 379-397.

Ishihara H. 1987 (10 Dec.). Revision of the western North Pacific species of the genus *Raja*. Japanese Journal of Ichthyology v. 34 (no. 3): 241-285.

Ishikawa C. 1908. Description of a new species of squaloid shark from Japan. Proceedings of the Academy of Natural Sciences of Philadelphia v. 60: 71-73.

Ishikawa C. 1915 (15 Sept.). On a new species of *Maurolicus*, *M. japonicus*. Journal of the College of Agriculture, Imperial University Tokyo v. 6 (no. 2): 183-191, Pls. 12-13.

Ishiyama R. 1955 (Feb.). Studies on the rays and skates belonging to the family Rajidae, found in Japan and adjacent regions. 6. *Raja macrocauda*, a new skate. Journal of the Shimonoseki College of Fisheries v. 4 (no. 1): 43-51.

Ishiyama R. 1958 (July). Studies on the rajid fishes (Rajidae) found in the waters around Japan. Journal of the Shimonoseki College of Fisheries v. 7 (nos 2-3): 191-394 [1-202], Pls. 1-3.

Iwata A. and Jeon S.-R. 1987. First record of four gobiid fishes form Korea. Korean Journal of Limnology v. 20 (no. 1): 1-12.

Iwata A. and Jeon S.-R. 1992. First record of *Parioglossus dotui* (Pisces: Gobioidei) from Korea. Korean Journal of Lomnology v. 25(no. 4): 253-256.

Iwata A. and Sakai H. 2002. *Odontobutis hikimius* n. sp.: a new freshwater goby from Japan, with a key to species of the genus. Copeia 2002 (no. 1): 104-110.

Iwata A., Jeon S.-R., Mizuno N. and Choi K.-C. 1985 (20 Feb.). A revision of the eleotrid goby genus *Odontobutis* in Japan, Korea and China. Japanese Journal of Ichthyology v. 31 (no. 4):

373-388.

Iwatsuki Y. and Russell B. C. 2006. Revision of the genus *Hapalogenys* (Teleostei: Perciformes) with two new species from the Indo-West Pacific. Memoirs of the Museum of Victoria v. 63 (no. 1): 29-46.

Iwatsuki Y., Akazaki M. and Taniguchi N. 2007. Review of the species of the genus *Dentex* (Perciformes: Sparidae) in the western Pacific defined as the *D. hypselosomus* complex with the description of a new species, *Dentex abei* and a redescription of *Evynnis tumifrons*. Bulletin of the National Museum of Nature and Science (Ser. A) Supplement No. 1: 29-49.

Iwatsuki Y., Akazaki M. and Yoshino T. 1993 (15 May). Validity of a lutjanid fish, *Lutjanus ophuysenii* (Bleeker) with a related species, L. vitta (Quoy et Gaimard). Japanese Journal of Ichthyology v. 40 (no. 1): 47-59.

Iwatsuki, Y., Kimura S. and Yoshino T. 1998 (3 Feb.). Redescription of *Gerres erythrourus* (Bloch, 1791), a senior synonym of *G. abbreviatus* Bleeker, 1850 (Teleostei: Perciformes: Gerreidae). Copeia 1998 (no. 1): 165-172.

Iwatsuki, Y., Kimura S. and Yoshino T. 1999 (30 Nov.). Redescriptions of *Gerres baconensis* (Evermann & Seale, 1907), *G. equulus* (Temminck & Schlegel, 1844) and *G. oyena* (Forsskål, 1775), included in the "*G. oyena* complex", with notes on other related species (Perciformes: Gerreidae). Ichthyological Research v. 46 (no. 4): 377-395.

Iwatsuki Y., Satapoomin U. and Amaoka K. 2000. New species: *Hapalogenys merguiensis* (Teleostei; Perciformes) from Andaman Sea. Copeia 2000 (1): 129-139.

Iwatsuki, Y., Miyamoto K., Nakaya K. and Zhang J. 2011. A review of the genus *Platyrhina* (Chondrichthys: Platyrhinidae) from the northwestern Pacific, with descriptions of two new species. Zootaxa 2738: 26-40.

Jakovlić I., Wu Q.-J., Treer T., Šprem N. and Gui J.-F., 2013. Introgression evidence and phylogenetic relationships among three (*Para*)*Misgurnus* species as revealed by mitochondrial and nuclear DNA markers. Arch. Biol. Sci., Belgrade, 65(4), 1463-1467.

Jarocki F. P. 1822. Zoologiia czyli zwiérzetopismo ogólne podlug náynowszego systematu. Drukarni Lakiewicza, Warszawie (Warsaw). v. 4: i-iv + 1- 464 + i-xxvii, 4 pls.

Jenkins O. P. 1903 (23 July). Report on collections of fishes made in the Hawaiian Islands, with descriptions of new species. Bulletin of the U. S. Fish Commission v. 22 (1902): 417-511, Pls. 1-4.

Jenyns L. 1840-1842. Fish. In: The zoology of the voyage of H. M. S. Beagle, under the command of Captain Fitzroy, R. N., during the years 1832 to 1836. London: Smith, Elder, and Co. Issued in 4 parts. i-xvi + 1-172, Pls. 1-29.

Jeon S.-R. and Choi K.-C. 1980 (Jan.). A new cyprinid fish, *Pseudopungtungia tenuicorpus* from Korea. Korean Journal of Zoology v. 23 (no. 1): 41-48, 1 pl.

Jeong C.-H. and Nakabo T. 1997 (25 Nov.). *Raja koreana*, a new species of skate (Elasmobranchii, Rajoidei) from Korea. Ichthyological Research v. 44 (no. 4): 413-420.

Jeong C.-H. and Nakabo T. 2009. *Hongeo*, a new skate genus (Chondrichthyes: Rajidae), with description of the type species. Ichthyological Research v. 56 (no. 2): 140-155.

Jhingran V. G. and Pullin R. S. V. 1985. A hatchery manual for the common, Chinese and Indian major carps. ICLARM Studies and Reviews 11, 191pp

Ji H.-S., Kim J.-K. and Kim B.-J. 2016. Molecular phylogeny of the families Pleuronectidae and Poecilopsettidae (Pisces, Pleuronectiformes) from Korea, with a proposal for a new classification. Ocean Science Journal v. 51 (no. 2): 299-304.

Johnson J. Y. 1863 (May). Descriptions of five new species of fishes obtained at Madeira. Proceedings of the Zoological Society of London 1863 (pt 1) (art. 5) (for 13 Jan. 1863): 36-46, Pl. 7.

Johnson J. Y. 1866 (Sept.). Description of *Trachichthys darwinii*, a new species of berycoid fish from Madeira. Proceedings of the Zoological Society of London 1866 (pt 2) (art. 3) (for 22 May 1866): 311-315, Pl. 32.

Jordan D. S. 1885 (2 Oct.). A catalogue of the fishes known to inhabit the waters of North America, north of the Tropic of Cancer, with notes on species discovered in 1883 and 1884. United States Commission of Fish and Fisheries, Report of the Commissioner v. 13 (1885): 789-973.

Jordan D. S. 1886 (17 Sept.). List of fishes collected at Havana, Cuba, in December, 1883, with notes and descriptions. Proceedings of the United States National Museum v. 9 (no. 551): 31-55.

Jordan D. S. 1902 (26 Feb.). A review of the pediculate fishes or anglers of Japan. Proceedings of the United States National Museum v. 24 (no. 1261): 361-381.

Jordan D. S. 1907 (12 Mar.). A review of the fishes of the family Histiopteridae, found in the waters of Japan; with a note on Tephritis Günther. Proceedings of the United States National Museum v. 32 (no. 1523): 235-239.

Jordan D. S. 1912 (29 Aug.). Note on the generic name *Safole*, replacing *Boulengerina*, for a genus of kuhliid fishes. Proceedings of the United States National Museum v. 42 (no. 1922): 655.

Jordan D. S. 1916 (12 Apr.). The nomenclature of American fishes as affected by the opinions of the International Commission on Zoological Nomenclature. Copeia No. 29: 25-28.

Jordan D. S. 1917 (Aug.). The genera of fishes, from Linnaeus to Cuvier, 1758-1833, seventy-five years, with the accepted type of each. A contribution to the stability of scientific nomenclature. (Assisted by Barton Warren Evermann.). Leland Stanford Jr. University Publications, University Series No. 27: 1-161.

Jordan D. S. 1919 (10 Apr.). New genera of fishes. Proceedings of the Academy of Natural Sciences of Philadelphia v. 70 (for 1918): 341-344.

Jordan D. S. and Dickerson M. C. 1908 (25 Apr.). Description of a new species of half-beak (*Hemiramphus mioprorus*) from Nagasaki, Japan. Proceedings of the United States National Museum v. 34 (no. 1602): 111-112.

Jordan D. S. and Evermann B. W. 1896a (3 Oct.). The fishes of North and Middle America: a descriptive catalogue of the species of fish-like vertebrates found in the waters of North America, north of the Isthmus of Panama. Part I. Bulletin of the United States National Museum No. 47: i-lx + 1-1240.

Jordan D. S. and Evermann B. W. 1896b (28 Dec.). A check-list of the fishes and fish-like vertebrates of North and Middle America. United States Commission of Fish and Fisheries, Report of the Commissioner v. 21 (for 1895) Appendix 5: 207-584.

Jordan D. S. and Evermann B. W. 1898a (3 Oct.). The fishes of North and Middle America: a descriptive catalogue of the species of fish-like vertebrates found in the waters of North America, north of the Isthmus of Panama. Part II. Bulletin of the United States National Museum No. 47: i-xxx + 1241-2183.

Jordan D. S. and Evermann B. W. 1898b (26 Nov.). The fishes of North and Middle America: a descriptive catalogue of the species of fish-like vertebrates found in the waters of North America north of the Isthmus of Panama. Part III. Bulletin of the United States National Museum No. 47: i-xxiv + 2183a-3136.

Jordan D. S. and Evermann B. W. 1902 (24 Sept.). Notes on a collection of fishes from the island of Formosa. Proceedings of the United States National Museum v. 25 (no. 1289): 315-368.

Jordan D. S. and Evermann B. W. 1903 (11 Apr.). Descriptions of new genera and species of fishes from the Hawaiian Islands. Bulletin of the U. S. Fish Commission v. 22 (1902): 161-208.

Jordan D. S. and Fordice M. W. 1887 (10 Feb.). A review of the American species of Belonidae. Proceedings of the United States National Museum v. 9 (no. 575): 339-361.

Jordan D. S. and Fowler H. W. 1902a (17 Sept.). A review of the trigger-fishes, file-fishes, and trunk-fishes of Japan. Proceedings of the United States National Museum v. 25 (no. 1287): 251-286.

Jordan D. S. and Fowler H. W. 1902b (19 Sept.). A review of the cling-fishes (Gobiesocidae) of the waters of Japan. Proceedings of the United States National Museum v. 25 (no. 1291): 413-416.

Jordan D. S. and Fowler H. W. 1902c (2 Dec.). A review of the ophidioid fishes of Japan. Proceedings of the United States National Museum v. 25 (no. 1303): 743-766.

Jordan D. S. and Fowler H. W. 1903a. A review of the dragonets (Callionymidae) and related fishes of the waters of Japan. Proceedings of the United States National Museum v. 25 (no. 1305): 939-959.

Jordan D. S. and Fowler H. W. 1903b (30 Mar.). A review of the elasmobranchiate fishes of Japan. Proceedings of the United States National Museum v. 26 (no. 1324): 593-674, Pls. 26-27.

Jordan D. S. and Fowler H. W. 1903c (9 Apr.). A review of the Cobitidae, or loaches, of the rivers of Japan. Proceedings of the United States National Museum v. 26 (no. 1332): 765-774.

Jordan D. S. and Fowler H. W. 1903d (6 July). A review of the cyprinoid fishes of Japan. Proceedings of the United States National Museum v. 26 (no. 1334): 811-862.

Jordan D. S. and Gilbert C. H. 1880 (2 Oct.). Description of two new species of flounders (Parophrys ischyrus and Hippoglossoides elassodon), from Puget's Sound. Proceedings of the United States National Museum v. 3 (no. 147): 276-280.

Jordan D. S. and Gilbert C. H. 1882 (4 Jan.). Notes on a collection of fishes made by Lieut. Henry E. Nichols, U. S. N., on the west coast of Mexico, with descriptions of new species. Proceedings of the United States National Museum v. 4 (no. 221): 225-233.

Jordan D. S. and Gilbert C. H. 1883 (early Apr.). Synopsis of the fishes of North America. Bulletin of the United States National Museum No. 16: i-liv + 1-1018.

Jordan D. S. and Hubbs C. L. 1925 (27 June). Record of fishes obtained by David Starr Jordan in Japan, 1922. Memoirs of the Carnegie Museum v. 10 (no. 2): 93-346, Pls. 5-12.

Jordan D. S. and Metz C. W. 1913 (Aug.). A catalog of fishes known from the waters of Korea. Memoirs of the Carnegie Museum, 6(1): 1-65 + 10 pls.

Jordan D. S. and Oshima M. 1919 (11 Sept.). Salmo formosanus, a new trout from the mountain streams of Formosa. Proceedings of the Academy of Natural Sciences of Philadelphia v. 71: 122-124.

Jordan D. S. and Richardson R. E. 1907 (12 Dec.). On a collection of fishes from Echigo, Japan. Proceedings of the United States National Museum v. 33 (no. 1570): 263-266.

Jordan D. S. and Richardson R. E. 1908 (28 Feb.). A review of the flat-heads, gurnards, and other mail-cheeked fishes of the waters of Japan. Proceedings of the United States National Museum v. 33 (no. 1581): 629-670.

Jordan D. S. and Richardson R. E. 1909. A catalogue of the fishes of the island of Formosa, or Taiwan, based on the collections of Dr. Hans Sauter. Memoirs of the Carnegie Museum v. 4 (no. 4): 159-204, Pls. 63-74.

Jordan D. S. and Richardson R. E. 1910 (19 Jan.). A review of the Serranidae or sea bass of Japan. Proceedings of the United States National Museum v. 37 (no. 1714): 421-474.

Jordan D. S. and Seale A. 1905 (6 Dec.). List of fishes collected in 1882-83 by Pierre Louis Jouy at Shanghai and Hongkong, China. Proceedings of the United States National Museum v. 29 (no. 1433): 517-529.

Jordan D. S. and Seale A. 1906a. Descriptions of six new species of fishes from Japan. Proceedings of the United States National Museum v. 30 (no. 1445): 143-148.

Jordan D. S. and Seale A. 1906b (15 Dec.). The fishes of Samoa. Description of the species found in the archipelago, with a provisional check-list of the fishes of Oceania. Bulletin of the Bureau of Fisheries v. 25 (for 1905): 173-455 + index 457-488, Pls. 33-53.

Jordan D. S. and Snyder J. O. 1900. A list of fishes collected in Japan by Keinosuke Otaki, and by the United States steamer Albatross, with descriptions of fourteen new species. Proceedings of the United States National Museum v. 23 (no. 1213): 335-380, Pls. 9-20.

Jordan D. S. and Snyder J. O. 1901a. A preliminary check list of the fishes of Japan. Annotationes Zoologicae Japonenses v. 3 (pts 2 & 3): 31-159.

Jordan D. S. and Snyder J. O. 1901b. Descriptions of nine new species of fishes contained in museums of Japan. Journal of the College of Science. Imperial University, Tokyo v. 15 (pt 2): 301-311, Pls. 15-17.

Jordan D. S. and Snyder J. O. 1901c (24 Apr.). Description of two new genera of fishes (*Ereunias* and *Draciscus*) from Japan. Proceedings of the California Academy of Sciences (Series 3) v. 2 (nos 7-8): 377-380, Pls. 18-19.

Jordan D. S. and Snyder J. O. 1901d (16 July). A review of the lancelets, hag-fishes, and lampreys of Japan, with a description of two new species. Proceedings of the United States National Museum v. 23 (no. 1233): 725-734, Pl. 30.

Jordan D. S. and Snyder J. O. 1901e (2 July). List of fishes collected in 1883 and 1885 by Pierre Louis Jouy and preserved in the United States National Museum, with descriptions of six new species. Proceedings of the United States National Museum v. 23 (no. 1235): 739-769, Pls. 31-38.

Jordan D. S. and Snyder J. O. 1901f (28 Aug.). A review of the apodal fishes or eels of Japan, with descriptions of nineteen new species. Proceedings of the United States National Museum v. 23 (no. 1239): 837-890.

Jordan D. S. and Snyder J. O. 1901g (2 Oct.). A review of the cardinal fishes of Japan. Proceedings of the United States National Museum v. 23 (no. 1240): 891-913, Pls. 43-44.

Jordan D. S. and Snyder J. O. 1901h (27 Sept.). A review of the hypostomide and lophobranchiate fishes of Japan. Proceedings of the United States National Museum v. 24 (no. 1241): 1-20, Pls. 1-12.

Jordan D. S. and Snyder J. O. 1901i (25 Sept.). A review of the gobioid fishes of Japan, with descriptions of twenty-one new species. Proceedings of the United States National Museum v. 24 (no. 1244): 33-132.

Jordan D. S. and Snyder J. O. 1901j (30 Nov.). A review of the gymnodont fishes of Japan. Proceedings of the United States National Museum v. 24 (no. 1254): 229-264.

Jordan D. S. and Snyder J. O. 1901k (Nov.). Fishes of Japan. American Naturalist v. 35 (no. 419): 941.

Jordan D. S. and Snyder J. O. 1902a (10 Feb.). A review of the discobolous fishes of Japan. Proceedings of the United States National Museum v. 24 (no. 1259): 343-351.

Jordan D. S. and Snyder J. O. 1902b (28 Mar.). A review of the trachinoid fishes and their supposed allies found in the waters of Japan. Proceedings of the United States National Museum v. 24 (no. 1263): 461-497.

Jordan D. S. and Snyder J. O. 1902c (25 Mar.). A review of the salmonoid fishes of Japan. Proceedings of the United States National Museum v. 24 (no. 1265): 567-593.

Jordan D. S. and Snyder J. O. 1902d (2 May). A review of the labroid fishes and related forms found in the waters of Japan. Proceedings of the United States National Museum v. 24 (no. 1266): 595-662.

Jordan D. S. and Snyder J. O. 1902e. Descriptions of two new species of squaloid sharks from Japan. Proceedings of the United States National Museum v. 25 (no. 1279): 79-81.

Jordan D. S. and Snyder J. O. 1902f (26 Sept.). A review of the blennoid fishes of Japan. Proceedings of the United States National Museum v. 25 (no. 1293): 441-504.

Jordan D. S. and Snyder J. O. 1902g (4 Nov.). On certain species of fishes confused with *Bryostemma polyactocephalum*. Proceedings of the United States National Museum v. 25 (no. 1300): 613-618.

Jordan, D. S. and Snyder J. O. 1904a (23 Jan.). On the species of white chimaera from Japan. Proceedings of the United States National Museum v. 27 (no. 1356): 223-226.

Jordan, D. S. and Snyder J. O. 1904b (2 June). Notes on collections of fishes from Oahu Island and Laysan Island, Hawaii, with descriptions of four new species. Proceedings of the United States National Museum v. 27 (no. 1377): 939-948.

Jordan D. S. and Snyder J. O. 1906 (10 Sept.). A review of the Poeciliidae or killifishes of Japan. Proceedings of the United States National Museum v. 31 (no. 1486): 287-290.

Jordan D. S. and Starks E. C. 1895 (21 Dec.). The fishes of Puget Sound. Proceedings of the

California Academy of Sciences (Series 2) v. 5: 785-855, Pls. 76-104.

Jordan D. S. and Starks E. C. 1901a (24 Apr.). Description of three new species of fishes from Japan. Proceedings of the California Academy of Sciences (Series 3) v. 2 (nos 7-8): 381-386, Pls. 20-21.

Jordan D. S. and Starks E. C. 1901b (4 Oct.). A review of the atherine fishes of Japan. Proceedings of the United States National Museum v. 24 (no. 1250): 199-206.

Jordan D. S. and Starks E. C. 1902 (2 Dec.). A review of the hemibranchiate fishes of Japan. Proceedings of the United States National Museum v. 26 (no. 1308): 57-73.

Jordan D. S. and Starks E. C. 1903 (4 Feb.). A review of the synentognathous fishes of Japan. Proceedings of the United States National Museum v. 26 (no. 1319): 525-544.

Jordan D. S. and Starks E. C. 1904a (22 Jan.). A review of the scorpaenoid fishes of Japan. Proceedings of the United States National Museum v. 27 (no. 1351): 91-175, Pls. 1-2.

Jordan D. S. and Starks E. C. 1904b (28 Jan.). A review of the Cottidae or sculpins found in the waters of Japan. Proceedings of the United States National Museum v. 27 (no. 1358): 231-335.

Jordan D. S. and Starks E. C. 1904c (23 Feb.). A review of the Japanese fishes of the family of Agonidae. Proceedings of the United States National Museum v. 27 (no. 1365): 575-599.

Jordan D. S. and Starks E. C. 1904d (13 Aug.). List of fishes dredged by the steamer Albatross off the coast of Japan in the summer of 1900, with descriptions of new species and a review of the Japanese Macrouridae. Bulletin of the U. S. Fish Commission v. 22 [1902]: 577-630, Pls. 1-8.

Jordan D. S. and Starks E. C. 1905 (23 Feb.). On a collection of fishes made in Korea, by Pierre Louis Jouy, with descriptions of new species. Proceedings of the United States National Museum v. 28 (no. 1391): 193-212.

Jordan D. S. and Starks E. C. 1906a (4 June). List of fishes collected on Tanega and Yaku, offshore islands of southern Japan, by Robert Van Vleck Anderson, with descriptions of seven new species. Proceedings of the United States National Museum v. 30 (no. 1462): 695-706.

Jordan D. S. and Starks E. C. 1906b (10 Sept.). A review of the flounders and soles of Japan. Proceedings of the United States National Museum v. 31 (no. 1484): 161-246.

Jordan D. S. and Starks E. C. 1906c (8 Oct.). Notes on a collection of fishes from Port Arthur, Manchuria, obtained by James Francis Abbott. Proceedings of the United States National Museum v. 31 (no. 1493): 515-526.

Jordan D. S. and Starks E. C. 1907 (15 June). List of fishes recorded from Okinawa or the Riu Kiu

Islands of Japan. Proceedings of the United States National Museum v. 32 (no. 1541): 491-504.

Jordan D. S. and Swain J. 1884 (19 Sept.). A review of the American species of marine Mugilidae. Proceedings of the United States National Museum v. 7 (no. 434): 261-275.

Jordan D. S. and Thompson W. F. 1911a (30 Jan.). A review of the sciaenoid fishes of Japan. Proceedings of the United States National Museum v. 39 (no. 1787): 241-261.

Jordan D. S. and Thompson W. F. 1911b (30 Jan.). A review of the fishes of the families Lobotidae and Lutianidae, found in the waters of Japan. Proceedings of the United States National Museum v. 39 (no. 1792): 435-471.

Jordan D. S. and Thompson W. F. 1912 (22 Jan.). A review of the Sparidae and related families of perch-like fishes found in the waters of Japan. Proceedings of the United States National Museum v. 41 (no. 1875): 521-601.

Jordan D. S. and Thompson W. F. 1913 (23 Aug.). Notes on a collection of fishes from the island of Shikoku in Japan, with a description of a new species, *Gnathypops iyonis*. Proceedings of the United States National Museum v. 46 (no. 2011): 65-72.

Jordan D. S. and Thompson W. F. 1914 (Sept.). Record of the fishes obtained in Japan in 1911. Memoirs of the Carnegie Museum v. 6 (no. 4): 205-313, Pls. 24-42.

Jordan D. S., Tanaka S. and Snyder J. O. 1913. A catalogue of the fishes of Japan. Journal of the College of Science. Imperial University, Tokyo v. 33 (art. 1): 1-497.

Kai Y. and Nakabo T. 2009. Taxonomic review of the genus *Cottiusculus* (Cottoidei: Cottidae) with description of a new species from the Sea of Japan. Ichthyological Research v. 56 (no. 3): 213-226.

Kalous, L., J. Bohlen, K. Rylková and M. Petrtýl, 2012. Hidden diversity within the Prussian carp and designation of a neotype for *Carassius gibelio* (Teleostei: Cyprinidae). Ichthyological Exploration of Freshwaters v. 23 (no. 1): 11-18.

Kamohara T. 1933 (15 Sept.). On a new fish from Japan. Zoological Magazine Tokyo v. 45 (no. 539): 389-393.

Kamohara T. 1936 (Dec.). On two new species of fishes found in Japan. Zoological Magazine Tokyo v. 48 (no. 12): 1006-1008.

Kamohara T. 1952 (June). Additions to the off-shore bottom fishes of Prov. Tosa, Japan, with descriptions of two new species. Research Reports of Kôchi University v. 1 (no. 6): 1-3. (In Kim S, Lee YH *et al*. 2006)

Kanayama T. 1991 (Dec.). Taxonomy and phylogeny of the family Agonidae (Pisces: Scorpaeniformes). Memoirs of the Faculty of Fisheries Hokkaido University v. 38 (nos1-2):

1-199.

Kanazawa R. H. 1958 (6 Oct.). A revision of the eels of the genus *Conger* with descriptions of four new species. Proceedings of the United States National Museum v. 108 (no. 3400): 219-267, Pls. 1-4.

Kang C.-B., Kim J. K., Myoung J.-G. and Kim Y. U. 2002. First record of the goatsbeard brotula, *Brotula multibarbata* Temminck and Schlegel, 1846 (Pisces: Ophiididae) from Korea. Korean Journal of Ichthyology v. 14 (no. 4): 296-299.

Kang E.-J. 1990. A new record of the gobioid fish, *Pterogocius zacalles* from Korea. Korean Journal of Zoology v. 33: 238-240.

Kao H.-W. and Shen S.-C. 1985 (June). A new percophidid fish, *Osopsaron formosensis* (Percophidae: Hermerocoetinae) from Taiwan. Journal of Taiwan Museum v. 38 (no. 1): 175-178. (In Oh and Kim 2009)

Kartavtseva I. V., Ginatulina L. K., Nemkova G. A. and Shedko S. V. 2013. Chromosomal study of the lenoks, *Brachymystax* (Salmoniformes, Salmonidae) from the South of the Russian Far East. Journal of Species Research v. 2 (no. 1): 91-98.

Kartavtsev Y. P., Sharina S. N., Goto T., Rutenko O. A., Zemnukhov V. V., Semenchenko A. A., Pitruk D. L. and Hanzawa N. 2009. Molecular phylogenetics of pricklebacks and other percoid fishes from the Sea of Japan. Aquatic Biology, v 8: 95-103.

Katayama M. 1941. A new ophidioid fish from Toyama Bay. Zoological Magazine Tokyo v. 53 (no. 12): 593-594.

Katayama M. 1942 (Aug.). A new macrouroid fish from the Japan Sea. Zoological Magazine Tokyo v. 54 (no. 8): 332-334.

Katayama M. 1957 (25 Dec.). Four new species of serranid fishes from Japan. Japanese Journal of Ichthyology v. 6 (nos 4-6): 153-159.

Katsuyama I., Arai R. and Nakamura M. 1972 (22 Dec.). *Tridentiger obscurus brevispinis*, a new gobiid fish from Japan. Bulletin of the National Science Museum (Tokyo) v. 15 (no. 4): 593-606, Pls. 1-2.

Kaup J. J. 1826. Beyträge zu Amphibiologie und Ichthiyologie. Isis (Oken) v. 19 (no. 1): 87-90.

Kaup J. J. 1853. Uebersicht der Lophobranchier. Archiv für Naturgeschichte v. 19 (pt. 1): 226-234.

Kaup J. J. 1855. Uebersicht über die Species einiger Familien der Sclerodermen. Archiv für Naturgeschichte v. 21 (pt. 1): 215-233.

Kaup J. J. 1856a. Uebersicht der Aale. Archiv für Naturgeschichte v. 22 (pt. 1): 41-77.

Kaup J. J. 1856b. Catalogue of lophobranchiate fish in the collection of the British Museum.

London. i-iv + 1-76, Pls. 1-4.

Kaup J. J. 1858a. Uebersicht der Familie Gadidae. Archiv für Naturgeschichte v. 24 (pt. 1): 85-93.

Kaup J. J. 1858b. Uebersicht der Soleinae, der vierten Subfamilie der Pleuronectidae. Archiv für Naturgeschichte v. 24 (pt. 1): 94-104.

Kaup J. J. 1859a. Neue aalaehnliche Fische des Hamburger Museums, beschrieben und abgebildet ... Abhandlungen aus dem Gebiete der Naturwissenschaften herausgegeben von dem Naturwissenschaftlichen Verein in Hamburg v. 4 (no. 2): 1-29 + suppl. 1-4, Pls. 1-5.

Kaup J. J. 1859b (Feb.-June). Description of a new species of fish, *Peristethus rieffeli*. Proceedings of the Zoological Society of London 1859 (pt 1) (art. 7): 103-107, Pisces Pl. 8.

Kaup J. J. 1860. Ueber die Chaetodontidae. Archiv für Naturgeschichte v. 26 (pt. 1): 133-156.

Kaup J. J. 1863. Über einige Arten der Gattung Chaetodon. Nederlandsch Tijdschrift voor de Dierkunde v. 1: 125-129.

Kaup J. J. 1873. Ueber die Familie Triglidae nebst einigen Worten über die Classification. Archiv für Naturgeschichte v. 39 (pt. 1): 71-94.

Kessler K. F. 1876 (after Apr.). Ryby. In: Prejeval'skii N. M. (ed.). Mongoliya i strana tangutov'. [Izdanie imperatorskago russkago geograficeskago obshestva]. St. Petersburg. v. 2 (pt 4): 1-36, Pls. 1-3.

Kim B.-G., Jeong C.-H. and Han K.-N. 2008 (Dec.). New record of a worm eel *Muraenichthys gymnopterus* (Anguilliformes: Ophichthidae: Myrophinae) from Korea. Korean Journal of Ichthyology v. 20 (no. 4): 318-323.

Kim B.-J. 2015 (Jun.). New record of a lumpfish, *Lethotremus awae* (Scorpaeniformes: Cyclopteridae) from Korea as a filling of distributional gap in the Western North Pacific. Korean Journal of Ichthyology v. 27 (no. 2): 153-158.

Kim B.-J. and An J.-H. 2010 (Mar.). New record of blenny *Omobranchus loxozonus* (Perciformes: Blenniidae) from Jeju Island, Korea. Korean Journal of Ichthyology v. 22 (no. 1): 61-64.

Kim B.-J. and Endo H. 2009 (Jun.). First reliable record of the maned blenny *Scartella emarginata* (Perciformes: Blenniidae) from Jeju Island, Korea. Korean Journal of Ichthyology v. 21 (no. 2): 125-128.

Kim B. J. and Go Y. B. 2003a. First record of the gobiid fish, *Eviota prasina* from Korea. Korean Journal of Ichthyology v. 15 (no. 1): 73-76.

Kim B. J. and Go Y. B. 2003b. First record of the labrid fish, *Pseudolabrus eoethinus* from Korea, with comments on usage of the scientific name of "Hwang-nol-re-gi" in Korea. Korean Journal of Ichthyology v. 15 (no. 2): 114-119.

Kim B.-J. and Sasaki K. 2004. On the occurrence of *Pempheris schwenkii* (Pempheridae) at Jeju Island: an addition to Korean ichthyofauna. Korean Journal of Ichthyology v. 16 (no. 2): 181-184.

Kim B. J., Choi S. H. and Lee Y. D. 2005. First record of the gobiid fish *Eviota melasma* (Perciformes: Gobiidae) from Korea. Korean Journal of Ichthyology v. 17 (no. 3): 221-224.

Kim B.-J., Endo H. and Lee Y.-D. 2005. Redescription of the Japanese blacktail triplefin, *Springerichthys bapturus* (Perciformes: Tripterygiidae), from Korea. Korean Journal of Ichthyology v. 17 (no. 2): 148-151.

Kim B.-J., Go Y.-B. and Imamura H. 2004. First record of the trachichthyid fish, *Gephyroberyx darwinii* (Teleostei: Beryciformes) from Korea. Korean Journal of Ichthyology v. 16 (no. 1): 9-12.

Kim B.-J., Lee Y.-D. and Kim S.-Y. 2006. Occurrence of juvenile orbicular batfish, *Platax orbicularis* (Ephippidae), from Jeju Island, Korea. Korea Journal of Ichthyology v. 18 (no. 1): 55-58.

Kim B.-J., Lee Y.-J. and Go Y.-B. 2007. First record of the starry goby, *Asterropteryx semipunctata* (Perciformes: Gobiidae) from Jeju Island, Korea. Korea Journal of Ichthyology v. 19 (no. 1): 66-69.

Kim B. J., Nakaya K. and Endo H. 2007. Three juvenile snappers of the genus *Lutjanus* (Perciformes: Lutjanidae) collected from Jeju Island, Korea. Journal of Fisherie Science Technology v. 10: 68-73.

Kim B.-J., Choi J. H., Chang D. S., Cha H. K. and Park J. H. 2009. New record of the snake eel *Ophichthus asakusae* (Ophichthidae: Anguilliformes) from Kora. Korean Journal of Fisheries and Aquatic Sciences v. 12 (no. 3): 236-239.

Kim B.-J., Kim I.-S., Nakaya K., Yabe M., Choi Y. and Imamura H. 2009. Checklist of the fishes from Jeju Island, Korea. Bull. Fish. Sci. Hokkaido Univ. v. 59 (no. 1): 7-36.

Kim H. N. and Kim J.-K. 2016 (12 Dec.). New record of spotstripe snapper, *Lutjanus ophuysenii* (Perciformes: Lutjanidae) from Korea. Fisheries and Aquatic Sciences v. 19: 43-47.

Kim I.-S. 1975 (Dec.). A new species of cobitid fish from Korea (*Cobitis koreensis*). Korean Journal of Limnology v. 8 (no. 3-4): 51-57.

Kim I.-S. 1980. Systematic studies on the fishes of the family Cobitidae (order Cypriniformes) in Korea. I. Three unrecorded species and subspecies of the genus *Cobitis* from Korea. Korean Journal of Zoology v. 23 (no. 4): 239-250.

Kim I.-S. 2009 (Jul.). A review of the spined loaches, family Cobitidae (Cypriniformes) in Korea. Korean Journal of Ichthyology v. 21 (Suppl.): 7-28.

Kim I.-S. and S.-H. Choi 1997 (Dec.). New record of marine fishes, *Arius maculatus* and *Luciogobius saikaiensis* from Korea. Korean Journal of Systematic Zoology v. 13 (no. 4): 279-284.

Kim I.-S. and Kang E.-J. 1991. Six unrecorded fishes of the suborder Zoarcoidei (Pisces: Perciformes) from Korea. Korean Journal of Ichthyology v. 3 (no. 2): 89-97.

Kim I.-S. and Kim C.-H. 1990 (June). A new acheilognathine fish *Acheilognathus koreensis* (Pisces, Cyprinidae) from Korea. Korean Journal of Ichthyology v. 2 (no. 1): 47-52.

Kim I.-S. and Kim C. H. 1991 (1 Dec.). A new acheilognathine fish, *Acheilognathus somjinensis* (Pisces: Cyprinidae) from Korea. Korean Journal of Systematic Zoology v. 7 (no. 2): 189-194.

Kim I.-S. and Lee E.-H. 1992. New record of ricefish, *Oryzias latipes sinensis* (Pisces, Oryzidae) from Korea. Korean Journal of Systematic Zoology v. 8 (no. 2): 177-182.

Kim I.-S. and Lee W.-O. 1987 (June). A new subspecies of cobitid fish (Pisces: Cobitidae) from the Paikchŏn Stream, Chŏllabuk-do, Korea. Korean Journal of Systematic Zoology v. 3 (no. 1): 57-62.

Kim I.-S. and Lee W.-O. 1989 (Dec.). First record of *Fugu flavidus*, from Korea. Korean Journal of Ichthyology v. 1 (no. 1-2): 19-23.

Kim I.-S. and Lee W.-O. 1993. Taxonomic revision of the scorpionfishes (Pisces: Scorpaenidae) with four new records from Korea. Korean Journal of Zoology v. 36: 452-475.

Kim I.-S. and Lee W.-O. 1994a. New records of seven species of the order Perciformes from Cheju Island, Korea. Korean Journal of Ichthyology v. 6 (no. 1): 7-20.

Kim I.-S. and Lee W.-O. 1994b (July). A new species of the genus *Sebastes* (Pisces; Scorpaenidae) from the Yellow Sea, Korea. Korean Journal of Zoology v. 37 (no. 3): 409-415.

Kim I.-S. and Lee W.-O. 1995a (Jan.). First record of the seahorse fish, *Hippocampus trimaculatus* (Pisces: Syngnathidae) from Korea. Korean Journal of Zoology v. 38 (no. 1): 74-77.

Kim I.-S. and Lee W.-O. 1995b (25 Nov.). *Niwaella brevifasciata*, a new cobitid fish (Cypriniformes: Cobitidae) with a revised key to the species of *Niwaella*. Japanese Journal of Ichthyology v. 42 (nos 3/4): 285-290.

Kim I.-S. and Lee W.-O. 1996 (Jan.). New record of the sillaninid fish, *Sillago parvisquamis* (Pisces: Sillaginidae) from Korea. Korean Journal of Zoology, v. 39 (no. 1): 21-25.

Kim I.-S. and Lee Y.-J. 1986. New record of gobiid fish *Mugilogobius abei* from Korea. Korean Journal of Systematic Zoology v. 2 (no. 1): 21-24.

Kim I.-S. and Park J.-Y. 1997. *Iksookimia yongdokensis*, a new cobitid fish (Pisces: Cobitidae) from Korea with a key to the species of Iksookimia. Ichthyological Research, v. 44 (no. 3):

249-256.

Kim I.-S. and Son Y.-M. 1984 (Jan.). *Cobitis choii,* a new cobitid fish from Korea. Korean Journal of Zoology v. 27 (no. 1): 49-55.

Kim I.-S. and Yang H. 1998 (Mar.). *Acheilognathus majusculus*, a new bitterling (Pisces, Cyprinidae) from Korea, with revised key to species of the genus *Acheilognathus* of Korea. Korean Journal of Biological Sciences v. 2 (no. 1): 27-31.

Kim I.-S. and Yang H. 1999 (June). A revision of the genus *Microphysogobio* in Korea with description of a new species (Cypriniformes, Cyprinidae). Korean Journal of Ichthyology, v. 11 (no. 1): 1-11.

Kim I.-S. and Youn C.-H. 1992. Synopsis of the family Cottidae (Pisces: Scorpaeniformes) from Korea. Korean Journal of Ichthyology v. 4 (no. 1): 54-79.

Kim I.-S., Choi K.-C. and Nalbant T. T. 1976 (Dec.). *Cobitis longicorpus*, a new cobitid fish from Korea. Korean Journal of Zoology v. 19 (no. 4): 171-178. (In English, Korean summary.)

Kim I.-S., Kang E.-J. and Youn C.-H. 1993. New records of eight species of the suborder Cottoidei (Pisces: Scorpaeniformes) from Korea. Korean Journal of Zoology v. 36: 21-27.

Kim I.-S., Kim S.-Y. and Hwang S.-J. 2006. Four new records of genus *Lycodes* (Perciformes: Zoarcidae) from Korea. Korean Journal of Ichthyology, v. 18 (no. 3): 273-279.

Kim I.-S., Oh M.-K. and Hosoya K. 2005. A new species of cyprinid fish, *Zacco koreanus* with redescription of *Z. temminckii* (Cyprinidae) from Korea. Korean Journal of Ichthyology, v. 17 (no. 1): 1-7.

Kim I.-S., Park J.-Y. and Nalbant T. T. 1997 (Dec.). Two new genera of loaches (Pisces: Cobitidae: Cobitinae) from Korea. Travaux du Muséum d'Histoire Naturelle "Grigore Antipa" v. 39: 191-195.

Kim I.-S., Park J.-Y. and Nalbant T. T. 1999. The far-east species of the genus *Cobitis* with the description of three new taxa (Pisces: Ostariophysi: Cobitidae). Travaux du Muséum d'Histoire Naturelle "Grigore Antipa" v. 41: 373-391.

Kim I.-S., Park J.-Y. and Nalbant T. T. 2000. A new species of *Koreocobitis* from Korea with a redescription of *K. rotundicaudata*. Korean Journal of Ichthyology v. 12 (no. 2): 89-94.

Kim I.-S., Park J.-Y., Son Y.-M. and Nalbant T. T. 2003. A review of the loaches, genus *Cobitis* (Teleostomi: Cobitidae) from Korea, with the description of a new species *Cobitis hankugensis*. Korean Journal of Ichthyology v. 15 (no. 1): 1-12.

Kim J. K., Park J. H. and Hwang K. S. 2007. One unrecorded species of *Acanthurus nigricauda* (Acanthuridae, Perciformes) from Korea. Korean Journal of Ichthyology, v. 19 (no. 2): 164-167.

Kim J. K., Ryu J. H. and Kim Y. U. 2000. A new record of an emmelichthyid fish, *Emmelichthys struhsakeri* Heemstra and Randall (Perciformes, Pisces) from Korea. Journal of Fisheries Science and Technology v. 3 (no. 1): 33-36.

Kim J. K., Bae S. E., Lee S. J. and Yoon M. G. 2017 (5 Jun.). New insight into hybridization and unidirectional introgression between *Ammodytes japonicus* and *Ammodytes heian* (Trachiniformes, Ammodytidae). PLoS ONE, 12(6): e0178001. https://doi.org/10.1371/journal.pone.0178001

Kim J. K., Park J.-H., Choi J. H., Choi K. H., Choi Y. M., Chang D. S. and Kim Y. S. 2007. First record of three barracudina fishes (Aulopiformes: Teleostei) in Korean waters. Ocean Science Journal v. 42 (no. 2): 61-67.

Kim L. T. and Park S. Y. 1995. A new species of *Misgurnus* from D. P. R. of Korea. Bulletin of Academy of Sciences of the Democratic Peoples Republic of Korea v. 1: 54-56. (In Korean and English.)

Kim M. J. and Song C. B. 2010. First record of *Epinephelus areolatus* (Perciformes: Serranidae) from Korea. Fisheries and Aquatic Sciences v. 13(no. 4): 340-342.

Kim M. J., Choi C.-M. and Song C. B. 2010 (Jun.). First record of the bothid flounder *Arnoglossus polyspilus* (Bothidae, Pleuronectiformes) from Korea. Korean Journal of Ichthyology v. 22 (no. 2): 132-135.

Kim M. J., Han S. H. and Song C. B. 2010 (Sep.). First record of the goby *Redigobius bikolanus* (Perciformes: Gobiidae) from Korea. Korean Journal of Ichthyology v. 22 (no. 3): 206-209.

Kim M. J., Hwang U. W. and Song C. B. 2010. First record of *Snyderina yamanokami* (Pisces: Scorpaeniformes) from Korea. Fisheries and Aquatic Sciences v. 13 (no. 3): 257-259.

Kim M. J., Han S. H. and Song C. B. 2017 (Dec.). First record of the honeycomb filefish, *Cantherhines pardalis* (Tetraodontiformes: Monacanthidae) from Korea. Korean Journal of Ichthyology v. 29 (no. 4): 272-276.

Kim M. J., Hwang U. W. and Song C. B. 2010. First record of *Snyderina yamanokami* (Pisces: Scorpaeniformes) from Korea. Fisheries and Aquatic Sciences v. 13 (no. 3): 257-259.

Kim M. J., Kim B. Y. and Song C. B. 2008a (Dec.). First record of the thornback cowfish *Lactoria fornasini* (Ostraciidae, Tetraodontiformes) from Korea. Korean Journal of Ichthyology v. 20 (no. 4): 324-326.

Kim M. J. Kim B. Y. and Song C. B. 2019 (Dec.). Molecular identification and morphological characteristics of the longjaw bonefish, *Albula argentea* collected in Korea. Korean Journal of Ichthyology v. 31 (no. 4): 249-254.

Kim M. J., Kim B.-Y., Han S.-H., Lee C. H. and Song C. B. 2008b (Jun.). First record of carangid fish, *Carangoides oblongus* (Carangidae, Perciformes) from Korea. Korea. Korean Journal of Ichthyology v. 20 (no. 2): 129-132.

Kim M. J., Kim B.-Y., Han S.-H., Seo D.-O. and Song C. B. 2008c (Mar.). First record of the sleek unicornfish, *Naso hexacanthus* (Acanthuridae, Perciformes) from Korea. Korean Journal of Ichthyology v. 20 (no. 1): 66-69.

Kim S., Lee Y.-H. and Oh J. 2006. Description of the post larva of star pipefish, *Halicampus punctatus* (Syngnathidae, Gasterosteiformes) first found in the Southwestern East Sea, Korea. Ocean Science Journal v. 41 (no. 4): 201-205.

Kim S.-Y., Iwamoto T. and Yabe M. 2009 (June). Four new records of grenadiers (Macrouridae, Gadiformes, Teleostei) from Korea. Korean Journal of Ichthyology v. 21 (no. 2): 106-117.

Kim S. Y., Ji H. S. and Kim J.-K. 2012 (Dec.). Review of the scientific name and redescription of the banded moray eel, previously reported as *Gymnothorax reticularis* (Muraenidae, Anguilliformes) in Korea. Korean Journal of Ichthyology v. 24 (no. 4): 292-296.

Kim Y. S., Kim Y. U. and Ahn G. 1997. First record of the carangid fish, *Seriola rivoliana* from Korea. Korean Journal of Ichthyology v. 9 (no. 2): 244-247.

Kim Y. U. and Han K. H. 1993 (1 Jun.). New record of the gobiid fish, *Parioglossus dotui* (Pisces, Gobiidae) from Korea. Korean Journal of Systematic Zoology v. 9 (no. 1): 51-59.

Kim Y. U. and Koh J. R. 1994. A new record of the carangid fish, *Decapterus tabl* (Pisces, Carangid) from Korea. Korean Journal of Zoology v. 37: 156-160.

Kim Y. U., Ko J. P. and Kim J. K. 1994. New record of the damselfish, *Chromis analis* (Perciformes: Pomacentridae) from Korea. Bulletin of Korean Fisheries Society v. 27 (no. 2): 193-199.

Kim Y. U., Koh J.-R. and Myoung J.-G. 1994. New record of the damselfish, *Chromis fumea* (Pisces: Pomacentridae) from Korea. Korean Journal of Ichthyology v. 6 (no. 1): 21-27.

Kim Y. U., Kim Y. S., Ahn G., and Kim J. K., 1999. New record of the two carangid fishes (Perciformes, Carangidae) from Korea. Korean Journal of Ichthyology v. 11 (no. 1): 17-22.

Kim Y. U., Kim Y. S., Kang C.-B. and Kim J. K. 1997. New record of the genus *Chlorophthalmus* (Pisces: Chlorophthalmidae) from Korea. Korean Journal of Ichthyology v. 9 (no. 2): 163-168.

Kim Y.-U., Kang C.-B., Kim J.-K., Ahn G. and Myoung J.-G. 1995. New records of two species, *Megalaspis cordyla* and *Champsodon snyderi* (Pisces: Perciformes) from Korea. Korean Journal of Ichthyology v. 7 (no. 2): 101-108.

Kimura S. and Sato A. 2007 (22 Mar.). Descriptions of two new pricklebacks (Perciformes: Stichaeidae) from Japan. Bulletin of the National Museum of Nature and Science, Ser. A, Suppl. 1: 67-79.

Kimura S., Imamura H., Nguyen V. Q. and Pham T. D. 2018 (Dec.). Fishes of Ha Long Bay, the

World Natural Heritage Site in northern Vietnam. Shima (Japan), i-ix + 1-314. (In English and Vietnamese.)

Kishinouye K. 1904. On Nigisu, *Argentina semifasciata*, n. sp. Zoological Magazine Tokyo v. 16: 110. (In Japanese.)

Kishinouye K. 1907 (15 Feb.). The three species of *Latilus* in Japan. Zoological Magazine Tokyo v. 19 (no. 220): 56-60. (In Japanese.)

Kishinouye K. 1908. Notes on the natural history of the sardine (*Clupea melanosticta* Schlegel). Journal of the Imperial Fisheries Bureau v. 14 (no. 3): 71-105, Pls. 13-21. (In Fricke *et al.* 2021)

Kishinouye K. 1915 (May). A study of the mackerels, cybiids, and tunas. Suisan Gakkai Ho v. 1 (no. 1): 1-24. (In Japanese. English translation, Special Scientific Report: Fisheries No. 24, Fish and Wildlife Service, May 1950, pp. 1-14.)

Kishinouye K. 1923 (30 Mar.). Contributions to the comparative study of the so-called scombroid fishes. Journal of the College of Agriculture, Imperial University Tokyo v. 8 (no. 3): 293-475, Pls. 13-34.

Klunzinger C. B. 1870. Synopsis der Fische des Rothen Meeres. I. Theil. Percoiden-Mugiloiden. Verhandlungen der K.-K. zoologisch-botanischen Gesellschaft in Wien v. 20: 669-834.

Klunzinger C. B. 1871. Synopsis der Fische des Rothen Meeres. II. Theil. Verhandlungen der K.-K. zoologisch-botanischen Gesellschaft in Wien v. 21: 441-688.

Klunzinger C. B. 1880. Die von Müller'sche Sammlung australischer Fische in Stuttgart. Sitzungsberichte der Kaiserlichen Akademie der Wissenschaften. Mathematisch-Naturwissenschaftliche Classe v. 80 (1. Abth.) (nos 3-4): 325-430, Pls. 1-9.

Kner R. 1866. Specielles Verzeichniss der während der Reise der kaiserlichen Fregatte "Novara" gesammelten Fische. III. und Schlussabtheilung. Sitzungsberichte der Kaiserlichen Akademie der Wissenschaften. Mathematisch-Naturwissenschaftliche Classe v. 53: 543-550.

Kner R. 1867. Fische. Reise der österreichischen Fregatte "Novara" um die Erde in den Jahren 1857-1859, unter den Befehlen des Commodore B. von Wüllerstorf-Urbain. Wien. Zool. Theil. v. 1 (pt 3): 275-433, Pls. 12-16.

Kner R. 1868. Über neue Fische aus dem Museum der Herren Johann Cäsar Godeffroy & Sohn in Hamburg. (IV. Folge). Sitzungsberichte der Kaiserlichen Akademie der Wissenschaften. Mathematisch-Naturwissenschaftliche Classe v. 58 (nos 1-2): 26-31.

Kner R. and Steindachner F. 1867. Neue Fische aus dem Museum der Herren Joh. C. Godeffroy & Sohn in Hamburg. Sitzungsberichte der Kaiserlichen Akademie der Wissenschaften. Mathematisch-Naturwissenschaftliche Classe v. 54 (pt 3): 356-395, Pls. 1-5.

Knizhin I. B., Antonov A. L., Safronov S. N. and Weiss S. J. 2007. New species of grayling *Thymallus tugarinae* sp. nova (Thymallidae) from the Amur River Basin. Journal of Ichthyology v. 47 (no. 2): 123-139.

Knudsen S. W. and Clements K. D. 2016 (30 Apr.). World-wide species distributions in the family Kyphosidae (Teleostei: Perciformes). Molecular Phylogenetics and Evolution v. 101: 252-266.

Ko M.-H. and Park J.-Y. 2008. First record of a *Zoarces elongatus* (Perciformes: Zoarcidae) from Korea. Korean Journal of Ichthyology v. 20 (no. 1): 70-73.

Ko M.-H. and Park J.-Y. 2009. First record of *Icelus stenosomus* (Perciformes: Cottidae) from Korea. Korean Journal of Ichthyology v. 21 (no. 6): 61-64.

Ko M.-H., Kim H.-S. and Park J.-Y. 2010 (Jun.). First record of *Stichaeus nozawai* (Perciformes: Stichaeidae) from Korea. Korean Journal of Ichthyology v. 22 (no. 2): 129-131.

Koelreuter I. T. 1766. Piscium rariorum e museo Petropolitano exceptorum descriptiones continuatae. Novi Commentarii Academiae Scientiarum Imperialis Petropolitanae v. 10 (for 1764): 329-351, Pl. 8.

Koh J. R. and Moon D. Y. 2003a. First record of Japanese codling, *Physiculus japonica* Hilgendorf (Moridae, Gadiformes) from Korea. Journal of Fisheries Science and Technology 6: 97-100.

Koh J.-R. and Moon D.-Y. 2003b. First record of silvereye fish, *Polymixia japonica* (Polymixiidae, Polymyxiiformes) from Korea. Korean Journal of Ichthyology v. 15 (no. 1): 69-72.

Koh J. R., Myoung J. G. and Kim Y. U. 1997. Morphological study on the fishes of the family Pomacentridae I. A taxonomical revision of the family Pomacentridae (Pisces: Perciformes) from Korea. Korean Journal of Systematic Zoology v. 13 (no. 2): 173-192.

Kottelat M. 2001 (June). Freshwater fishes of northern Vietnam. A preliminary check-list of the fishes known or expected to occur in northern Vietnam with comments on systematics and nomenclature. Environment and Social Development Unit, East Asia and Pacific Region. The World Bank. i-iii + 1-123 + 1-18, 15 pls.

Kottelat M., 2006. Fishes of Mongolia. A check-list of the fishes known to occur in Mongolia with comments on systematics and nomenclature. The World Bank. Washington, DC. i-xi + 1-103.

Kottelat M. 2012 (28 Dec.). Conspectus Cobitidum: an inventory of the loaches of the world (Teleostei: Cypriniformes: Cobitoidei). Raffles Bulletin of Zoology Suppl. No. 26: 1-199.

Kottelat M. 2013 (22 Nov.). The fishes of the inland waters of southeast Asia: a catalogue and core bibliography of the fishes known to occur in freshwaters, mangroves and estuaries. Raffles Bulletin of Zoology Supplement No. 27: 1-663.

Kottelat M. and Lim K. K. P. 1994 (June). Diagnoses of two new genera and three new species of earthworm eels from the Malay peninsula and Borneo (Teleostei: Chaudhuriidae). Ichthyological Exploration of Freshwaters v. 5 (no. 2): 181-190. (In Fricke *et al.* 2021)

Kottelat M. and Widjanarti E. 2005. The fishes of Danau Sentarum National Park and the Kapuas Lakes area, Kalimantan Barat, Indonesia. Raffles Bulletin of Zoology Suppl. no. 13: 139-173.

Kreyenberg M. 1911 (1 Nov.). Eine neue Cobitinen-Gattung aus China. Zoologischer Anzeiger v. 38 (no. 18-19): 417-419.

Krøyer H. N. 1845. Ichthyologiske Bidrag. Naturhistorisk Tidsskrift (Kjøbenhavn) (n. s.) v. 1: 213-282.

Krøyer H. N. 1862. Nogle Bidrag til Nordisk ichthyologi [with subsections under separate titles]. Naturhistorisk Tidsskrift (Kjøbenhavn) (Ser. 3) v. 1: 233-310. (In Fricke *et al.* 2021)

Kuang Y.-D. and et al. 1986. The freshwater and estuaries fishes of Hainan Island. 372p. (In Chinese.)

Kwun H. J. and Kim J. K. 2015. Revision of the scientific name for "Min-be-do-ra-chi" identified previously as Zoarchias glaber in Korea. Fisheries and Aquatic Sciences v. 18 (no. 4): 401-404.

Kwun H. J., Ryu J. H. and Kim J. K. 2010 (Dec.). First record of hairtail blenny *Xiphasia setifer* (Perciformes: Blenniidae) from Korea. Korean Journal of Ichthyology v. 22 (no. 4): 289-292.

Lacepède B. G. E. 1798. Histoire naturelle des poissons. v. 1: 1-8 + i-cxlvii + 1-532, Pls. 1-25, 1 table.

Lacepède B. G. E. 1800 (20 July). Histoire naturelle des poissons. v. 2: i-lxiv + 1-632, Pls. 1-20.

Lacepède B. G. E. 1801. Histoire naturelle des poissons. v. 3: i-lxvi + 1-558, Pls. 1-34.

Lacepède B. G. E. 1802 (6 Apr.). Histoire naturelle des poissons. v. 4: i-xliv + 1-728, Pl. 1-16.

Lacepède B. G. E. 1803 (11 July). Histoire naturelle des poissons. v. 5: i-lxviii + 1-803 + index, Pls. 1-21.

Lacepède B. G. E. 1804. Mémoire sur plusieurs animaux de la Nouvelle Hollande dont la description n'a pas encore été publiée. Annales du Muséum d'Histoire Naturelle, Paris v. 4: 184-211, Pls. 55-58.

Lachner E. A. and Karnella S. J. 1980 (28 Oct.). Fishes of the Indo-Pacific genus *Eviota* with descriptions of eight new species (Teleostei: Gobiidae). Smithsonian Contributions to Zoology No. 315: i-iii + 1-127.

Last P. R., Ho H.-C. and Chen R.-R. 2013 (24 Dec.). A new species of wedgefish, *Rhynchobatus immaculatus* (Chondrichthyes, Rhynchobatidae), from Taiwan. Zootaxa 3752 (no. 1): 185-198.

Latham J. F. 1794. An essay on the various species of sawfish. The Transactions of the Linnean Society of London v. 2 (art. 25): 273-282, Pls. 26-27.

Latreille P. A. 1804. Tableau méthodique des poissons. Pp. 71-105. In: Nouveaux dictionnaire d'histoire naturelle, 1re éd., v. 24. Caractères et tables. Paris. 24 vols., 1803-04.

Lay G. T. and Bennett E. T. 1839. Fishes. Pp. 41-75, Pls. 15-23. In: F.W. Bechey (ed.) The zoology of Captain Beechey's voyage, comp. from the collections ... to the Pacific and Behring's Straits... in 1825-28. H. G. Bohn, London.

Le Danois Y. 1978. Description de deux nouvelles espèces de Chaunacidae (Pisces Pediculati). Cybium 3e série. Bulletin de la Société Française d'Ichtyologie No. 4: 87-93.

Leach W. E. and Nodder R. P. 1814. The zoological miscellany; being descriptions of new, or interesting animals. E. Nodder & Son, London. v. 1: 1-144, pls. 1-50.

Lee C.-L. 1991. First record of stargazer fish, *Uranoscopus flavipinnis*, from Korea. Journal of Ichthyology v. 3 (no. 2): 84-88.

Lee C.-L. 1993a. New record of the stargazer fish, *Uranoscopus tosae* (Uranoscopidae) from Korea. Journal of Ichthyology v. 4 (no. 2): 26-30

Lee C.-L. 1993b. First record of ghost flatheads, *Hoplichthys langsdorfii*, from Korea. Korean Journal of Ichthyology v. 5 (no. 2): 160-164.

Lee C.-L. 2009 (Dec.). First record of a longfin snake-eel, *Pisodonophis cancrivorus* (Anguilliformes: Ophichthidae) in Korea. Korean Journal of Ichthyology v. 21 (no. 4): 307-310.

Lee C.-L. and Asano H. 1997 (Dec.). A new ophichthid eel, *Ophichthus rotundus* (Ophichthidae, Anguilliformes) from Korea. Korean Journal of Biological Sciences v. 1 (no. 14): 549-552.

Lee C.-L. and Jeon B.-I. 2007. First record of *Hypsagonus corniger* (Agonidae) from Korea. Korean Journal of Ichthyology v. 19 (no. 1): 70-72.

Lee C.-L. and Joo D.-S. 1994a. A new record of the thorny flathead fish, *Rogadius asper* (Platycephalidae) from Korea. Korean Journal of Ichthyology v. 6 (no. 1): 1-6.

Lee C.-L. and Joo D.-S. 1994b. Synopsis of family Mugilidae (Perciformes) from Korea. Bulletin of Korean Fisheries Society v. 27 (no. 6): 814-824.

Lee C.-L. and Joo D.-S. 1995a. A new record of the family Hoplichthyidae (Pisces: Perciformes) from Korea. Korean Journal of Ichthyology v. 7 (no. 2): 109-113.

Lee C.-L. and Joo D.-S. 1995b. A new record of the flathead fish, *Inegocia guttata* (Platycephalidae) from Korea. Korean Journal of Ichthyology v. 7 (no. 2): 114-119.

Lee C.-L. and Joo D.-S. 1996. Synopsis of the family Dasyatidae (Elasmobranchii, Rajiformes) from Korea. Journal of the Korean Fisheries Society v. 29 (no. 6): 745-753.

Lee C.-L. and Joo D.-S. 1997 (June). A new record of family Chanidae (Gonorhynchiformes; Chanoidei) from Korea. Korean Journal of Ichthyology v. 9 (no. 1): 1-4.

Lee C.-L. and Joo D.-S. 1998a (Dec.). First record of the spotted butterfish, *Scatophagus argus* (Scatophagidae, Perciformes) from Kroea. Korean Journal of Ichthyology v. 10 (no. 2): 164-167.

Lee C.-L. and Joo D.-S. 1998b (Dec.). Taxonomic review of flathead fishes (Platycephalidae, Scorpaeniformes) from Korea. Korean Journal of Ichthyology v. 10 (no. 2): 216-230.

Lee C.-L. and Joo D.-S. 1999 (June). First record of two congrid eels (Anguilliformes, Congridae) from Korea. Korean Journal of Ichthyology v. 11 (no. 1): 23-28.

Lee C.-L. and Joo D.-S. 2004. First record of Japanese cusk-eel, *Ophidion asiro* (Ophidiidae, Ophidiiformes) from Korea. Korean Journal of Ichthyology v. 16 (no. 3): 317-320.

Lee C.-L. and Joo D.-S. 2006. First record of the remora, *Phtheirichthys lineatus* (Perciformes: Echeneidae) from Korea. Korean Journal of Ichthyology v. 18 (no. 1): 59-61.

Lee C.-L. and Kim I.-S. 1990 (Dec.). A taxonomic revision of the family Bagridae (Pisces, Siluriformes) from Korea. Korean Journal of Ichthyology v. 2 (no. 2): 117-137.

Lee C.-L. and Kim I.-S. 1993. Synopsis of dragonet fish, Family Callionymidae (Pisces, Perciformes) from Korea. Korean Journal of Ichthyology v. 5 (no. 1): 1-40.

Lee C. L. and Kim J. R. 1999. First record of two species from the South Sea of Korea. Korean Journal of Ichthyology v. 11 (no. 1): 29-32.

Lee C.-L. and Kim Y.-H. 2000. First record of shortbelly eel, *Dysomma anguillare* (Symaphobranchidae, Anguilliformes) from Korea. Korean Journal of Ichthyology v. 12 (no. 3): 203-207.

Lee C.-L. and Kim Y.-H. 2003. First record the flying fish, *Cypselurus pinnatibarbatus japonicus* (Exocoetidae) from Korea. Korean Journal of Ichthyology v. 15 (no. 3): 186-188.

Lee C.-L. and Lee C.-S. 2007. First record of two sinistral flounders (Pleuronectiformes) from Korea. Korean Journal of Ichthyology, v. 19 (no. 4): 365-370.

Lee C.-L. and Paek M.-H. 1995. New record of the stargazer fish, *Ichthyscopus lebeck sannio* (Uranoscopidae) from Korea. Korea Journal of Ichthyology v. 7 (no. 1): 8-11.

Lee C.-L. and Sasaki K. 1997 (Dec.). First records of the two triglid fishes from Korea (Triglidae, Scorpaeniformes). Korean Journal of Ichthyology v. 9 (no. 2): 169-173.

Lee H. H. and Choi Y. 2010 (Dec.). The sinistral flounder *Engyprosopon grandisquama* (Pleuronectiformes: Bothidae), a new record from Korea. Korean Journal of Ichthyology v. 22: 285-288.

Lee S.-C. and Cheng H.-L. 1996. Genetic difference between two snappers, *Lutjanus ophuysenii* and *L. vitta* (Teleostei: Lutjanidae). Ichthyological Research v. 43 (no. 3): 340-344.

Lee S. J., Kim J.-K., Kai Y., Ikeguchi S. and Nakabo T. 2017 (26 June). Taxonomic review of dwarf species of *Eumicrotremus* (Actinopterygii: Cottoidei: Cyclopteridae) with descriptions of two new species from the western North Pacific. Zootaxa 4282 (no. 2): 337-349.

Lee S. J., Kim J.-K., Lee W.-C., Kim J. B. and Kim H. C. 2015. New record of *Nomeus gronovii* (Pisces: Nomeidae) from Korea. Fisheries and Aquatic Sciences v. 18 (no. 3): 317-320.

Lee W. O. 1993. New records of six species of the Tetraodontidae. Korean Journal of Ichthyology v. 5 (no. 2): 165-176.

Lee W. O. and Kim I. S. 1996 (Mar.). First record of two apogonid fishes (Perciformes: *Apogon*) from Korea, with a key to *Apogon* species. Korean Journal of Systematic Zoology v. 12 (no. 1): 61-66.

Lee W. O. and Kim I. S. 1998. First record of the batfishes, *Malthopsis annulifera* (Pisces: Ogcocephalidae) from Korea. Korean Journal of Systematic Zoology v. 14 (no. 2): 67-70.

Lee W.-O., Kim I.-S. and Kim B.-J. 2000. First record of the unicornfishes, *Naso lituratus* (Pisces: Acanthuridae) from Korea. Korean Journal of Ichthyology v. 12 (no. 2): 96-100.

Lee W. O., Youn C. H. and Kim I. S. 1995. Two new records of the family Callionymidae (Pisces: Perciformes) from Korea. Korean Journal of Ichthyology v. 7 (no. 1): 12-17.

Lee Y.-J. 1991 (1 Jun.). A new record of the gobiid fish *Istigobius hoshinonis* from Korea. Korean Journal of Systematic Zoology v. 7 (no. 1): 39-44.

Lee Y.-J. and Kim I.-S. 1992 (June). *Acentrogobius pellidebilis*, a new species of gobiid fish from Korea. Korean Journal of Ichthyology v. 4 (no. 1): 14-19.

Lee Y.-J., Choi Y. and Ryu B.-S. 1995 (Dec.). A taxonomic revision of the genus *Periophthalmus* (Pisces: Gobiidae) from Korea with description of a new species. Korean Journal of Ichthyology, v. 7 (no. 2): 120-127.

Leis J. M. 1986. Family No. 269: Diodontidae (pp. 903-907, Pl. 144). In: Smiths' Sea Fishes (Smith and Heemstra 1986)

Leis J. M. 2006. Nomenclature and distribution of the species of the porcupinefish family Diodontidae (Pisces, Teleostei). Memoirs of the Museum of Victoria v. 63 (no. 1): 77-90.

Lesson R. P. 1829-1831. Poissons. In: L. I. Duperrey. Voyage autour du monde, ..., sur la corvette de La Majesté La Coquille, pendant les années 1822, 1823, 1824 et 1825..., Zoologie. Zool. v. 2 (pt 1): 66-238, Atlas: Pls. 1-38.

Lesueur C. A. 1821 (Oct./Nov.). Observations on several genera and species of fish, belonging to the natural family of the Esoces. Journal of the Academy of Natural Sciences, Philadelphia v.

2 (pt 1): 124-138, 2 pls.

Lesueur C. A. 1822. Description of a *Squalus*, of a very large size, which was taken on the coast of New-Jersey. Journal of the Academy of Natural Sciences, Philadelphia v. 2: 343-352.

Lesueur C. A. 1825 (July). Description of a new fish of the genus *Salmo*. Journal of the Academy of Natural Sciences, Philadelphia v. 5 (pt 1): 48-51, Pl. 3.

Li S. 1994. A review of the fish genus *Ciliata* Couch, 1822, and description of a new species from Sandong coast, China (Gadiformes: Gadidae). Journal of Dalian Fisheries College v. 9 (nos 1-2): 1-5. (In Chinese with extensive English summary.)

Li S.-C. 1966 (Jan.). On a new subspecies of fresh-water trout, *Brachymystax lenok tsinlingensis*, from Taipaishan, Shensi, China. Acta Zootaxonomica Sinica v. 3 (no. 1): 92-94. (In Chinese, English summary.). Available at https://www.airitilibrary.com/Publication/alDetailedMesh?DocID=10009957-199405-9-1%262-1-5-a

Li, H., Y. He, J. Jiang, Z. Liu, and C. Li, 2018. Molecular systematics and phylogenetic analysis of the Asian endemic freshwater sleepers (Gobiiformes: Odontobutidae). Molecular Phylogenetics and Evolution 121: 1-11.

Liao I. C. and Chao N.-H. 2009. Aquaculture and food crisis: opportunities and constraints. Asia Pac. J. Clin. Nutr., 18(4): 564-569.

Liénard E. 1840. Description d'une nouvelle espèce du genre mole (*Orthagoriscus*, Schn.) découverte à l'île Maurice. Revue Zoologique par la Société Cuvierienne (Paris) v. 3: 291-292.

Lim Y., Kang C.-B., Han K.-H. and Myoung J.-G. 2010. First record of a carangid fish species, *Carangoides hedlandensis* (Perciformes: Carangidae), in Korean Waters. Fisheries and Aquatic Sciences v. 13 (no. 4): 315-319.

Lin P.-L. and Shao K.-T. 1999. A review of the carangid fishes (Family Carangidae) from Taiwan with descriptions of four new records. Zoological Studies v. 38 (no. 1): 33-68.

Lin S.-Y. 1938 (16 June). Further notes on the sciaenid fishes of China. Lingnan Science Journal, Canton v. 17 (no. 2): 161-173. (In Fricke *et al.* 2021)

Linck H. F. 1790. Versuch einer Eintheilung der Fische nach den Zähnen. Magazin für das Neueste aus der Physik und Naturgeschichte, Gotha v. 6 (no. 3) (art. 3): 28-38.

Lindberg G. U. 1950. Description of a new species in the genus *Anoplagonus* Gill (Pisces, Agonidae) from the Sea of Japan. Issled. Dal'nevost. Morei SSSR v. 2: 303-304. (In Russian.) (In Fricke *et al.* 2021)

Lindberg G. U. and Krasyukova Z. V. 1969 (16 June). Fishes of the Sea of Japan and of adjacent areas of the Sea of Okhotsk and the Yellow Seas. Part 3. Teleostomi XXIX Perciformes.

Opredeliteli Faune SSSR No. 99: 1-479. (In Russian.)

Lindberg G. U. and Krasyukova Z. V. 1975 (after 13 Nov.). Fishes of the Sea of Japan and adjacent territories of the Okhotsk and Yellow Sea. Part 4. Teleostomi. XXIX. Perciformes. 2. Blennioidei - 13. Gobioidei. (CXLV. Fam. Anarhichadidae--CLXXV. Fam. Periophthalmidae). Izdateljestvo Nauka, Leningradskoie Otdeleie, Leningrad. 1-463. (In Russian).

Lindberg G. U. and Krasyukova Z. V. 1989. Fishes of the Sea of Japan and the adjacent areas of the Sea of Okhotsk and the Yellow Sea. 4. Part 4: i-xxvi + 1-602. [English translation of Lindberg G. U. and Krasyukova Z. V. 1975]

Linnaeus C. 1758 (1 Jan.). Systema Naturae, Ed. X. (Systema naturae per regna tria naturae, secundum classes, ordines, genera, species, cum characteribus, differentiis, synonymis, locis. Tomus I. Editio decima, reformata.) Holmiae. v. 1: i-ii + 1-824.

Linnaeus C. 1764. Museum S. R. M. Adolphi Friderici Regis Suecorum, Gothorum, Vandalorumque, in quo animalia rariora imprimis et exotica... Aves, Amphibia, Pisces. Holmiae. Tomus secundi prodromus: 1-133 (Pisces: 49-111), Pls. 1-32.

Linnaeus C. 1766. Systema naturae sive regna tria naturae, secundum classes, ordines, genera, species, cum characteribus, differentiis, synonymis, locis. Laurentii Salvii, Holmiae. 12th ed. v. 1 (pt 1): 1-532.

Liu, D., Li Y., Tang W., Yang J., Guo H., Zhu G. and Li H. 2014. Population structure of *Coilia nasus* in the Yangtze River by insertion of short interspersed elements. Biochemical Systematics and Ecology. v 54: 103-112.

Liu F. H. 1932 (1 Dec.). The elasmobranchiate fishes of North China. The Science reports of National Tsing Hua University. Series B: Biological and psychological sciences. v. 1 (no. 5): 133-177, Pl. 1-6. (In Fricke *et al*. 2021)

Lloyd R. E. 1909 (Aug.). A description of the deep-sea fish caught by the R. I. M. S. ship `Investigator' since the year 1900, with supposed evidence of mutation in *Malthopsis*. Memoirs of the Indian Museum v. 2 (no. 3): 139-180, Pls. 44-50.

Lockington W. N. 1879 (12 Apr.). The flounders of our markets.--No. 1. Mining and Scientific Press. An illustrated journal of mining, popular sciences and general news v. 38 (no. 15) 12 Apr.: 235. (In Fricke *et al*. 2021)

López J. A., Zhang E., Cheng J.-L. 2008 (Sep.). Case 3455. *Pseudobagrus* Bleeker, 1858 (Osteichthyes, Siluriformes, Bagridae): proposed conservation. The Bulletin of Zoological Nomenclature v. 65(no. 3): 202-204.

Lowe R. T. 1836. Piscium Maderensium species quaedam novae, vel minus rite cognitae breviter descriptae, etc. Transactions of the Cambridge Philosophical Society v. 6 (pts 1): 195-202, Pls. 1-6.

Lowe R. T. 1839 (Oct.). A supplement to a synopsis of the fishes of Madeira. Proceedings of the Zoological Society of London 1839 (pt 7): 76-92.

Lowe R. T. 1843 (Dec.). Notices of fishes newly observed or discovered in Madeira during the years 1840, 1841, and 1842. Proceedings of the Zoological Society of London 1843 (pt 11): 81-95.

Lowe R. T. 1846 (Nov.). On a new genus of the family Lophidae (les pectorales pediculées, Cuv.) discovered in Madeira. Proceedings of the Zoological Society of London 1846 (pt 14): 81-83.

Lütken C. F. 1880. Spolia Atlantica. Bidrag til Kundskab om Formforandringer hos Fiske under deres Vaext og Udvikling, saerligt hos nogle af Atlanterhavets Højsøfiske. Det Kongelige Danske Videnskabernes Selskabs Skrifter, Naturvidenskabelig og mathematisk afdeling, Kjøbenhavn (Ser. 5) v. 12: 409-613, Pls. 1-5.

Lütken C. F. 1892. Spolia Atlantica. Scopelini Musei zoologici Universitatis Hauniensis. Bidrag til Kundskab om det aabne Havs Laxesild eller Scopeliner. Med et tillaeg om en anden pelagisk fiskeslaegt. Mémoires de l'Académie Royale des Sciences et des Lettres de Danemark, Copenhague (Sér. 6) v. 7 (no. 6): 221-297, Pls. 1-3.

Ma B., Jiang H., Sun P., Chen J., Li L., Zhang X. and Yuan L. 2016. Phylogeny and dating of divergences within the genus *Thymallus* (Salmonidae: Thymallinae) using complete mitochondrial genomes. Mitochondrial DNA: The Journal of DNA Mapping, Sequencing, and Analysis v. 27 (no. 5): 3602–3611.

Mabuchi K. and Nakabo T. 1997 (25 Nov.). Revision of the genus *Pseudolabrus* (Labridae) from the East Asian waters. Ichthyological Research v. 44 (no. 4): 321-334.

Mabuchi K., Fraser T. H., Song H., Azuma Y. and Nishida M. 2014 (1 Aug.). Revision of the systematics of the cardinalfishes (Percomorpha: Apogonidae) based on molecular analyses and comparative reevaluation of morphological characters. Zootaxa 3846 (no. 2): 151-203.

Machida Y. 1991. *Gaidropsarus pacificus* (Temminck & Schlegel), a junior synonym of *Rhinonemus cimbrius* (Linnaeus) (Pisces: Gadiformes: Gadidae). Zool. Med. Leiden, 65 (25): 327-331.

Macleay W. 1881. A descriptive catalogue of Australian fishes. Part IV. Proceedings of the Linnean Society of New South Wales v. 6 (pt 2): 202-387.

Makushok V. M., 1958. The morphology and classification of the northern blennioid fishes (Stichaeoidae, Blennioidei, Pisces). Proceedings of the Zoological Institute (Trudy Zool. inst. Akad. Nauk. S.S.S.R.), vol 25: 3-129. 83 text figs.

Makushok V. M. 1961. The group Neozoarcinae and its place in the classification of fishes (Zoarcidae, Blennioidei, Pisces). Trudy Institute Oceanology v. 43: 198-224.

Marion de Procé P.-M. 1822. Sur plusieurs espèces nouvelles de poissons et de crustacés observées. Bulletin des Sciences, par la Société Philomathique de Paris [Sér. 3] [v. 9] (for 1822): 129-134.

Masuda H., Araga C. and Yoshino T. 1975. Coastal fishes of southern Japan. Tokai University Press, Tokyo. 1-379, 142 pls. (on pp. 9-151). (In English and Japanese.) (In Fricke *et al.* 2021)

Masuda H., Amaoka K., Araga C., Uyeno T. and Yoshino T. 1984. The fishes of the Japanese Archipelago. Tokyo (Tokai University Press). Text: i-xxii + 1-437, Atlas: Pls. 1-370. (In Fricke *et al.* 2021)

Matsubara K. 1932. A new blennoid fish from Tyôsen. Bulletin of the Japanese Society of Scientific Fisheries v. 1 (no. 2): 67-69.

Matsubara K. 1934 (Dec.). Studies on the scorpaenoid fishes of Japan. I. Descriptions of one new genus and five new species. Journal of the Imperial Fisheries Institute Tokyo v. 30 (no. 3): 199-210. (In Fricke *et al.* 2021)

Matsubara K. 1936. A new carcharoid shark found in Japan. Zoological Magazine Tokyo v. 48 (no. 7): 380-382.

Matsubara K. 1937a. Sciaenoid fishes found in Japan and its adjacent waters. Journal of the Imperial Fisheries Institute v. 32 (no. 2): 27-92.

Matsubara K. 1937b (10 Apr.). A new name, *Sebastichthys hubbsi* Matsubara, substituted for Sebastichthys brevispinis Matsubara, from Japan. Copeia 1937 (no. 1): 57.

Matsubara K. 1943a. Ichthyological annotations from the depth of the Sea of Japan, I-VII. Journal Shigenkagaku Kenkyusyo v. 1 (no. 1): 37-82, Pl. 1. (In Fricke *et al.* 2021)

Matsubara K. 1943b. Ichthyological annotations from the depth of the Sea of Japan. VIII-IX. Journal Shigenkagaku Kenkyusyo v. 1 (no. 2): 131-152. (In Fricke *et al.* 2021)

Matsubara K. 1943c (Aug.). Studies on the scorpaenoid fishes of Japan (II). Transactions Sigenkagaku Kenkyusyo No. 2: 171-486, Pls. 1-4. (In Fricke *et al.* 2021)

Matsubara K. 1950. Identity of the wry-mouth fish, *Lyconectes ezoensis*, with *Cryptacanthoides bergi*. Japanese Journal of Ichthyology v. 1 (no. 3): 207.

Matsubara K. 1955. Fish morphology and hierarchy. Ishizaki-Shoten, Tokyo. Part 1: 1-789 (In Japanese.) (In Fricke *et al.* 2021)

Matsubara K. and Hiyama J. 1932 (Dec.). A review of Triglidae, a family of mail-cheeked fishes, found in the waters around Japan. Journal of the Imperial Fisheries Institute v. 28 (no. 1): 3-67. (In Fricke *et al.* 2021)

Matsubara K. and Iwai T. 1951 (30 June). *Lycodes japonicus*, a new ophidioid fish from Toyama Bay. Japanese Journal of Ichthyology v. 1 (no. 6): 368-375.

Matsubara K. and Ochiai A. 1952 (31 Oct.). Two new blennioid fishes from Japan. Japanese Journal of Ichthyology v. 2 (nos 4/5): 206-213.

Matsubara K. and Yamaguti M. 1943. On a new serranid fish *Malakichthys elegans* from Suruga Bay, with special reference to a comparison of hitherto known species. Journal Shigenkagaku Kenkyusyo v. 1 (no. 1): 83-96. (In Fricke *et al*. 2021)

Matsuura K. 2017 (22 Feb.). Taxonomic and nomenclatural comments on two puffers of the genus *Takifugu* with description of a new species, *Takifugu flavipterus*, from Japan (Actinopterygii, Tetraodontiformes, Tetraodontidae). Bulletin of the National Museum of Nature and Science, Ser. A, 43(1): 71-80.

Mayer E. and Ashlock P. D. 2007. Principles of systematic zoology(2nd ed.). McGraw-Hill, Inc., New York. 475pp.

McAllister D. E. 1963 (Mar.). A revision of the smelt family, Osmeridae. Biological Series, No. 71. Bulletin. National Museum of Canada No. 191: 1-53.

McClelland J. 1838. Observations on six new species of Cyprinidae, with an outline of a new classification of the family. Journal of the Asiatic Society of Bengal v. 7 (for Nov. 1838): 941-948, Pls. 55-56.

McClelland J. 1839. Indian Cyprinidae. Asiatic Researches v. 19 (pt 2): 217-471, Pls. 37-61.

McClelland J. 1843 (Oct.). Description of a collection of fishes made at Chusan and Ningpo in China, by Dr. G. R. Playfair, Surgeon of the Phlegethon, war steamer, during the late military operations in that country. Calcutta Journal of Natural History v. 4 (no. 4): 390-413, Pls. 21-25.

McClelland J. 1844 (Oct.). Description of a collection of fishes made at Chusan and Ningpo in China, by Dr. G. R. Playfair, Surgeon of the Phlegethon, war steamer, during the late military operations in that country. Calcutta Journal of Natural History v. 4 (no. 4): 390-413, Pls. 21-25.

McCulloch A. R. 1912 (29 Aug.). Notes on some Australian Atherinidae. Proceedings of the Royal Society of Queensland v. 24: 47-53, Pl. 1.

McCulloch A. R. 1916 (31 Oct.). Report on some fishes obtained by the F. I. S. "Endeavour" on the coasts of Queensland, New South Wales, Victoria, Tasmania, South and South-Western Australia. Part IV. Biological Results Endeavour v. 4 (pt 4): 169-199, Pls. 49-58.

McCulloch A. R. 1923 (10 Dec.). Fishes from Australia and Lord Howe Island. No. 2. Records of the Australian Museum v. 14 (no. 2): 113-125, Pls. 14-16.

Mckay R. J. 2001. Haemulidae. In: Carpenter, K. W., and V. H. Niem (eds) FAO species identification guide for fishery purposes the living marine resources of the western central

Pacific. Food and Agriculture Organisation of the United Nations, Rome 5: 2961-2989.

McMillan C. B. and Wisner R. L. 2004. Review of the hagfishes (Myxinidae, Myxiniformes) of the northwestern Pacific Ocean, with descriptions of three new species, *Eptatretus fernholmi*, *Paramyxine moki*, and *P. walkeri*. Zoological Studies v. 43 (no. 1): 51-73.

Mecklenburg C. W. 2003. Family Pholidae Gill 1893 - gunnels. California Academy of Sciences Annotated Checklists of Fishes No. 9: 1-11.

Mecklenburg C. W. and Sheiko B. A. 2004 (Feb.). Family Stichaeidae Gill 1864 - Pricklebacks. California Academy of Sciences Annotated Checklists of Fishes No. 35: 1-36.

Meng Y., Wang G., Xiong D., Liu H., Liu X., Wang L. and Zhang J. 2018. Geometric morphometric analysis of the morphological variation among three lenoks of genus *Brachymystax* in China. Pakistan Journal of Zoology v. 50 (no. 3): 885-895.

Menzies A. 1791. Description of three new animals found in the Pacific Ocean. The Transactions of the Linnean Society of London v. 1 (art. 21): 187-188, Pl. 17.

Miklouho-Maclay N. de and Macleay W. 1884. Plagiostomata of the Pacific. Part II. Proceedings of the Linnean Society of New South Wales v. 8 (pt 4): 426-431, Pl. 20.

Miranda Ribeiro A. de 1915. Fauna brasiliense. Peixes. Tomo V. [Eleutherobranchios aspirophoros]. Physoclisti. Arquivos do Museu Nacional de Rio de Janeiro v. 17: [1-679] or 755 pp. with title pages, 31 pls., 3 tabs.

Mitchill S. L. 1814 (1 Jan.). Report, in part, of Samuel L. Mitchill, M. D., Professor of Natural History, &c, on the fishes of New-York. D. Carlisle, New York. 1-28.

Morevaa I. N. Radchenko O. A., Neznanova S. Yu., Petrovskaya A. V. and Borisenko S. A. 2016. The relationships of *Stichaeus nozawae* (Jordan et Snyder, 1902) and *Stichaeus grigorievi* (Herzenstein, 1890) (Pisces: Stichaeidae) inferred from the data of genetic and karyological analyses and ultrastructural study of spermatozoa. Russian Journal of Marine Biology v. 42 (no. 6): 471-480.

Mori T. 1927 (25 July). Notes on the genus *Sarcocheilichthys*, with the descriptions of four new species. Annotationes Zoologicae Japonenses v. 11 (no. 2): 97-106. (In Fricke *et al*. 2021)

Mori T. 1928a (25 Mar.). On the fresh water fishes from the Yalu River, Korea, with descriptions of new species. Journal of the Chosen Natural History Society No. 6: 54-70 + map. (In Fricke *et al*. 2021)

Mori T. 1928b (Jul.-Sep.). A catalogue of the fishes of Korea. Journal of the Pan-Pacific Research Institution v. 3 (no. 3): 3-8.

Mori T. 1930 (31 Dec.). On the fresh water fishes from the Tumen River, Korea, with description of new species. Journal of the Chosen Natural History Society No. 11: 39-49, Pl. 3.

Mori T. 1934 (Oct.). The fresh water fishes of Jehol. Report of the first scientific expedition to Manchoukuo, Tokyo, Sec. 5, Zoology Pt 1: 1-28 + 1-61, Pls. 1-21. (In Japannese and English.) (In Fricke *et al*. 2021)

Mori T. 1935a. Descriptions of three new cyprinoids (Rhodeina) from Chosen. Zoological Magazine Tokyo v. 47: 559-574, Pl. 1. (In Japanese with English summary.)

Mori T. 1935b (15 Dec.). Descriptions of two new genera and seven new species of Cyprinidae from Chosen. Annotationes Zoologicae Japonenses v. 15 (no. 2): 161-181, Pls. 11-13.

Mori T. 1936 (Oct.). Descriptions of one new genus and three new species of Siluroidea from Chosen. Zoological Magazine Tokyo v. 48 (nos 8-10): 671-675, Pl. 24. (In English and Japanese)

Mori T. 1952 (Aug.). Check list of the fishes of Korea. Memoirs of the Hyogo University of Agriculture v. 1 (no. 3): 1-228.

Mori T. and Uchida K. 1934. A revised catalogue of the fishes of Korea. Journal of the Chosen Natural History Society No. 19: 12-33. (In Japanese.)

Motomura H., Alama U. B., Muto N., Babaran R. P. and Ishikawa S. (eds.) 2017 (Jan.). Commercial and bycatch market fishes of Panay Island, Republic of the Philippines. The Kagoshima University Museum, Kagoshima, University of the Philippines Visayas, Iloilo, and Research Institute for Humanity and Nature, Kyoto, Japan. 1-246.

Müller J. 1841. Vergleichende Anatomie der Myxinoiden. Dritte Fortsetzung. Über das Gefässystem. Abhandlungen der Königlichen Akademie der Wissenschaften zu Berlin 1839: 175-304, Pls. 1-5.

Müller O. F. 1776. Zoologiae Danicae prodromus, seu animalium Daniae et Norvegiae indigenarum characteres, nomina, et synonyma imprimis popularium. Hallager, Havniae (Copenhagen). i-xxxii + 1-274.

Müller J. and Henle F. G. J. 1837 (Aug.). Über die Gattungen der Haifische und Rochen nach einer von ihm mit Hrn. Henle unternommenen gemeinschaftlichen Arbeit über die Naturgeschichte der Knorpelfische. Bericht über die zur Bekanntmachung geeigneten Verhandlungen der Königlichen Preussischen Akademie der Wissenschaften zu Berlin 1837: 111-118.

Müller J. and Henle F. G. J. 1838a-1841. Systematische Beschreibung der Plagiostomen. Veit und Comp., Berlin. i-xxii + 1-200, 60 pls.

Müller J. and Henle F. G. J. 1838b. On the generic characters of cartilaginous fishes, with descriptions of new genera. Magazine of Natural History [E. Charlesworth, ed.] (n.s.) v. 2 (art. 7): 33-37; 88-91.

Mundy B. C. 2005. Checklist of the fishes of the Hawaiian Archipelago. Bishop Museum Bulletins in Zoology No. 6: 1-703.

Murdy E. O. 2008. Paratrypauchen, a new genus for *Trypauchen microcephalus* Bleeker, 1860, (Perciformes: Gobiidae: Amblyopinae) with a redescription of *Ctenotrypauchen chinensis* Steindachner, 1867, and a key to '*Trypauchen*' group genera. aqua, International Journal of Ichthyology v. 14 (no. 3): 115-128.

Murdy E. O. and Shibukawa K. 2001. A revision of the gobiid fish genus *Odontamblyopus* (Gobiidae: Amblyopinae). Ichthyological Research 48: 31-43.

Murdy E. O. and Shibukawa K. 2003. *Odontamblyopus rebecca*, a new species of amblyopine goby from Vietnam with a key to known species of the genus (Gobiidae: Amblyopinae). Zootaxa 138: 1-6.

Muto F., Choi Y. and Yabe M. 2002. *Porocottus leptosomus* sp. nov., from the west coast of Korea, Yellow Sea (Scorpaeniformes: Cottidae). Ichthyological Research v. 49 (no. 3): 229-233.

Muto N., Kai Y. and Nakabo T. 2011. Genetic and morphological differences between *Sebastes vulpes* and *S. zonatus* (Teleostei: Scorpaeniformes: Scorpaenidae). Fishery Bulletin 109(4): 429-439.

Myoung J. G., Cho S. H., Kim J.-M. and Kim Y.-U. 1999 (Dec.). First record of the jawfish, *Opistognathus iyonis* (Opistognathidae, Perciformes) from Korea. Korean Journal of Ichthyology v. 11 (no. 2): 139-142.

Myoung J.-G., Cho S.-H. Park J.-H. and Kim J. M. 2006 First record of the Cook's cardinalfish, *Apogon cookii* (Apogonidae, Perciformes) from Korea. Korean Journal of Ichthyology v. 18 (no. 2): 148-150.

Nakabo T. 1982 (30 Mar.). Revision of genera of the dragonets (Pisces: Callionymidae). Publications of the Seto Marine Biological Laboratory v. 27 (no. 1/3): 77-131.

Nakabo T. 1983 (31 Jan.). Revision of the dragonets (Pisces: Callionymidae) found in the waters of Japan. Publications of the Seto Marine Biological Laboratory v. 27 (nos 4-6): 193-259.

Nakabo T. (ed.) 2000. Fishes of Japan with pictorial keys to the species. Second edition. Tokai University Press. v. 1: i-lvi + 1-866 (In Japanese.)

Nakabo T. and Jeon S.-R. 1985. New record of a dragonet fish, *Repomucenus olidus* (Pisces: Callionymidae) from Kum-River (Kanggyong-up), Korea. Korean Journal of Limmology v. 18 (nos 1-2): 43-50.

Nakabo T. and Jeon S.-R. 1986a. New record of the dragonet *Repomucenus beniteguri* (Callionymidae) from Korea. Japanese Journal of Ichthyology v. 33 (no. 2): 195-196.

Nakabo T. and Jeon S.-R. 1986b. New record of the dragonet *Repomucenus ornatipinnis*

(Callionymidae) from Korea. Japanese Journal of Ichthyology v. 32 (no. 4): 447-449.

Nakabo T., Jeon S.-R. and Li S.-Z. 1987 (10 Dec.). A new species of the genus *Repomucenus* (Callionymidae) from the Yellow Sea. Japanese Journal of Ichthyology v. 34 (no. 3): 286-290.

Nakabo T., Jeon S.-R. and Li S.-Z. 1991 (30 Nov.). Description of the neotype of *Repomucenus sagitta* (Callionymidae) with comments on the species. Japanese Journal of Ichthyology v. 38 (no. 3): 255-262.

Nakamura H. 1935. On the two species of the thresher shark from Formosan waters. Memoirs Faculty Science Taihoku Imperial University Formosa v. 14 (no. 1): 1-6, Pls. 1-3. [Zoology No. 4.]

Nakaya K. 1983. Redescription of the holotype of *Proscyllium hahereri* (Lamniformes, Triakidae). Japanese Journal of Ichihyology 29(4): 469-473.

Nalbant T. T. 1993. Some problems in the systematics of the genus *Cobitis* and its relatives (Pisces, Ostariophysi, Cobitidae). Revue Roumaine de Biologie, Série de Biologie Animale v. 38 (no. 2): 101-110.

Nalbant T. T. 1979. Studies on the reef fishes of Tanzania. II. N*eosynchiropus bacescui* gen. n., sp. n., an interesting dragonet fish from Makatumbe coral reefs (Pisces, Perciformes, Callionymidae). Travaux du Muséum d'Histoire Naturelle "Grigore Antipa" v. 20 (no. 1): 349-352. (In Fricke *et al.* 2021)

Nardo G. D. 1827. Prodromus observationum et disquisitionum Adriaticae ichthyologiae. Giornale di fisica, chimica e storia naturale, medicina, ed arti. (series 2) Dec. II, v. 10: 22-40.

Nardo G. D. 1840. Considerazioni sulla famiglia dei pesci Mola, e sui caratteri che li distinguono. Annali delle Scienze del Regno Lombardo-Veneto, Padova v. 10: 105-112.

Naseka A. M. and Bogutskaya N. G. 2004. Contribution to taxonomy and nomenclature of freshwater fishes of the Amur drainage area and the Far East (Pisces, Osteichthyes). Zoosystematica Rossica v. 12: 279-290, 2 pls.

Nelson D. W. 1984 (Jan.). Systematics and distribution of cottid fishes of the genera *Rastrinus* and *Icelus*. Occasional Papers of the California Academy of Sciences No. 138: 1-58, 44 figures, 10 tables.

Nelson J. S., Grande T. C. and Wilson M. V. H. 2016. Fishes of the world, 5th ed. John Wiley & Sons, Inc., Hoboken, New Jersey. 707 p.

Ng H. H. and Kottelat M. 2007 (7 Nov.). The identity of *Tachysurus sinensis* La Cepède, 1803, with the designation of a neotype (Teleostei: Bagridae) and notes on the identity of *T. fulvidraco* (Richardson, 1845). Electronic Journal of Ichthyology, Bulletin of the European Ichthyology Society. v. 2: 35-45.

Ng H. H. and Lim K. K. P. 2014. A preliminary checklist of the cardinalfishes (Actinopterygii: Gobiiformes: Apogonidae) of Singapore. Check List 10(5): 1061-1070.

Ni Y. and Wu H.-L. 1985 (Dec.). Two new species of the genera *Aboma* and *Acanthogobius* from China. Journal of Fisheries of China v. 9 (no. 4): 383-388. (In Chinese with English summary.)

Nichols J. T. 1925a (23 May). An analysis of Chinese loaches of the genus *Misgurnus*. American Museum Novitates No. 169: 1-7.

Nichols J. T. 1925b (25 May). The two Chinese loaches of the genus *Cobitis*. American Museum Novitates No. 170: 1-4.

Nichols J. T. 1925c (17 July). Some Chinese fresh-water fishes. VII. New carps of the genera *Varicorhinus* and *Xenocypris*. VIII. Carps referred to the genus *Pseudorasbora*. IX. Three new abramidin carps. American Museum Novitates No. 182: 1-8.

Nichols J. T. 1929 (15 Oct.). Some Chinese fresh-water fishes. XIX. New Leucogobioid gudgeons from Shantung. XX. An undescribed form of *Rhodeus* from Shantung. XXI. An Analysis of minnows of the genus *Pseudorasbora* from Shantung. American Museum Novitates No. 377: 1-11.

Nichols J. T. 1943 (30 Dec.). The fresh-water fishes of China. American Museum of Natural History, New York. i-xxxvi + 1-322, Pls. 1-10.

Niebuhr C. 1775. Descriptiones animalium avium, amphibiorum, piscium, insectorum, vermium; quae in itinere orientali observavit Petrus Forskål. Post mortem auctoris edidit Carsten Niebuhr. Hauniae. 1-20 + i-xxxiv + 1-164, map. [Pisces on pp. x-xix and 22-76]

Nikolskii A. M. 1889. Sakhalin Island and its fauna of vertebarate animals. Supplement to Mem. Acad. Sci. St. Petersb. (Ser. 7), v. 60 (no. 5). 1-334. (In Fricke *et al.* 2021)

Nishida K. and Nakaya K. 1988 (20 Sept.). A new species of the genus *Dasyatis* (Elasmobranchii: Dasyatididae) from Southern Japan and lectotype designation of *D. zugei*. Japanese Journal of Ichthyology v. 35 (no. 2): 115-123.

Norman J. R. 1931 (1 Dec.). Notes on flatfishes (Heterosomata).--III. Collections from China, Japan, and the Hawaiian Islands. Annals and Magazine of Natural History (Series 10) v. 8 (no. 48): 597-604.

Nunobe J.-I. and Kinoshita I. 2010. Larvae of *Diagramma pictum* (Haemulidae) from Tosa Bay, Japan. Ichthyological Research 57: 98-101.

Nyström E. 1887. Redogörelse för den Japanska Fisksamlingen i Upsala Universitets Zoologiska Museum. Bihang till Kongl. Svenska vetenskaps-akademiens handlingar. Stockholm v. 13 (pt 4) No. 4: 1-54.

Ogilby J. D. 1889. The reptiles and fishes of Lord Howe Island. In: Lord Howe Island, its zoology, geology, and physical characteristics. Memoirs of the Australian Museum, Sydney No. 2 (art. no. 3): 49-74, Pls. 2-3.

Ogilby J. D. 1895 (28 Mar.). Description of a new Australian eel. Proceedings of the Linnean Society of New South Wales (Series 2) v. 9 (pt 4) (for 1894): 720-721.

Ogilby J. D. 1898 (Dec. 9). New genera and species of fishes. Proceedings of the Linnean Society of New South Wales v. 23 (pt 3): 280-299 (continued from p. 41).

Ogilby J. D. 1910 (7 Nov.). On new or insufficiently described fishes. Proceedings of the Royal Society of Queensland v. 23: 1-55.

Oh J. and Kim S. 2009. First record of the percophidid fish *Osopsaron formosensis* (Percophidae: Hemerocoetinae) off Jeju Island, Korea. Ocean Science Journal v. 44 (no. 4): 227-230.

Oh J., Kim S. and Kim B.-J. 2008 (Sep.). First record of the jawfish *Stalix toyoshio* (Perciformes: Opistognathidae) from the South Sea, Korea. Ocean and Polar Research v. 30 (no. 3): 347-349.

Oh J., Kim S., Kim C.-G., Soh H. Y., Jeong D. and Lee Y.-H. 2006. The first record of long headed eagle ray, *Aetobatus flagellum* (Pisces: Myliobatidae) from Korea. Ocean Science Journal v. 41 (no. 1): 53-57.

Okada Y. and Ikeda H. 1937. Notes on the fishes of the Riu-Kiu Islands. II. Pomacentridae and Callionymidae. Bulletin of the Biogeographical Society of Japan v. 7: 67-95, Pls. 4-6. (In Fricke *et al.* 2021)

Okada Y. and Suzuki K. 1952 (30 Nov.). On two new bembroid fishes from the deep sea off Mie Prefecture with special reference in relation to hitherto known species. Report of Faculty of Fisheries, Prefectural University of Mie v. 1 (no. 2): 67-74. (In Fricke *et al.* 2021)

Okamura O. 1963 (25 Mar.). A new macrouroid fish found in the adjacent waters of Formosa. Bulletin of the Misaki Marine Biological Institute, Kyoto University No. 4: 37-42. (In Kim SY *et al.* 2009)

Okamura O. and Kishida S. 1963 (25 Mar.). A new genus and species of the bembroid fish collected from the Bungo Channel, Japan. Bulletin of the Misaki Marine Biological Institute, Kyoto University No. 4: 43-48. (In Fricke *et al.* 2021)

Oken L. 1817. V. Kl. Fische. Isis (Oken) v. 1 (pt 8) (no. 148): 1779-1782.

Okiyama M. 2001 (22 June). *Luciogobius adapel*, a new species of gobiid fish from Japan. Bulletin of the National Science Museum (Tokyo) v. 27 (no. 2): 141-149.

Orr J. W., Wildes S., Kai Y., Raring N., Nakabo T., Katugin O. and Guyon J. 2015 (10 Mar.). Systematics of North Pacific sand lances of the genus *Ammodytes* based on molecular and morphological evidence, with the description of a new species from Japan. Fishery Bulletin 113 (no. 2): 129-156.

Osbeck P. 1765. Reise nach Ostindien und China. Nebst O. Toreens Reise nach Suratte und C. G. Ekebergs Nachricht von den Landwirthschaft der Chineser. German translation by J. G. Georgius. J. C. Koppe, Rostock. i-xxvi + 1-552 + 25-p. index, Pls. 1-13.

O'Shaughnessy A. W. E. 1875 (1 Feb.). Descriptions of new species of Gobiidae in the collection of the British Museum. Annals and Magazine of Natural History (Series 4) v. 15 (no. 86) (art. 19): 144-148.

Oshima M. 1919. Contributions to the study of the fresh water fishes of the island of Formosa. Annals of the Carnegie Museum v. 12 (nos 2-4): 169-328, Pls. 48-53.

Oshima M. 1927 (31 MAr.). A review of the sparoid fishes found in the waters of Formosa. Japanese Journal of Zoology v. 1 (no. 5): 127-155.

Oshima M. 1940. Sekitsuidobutsu taaikei: Sakana (Vertebrates: Pisces). Sanseido, Tokyo. (In Fricke *et al.* 2021)

O'Toole B. 2002. Phylogeny of the species of the superfamily Echeneoidea (Perciformes: Carangoidei: Echeneidae, Rachycentridae, and Coryphaenidae), with an interpretation of echeneid hitchhiking behaviour. Canadian Journal of Zoology v. 80: 596-623.

Pallas P. S. 1769. Spicilegia Zoologica quibus novae imprimis et obscurae animalium species iconibus, descriptionibus atque commentariis illustrantur. Berolini, Gottl. August. Lange. v. 1 (fasc. 7): 1-42, Pls. 1-6.

Pallas P. S. 1770. Spicilegia Zoologica quibus novae imprimis et obscurae animalium species iconibus, descriptionibus atque commentariis illustrantur. Berolini, Gottl. August. Lange. v. 1 (fasc. 8): 1-56, Pls. 1-5.

Pallas P. S. 1773. Reise durch verschiedene Provinzen des russischen Reiches. St. Petersburg. v. 2. pt 1. 1-368, pt 2. 370-744.

Pallas P. S. 1776. Reise durch verschiedene Provinzen des russischen Reiches. St. Petersburg. v. 3. pt 1. 1-454, pt 2. 457-760.

Pallas P. S. 1787. Piscium novae species descriptae. Nova Acta Academiae Scientiarum Imperialis Petropolitanae v. 1 (Mém.) (for 1783): 347-360, Pls. 9-11.

Pallas P. S. 1810. Labraces, novum genus piscium, oceani orientalis. Mémoires de l'Académie Impériale des Sciences de St. Pétersbourg v. 2: 382-398, Pls. 22-23.

Pallas P. S. 1811-1814. Zoographia Rosso-Asiatica, sistens omnium animalium in extenso Imperio Rossico et adjacentibus maribus observatorum recensionem, domicilia, mores et descriptiones anatomen atque icones plurimorum. 3 vols. [1811-1814]. Academia Scientiarum, Petropolis [Sankt Petersburg]. v. 3: i-vii + 1-428 + index (I-CXXV), Pls. 1, 13, 14, 15, 20 and 21.

Parenti P. and Randall J. E. 2000 (June). An annotated checklist of the species of the Labroid fish families Labridae and Scaridae. Ichthyological Bulletin of the J. L. B. Smith Institute of Ichthyology No. 68: 1-97.

Parenti P. and Randall J. E. 2020 (3 Mar.). An annotated checklist of the fishes of the family Serranidae of the world with description of two new related families of fishes. FishTaxa v. 5 (no. 1) (for 28 Feb. 2020): 1-170.

Parin N. V., Evseenko S. A. and Vasil'eva E. D. 2014 (Jan.). Fishes of Russian Seas: Annotated Catalogue. KMK Scientific Press, Moscow v. 53: 733 pp.

Parin N. V., Fedorov V. V. and Sheiko B. A. 2002. An annotated catalogue of fish-like vertebrates and fishes of the seas of Russia and adjacent countries. Part 2. Order Scorpaeniformes. Journal of Ichthyology v. 42 (suppl. 1): S60-S135.

Park J.-H., Kim J. K., Choi J. H. and Chang D. S. 2007a. Redescriptions of the three pleuronectiform fishes (Samaridae and Soleidae) from Korea. Korean Journal of Ichthyology v. 19 (no. 1): 73-80.

Park J. H., Kim J. K. Choi J. H. and Choi Y. M. 2008(Mar.). First record of a jaw fish, *Opistognathus hongkongiensis* (Opistognathidae: Perciformes) from Korea. Korean Journal of Ichthyology v. 20 (no. 1): 74-77.

Park J.-H., Kim J. K. Moon J. H. and Kim C. B. 2007b. Three unrecorded marine fish species from Korean waters. Ocean Science Journal v. 42 (no. 4): 231-240.

Park J.-H., Kim J. K. Yoon Y. S. and Heo O. S. 2007c. First record of two perciform fishes, *Pteropsaron evolans* (Percophidae) and *Xyrichtys verrens* (Labridae) from Korea. Integrative Biosciences 11: 135-139.

Park J.-H., Kim J. K., Choi J. H., Chang D. S. and Park J. H. 2007d. First record of two perciform fishes, *Chelidoperca pleurospilus* (Serranidae) and *Parapercis muronis* (Pinguipedidae) from Korea. Korean Journal of Ichthyology v. 19 (no. 3): 246-252.

Park J.-H., Ryu J. H., Lee J. M. and Kim J. K. 2008 (Sep.). First record of a bandfish, *Acanthocepola indica* (Cepolidae: Perciformes) from Korea. Korean Journal of Ichthyology v. 20 (no. 3): 220-223.

Park J.-H., Jang S. H., Kim D. G., Jeong J.-M., Kang S. and Kim J.-K. 2017 (Dec.). First record of a filefish, *Thamnaconus tessellatus* (Monacanthidae: Tetraodontiformes) from Jeju Island, Korea. Korean Journal of Icthyology v. 29 (no. 4): 277-281.

Park J.-Y. and Kim S.-H. 2010 (Dec.). *Liobagrus somjinensis*, a new species of torrent catfish (Siluriformes: Amblycipitidae) from Korea. Ichthyological Exploration of Freshwaters v. 21 (no. 4): 345-352.

Park M. 1797. Descriptions of eight new fishes from Sumatra. The Transactions of the Linnean Society of London v. 3 (art. 9): 33-38, Pl. 6.

Park ME, Lee YD and Rho S 1992. Gonads of the spawning period and development of the egg of the rabbitfish, Siganus canaliculatus (Park). Bull Mar Res Inst., Cheju Natl Univ 16: 67-74 (In Korean)

Pavlenko M. N. 1910. Fishes of Peter the Great Bay. Trudy Obshchestva Estestvoispytatelej Imperatorskom' Kazanskom' Universiteti, Kazan v. 42 (no. 2): 1-72, 9 pls. (In Russian.) (In Fricke et al. 2021)

Peden A. E. and Hughes G. W. 1984 (Feb.). Distribution, morphological variation, and systematic relationship of Pholis laeta and P. ornata (Pisces: Pholididae) with a description of the related form P. nea n. sp. Canadian Journal of Zoology v. 62 (no. 2): 291-305. (In Fricke et al. 2021)

Pennant T. 1776. British zoology. 4th Edition. London. Vol. 3: Class III. Reptiles. Class IV. Fish. Benjamin White, London. v. 3: 1-425, Pls. 1-73. [Fishes, p. 41-46, 75-409, pls. 8-73.]

Perdices A., Vasil'ev V. and Vasil'eva E. 2012. Molecular phylogeny and intraspecific structure of loaches (genera Cobitis and Misgurnus) from the Far East region of Russia and some conclusions on their systematics. Ichthyol. Res. (2012) 59:113–123.

Perdikaris C. and Paschos I. 2011. Aquaculture and fisheries crisis within the global crisis. Interciencia, 36: 76-80.

Perminov G. N. 1936. A review of the species of the genus Eumicrotremus Gill. Bulletin of the Far Eastern Branch of the Academy of Sciences of the USSR No. 19. [In Russian, English summary.] (In Fricke et al. 2021)

Péron F. 1807. Voyage de Découvertes aux Terres Australes, exécuté par ordre de sa majesté l'Empereur et Roi, sur les Corvettes le Géographe, le Naturaliste et le Gouelette le Casuarina, pendant les années 1800, 1801, 1803 et 1804. Tome 1. Paris: 1-496.

Peters W. (C. H.) 1852. Diagnosen von neuen Flussfischen aus Mossambique. Berlicht über die zur Bekanntmachung geeigneten Verhandlungen der Königlichen Preussischen Akademie der Wissenschaften zu Berlin 1852: 681-685.

Peters W. (C. H.) 1855a. Übersicht der in Mossambique beobachteten Seefische. Bericht über die zur Bekanntmachung geeigneten Verhandlungen der Königlichen Preussischen Akademie der Wissenschaften zu Berlin 1855: 428-466.

Peters W. (C. H.) 1855b. Übersicht der in Mossambique beobachteten Fische. Archiv für Naturgeschichte v. 21 (pts 2-3): 234-282.

Peters W. (C. H.) 1866. Mittheilung über Fische (Protopterus, Auliscops, Labrax, Labracoglossa, Nematocentris, Serranus, Scorpis, Opisthognathus, Scombresox, Acharnes, Anguilla,

Gymnomuraena, *Chilorhinus*, *Ophichthys*, *Helmichthys*). Monatsberichte der Königlichen Preussischen Akademie der Wissenschaften zu Berlin 1866: 509-526, 1 pl.

Peters W. (C. H.) 1881. Über die von der chinesischen Regierung zu der internationalen Fischerei-Austellung gesandte Fischsammlung aus Ningpo. Monatsberichte der Königlichen Preussischen Akademie der Wissenschaften zu Berlin 1880 [v. 45]: 921-927.

Philippi R. A. 1887. Historia natural. - Sobre los tiburones i algunos otros peces de Chile. [Plus:] Apendice sobre el peje-espada, peje-aguja, peje-perro i vieja negra. Anales de la Universidad de Chile Sec. 1, v. 71: 535-574, Pls. 1-8.

Pietsch T. W. and Orr J. W. 2015 (Sept.). Fishes of the Salish Sea: a compilation and distributional analysis. NOAA Professional Paper NMFS No. 18: i-iii + 1-106.

Pietschmann V. 1908a. Zwei neue japanische Haifische. Anzeiger der Kaiserlichen Akademie der Wissenschaften, Wien, Mathematisch-Naturwissenschaftliche Classe v. 45 (no. 10): 132-135.

Poey F. 1858-61. Memorias sobra la historia natural de la Isla de Cuba, acompañadas de sumarios Latinos y extractos en Francés. Tomo 2. La Habana. [Sections have subtitles.]. v. 2: 1-96 (1858), 97-336 (1860), 337-442, (1861), Pls. 1-19.

Poey F. 1868. Synopsis piscium cubensium. Catalogo Razonado de los peces de la isla de Cuba. Repertorio Fisico-Natural de la Isla de Cuba v. 2: 279-484.

Popov A. M. 1928. On the systematics of the genus *Eumicrotremus* Gill. Bulletin of the Pacific Science Fisheries Institute Vladivostock v. 1: 47-63, 2 pls. (In Russian with English summary) (In Fricke *et al*. 2021)

Popov A. M. 1931. On a new genus of fish *Davidijordania* (Zoarcidae, Pisces) from the Pacific. Comptes Rendus de l'Académie des Sciences de l'URSS, 1931 (no. 8): 210-215 (In Russian with English Summary.). (In Anderson, M. E. and Fedorov V. V. 2004)

Popta C. M. L. 1922. Vierte und letzte Fortsetzung der Beschreibung von neuen Fischarten der Sunda-Expedition. Zoologische Mededelingen (Leiden) v. 7 (art. 2): 27-39.

Prokofiev A. M. 2001. Four new species of the *Triplophysa stoliczkai*-complex from China (Pisces: Cypriniformes: Balitoridae). Zoosystematica Rossica v. 10 (no. 1): 193-207.

Prokofiev A. M. 2008. Sandperches (Mugiloididae: *Parapercis*) of Nha Trang Bay, South China Sea, Vietnam. Journal of Ichthyology v. 48(10): 876-890.

Prokofiev A. M. 2017 (23 Dec.). New findings of rare fish species in Indian and Pacific oceans with the description of two new species from the families Gobiidae and Platycephalidae. Journal of Ichthyology, v. 57 (no. 6): 803-820.

Putnam F. W. 1874 (June). Notes on *Liparis*, *Cyclopterus* and their allies. Proceedings of AAAS (The

American Association for the Advancement of Science) v. 22: 335-340. (In Fricke *et al.* 2021)

Quoy J. R. C. and Gaimard J. P. 1824-1825. Description des Poissons. Chapter IX. In: Freycinet, L. de, Voyage autour du Monde...exécuté sur les corvettes de L. M. "L'Uranie" et "La Physicienne," pendant les années 1817, 1818, 1819 et 1820. Paris. 192-401 (1-328 in 1824; 329-616 in 1825), Atlas pls. 43-65.

Radchenko O. A., Chereshnev I. A., Petrovskaya A. V. and Antonenko D. V. 2011. Relationships and position of wrymouths of the family Cryptacanthodidae in the system of the suborder Zoarcoidei (Pisces, Perciformes). Journal of Ichthyology v. 51 (no. 7): 487-499.

Radcliffe L. 1912 (27 Sept.). Descriptions of a new family, two new genera, and twenty-nine new species of anacanthine fishes from the Philippine Islands and contiguous waters. [Scientific results of the Philippine cruise of the Fisheries steamer "Albatross," 1907-1910.--No. 21.]. Proceedings of the United States National Museum v. 43 (no. 1924): 105-140, Pls. 22-31.

Rafinesque C. S. 1810a. Caratteri di alcuni nuovi generi e nuove specie di animali e piante della Sicilia, con varie osservazioni sopra i medisimi. Sanfilippo, Palermo. (Part 1 involves fishes, pp. [i-iv] 3-69 [70 blank], Part 2 with slightly different title, pp. ia-iva + 71-105 [106 blank]). Pls. 1-20.

Rafinesque C. S. 1810b. Indice d'ittiologia siciliana; ossia, catalogo metodico dei nomi latini, italiani, e siciliani dei pesci, che si rinvengono in Sicilia disposti secondo un metodo naturale e seguito da un appendice che contiene la descrizione de alcuni nuovi pesci siciliani. G. del Nobolo, Messina. 1-70, Pls. 1-2.

Rafinesque C. S. 1815. Analyse de la nature, ou tableau de l'univers et des corps organisés. Palerme. 1-224. (Fishes on pp. 79-94.)

Rafinesque C. S. 1818 (Sept.). Discoveries in natural history, made during a journey through the western region of the United States. American Monthly Magazine and Critical Review v. 3 (no. 5) (art. 3) (Sept.): 354-356.

Rafinesque C. S. 1819 (June). Prodrome de 70 nouveaux genres d'animaux découverts dans l'intérieur des États-Unis d'Amérique, durant l'année 1818. Journal de Physique, de Chimie et d'Histoire Naturelle v. 88: 417-429.

Rafinesque C. S. 1820a. Annals of Nature, or annual synopsis of new genera and species of animals, plants, etc. discovered in North America. Thomas Smith, Lexinton, Kentucky. v. 1: 1-16

Rafinesque C. S. 1820b (before July). Description of the Silures or catfishes of the River Ohio. Quarterly Journal of Science, Literature and the Arts v. 9: 48-52.

Rafinesque C. S. 1820b (July). Fishes of the Ohio River. [Ichthyologia Ohiensis, Part 7]. Western Revue and Miscellaneous Magazine: a monthly publ., devoted to literature and science,

Lexington, KY v. 2 (no. 6): 355-363.

Rainboth W. J. 1996. FAO species identification field guide for fishery purposes. Fishes of the Cambodian Mekong. Rome, FAO. 1-265, Pls. I-XXVII.

Raitt D. S. 1934. A preliminary account of the sandeels of Scottish waters. Journal du Conseil v. 9: 365-372. (In Fricke *et al.*, 2021)

Randall J. E. 1980. Revision of the fish genus *Plectranthias* (Serranidae: Anthiinae) with descriptions of 13 new species. Micronesica v. 16 (no. 1): 101-187. Available at https://issuu.com/marc_virtual_library/docs/revision_of_the_fish_genus_plectran

Randall J. E. 1999. *Halichoeres bleekeri* (Steindachner & Döderlein), a valid Japanese species of labrid fish, distinct from *H. tenuispinis* (Günther) from China. Ichthyological Research v. 46 (no. 3): 225-231.

Randall J. E. and DiBattista J. D. 2012 (Jan.). *Etrumeus makiawa*, a new species of round herring (Clupeidae: Dussumierinae) from the Hawaiian Islands. Pacific Science v. 66 (no. 1): 97-110.

Randall J. E. and Lim K. K. P. ed. 2000. A checklist of the fishes of the South China Sea. Raffles Bulletin of Zoology Suppl. No. 8: 569-667.

Randall J. E., Johnson G. D. and Lowe G. R. 1989 (15 Mar.). *Triso*, a new generic name for the serranid fish previously known as *Trisotropis dermopterus*, with comments on its relationships. Japanese Journal of Ichthyology v. 35 (no. 4): 414-420.

Ray D., Ho H.-C., Mohapatra A. 2015. First record of *Parapercis ommatura* (Actinopterygii: Perciformes: Pinguipedidae) from the Indian Ocean. Acta Ichthyologica et Piscatoria v. 45 (no. 4): 403-405.

Regan C. T. 1905 (1 Jan.). On a collection of fishes from the inland sea of Japan made by Mr. R. Gordon Smith. Annals and Magazine of Natural History (Series 7) v. 15 (no. 85) (art. 2): 17-26, Pls. 2-3.

Regan C. T. 1906. Descriptions of some new sharks in the British Museum Collection. Annals and Magazine of Natural History (Series 7) v. 18 (no. 108) (art. 70): 435-440.

Regan C. T. 1908a (3 June). The Duke of Bedford's Zoological Exploration in eastern Asia.--VIII. A collection of freshwater fishes from Corea. Proceedings of the Zoological Society of London 1908 (pt 1) (art. 3) (for 4 Feb. 1908): 59-63, Pls. 2-3.

Regan C. T. 1908b (1 Nov.). A synopsis of the fishes of the subfamily Salanginae. Annals and Magazine of Natural History (Series 8) v. 2 (no. 11) (art. 52): 444-446.

Regan C. T. 1909. A revision of the fishes of the genus *Elops*. Annals and Magazine of Natural History (Series 8) v. 3 (no. 13): 37-40.

Regan C. T. 1912 (Sept.). New fishes from Aldabra and Assumption, collected by Mr. J. C. F.

Fryer. The Transactions of the Linnean Society of London. Second Series. Zoology v. 15 (pt 2, no. 18): 301-302.

Regan C. T. 1917 (1 Apr.). A revision of the clupeoid fishes of the genera *Pomolobus*, *Brevoortia* and *Dorosoma* and their allies. Annals and Magazine of Natural History (Series 8) v. 19 (no. 112): 297-316.

Regan C. T. 1920 (25 Mar.). A revision of the flat-fishes (Heterosomata) of Natal. Annals of the Durban Museum v. 2 (pt 5) (art. 19): 205-222.

Regan C. T. 1921 (1 May). New fishes from deep water off the coast of Natal. Annals and Magazine of Natural History (Series 9) v. 7 (no. 41): 412-420.

Reinhardt J. C. H. 1830. Om Grönlands Fiske. In: H. C. Örsted. Oversigt over det Kongelige Danske Videnskabernes Selskabs Forhandlinger og dets Medlemmers Arbeider (Kjøbenhavn) 1829-30: xv-xx. (In Fricke *et al.* 2021)

Reinhardt J. C. H. 1831. Bidrag til vor Kundskab om Grönlands Fiske. Pp. 18-24. In: H. C. Örsted (ed.). Oversigt over det Kongelige Danske Videnskabernes Selskabs Forhandlinger og dets Medlemmers Arbeider (Kjøbenhavn) 1830-31: 1-40.

Reinhardt J. C. H. 1836. Om den Islandske Vaagmaer.--Ichthyologiske bidrag til Grönlands fauna. Oversigt over det Kongelige Danske Videnskabernes Selskabs Forhandlinger og dets Medlemmers Arbeider (Kjøbenhavn) for 1835-36: 8-12.

Reinhardt J. C. H. 1837. Ichthyologiske bidrag til den Grönlandske fauna [Ichthyological contributions to the fauna of Greenland]. Indledning, indeholdende tillaeg og forandringer i den fabriciske fortegnelse paa Grönlandske hvirveldyr. Det Kongelige Danske videnskabernes selskabs naturvidenskabelige og mathematiske afhandlinger v. 7: 83-196, Pls. 1-8.

Rendahl H. 1923 (6 Mar.). Eine neue Art der Familie Salangidae aus China. Zoologischer Anzeiger v. 56 (no. 3/4): 92-93.

Rendahl H. 1924 (Mar.). Beiträge zur Kenntniss der marinen Ichthyologie von China. Arkiv för Zoologi v. 16 (no. 2): 1-37. (In Fricke *et al.* 2021)

Rendahl H. 1927. Zur Nomenklatur ein paar chinesischer Siluriden. Arkiv för Zoologi, Ser. B, 19 (1): 1–6. (In Fricke *et al.* 2021)

Rendahl H. 1933 (12 Sept.). Studien über innerasiatische Fische. Arkiv för Zoologi v. 25 A (pt. 2) (no. 11): 1-51. (In Fricke *et al.* 2021)

Rendahl H. 1935. Ein paar neue unter-arten von Cobitis taenia. Memoranda Societatis pro Fauna et Flora Fennica v. 10: 329-336. (In Fricke *et al.* 2021)

Reshetnikov Yu. S., Bogutskaya N. G., Vasil'eva D. E., Dorofeeva E. A., Naseka A. M., *et al.*, 1997. An annotated check-List of the freshwater fishes of Russia. Voprosy Ikhtiologii v. 37 (no. 6): 723-771. (In Russian.)

Richardson J. 1836. The Fish. In: Fauna Boreali-Americana; or the zoology of the northern parts of British America: containing descriptions of the objects of natural history collected on the late northern land expeditions, under the command of Sir John Franklin, R.N. J. Bentley, London. Part 3: i-xv + 1-327, Pls. 74-97.

Richardson J. 1840 (July). On some new species of fishes from Australia. Proceedings of the Zoological Society of London 1840 (pt 8, no. 87): 25-30.

Richardson J. 1844a (1 June). Description of a genus of Chinese fish. Annals and Magazine of Natural History (New Series) v. 13 (no. 86) (art. 53): 462-464.

Richardson J. 1844b (Apr.). Ichthyology.--Part 1. In R. B. Hinds (ed.) The zoology of the voyage of H. M. S. Sulphur, under the command of Captain Sir Edward Belcher, R. N., C. B., F. R. G. S., etc., during the years 1836-42, No. 5. London: Smith, Elder and Co. 51-70, Pls. 35-44.

Richardson J. 1844c-48. Ichthyology of the voyage of H. M. S. Erebus & Terror, under the command of Captain Sir James Clark Ross, R. N., F. R. S. In: J. Richardson & J. E. Gray (eds.): The zoology of the voyage of H. M. S. Erebus & Terror, under the command of Captain Sir J. C. Ross, R. N., F. R. S., during the years 1839 to 1843. E. W. Janson, London. v. 2 (2): i-viii + 1-139, Pls. 1-60. Available at https://iiif.lib.harvard.edu/manifests/view/drs:11059082$9i

Richardson J. 1845a (Apr.). Ichthyology.--Part 2. In R. B. Hinds (ed.) The zoology of the voyage of H. M. S. Sulphur, under the command of Captain Sir Edward Belcher, R. N., C. B., F. R. G. S., etc., during the years 1836-42, No. 9. London: Smith, Elder & Co. 71-98, Pls. 45-54.

Richardson J. 1845b (Oct.). Ichthyology.--Part 3. In R. B. Hinds (ed.) The zoology of the voyage of H. M. S. Sulphur, under the command of Captain Sir Edward Belcher, R. N., C. B., F. R. G. S., etc., during the years 1836-42, No. 10. London: Smith, Elder and Co. 99-150, Pls. 55-64.

Richardson J. 1845c. Ichthyology of the voyage of H. M. S. Erebus & Terror, under the command of Captain Sir James Clark Ross, R. N., F. R. S. In: Richardson J. and Gray J. E. (eds.): The zoology of the voyage of H. M. S. Erebus and Terror, under the command of Captain Sir J. C. Ross, R. N., F. R. S., during the years 1839 to 1843. E. W. Janson, London. v. 2 (2): i-viii + 17-52.

Richardson J. 1846. Report on the ichthyology of the seas of China and Japan. Report of the British Association for the Advancement of Science 15th meeting [1845]: 187-320.

Richardson J. 1848a. Fishes. Pp. 1-28, Pls. 1-10. In: A. Adams (ed.). The zoology of the voyage of H. M. S. Samarang; under the command of Captain Sir Edward Belcher, during the years 1843-1846. Reeve & Benham, London.

Richardson J. 1848b. Ichthyology of the voyage of H. M. S. Erebus & Terror, under the command of Captain Sir James Clark Ross, R. N., F. R. S. In: Richardson J. and Gray J. E. (eds.): The zoology of the voyage of H. M. S. Erebus and Terror, under the command of Captain Sir J. C. Ross, R. N., F. R. S., during the years 1839 to 1843. E. W. Janson, London. v. 2 (2): i-viii + 75-139.

Risso A. 1810. Ichthyologie de Nice, ou histoire naturelle des poissons du Département des Alpes Maritimes. F. Schoell, Paris. i-xxxvi + 1-388, Pls. 1-11.

Röse A. F. 1793. Petri Artedi Angermannia--Sueci synonymia nominum piscium fere omnium;... Ichthyologiae pars IV. Editio II. Grypeswaldiae. i-ii + 1-140.

Rüppell W. P. E. S. 1829. Atlas zu der Reise im nördlichen Afrika. Fische des Rothen Meers. Frankfurt am Main (Heinrich Ludwig Brönner). part 2 (1829): 27-94, Pls. 7-24.

Rüppell W. P. E. S. 1830. Atlas zu der Reise im nördlichen Afrika. Fische des Rothen Meers. Frankfurt am Main (Heinrich Ludwig Brönner). part 3 (1830): 95-141, Pls. 25-35.

Rüppell W. P. E. S. 1835. Neue Wirbelthiere zu der Fauna von Abyssinien gehörig. Fische des Rothen Meeres. Siegmund Schmerber, Frankfurt am Main. 1-28, Pls. 1-7.

Rüppell W. P. E. S. 1837. Neue Wirbelthiere zu der Fauna von Abyssinien gehörig. Fische des Rothen Meeres. Siegmund Schmerber, Frankfurt am Main. 53-80, Pls. 15-21.

Rüppell W. P. E. S. 1838. Neue Wirbelthiere zu der Fauna von Abyssinien gehörig. Fische des Rothen Meeres. Siegmund Schmerber, Frankfurt am Main. 81-148, Pls. 22-33.

Russell B. C. 1988 (15 July). Revision of the labrid fish genus *Pseudolabrus* and allied genera. Records of the Australian Museum Suppl. 9: 1-72, plus addendum after plates., Pls. 1-4.

Russell B. C. and Westneat M. W. 2013. A new species of *Suezichthys* (Teleostei: Perciformes: Labridae) from the southeastern Pacific, with a redefinition of the genus and a key to species. Zootaxa 3640 (1): 88-94.

Rutenko O. A. and Ivankov V. N. 2009. Morphological analysis and taxonomical status of four fish species of the genera *Opisthocentrus* and *Pholidapus* (Perciformes: Stichaeidae). Russian Journal of Marine Biology, v 35(5): 374–380.

Rutter C. L. 1897 (2-4 Mar.). A collection of fishes obtained in Swatow, China, by Miss Adele M. Fielde. Proceedings of the Academy of Natural Sciences of Philadelphia v. 49: 56-90.

Ryazanova I. N. 2005. Karyotype of the snow sculpin *Myxocephalus brandti* Steindachner (Cottidae) from Peter the Great Bay, Sea of Japan. Russian Journal of Marine Biology 31(4): 238-242.

Rylková, K., M. Petrtýl, A. T. Bui and L. Kalous, 2018 (Nov.). Just a Vietnamese goldfish or another *Carassius* ? Validity of *Carassius argenteaphthalmus* Nguyen and Ngo, 2001 (Teleostei:

Cyprinidae). Journal of Zoological Systematics and Evolutionary Research v. 56 (no. 4): 570-578.

Sakai H., Sakamoto R. and Yoshikawa H. 2021 (10 Apr.). Dorsal spinule patch variations in the puffer *Lagocephalus spadiceus* from Japan; revisited evidence for the existence of "*spadiceus*"- and "*wheeleri*"-forms. Ichthyological Research: [1-4].

Sakai K. and Nakabo T. 1995. Taxonomic review of the Indo-Pacific kyphosid fish, *Kyphosus vaigiensis* (Quoy and Gaimard). Japanese Journal of Ichthyology v. 42 (no. 1): 61-70.

Sakamoto K. 1930. Two new species of fishes from the Japan Sea. Journal of the Imperial Fisheries Institute v. 26: 15-19.

Saruwatari T., López J. A. and Pietsch T. W. 1997. A revision of the osmerid genus *Hypomesus* Gill (Teleostei: Salmoniformes), with the description of a new species from the southern Kuril Islands. Species Diversity v. 2 (no. 1): 59-82.

Sauvage H.-E. 1882. Description de quelques poissons de la collection du Muséum d'histoire naturelle. Bulletin de la Société philomathique de Paris (7th Série) v. 6: 168-176.

Sauvage H.-E. 1883 (7 July). Sur une collection de poissons recuellie dans le lac Biwako (Japon) par M. F. Steenackers. Bulletin de la Société philomathique de Paris (7th Série) v. 7: 144-150.

Sauvage H.-E. and Dabry de Thiersant P. 1874 (Oct.). Notes sur les poissons des eaux douces de Chine. Annales des Sciences Naturelles, Paris (Zoologie et Paléontologie) (Sér. 6) v. 1 (art. 5): 1-18.

Saveliev P. A., Zolotukhin S. F. and Kanzeparova A. N. 2017. Finding of Amur sculpin *Mesocottus haitej* and *Cottus szanaga* (Cottidae) in Tugur River Basin (Khabarovsk Krai, Russia). Journal of Ichthyology, v. 57, n. 4: 639–642.

Schmidt P. Yu. 1904. Fishes of the eastern seas of the Russian Empire. Scientific results of the Korea--Sakhalin Expedition of the Emperor Russian Geographical Society 1900-1901. St. Petersburg. i-xi + 1-466, Pls. 1-6. (In Russian.) (In Fricke *et al*. 2021)

Schmidt P. Yu. 1927. A revision of the genus *Icelus* Kröyer (Pisces: Cottidae) with the description of a new species from the Okhotsk Sea. Ezegodnik Zoologiceskogo Muzeja [Annuaire du Musée Zoologique] v. 28: 1-8. (In Fricke *et al*. 2021)

Schmidt P. Yu. 1929. On *Hoplosebastes armatus*, a new genus and new species of the family Scorpaenidae from Japan. Doklady Akademii Nauk SSSR, Ser. A (Comptes Rendus de l'Académie des Sciences de l'URSS), Leningrad No. 8 (1929): 194-196. (In Fricke *et al*. 2021)

Schmidt P. Yu. 1931. On a collection of flat-fishes from Fusan (Korea). Doklady Akademii Nauk

SSSR: 313-320. (In Fricke *et al*. 2021)

Schmidt P. Yu. 1936. On the genera *Davidojordania* Popov and *Bilabria* n. (Pisces, Zoarcidae). Doklady Akademii Nauk SSSR, Ser. A (Comptes Rendus de l'Académie des Sciences de l'URSS), Leningrad (sér. 2) : 97-100. [Reports of the Academy of Sciences of the USSR, 1(2): 97–100] (In Russian).

Schomburgk R. H. 1848. The history of Barbados; comprising a geographical description of the island and an account of its geology and natural productions. London. i-xx + 1-722, 7 pls.

Schrank F. von P. 1798. Fauna Boica. Durchgedachte Geschichte der in Baiern einheimischen und zahmen Thiere. Erster Band. Stein'sche Buchhandlung, Nürnberg. v. 1: i-xii + 1-720.

Schultz L. P. 1948 (24 Mar.). A revision of six subfamilies of atherine fishes, with descriptions of new genera and species. Proceedings of the United States National Museum v. 98 (no. 3220): 1-48, Pls. 1-2.

Scopoli J. A. 1777. Introductio ad historiam naturalem, sistens genera lapidum, plantarum et animalium hactenus detecta, caracteribus essentialibus donata, in tribus divisa, subinde ad leges naturae. Prague. i-x + 1-506.

Seale A. 1910 (July). Descriptions of four new species of fishes from Bantayan Island, Philippine Archipelago. The Philippine Journal of Science, Section D v. 5 (no. 2): 115-119, Pls. 1-2.

Senou H., Yoshino T. and Okiyama M. 1987 (26 Dec.). A review of the mullets with a keel on the back, *Liza carinata* comlex (Pisces: Mugilidae). Publications of the Seto Marine Biological Laboratory v. 32 (nos 4/6): 303-321.

Shaw G. 1803. General zoology or systematic natural history with plates from the first authorities and most select specimens. G. Kearsley, London, Pisces in vol. 4, (pt. 1) i-v + 1-186, Pls. 1-25; (pt 2), i-xi + 187-632, Pls. 26-92.

Shaw G. 1804. General zoology or systematic natural history with plates from the first authorities and most select specimens. G. Kearsley, London, Pisces in vol. 5 (pt 1): i-v + 1-25, Pls. 93-132, 43+, 65+, 6+, 74+ and (pt 2): i-vi + 251-463, Pls. 132-182, 158+.

Shaw G. and Nodder F. P. 1789-1813. The Naturalist's Miscellany, or coloured figures of natural objects; drawn and described from nature. J. Cooper, London. 24 vols. unnumbered pages. (Dates of publication from Sherborn 1895 and Allen, 1912)

Shedko S. V. and Miroshnichenko I. L. 2007. Phylogenetic relationships of sculpin *Cottus volki* Taranetz, 1933 (Scorpaeniformes, Cottidae) according to the results of analysis of control region in Mitochondrial DNA. Journal of Ichthyology v. 47 (no. 1): 21-25.

Shedko S. V. and Shedko M. B. 2003. A new data on freshwater ichthyofauna of the south of the Russian Far East. Vladimir Ya. Levanidov's Biennian Memorial Meetings. v. 2: 319-336 (In

Russian with English summary.)

Shedko S. V., Miroshnichenko I. L. and Nemkova G. A. 2013. Complete mitochondrial genome of the poorly known Amur sculpin *Mesocottus haitej* (Cottoidei: Cottidae). Mitochondrial DNA, Early Online: 1-2.

Sheiko B. A. and Fedorov V. V. 2000. Part 1. Class Cephalaspidmorha, Class Chondrichthyes, Class Holocephali, Class Osteichthyes. Pp. 7-69. In: Moissev, R. S. (ed.) Catalog of the Vertebrates of Kamchatka and Adjacent Waters. Petropavlovsk-Kamchatsky, Kamchatskiy Petchatniy Dvor. (In Russian.)

Sheiko B. A. and Mecklenburg C. W. 2004. Family Agonidae Swainson 1839 - poachers. California Academy of Sciences Annotated Checklists of Fishes No. 30: 1-27.

Shen S.-C. 1994. A revision of the tripterygiid fishes from coastal waters of Taiwan with descriptions of two new genera and five new species. Acta Zoologica Taiwanica v. 5 (no. 2): 1-32. (In Fricke *et al.* 2021)

Shibukawa K. and Iwata A. 2013 (22 Mar.). Review of the east Asian gobiid genus *Chaeturichthys* (Teleostei: Perciformes: Gobioidei), with description of a new species. Bulletin of the National Museum of Nature and Science (Ser. A) Suppl. No. 7: 31-55.

Shibukawa K., Aizawa M., Suzuki T., Kanagawa N. and Muto F. 2019 (29 Mar.). Preliminary review of earthworm gobies of the genus *Luciogobius* (Gobiiformes, Oxudercidae) from Shizuoka Prefecture, Japan. Bulletin of the Museum of Natural and Environmental History Shizuoka No. 12: 29-96. (In Japanese with English summary.)

Shindo S. and Yamada U. 1972 (31 July; 30 Aug.). Descriptions of three new species of the lizardfish genus *Saurida*, with a key to its Indo-Pacific species. Uo (Japanese Society of Ichthyologists) Nos 11-12: 1-13; 1-14.

Shinohara G. 1994. Comparative morphology and phylogeny of the suborder Hexagrammoidei and related taxa (Pisces: Scorpaeniformes). Memoirs of the Faculty of Fisheries Hokkaido University v. 41 (no. 1): 1-97.

Shinohara G. 1999 (25 Aug.). A new jawfish, *Stalix toyoshio*, from Kyushu, Japan (Perciformes: Opistognathidae). Ichthyological Research v. 46 (no. 3): 267-270.

Shinohara G. and Kim I.-S. 2009 (22 Dec.). Taxonomic notes on the rare eelpout, *Davidijordania lacertina* (Perciformes, Zoarcidae). Bulletin of the National Museum of Nature and Science (Ser. A) v. 35 (no. 4): 227-232.

Shinohara G., Nakae M., Ueda Y., Kojima S. and Matsuura K. 2014. Annotated checklist of deep-sea fishes of the Sea of Japan. In: Fujita, T. (ed.): Deep-sea fauna of the Sea of Japan. National Museum of Nature and Science Monographs No. 44: 225-291.

Shinohara G., Shirai A. M., Nazarkin M. V. and Yabe M. 2011 (22 Mar.). Preliminary list of the deep-sea fishes of the Sea of Japan. Bulletin of the National Museum of Nature and Science (Ser. A) v. 37 (no. 1): 35-62.

Shiogaki M. 1984. A review of the genera *Pholidapus* and *Opisthocentrus* (Stichaeidae). Japanese Journal of Ichthyology v 31(3): 213-224.

Smith A. 1828. Descriptions of new, or imperfectly known objects of the animal kingdom, found in the south of Africa. South African Commercial Advertiser v. 3 (no. 145): 2.

Smith A. 1829. Contributions to the natural history of South Africa, &c. Zoological Journal, London v. 4 (no. 16) (art. 54): 433-444.

Smith D. G. Schwarzhans W. and Pogonoski J. J. 2016 (15 Sept.). The identity of *Conger japonicus* Bleeker, 1879 (Anguilliformes: Congridae). Copeia v. 104 (no. 3): 734-737.

Smith D. G. 2012 (Sept. 7). A checklist of the moray eels of the world (Teleostei: Anguilliformes: Muraenidae). Zootaxa No. 3474: 1-64.

Smith D. G. and Böhlke E. B. 1997 (31 Oct,). A review of the Indo-Pacific banded morays of the *Gymnothorax reticularis* group, with descriptions of three new species (Pisces, Anguilliformes, Muraenidae). Proceedings of the Academy of Natural Sciences of Philadelphia, Vol. 148: 177-188.

Smith H. M. 1902. Notes on five food-fishes of Lake Buhi, Luzon, Philippine Islands. Bulletin of the U. S. Fish Commission v. 21 [1901]: 167-171.

Smith H. M. and Pope T. E. B. 1906 (24 Sept.). List of fishes collected in Japan in 1903, with descriptions of new genera and species. Proceedings of the United States National Museum v. 31 (no. 1489): 459-499.

Smith J. L. B. 1949. The sea fishes of southern Africa. Central News Agency, Ltd., Cape Town. I-xii + 1-550, Pls. 1-103. (In Fricke *et al*. 2021)

Smith J. L. B. 1958 (Dec.). Rare fishes from South Africa. South African Journal of Science v. 54 (no. 12): 319-323.

Smitt F. A. 1900. Preliminary notes on the arrangement of the genus *Gobius*, with an enumeration of its European species. Öfversigt af Kongliga Vetenskaps-Akademiens förhandlingar, Kungliga Svenska Vetenskapsakademien. v. 56 (no. 6) (for 1889): 543-555.

Snyder J. O. 1909 (18 June). Descriptions of new genera and species of fishes from Japan and the Riu Kiu Islands. Proceedings of the United States National Museum v. 36 (no. 1688): 597-610.

Snyder J. O. 1911. Descriptions of new genera and species of fishes from Japan and the Riu Kiu Islands. Proceedings of the United States National Museum v. 40 (no. 1836): 525-549.

Soldatov V. K. 1922. On a new genus and three new species of Zoarcidae. Ezhegodnik. Zoologicheskogo Muzeya Rossiskoi Akademii Nauk v. 23 (no. 2) (for 1917): 160-163.

Soldatov V. K. and Lindberg G. U. 1930. A review of the fishes of the seas of the Far East. Izvestiia Tikhookeanskogo nauchnogo instituta rybnogo khoziaistva [Bulletins of the Pacific Science Institute] v. 5: i-xlvii+1-576, Pls. 1-15. (In Russian with English summary) (In Fricke *et al.* 2021)

Soldatov V. K. and Pavlenko M. N. 1915a (May). Two new genera of Cottidae from Tartar Strait and Okhotsk Sea. Ezhegodnik, Zoologicheskago Muzeya Imperatorskoi Akademii Nauk v. 20 (for 1915): 149-154, Pl. 4.

Soldatov V. K. and Pavlenko M. N. 1915b. Description of a new species of family Rajidae from Peter the Great Bay and from Okhotsk Sea. Ezhegodnik, Zoologicheskago Muzeya Imperatorskoi Akademii Nauk v. 20 (for 1915): 162-163, Pl. 5.

Son Y.-M., Kim I.-S. and Choo I.-Y. 1987. A new species of torrent catfish, *Liobagrus obesus* from Korea. Korean Journal of Limnology v. 20 (no. 1): 21-29.

Song L., Liu B., Xiang J. and Qian P.-Y. 2001. Molecular phylogeny and species identification of pufferfish of the genus *Takifugu* (Tetraodontiformes, Tetraodontidae). Marine Biotechnology 3: 398-406.

South J. F. 1845. *Thunnus*. Pp. 620-622. Encyclopaedia Metropolitana; or, Universal Dictionary of Knowledge. In: Smedley, E., H. J. Rose and H. J. Rose (eds). London (B. Fellows). v. 25. (In Fricke *et al.* 2021)

Sowerby A. de C. 1921 (28 Dec.). On a new silurid fish from the Yalu River, South Manchuria. Proceedings of the United States National Museum v. 60 (no. 2408): 1-2.

Springer V. G. 1964. A revision of the carcharhinid shark genera *Scoliodon*, *Loxodon*, and *Rhizoprionodon*. Proceedings of the United States National Museum v. 115 (no. 3493): 559-632, Pls. 1-2.

Starnes W. C. 1988. Revision, phylogeny and biogeographic comments on the circumtropical marine percoid fish family Priacanthidae. Bulletin of Marine Science v. 43 (no. 2): 117-203.

Starks E. C. 1924 (29 Mar.). *Hime*, a new genus of fishes related to *Aulopus*. Copeia 1924 No. 127: 30. (In Fricke *et al.* 2021)

Steindachner F. 1866. Ichthyologische Mittheilungen. (IX.) [With subtitles I-VI.]. Verhandlungen der K.-K. zoologisch-botanischen Gesellschaft in Wien v. 16: 761-796, Pls. 13-18.

Steindachner F. 1867a. Ichthyologische Notizen, vierte Folge. Anzeiger der Kaiserlichen Akademie der Wissenschaften, Wien, Mathematisch- Naturwissenschaftlichen Classe v. 4 (no. 8): 63-64.

Steindachner F. 1867b (June). [Ichthyologische] Notizen [5. Folge.]. Anzeiger der Kaiserlichen Akademie der Wissenschaften, Wien, Mathematisch-Naturwissenschaftliche Classe v. 4 (no. 14) (for 16 May 1867): 119-120.

Steindachner F. 1870. Ichthyologische Notizen (X). (Schluss). Sitzungsberichte der Kaiserlichen Akademie der Wissenschaften. Mathematisch- Naturwissenschaftliche Classe v. 61 (1. Abth.): 623-642, Pls. 1-5.

Steindachner F. 1876. Ichthyologische Beiträge (V). [Subtitles i-v.]. Sitzungsberichte der Kaiserlichen Akademie der Wissenschaften. Mathematisch-Naturwissenschaftliche Classe v. 74 (1. Abth.): 49-240, Pls. 1-15.

Steindachner F. 1879. Ichthyologische Beiträge (VIII). Sitzungsberichte der Kaiserlichen Akademie der Wissenschaften. Mathematisch- Naturwissenschaftliche Classe v. 80 (nos 1-2): 119-191, Pls. 1-3.

Steindachner F. 1880a. Ichthyologische Beiträge (IX). I. Über eine Sammlung von Flussfischen von Tohizona auf Madagascar. II. Über zwei neue Agonus-Arten aus Californien. III. Über einige Fischarten aus dem nördlichen Japan, gesammelt von Professor Dybowski. Sitzungsberichte der Kaiserlichen Akademie der Wissenschaften. Mathematisch-Naturwissenschaftliche Classe v. 82 (1. Abth., no. 2): 238-266, Pls. 1-6.

Steindachner F. 1880b (July). Beitäge zur Kenntniss der Flussfische Südamerikas (II) und Ichthyologische Beiträge (IX). Anzeiger der Akademie der Wissenschaften in Wien, Mathematisch-Naturwissenschaftliche Classe v. 17 (no. 19) (for 18 July 1880): 157-159.

Steindachner F. 1881. Ichthyologische Beiträge (X). Sitzungsberichte der Kaiserlichen Akademie der Wissenschaften. Mathematisch- Naturwissenschaftliche Classe v. 83 (1. Abth.): 179-219, Pls. 1-8.

Steindachner F. 1887 (May). Beiträge zur Kenntniss der Fische Japan's. (IV). Anzeiger der Kaiserlichen Akademie der Wissenschaften, Wien, Mathematisch-Naturwissenschaftliche Classe v. 24 (no. 13) (for 20 May 1887): 147-148.

Steindachner F. 1892. Über einige neue und seltene Fischarten aus der ichthyologischen Sammlung des K. K. Naturhistorischen Hofmuseums. Denkschriften der Kaiserlichen Akademie der Wissenschaften in Wien, Mathematisch-Naturwissenschaftliche Classe. v. 59 (1. Abth.): 357-384, Pls. 1-6.

Steindachner F. 1896. Bericht über die während der Reise Sr. Maj. Schiff "Aurora" von Dr. C. Ritter v. Microszewski in den Jahren 1895 und 1896, gesammelten Fische. Annalen des Naturhistorischen Museums in Wien v. 11: 197-230, Pl. 4.

Steindachner F. 1898 (July). Über einige neue Fischarten aus dem rothen Meere. Anzeiger der Kaiserlichen Akademie der Wissenschaften, Wien, Mathematisch-Naturwissenschaftliche

Classe v. 35 (no. 19) (for 14July 1898): 198-200.

Steindachner F. and Döderlein L. 1883a (Mar.). Beiträge zur Kenntniss der Fische Japans (I.). Anzeiger der Kaiserlichen Akademie der Wissenschaften, Wien, Mathematisch-Naturwissenschaftliche Classe v. 20 (no. 7) (for 8 Mar. 1883): 49-50.

Steindachner F. and Döderlein L. 1883b (June). Beiträge zur Kenntniss der Fische Japan's (II.). Anzeiger der Kaiserlichen Akademie der Wissenschaften, Wien, Mathematisch-Naturwissenschaftliche Classe v. 20 (no. 15) (for 14 June 1883): 123-125.

Steindachner F. and Döderlein L. 1883c. Beiträge zur Kenntniss der Fische Japan's. (I.). Denkschriften der Kaiserlichen Akademie der Wissenschaften in Wien, Mathematisch-Naturwissenschaftliche Classe. v. 47 (pt 1): 211-242, Pls. 1-7.

Steindachner F. and Döderlein L. 1883d. Beiträge zur Kenntniss der Fische Japan's. (II.). Denkschriften der Kaiserlichen Akademie der Wissenschaften in Wien, Mathematisch-Naturwissenschaftliche Classe. v. 48 (1. Abth.): 1-40, Pls. 1-7.

Steindachner F. and Döderlein L. 1884. Beiträge zur Kenntniss der Fische Japan's. (III.). Denkschriften der Kaiserlichen Akademie der Wissenschaften in Wien, Mathematisch-Naturwissenschaftliche Classe. v. 49 (1. Abth.): 171-212, Pls. 1-7.

Steindachner F. and Döderlein L. 1887. Beiträge zur Kenntniss der Fische Japan's. (IV.). Denkschriften der Kaiserlichen Akademie der Wissenschaften in Wien, Mathematisch-Naturwissenschaftliche Classe. v. 53 (1. abth.): 257-296, Pls. 1-4.

Steindachner F. and Kner R. 1870. Über einige Pleuronectiden, Salmoniden, Gadoiden und Blenniiden aus der Decastris-Bay und von Viti-Levu. Sitzungsberichte der Kaiserlichen Akademie der Wissenschaften. Mathematisch-Naturwissenschaftliche Classe v. 61 (1. Abth.): 421-446, 1 pl.

Stevenson D. E. 2002. Systematics and distribution of fishes of the Asian goby genera *Chaenogobius* and *Gymnogobius* (Osteichthyes: Perciformes: Goblidae), with the description of a new species. Species Diversity, 7: 251-312

Storer D. H. 1839 (Dec.). A report on the fishes of Massachusetts. Boston Journal of Natural History v. 2 (nos 3-4) (art. 12): 289-558, Pls. 6-8.

Storer D. H. 1843 (Nov.). [Description of a new flatfish.]. Proceedings of the Boston Society of Natural History v. 1 (1841-1844): 130-131.

Suckley G. 1861. Notices of certain new species of North American Salmonidae, chiefly in the collection of the N. W. Boundary Commission, in charge of Archibald Campbell, Esq., Commissioner of the United States, collected by Doctor C. B. R. Kennerly, naturalist to the... Annals of the Lyceum of Natural History of New York v. 7 (art. 30): 306-313.

Suzuki K. 1962 (15 Dec.). Anatomical and taxonomical studies on the carangid fishes of Japan. Report of the Faculty of Fisheries University of Mie v. 4 (no. 2): 43-232. (In Fricke *et al*. 2021)

Suzuki H. and Kimura S. 2017 (21 Jan.). Taxonomic revision of the *Equulites elongatus* (Günther 1874) species group (Perciformes: Leiognathidae) with the description of a new species. Ichthyological Research v. 64 (no. 3): [1-14] 339-352.

Suzuki S., Kawashima T. and Nakabo T. 2009. Taxonomic review of East Asian *Pleuronichthys* (Pleuronectiformes: Pleuronectidae), with description of a new species. Ichthyological Research 56(3): 276-291.

Suzuki T., Shibukawa K. and Aizawa M. 2017 (Feb.). *Rhinogobius mizunoi*, a new species of freshwater goby (Teleostei: Gobiidae) from Japan. Bulletin of the Kanagawa Prefectural Museum (Natural Science) no. 46: 79-95.

Suzuki T., Shibukawa K., Senou H. and Chen I-S. 2015 (7 Oct.). Redescription of *Rhinogobius similis* Gill 1859 (Gobiidae: Gobionellinae), the type species of the genus *Rhinogobius* Gill 1859, with designation of the neotype. Ichthyological Research v. 63 (no. 2): 227-238.

Swainson W. 1838. On the natural history and classification of fishes, amphibians, & reptiles, or monocardian animals. A. Spottiswoode, London. v. 1: i-vi + 1-368.

Swainson W. 1839. On the natural history and classification of fishes, amphibians, & reptiles, or monocardian animals. Spottiswoode & Co., London. v. 2: i-vi + 1-448.

Sykes W. H. 1839 (May). On the fishes of the Deccan. Proceedings of the Zoological Society of London 1838 (pt 6) (for 27 Nov. 1838): 157-165.

Takahashi S. and Okazaki T. 2017 (1 Mar.). *Rhinogobius biwaensis*, a new gobiid fish of the "yoshinobori" species complex, *Rhinogobius* spp., endemic to Lake Biwa, Japan. Ichthyological Research 64: 444-457.

Tanaka S. 1908a. Descriptions of eight new species of fishes from Japan. Annotationes Zoologicae Japonenses v. 7 (pt 1): 27-47.

Tanaka S. 1908b. Notes on some Japanese fishes, with descriptions of fourteen new species. Journal of the College of Science. Imperial University, Tokyo v. 23 (art. 7): 1-54, Pls. 1-4.

Tanaka S. 1909 (10 Oct.). Descriptions of one new genus and ten new species of Japanese fishes. Journal of the College of Science. Imperial University, Tokyo v. 27 (art. 8): 1-27, Pl. 1.

Tanaka S. 1912 (10 Mar.). Figures and descriptions of the fishes of Japan, including the Riukiu Islands, Bonin Islands, Formosa, Kurile Islands, Korea and southern Sakhalin. Imperial University, Tokyo. v. 5: 71-86 + 1 p. (erratum), Pls. 21-25. (In Japanese and English.)

Tanaka S. 1914 (18 Nov.). Figures and descriptions of the fishes of Japan including Riukiu Islands, Bonin Islands, Formosa, Kurile Islands, Korea and southern Sakhalin. v. 18: 295-318, Pls.

86-90. (In Japanese and English.)

Tanaka S. 1915a (10 Aug.). Figures and descriptions of the fishes of Japan including the Riukiu Islands, Bonin Islands, Formosa, Kurile Islands, Korea, and southern Sakhalin. Maruzen, Tokyo. v. 20: 343-370, Pls. 96-100. (In Japanese and English.)

Tanaka S. 1915b (15 Nov.). Ten new species of Japanese fishes. Zoological Magazine Tokyo v. 27 (no. 325): 565-568. (In Japanese.)

Tanaka S. 1915c (15 Dec.). Two new species of Japanese fishes. Zoological Magazine Tokyo v. 27 (no. 326): 615-616 (In Japanese).

Tanaka S. 1916a (15 Feb.). A new species of Japanese fish. Zoological Magazine Tokyo v. 28 (no. 328): 67. (In Japanese.)

Tanaka S. 1916b (25 Apr.). Figures and descriptions of the fishes of Japan including Riukiu Islands, Bonin Islands, Formosa, Kurile Islands, Korea and southern Sakhalin. v. 22: 383-398, Pls. 106-110. (In Japanese and English.)

Tanaka S. 1917a. Eleven new species of fish from Japan. Zoological Magazine Tokyo v. 29 (no. 339): 7-12.

Tanaka S. 1917b. Six new species of Japanese fishes. Zoological Magazine Tokyo v. 29 (no. 340): 37-40. (In Japanese.)

Tanaka S. 1917d (15 Aug.). Three new species of Japanese fishes. Zoological Magazine Tokyo v. 29 (no. 346): 225-226. (In Japanese.)

Tanaka S. 1918. Twelve new species of Japanese fishes. Zoological Magazine Tokyo v. 30 (no. 356): 223-227. (In Japanese.)

Tanaka S. 1922 (1 July). Figures and descriptions of the fishes of Japan including Riukiu Islands, Bonin Islands, Formosa, Kurile Islands, Korea, and southern Sakhalin. Maruzen, Tokyo. v. 32: 583-606, Pls. 145-147. (In Japanese and English.) (In Fricke *et al*. 2021)

Tanaka S. 1925 (8 Sept.). Figures and descriptions of the fishes of Japan including Riukiu Islands, Bonin Islands, Formosa, Kurile Islands, Korea and southern Sakhalin. Maruzen, Tokyo. v. 34: 629-644, Pls. 151-153.

Tanaka S. 1927 (5 Oct.). Figures and descriptions of the fishes of Japan, including Riukiu Islands, Bonin Islands, Formosa, Kurile Islands, Korea and southern Sakhalin. Maruzen, Tokyo. v. 40: 757-784, Pls. 167-169. (In Japanese and English.) (In Fricke *et al*. 2021)

Tanaka S. 1931 (4 Nov.). On the distribution of fishes in Japanese waters. Journal of the Faculty of Science Imperial University of Tokyo. Sec. 4, Zoology v. 3 (pt 1): 1-90, Pls. 1-3.

Tang Q, Liu H., Mayden R. and Xiong B. 2006. Comparison of evolutionary rates in the mitochondrial DNA cytochrome b gene and control region and their implications for phylogeny of the Cobitoidea (Teleostei: Cypriniformes). Molecular Phylogenetics and Evolution 39: 347-357.

Tang Q.-Y., Li X.-B., Yu D., Zhu Y.-R., Ding B.-Q., Liu H.-Z. and Danley P. D. 2018 (12 Feb.). *Saurogobio punctatus* sp. nov., a new cyprinid gudgeon (Teleostei: Cypriniformes) from the Yangtze River, based on both morphological and molecular data. Journal of Fish Biology v. 92 (no. 2): 347-364.

Tang W., Ishimatsu A., Fu C., Yin W., Li G., Chen H., Wu Q. and Li B. 2010, Cryptic species and historical biogeography of eel gobies (Gobioidei: *Odontamblyopus*) along the northwestern Pacific coast. Zoological Science v. 27 (no. 1): 8-13.

Taranetz A. Ya. 1933. Some new freshwater fishes from the Far Eastern of USSR. Doklady Akademii Nauk SSSR, Ser. A (Comptes Rendus de l'Académie des Sciences de l'URSS), Leningrad v. 2: 83-85. (In Russian with English summary.) (In Fricke *et al*. 2021)

Taranetz A. Ya. 1936 (13 Jan.). On some fishes from Sakhalin. Bulletin of the Far Eastern Branch of the Academy of Sciences of the USSR [Vestnik Dal'nevostocnogo Filiala Akademii Nauk SSSR] No. 15 (for 1935): 85-88. (In Russian with English summary.)

Taranetz A. Ya. 1937. Kratkii opredelitel' ryb Sovetskogo Dal'nego Vostoka i prilezhashchikh vod (Abridged Keys to Fishes of the Soviet Far East and Adjacent Waters), /zv. Tikhookeansk. Nauchno-Issled. Inst. Rybn. Khoz. i Okeanografii. Vladivostok, vol. 11, pp. 1-200, 103 figs., map. (In Lindberg and Krasyukova 1989)

Taranetz A. Ya. 1938. On new records of southern elements in ichthyofauna of northwestern part of Japan Sea. Bulletin of the Far Eastern Branch of the Academy of Sciences of the USSR [Vestnik Dal'nevostocnogo Filiala Akademii Nauk SSSR]No. 28: 113-129, 1 Pl. (In Russian with English summary.)

Taranetz A. Ya. and Andriashev A. P. 1934. On a new genus and species, *Petroschmidtia albonotata* (Zoarcidae, Pisces) from the Okhotsk Sea. Doklady Akademii Nauk SSSR, Ser. A (Comptes Rendus de l'Académie des Sciences de l'URSS), Leningrad v. 2 (no. 8): 506-512. (In Russian and English.) (In Fricke *et al*. 2021)

Taranetz A. Ya. and Andriashev A. P. 1935 (1 Dec.). Vier neue Fischcarten der Gattung Lycodes Reinh. aus dem Ochotskischen Meer. Zoologischer Anzeiger v. 112 (nos 9-10): 242-253. (In Fricke *et al*. 2021)

Temminck C. J. and Schlegel H. 1843a (11 Feb.). Pisces. Siebold, P. F. de (ed.): Fauna Japonica, sive descriptio animalium, quae in itinere per Japoniam ... suscepto annis 1823-1830 collegit, notis, observationibus et adumbrationibus illustravit Ph. Fr. de Siebold. Lugduni Batavorum [Leiden] (A. Arnz et soc.). Part 1: 1-20

Temminck C. J. and Schlegel H. 1843b (19 Mar.). Pisces. In: Siebold, P. F. de (ed.): Fauna

Japonica, sive descriptio animalium, quae in itinere per Japoniam ... suscepto annis 1823-1830 collegit, notis, observationibus et adumbrationibus illustravit Ph. Fr. de Siebold. Lugduni Batavorum [Leiden] (A. Arnz et soc.). Parts 2-4: 21-72

Temminck C. J. and Schlegel H. 1844 (18 Dec.). Pisces. In: Siebold, P. F. de (ed.): Fauna Japonica, sive descriptio animalium, quae in itinere per Japoniam ... suscepto annis 1823-1830 collegit, notis, observationibus et adumbrationibus illustravit Ph. Fr. de Siebold. Lugduni Batavorum [Leiden] (A. Arnz et soc.). Parts 5-6: 73-112

Temminck C. J. and Schlegel H. 1845. Pisces. In: Siebold, P. F. de (ed.): Fauna Japonica, sive descriptio animalium, quae in itinere per Japoniam ... suscepto annis 1823-1830 collegit, notis, observationibus et adumbrationibus illustravit Ph. Fr. de Siebold. Lugduni Batavorum [Leiden] (A. Arnz et soc.). Parts 7-9: 113-172, Pls. 1-143 + A.

Temminck C. J. and Schlegel H. 1846. Pisces. In: Siebold, P. F. de (ed.): Fauna Japonica, sive descriptio animalium, quae in itinere per Japoniam ... suscepto annis 1823-1830 collegit, notis, observationibus et adumbrationibus illustravit Ph. Fr. de Siebold. Lugduni Batavorum [Leiden] (A. Arnz et soc.). Parts 10-14: 173-269

Temminck C. J. and Schlegel H. 1850. Pisces. In: Siebold, P. F. de (ed.): Fauna Japonica, sive descriptio animalium, quae in itinere per Japoniam ... suscepto annis 1823-1830 collegit, notis, observationibus et adumbrationibus illustravit Ph. Fr. de Siebold. Lugduni Batavorum [Leiden] (A. Arnz et soc.). Last part (15): 270-324

Thompson B. A. 1998. Redescription of *Aulopus bajacali* Parin and Kotlyar, 1984, comments on its relationship and new distribution records. Ichthyological Research 45: 43–51.

Thompson W. 1840 (Apr.). On a new genus of fishes from India. Magazine of Natural History [E. Charlesworth, ed.] (n.s.) v. 4 (art. 6): 184-187.

Thunberg C. P. 1787. Museum naturalium Academiae Upsaliensis. ... Praesidae. C. P. Thunberg, etc. Part 1. Upsaliae.

Thunberg C. P. 1792. Tvånne Japanske fiskar. Kongliga Vetenskaps-Academiens Handlingar, Stockholm v. 13 (for 1792): 29-32, Pl. 1.

Thunberg C. P. 1793a. Beskrifning på 2:ne nya fiskar af abborr-slägtet ifrån Japan. Kongliga Vetenskaps-Academiens Handlingar, Stockholm v. 14 (for 1793): 55-56, Pl. 1.

Thunberg C. P. 1793b. Beskrifning på nya fisk-arter utaf abbor-slägtet ifrån Japan. Kongliga Vetenskaps-Academiens Handlingar, Stockholm v. 14 (for 1793): 198-200, Pl. 7.

Tilesius W. G. von 1809. Description de quelques poissons observés pendant son voyage autour du monde. Mémoires de la Société impériale des naturalistes de Moscou v. 2 (art. 20): 212-249, Pls. 13-17.

Tilesius W. G. von 1810. Piscium Camtschaticorum ТЕРПУКЬ et ВАХНЯ. Descriptiones et icones. [With subtitles.]. Mémoires de l'Académie Impériale des Sciences de Saint Pétersbourg v. 2: 335-375, Pls. 15-20.

Tilesius W. G. von 1811. Piscium Camtschaticorum descriptiones et icones. Mémoires de l'Académie Impériale des Sciences de Saint Pétersbourg v. 3: 225-285, Pls. 8-13.

Tilesius W. G. von 1813. Iconum et descriptionum piscium Camtschaticorum continuatio tertia tentamen monographiae generis Agoni blochiani sistens. Mémoires de l'Académie Impériale des Sciences de Saint Pétersbourg v. 4 (for 1811): 406-478, Pls. 11-16.

Tilesius W. G. von, 1814. Atlas zur Reise um die Welt, unternommen auf Befehl Seiner Kaiserlichen Majestät Alexander des Ersten auf den Schiffen Nadeshda und Neva unter dem Commando des Captains von Krusenstern. Atlas. St. Petersburg. Pls. 1-106.

Tominaga K. and Kawase S. 2019 (24 Apr.). Two new species of *Pseudogobio* pike gudgeon (Cypriniformes: Cyprinidae: Gobioninae) from Japan, and redescription of *P. esocinus* (Temminck and Schlegel 1846). Ichthyological Research v. 66 (no. 4): 488-508 [1-21]

Tomiyama I. 1934 (Dec.). Four new species of gobies of Japan. Journal of the Faculty of Science, University of Tokyo Section IV Zoology v. 3 (pt 3): 325-334. (In Fricke *et al*. 2021)

Tomiyama I. 1936. Gobiidae of Japan. Japanese Journal of Zoology v. 7 (no. 1): 37-112.

Tomiyama I. 1972 (Mar.). List of the fishes preserved in the Aitsu Marine Biological Station, Kumamoto University, with notes on some interesting species and descriptions of two new species. Publications from the Amakusa Marine Biological Laboratory Kyushu University v. 3 (no. 1): 1-21. (In Fricke *et al*. 2021)

Tomiyama I. and Abe T. 1953 (June). Figures and descriptions of the fishes of Japan (a continuation of Dr. Shigeho Tanaka's work). Tokyo. v. 49: 961-982, Pls 191-195. (In Fricke *et al*. 2021)

Tomiyama I. and Abe T. 1958 (Mar.). Figures and descriptions of the fishes of Japan (a continuation of Dr. Shigeho Tanaka's work). Tokyo. v. 57: 1171-1194, Pls. 229-231. (In Fricke *et al*. 2021)

Tomiyama I., Abe T. and Tokioka T. 1962. Encyclopaedia zoologica illustrated in colours, Volume II. Vertebrates (Pisces Cyclostomata), Tokyo, Hokuryu-kan Pub. Co., 392p. (In Japanese.)

Tortonese E. 1936. Un nuovo Percoide dell'Oceano Indiano (*Hapalogenys pictus*, n. sp.). Bollettino dei Musei di Zoologia ed Anatomia Comparata della R. Università di Torino. (Ser. 3) v. 45 (1935-36) (no. 67): 281-284 [1-4], Pl. 1. (In Fricke *et al*. 2021)

Toyoshima M. 1985 (Dec.). Taxonomy of the subfamily Lycodinae (family Zoarcidae) in Japan and adjacent waters. Memoirs of the Faculty of Fisheries Hokkaido University v. 32 (no. 2): 131-

243.

Toyoshima M. and Honma Y. 1980 (15 May). Description of a new zoarcid fish, *Lycodes sadoensis*, from the Sea of Japan. Japanese Journal of Ichthyology v. 27 (no. 1): 48-50.

Trewavas E. 1971 (Oct.). The syntypes of the sciaenid *Corvina albida* Cuvier and the status of Dendrophysa hooghliensis Sinha and Rao and *Nibea coibor* (nec. Hamilton) of Chu, Lo & Wu. Journal of Fish Biology v. 3 (no. 4): 453-461. (In Fricke *et al.* 2021)

Tsadok R., Rubin-Blum M., Shemesh E. and Tchernov D. 2015. On the occurrence and identification of *Abudefduf saxatilis* (Linnaeus, 1758) in the easternmost Mediterranean Sea. Aquatic Invasions 10: 101-105.

Turanov S. V., Balanov A. A., and Shelekhov V. A. 2019 (Oct.). Species of the genus *Ammodytes* (Ammodytidae) in the northwestern part of the Sea of Japan. Journal of Applied Ichthyology v. 35: 1303-1306.

Uchida K. 1939 (Aug.). The fishes of Tyosen [Korea]. Part I. Nematognathi, Eventognathi. 1-8 + 1-458, Pls. 1-2 (color) + Pls. 1-47. [Bulletin of the Fisheries Experiment Station of the Government-General of Tyosen, No. 6.] (In Japanese.)

Uchida K. and Yabe H. 1939. The fish-fauna of Saisyu-to (Quelpart Island) and its adjacent waters. Journal of the Chosen Natural History Society 25, 3-16.

U. S. Fish and Wildlife Service 2019. Largemouth bass (*Micropterus salmoides*): Ecological risk screening summary. U. S. Fish and Wildlife Service, Web version 8/26/2019: 1-35.

Vahl M. 1797. Beskrivelse tvende nye arter af Bredflab-slaegten *Lophius*. Skrivter af Naturhistorie-Selskabet Kiøbenhavn v. 4: 212-216, Pl. 3.

Valenciennes A. 1858. Description d'une nouvelle espèce d'Aspidophore pêché dans l'une des anses du port de l'empereur Nicolas ... Comptes rendus hebdomadaires des séances de l'Académie des Sciences. v. 47: 1040-1043.

van der Hoeven J. 1855. Handboek der Dierkunde [Handbook of zoology]. Tweede, verbeterde en vermeerderde uitgave, Vol. 2. J. C. A. Sulpke, Amsterdam. 2nd Edition. i-xxviii + 1-1068, Pls. 13-24. [Fishes, vol. 2, pp. 188-419.]

van Hasselt J. C. 1823. Uittreksel uit een' brief van Dr. J. C. van Hasselt, aan den Heer C. J. Temminck. Algemeene Konst- en Letter-bode voor het Jaar I Deel (no. 20): 315-317.

van Hasselt J. C. 1824. Extrait d'une seconde lettre sur les poissons de Java, écrite par M. van Hasselt à M. C.-J. Temminck, datée de Tjecande, résidence de Bantam, 29 décembre 1822. Bulletin des Sciences Naturelles et de Géologie (Férussac), Paris v. 2: 374-377.

Vasil'eva E. D., Vasil'ev V. P., Shedko S. V. and Novomodny G. V. 2009. The validation of specific status of the Sakhalin sturgeon *Acipenser mikadoi* (Acipenseridae) in the light of recent genetic and morphological data. Journal of Ichthyology, vol. 49, no. 10: 868-873.

Vilasri V., Ho H.-C., Kawai T. and Gomon M. F. 2019. A new stargazer, *Ichthyscopus pollicaris* (Perciformes: Uranoscopidae), from East Asia. Zootaxa 4702 (1): 49-59.

Vinnikova K. A., Thomson R. C. and Munroe T. A. 2018. Revised classification of the righteye flounders (Teleostei: Pleuronectidae) based on multilocus phylogeny with complete taxon sampling. Molecular Phylogenetics and Evolution 125: 147-162.

Voronina E. P., Prokofiev A. M. and Prirodina V. P. 2016. Review of the flatfishes of Vietnam in the collection of Zoological Institute, Saint Petersburg. Proceedings of the Zoological Institute, Russian Academy of Sciences v. 320 (no. 4): 381-430.

Waite E. R. 1899 (23 Dec.). Scientific results of the trawling expedition of H. M. C. S. "Thetis," off the coast of New South Wales, in February and March, 1898. Memoirs of the Australian Museum, Sydney v. 4 (pt 1): 2-132, Pls. 1-31.

Waite E. R. 1904 (11 Mar.). Additions to the fish fauna of Lord Howe Island, No. 4. Records of the Australian Museum v. 5 (no. 3): 135-186, Pls. 17-24.

Waite E. R. 1911. Additions to the fish fauna of New Zealand: No. II. Transactions and Proceedings of the New Zealand Institute v. 43 (pt 2) (for 1910): 49-51.

Wakiya Y. 1917. *Sebastodes matsubarae* (Hilgendorf) and its related red rockfishes. Suikan-gakkai-shi v. 2 (no. 1): 1-21. (In Fricke *et al.* 2021)

Wakiya Y. 1924 (1 July). The carangoid fishes of Japan. Annals of the Carnegie Museum v. 15 (nos 2-3): 139-292, Pls. 15-38.

Wakiya Y. and Mori T. 1929 (25 Dec.). On two new loaches of the genus *Cobitis* from Corea. Journal of the Chosen Natural History Society No. 9: 31-33, Pl. 2.

Wakiya Y. and Takahasi N. 1913. Nihon san Shirauo [Salangidae of Japan.]. Zoological Magazine Tokyo v. 25: 551-555, Pl. 13.

Wakiya Y. and Takahasi N. 1937 (Dec.). Study on fishes of the family Salangidae. Journal of the College of Agriculture, Imperial University Tokyo v. 14 (no. 4): 265-296, Pls. 16-21. (In Fricke *et al.* 2021)

Walbaum J. J. 1792. Petri Artedi sueci genera piscium. In quibus systema totum ichthyologiae proponitur cum classibus, ordinibus, generum characteribus, specierum differentiis, observationibus plurimis. Redactis speciebus 242 ad genera 52. Ichthyologiae pars III. Ant. Ferdin. Rose, Grypeswaldiae [Greifswald]. Part 3: [i-viii] + 1-723, Pls. 1-3.

Walters V. and Fitch J. E. 1960 (Oct.). The families and genera of the lampridiform (Allotriognath) suborder Trachipteroidei. California Fish and Game v. 46 (no. 4): 441-451.

Wang H.-Y. 1984 (June). Fishes of Beijing. 1984: 1-115

Wang K.-F. and Wang S.-C. 1935 (Feb.). Study of the teleost fishes of coastal region of Shangtung III. Contributions from the Biological Laboratory of the Science Society of China. (Zoological Series) v. 11 (no. 6): 165-237. (In Fricke *et al.* 2021)

Weber M. 1913. Die Fische der Siboga-Expedition. E. J. Brill, Leiden. i-xii + 1-710, Pls. 1-12.

Wetland International 2010. Biodiversity loss and the global water crisis: A fact book on the links between biodiversity and water security. 28p.

White J. 1790. Journal of a voyage to new South wales. Printed for J. Debratt, London. 299 pp.

White W. T., Corrigan S., Yang L., Henderson A. C., Bazinet A. L., Swofford D. L. and Naylor G. J. P. 2018 (Jan.). Phylogeny of the manta and devilrays (Chondrichthyes: Mobulidae), with an updated taxonomic arrangement for the family. Zoological Journal of the Linnean Society v. 182 (no. 1): 50-75.

Whitehead P. J. P. 1985. FAO species catalog. Clupeoid fishes of the world (suborder Clupeoidei). Part 1 - Chirocentridae, Clupeidae and Pristigasteridae. FAO (Food and Agriculture Organization of the United Nations) Fisheries Synopsis No. 125, v. 7 (pt 1): i-x + 1-303.

Whitehead P. J. P., Nelson G. J. and Wongratana T. 1988. FAO species catalogue. Clupeoid fishes of the world (Suborder Clupeoidei). An annotated and illustrated catalogue of the herrings, sardines, pilchards, sprats, anchovies and wolf-herrings. Part 2. Engraulididae. FAO (Food and Agriculture Organization of the United Nations) Fisheries Synopsis No. 125, v. 7 (pt 2): 305-579.

Whitley G. P. 1929. Additions to the check-list of the fishes of New South Wales. No. 2. Australian Zoologist v. 5 (pt 4): 353-357.

Whitley G. P. 1930a (14 Jan.). Additions to the check-list of the fishes of New South Wales. (No. 3). Australian Zoologist v. 6 (pt 2): 117-123, Pl. 14.

Whitley G. P. 1930b (14 Jan.). Leatherjacket genera. Australian Zoologist v. 6 (pt 2): 179.

Whitley G. P. 1931. New names for Australian fishes. Australian Zoologist v. 6 (pt 4): 310-334, Pls. 25-27.

Whitley G. P. 1932a (27 Feb.). Fishes. Great Barrier Reef Expedition, 1928-29: scientific reports. v. 4 (no. 9): 267-316, Pls. 1-4.

Whitley G. P. 1932b (30 Mar.). Some fishes of the family Leiognathidae. Memoirs of the Queensland Museum v. 10 (pt 2): 99-116, Pls. 13-14.

Whitley G. P. 1933. Studies in ichthyology. No. 7. Records of the Australian Museum v. 19 (no. 1): 60-112, Pls. 11-15.

Whitley G. P. 1934 (26 Mar.). Studies in ichthyology. No. 8. Records of the Australian Museum v. 19 (no. 2): 153-163.

Whitley G. P. 1940 (30 May). The Nomenclator Zoologicus and some new fish names. Australian Naturalist v. 10 (no. 7): 241-243. (In Fricke *et al*. 2021)

Whitley G. P. 1943 (15 Sept.). Ichthyological descriptions and notes. Proceedings of the Linnean Society of New South Wales v. 68 (pts 3-4) (nos. 307-308): 114-144.

Whitley G. P. 1964 (1 May). Fishes from the Coral Sea and the Swain Reefs. Records of the Australian Museum v. 26 (no. 5): 145-195, Pls. 8-10.

Wilimovsky N. J. 1956 (30 Aug.). A new name, *Lumpenus sagitta*, to replace *Lumpenus gracilis* (Ayres), for a northern Blennioid fish (family Stichaeidae). Stanford Ichthyological Bulletin v. 7 (no. 2): 23-24. (In Fricke *et al*. 2021)

Wongratana T. 1980. Systematics of clupeoid fishes of the Indo-Pacific region. Ph.D. thesis. Faculty of Science, University of London, 2 vols, 432 pp., 334 pls, 126 figs, 17 tables.

Wongratana T. 1987. Four new species of clupeoid fishes (Clupeidae and Engraulidae) from Australian waters. Proceedings of the Biological Society of Washington 100: 104–111.

Wood W. W. 1825 (15 Mar). Descriptions of four new species of the Linnaean genus *Blennius*, and a new *Exocoetus*. Journal of the Academy of Natural Sciences, Philadelphia v. 4 (pt 2): 278-284, Pl. 17.

Wu H.-W. and Wang K.-F. 1931. Four new fishes from Chefoo. Contributions from the Biological Laboratory of the Science Society of China. (Zoological Series) v. 8 (no. 1): 1-7. (In Fricke *et al*. 2021)

Wu H.-W. and Wang K.-F. 1933 (Feb.). A review of the discobolous fishes on the Chinese coast. Contributions from the Biological Laboratory of the Science Society of China. (Zoological Series) v. 2 (no. 2): 77-86. (In Fricke *et al*. 2021)

Xiao J.-G., Yu Z.-S., Song N. and Gao T.-X. 2021 (18 Jan.). Description of a new species, *Sillago nigrofasciata* sp. nov. (Perciformes, Sillaginidae) from the southern coast of China. ZooKeys No. 1011: 85-100.

Xie Y. 1986. The fish fauna of the Yalu River. Transactions of the Chinese Ichthyological Society no. 5: 91-100. (In Chinese with English summary.)

Xu J., Dong C., He T., Li Q., Xu P. and Sun X. 2014. Complete mitochondrial genome of *Sarcocheilichthys lacustris* (Cypriniformes, Cyprinidae). Mitochondrial DNA, Early Online: 1–2.

Yagishita N. and Nakabo T. 2000 (25 May). Revision of the genus *Girella* (Girellidae) from East Asia. Ichthyological Research v. 47 (no. 2): 119-135.

Yagishita N. and Nakabo T. 2002. Two additional paralectotypes of *Crenidens melanichthys* Richardson, 1846 (Girellidae). Ichthyological Research v. 49 (no. 3): 294-295.

Yagishita N., Jeon S.-R. and Nakabo T. 2003. First record of *Epinephelus heniochus* (Perciformes:

Serranidae) from Korea. Korean Journal of Ichthyology, 15(2): 105-108.

Yamada U., Shirai S., Tokimura M., Deng S., Zheng Y., Li C., Kim Y. U. and Kim Y. S. 1995. Names and illustrations of fishes from the East China Sea and the Yellow Sea - Japanese·Chinese·Korean - Overseas Fishery Cooperation Foundation, Tokyo, 288 pp

Yamada U., Shirai S., Iroe T., Tokimura M., Deng S., Zheng Y., Li C., Kim Y. U. and Kim Y. S. 1995. Names and illustrations of fishes from the East China Sea and the Yellow Sea. Nihon Shiko Printing Co. Ltd, 288pp. (In Korean, Japanese and Chinese). (In Koh JR and Moon DY 2003a)

Yamanoue Y., Miya M., Matsuura K., Miyazawa S., Tsukamoto N., Doi H., Takahashi H., Mabuchi K., Nishida M. and Sakai H. 2009. Explosive speciation of *Takifugu*: Another use of *Fugu* as a model system for evolutionary biology. Mol. Biol. Evol. 26(3): 623-629.

Yang J., Li C., Chen W., Li Y., and Li X. 2018. Genetic diversity and population demographic history of *Ochetobius elongatus* in the middle and lower reaches of the Xijiang River. Biodiversity Science v. 26 (no. 12): 1289-1295.

Yang Q., Han Z., Sun D., Xie S., Lin L. and Gao T. 2010. Genetics and phylogeny of genus *Coilia* in China based on AFLP markers. Chinese Journal of Oceanology and Limnology v. 28 (no. 4); 795-801.

Yatsu A., Yasuda F. and Taki Y. 1978 (26 June). A new stichaeid fish, *Dictyosoma rubrimaculata* from Japan, with notes on the geographic dimorphism in *Dictyosoma burgeri*. Japanese Journal of Ichthyology v. 25 (no. 1): 40-50. (In English with Japanese summary.)

Yeo S. and Kim J.-K. 2016 (Mar.). New record of *Uraspis uraspis* and redescription of *Uraspis helvola* (Pisces: Carangidae) from Korea. Korean Journal of Ichthyology v. 28 (no. 1): 57-64.

Yih P.-L. 1955. Notes on *Megalobrama amblycephala*, sp. nov., a distinct species from *M. terminalis* (Richardson). Acta Hydrobiologica Sinica v. 1 (no. 2): 115-122, Pl. 1. (In Chinese.) https://fishdb.sinica.edu.tw/eng/documentlist.php?s=y&dere=desc&page= 259&R1=&D1=& orderby=Year&pz=14&key=&Code.

Yih P.-L. and Wu C.-K. 1964. Abramidinae. Pp. 63-120. In: H-W. Wu (ed.) Zhongguo like yulei zhi. [The cyprinid fishes of China] Volume 1. Science Press, Shanghai. v. 1. (In Chinese.)

Yim H.-S., Park J.-H. and Han K.-H. 2007. First record of ghost pipefish, *Solenostomus cyanopterus* (Solenostomidae: Gasterosteiformes) from Korea. Korean Journal of Ichthyology 19(4): 360-364.

Yoshida T., Motomura H., Musikasinthorn P. and Matsuura K. 2013. Fishes of northern Gulf of Thailand. National Museum of Nature and Science etc.: i-viii + 1-239.

Yoshigou H. and Yoshino T. 1999. Records of an apogonid fish *Apogon lateralis* and a gobiid fish

Acentrogobius caninus from the Ryukyu Islands. I. O. P. Diving News v. 10 (no. 9) [Sept.]: 4-7. (In Japanese, English abstract.)

Youn C.-H. 1998 (Dec.). New record of three percoids (Pisces: Perciformes) from Cheju Island, Korea. Korean Journal of Ichthyology v. 10 (no. 2): 260-267.

Youn C.-H. and Kim B.-J. 2000 (Dec.). First record of the Atka mackerel, *Pleurogrammus monopterygius* (Hexagrammidae: Scorpaeniformes) from Korea. Korean Journal of Ichthyology v. 12 (no. 4): 250-253.

Youn C.-H., Huh S.-H. and Jo C.-O. 2000. New record of the two anglerfishes (Pisces: Lophiiformes) from Korea. Korean Journal of Ichthyology v. 12 (no. 4): 254-258.

Zhang L., Tang Q. Y. and Liu H. Z. 2008. Phylogeny and speciation of the eastern Asian cyprinid genus *Sarcocheilichthys*. Journal of Fish Biology 72: 1122-1137.

Zheng P.-S., Hwang H.-M., Chang Y.-L. and Dai D.-Y. 1980 (Feb.). The fishes of the River Tumen. 1-111. https://ca.wikipedia.org/wiki/Mesogobio_tumenensis

Zhu S.-Q. 1995. Synopsis of freshwater fishes of China. Jiangsu Science and Technology Publishing House, Nanjing. 7 unnumbered pp. + i-v + 1-549. (In Chinese with English summary)

Zuiew B. 1793. Biga Mvraenarvm, novae species descriptae. Nova Acta Academiae Scientiarum Imperialis Petropolitanae v. 7 (for 1789): 296-301, Pl. 7 (figs. 1-2).

강언종, 김광석, 박승렬, 손상규 2000. 극동산, 북미산 및 유럽산 실뱀장어의 종 구분과 성장에 따른 형태적 변화. 한국어류학회지 12(4): 244–249.

강종희, 남정호, 최성애, 김정봉, 김수진, 이헌동, 황진회, 심기섭 2006. 통일시대 대비 남 · 북한 해양수산 협력방안. 한국해양수산개발원, 서울. 650pp.

고유봉, 신희섭 1988. 제주도 북촌연안 수산자원 유영생물의 출현과 먹이연쇄에 관한 연구 I. 종조성과 다양도. 한국수산학회지 21(3): 131–138.

고정락, 김용억, 명정구 1995. 한국산 놀래기과 어류 2미기록종. 한국어류학회지 7(1): 1–7.

국립생물자원관 2019. 국가 생물 종 목록 II. 척추동물 · 무척추동물 · 원생동물. 디자인집, 908p.

국립수산진흥원(편) 1988. 원양산어류도감. 태평양산 어류. 부산. 189p.

국어연구소 1990(30 Jun.). 남북한 언어 차이 조사 (III. 한자어 · 외래어편). 태양문화사, 서울. 558p.

권혁준, 김진구 2010(Jun.). 한국 주변해역 보리멸과 (농어목) 4종의 분류학적 재검토. 한국어류학회지, 22(2): 105–114.

김광수 2009. 남북한 생물학 용어의 사용 실태와 통일 방안. 인문논총 24집(경남대학교): 79–107.

김광주, 김문성, 최금철, 최승일, 리영도, 림창애, 조만수, 리형범, 허명혁, 조성룡 2007. 조선서해연안생물다양성. 공업출판사, 141p.

김균현, 김용억, 김영섭 1988. 한국산 미기록어류 5종. 한국수산학회지 21(2): 105–112.

김남신, 김석주, 김영화, 정영희 2019. 북한 생물정보 DB 구축에 의한 남북한 동ㆍ식물명 비교연구. 한국환경 복원기술학회지 22(6): 27–39.

김리태 1965. 태평양서부어업연구위원회 제8차 전원회의 논문집 (제8차), 47–60 (김리태 1972 재인용)

김리태 1972. 조선담수어류지, 과학원출판사, 402p.

김리태 1975. 조선 서해어류 조사목록. 생물학 (4): 37–44.

김리태 1977a. 몇 가지 미기록종 어류에 대하여(제3보). 조선어류목록에 새로 첨가할 1속 1종. 생물학, no. 3: 41–42.

김리태 1977b. 조선서해어류지, 과학백과사전출판사, 393p.

김리태 1980. 조선산 버들치속 1신종에 대하여. 생물학 2: 27–29.

김리태 1985. 조선산 산천어속(*Salvelinus*)의 새 아종에 대하여. 생물학 2: 20–22.

김리태 1995. 백두산지구 물고기, 공업종합출판사, 평양. 100p.

김리태 1998. 우리나라 산천어의 새 변종 천지산천어 (*Salvelinus malma M. chonjiensis*)에 대하여. 생물학, 2호: 53–54.

김리태, 길재균 2006 (5 Jun.). 조선동물지(어류편 1). 과학기술출판사, 평양. 258p.

김리태, 길재균 2007 (10 Jul.). 조선동물지(어류편 2). 과학기술출판사, 평양. 287p.

김리태, 길재균 2008 (10 Jun.). 조선동물지(어류편 3). 과학기술출판사, 평양. 293p.

김리태, 김우숙 1981. 압록강 어류. 과학백과사전출판사, 251p.

김명렬, 김리태 1987. 보가지속 (*Fugu*)의 새종 강보가지 (*Fugu fluviatilus* nov. sp.). 생물학, 2호: 27–29.

김문기 2016. 玆山魚譜와 海族圖說. 근세 동아시아 어류박물학의 갈림길. 역사와 경계 101(2016.12): 67–132.

김병직, 2012. 북한지역의 어류 종목록. 국립생물자원관, pp. 1–29. 국가 생물종목록집(북한지역 척추동물). 국립생물자원관, 인천.

김영자, 전상린 1996. 한국산 꾹저구(망둑어과) 3형의 형태적 특징. 자연과학논문집(상명대학교) 3: 1–21.

김용억, 김진구 1998. 한국산 *Chelon*속 (Pisces, Mugilidae) 어류의 분류학적 재검토. 한국어류학회지 10(2): 250–259.

김용억, 유정화 1998. 한국근해 수역의 옥돔속 (genus *Branchiostegus*) 어류의 분류학적 재검토. 한국어류학회지 10(1): 40–48.

김용억, 한경호 1989. 한국근해 병어류의 자원생물학적 연구 1. 병어류의 형태에 관한 연구한국수산학회지 22(5): 241–265.

김용억, 김영섭, 한경호 1993. 한국산 투라치과 (Trachipteridae) 어류의 1미기록종 *Trachipterus ishikawae*

Jordan and Snyder. 한국어류학회 추계발표. 11월 20 1993. 239p.

김용억, 명정구, 김영섭, 한경호, 강춘배, 김진구 2001. 한국해산어류도감. 도서출판 한글. 부산. 382pp.

김익수 1997. 한국동식물도감 제37권. 동물편(담수어류). 교육부. 1-629, 49 pls.

김익수, 김소영 1993. 한국산 송사리 두 종의 교잡실험. 한국어류학회지 5(1): 113-121.

김익수, 박종영 2002 (15. Feb.) 한국의 민물고기. 교학사. 465p.

김익수, 강언종 1991. 한국산 베도라치아목과 등가시치아목(농어목) 어류의 분류학적 재검토. 한국동물학회지 34: 500-525.

김익수, 김용억, 이용주 1986. 한국산 망둑어과 어류. 한국수산학회지 19(4): 387-408.

김익수, 윤창호 1994. 한국산 가자미아목 어류의 분류학적 연구. 한국어류학회지 6(2): 99-131.

김익수, 이금영 1988. 한국산 점줄종개 (*Cobitis lutheri*)와 줄종개 (*C. striata*)의 분류학적 연구. 한국동물분류학회지 4(2): 91-102.

김익수, 이완옥 1990. 한국산 참복아목 어류. 한국어류학회지 2(1): 1-27.

김익수, 이완옥 1991. 한국산 파랑쥐치아목(복어목) 어류의 분류. 한국어류학회지 3(2): 98-119.

김익수, 이완옥 1994. 제주도의 어류상. 한국의 어류상 연구 1: 1-51.

김익수, 이용주 1984a. 한국산 몰개(*Squalidus*)속 어류의 분류학적 재검토. 한국수산학회지 17(2): 132-138.

김익수, 이충렬 1984b (Apr.). 한국산 중고기속 *Sarcocheilichthys* 어류(Cyprinidae, Pisces)의 분류학적 재검토. 한국육수학회지 17(1-2): 57-63

김익수, 이충렬 1985. 한국산 *Culter*속과 *Erythroculter*속 어류에 관하여. 한국육수학회지 18(3-4): 67-72.

김익수, 김용억, 이용주 1986. 한국산 망둑어과 어류. 한국수산학회지 19(4): 387-408.

김익수, 최윤 1989. 한국산 검정망둑(*Tridentiger*)속 어류의 분류학적 연구. 한국수산학회지22(2): 59-69.

김익수, 최윤, 이충렬, 이용주, 김병직, 김지현. 2005. 원색한국어류대도감(1판). (주)교학사. 서울. 615pp.

김익수, 최윤, 이충렬, 이용주, 김병직, 김지현. 2011. 원색한국어류대도감(2판). (주)교학사. 서울. 615p.

김진구, 유정화, 조선형, 명정구, 강춘배, 김용억, 김종만 2001. 한국산 날치과 (Beloniformes, Exocoetidae) 어류 5종의 분류학적 재검토. 한국어류학회지 13(2): 100-110.

라혜강, 최 윤, 임 환 철 2005. 한국산 주둥치속(농어목) 어류의 분류학적 재검토. 한국어류학회지 17(2): 91-97.

명정구. 1997. 제주도 문섬 주변의 어류상. 한국어류학회지 9: 5-14.

명정구, 고정락, 김용억 1994. 한국산 투라치과 어류의 1미기록종, *Zu cristatus* (Bonelli). 한국어류학회 준계발표, 안산, 5월 22-23 1994. pp. 87-88.

백정익, 한경호, 이성훈, 김진구 2018. 참복속(genus *Takifugu*) 어류 3종과 미동정 1종의 형태 및 유전학적 비교. 한국수산과학회지 51(4): 404-410.

변화근, 2018. 서울시 한강의 어류군집과 외래종 분포 특성. 한국어류학회지 30(3): 144–154.

손용호, 1980. 조선동해어류지. 과학백과사전출판사, 464p

송영선, 반태우, 김진구 2015 (Sep.). 한국산 꼼치과 어류의 분자계통 및 분류학적 재검토. 한국어류학회지 27(3): 165–182.

안준철, 정원석, 나진호, 윤형복, 신경재, 이경우, 박준택 2015. 국내양식 민물장어 4 종(*Anguilla japonica*, *A. rostrata*, *A. bicolor pacifica* 및 *A. marmorata*)의 주요 영양성분의 평가. 한국수산과학회지 48(1): 44–50.

여민유, 김진구 2018 (Dec.). 한국산 매퉁이속(홍메치목, 매퉁이과) 어류의 분류학적 재검토. 한국어류학회지 30(4): 205–216.

유재명, 김성, 이은경, 김웅서, 명철수 1995. 제주바다물고기. 현암사, 서울. 248pp.

윤창호, 김익수 1996. 한국산 멸치과 어류의 분류학적 연구. 한국어류학회지 8(2): 33–46.

윤창호, 김익수 1998. 한국산 청어과 어류의 분류학적 연구. 한국어류학회지 10(1): 49–60.

윤창호, 김익수, 이완옥 1999. 한국산 빙어속 (genus *Hypomesus*) 어류의 분류학적 재검토. 한국어류학회지 11(2): 149–154.

이순길, 김용억, 명정구, 김종만 2000. 한국산어명집. 한국해양연구원. 222p.

이용주 1992. 한국산 문절망둑속과 풀망둑속 어류의 분류학적 연구. 한국어류학회지 4(2): 1–25.

이용주 2010 (Mar.). 한국산 꾹저구속 (농어목: 망둑어과) 어류의 분류학적 재검토. 한국어류학회지 22(1): 65–77.

이우준, 김성용, 김진구 2016. 뉴질랜드 곱상어속 어류, *Squalus acanthias*와의 형태 및 분자 비교에 의한 한국산 "곱상어"의 *Squalus suckleyi* (돔발상어과, 연골어강)로의 학명 변경. 한국수산과학회지 49(4): 493–498.

이춘근, 김종선 2016. 통일 이후 남북한 과학기술체제 통합방안. KDI 북한경제리뷰(과학기술정책연구원). 2016년 4월호: 84–88.

이춘근, 김종선, 박은혜, 남달리 2015. 통일 이후 남북한 과학기술체제 통합방안. 경성문화사, 세종시. 128pp.

이충렬, 2000. 한국산 성대과(횟대목) 어류의 분류학적 재검토. 한국어류학회지 12(1): 1–13.

이충렬, 박미혜 1992. 한국산 민어과 (농어목) 어류의 분류학적 재검토. 한국어류학회지 4(1): 29–53.

이충렬, 박미혜 1994. 한국산 붕장어과(뱀장어목) 어류의 분류. 한국어류학회지 6(2): 132–159.

이충렬, 주동수 1996. 소흑산도 일대에 서식하는 어족 자원과 그 특성. 한국어류학회지 8(1): 64–73.

전병도 1992. 전라북도 연안의 어류상에 관한 연구. 석사학위논문, 전북대학교, 56pp.

전상린, 酒井治己 1984. 한국산 황어속 어류의 분포와 재검토. 한국육수학회지 17(1–2): 11–21.

정문기 1954. 한국어보, 상공부, 서울, 517p.

정문기 1961. 한국어보, 상공부, 서울, 517p.

정문기 1977. 한국어도보 (초판), 일지사, 서울, 1–727, Pls, 1–238.

정충훈 1999. 한국산 홍어류(판새아강, 홍어과) 어류의 분류학적 연구 현황과 국명검토. 한국어류학회지 11(2): 198–210.

정충훈, 이영철, 김재흡, 양서영 1995 (Jun.), 한국산 *Raja*속 어류의 분류학적 연구. 한국동물분류학회지 11(2): 207–221.

지환성, 윤상철, 김진구 2009. 한국산 투라치과(Lampridiformes: Trachipteridae) 어류의 분류학적 재검토. 한국어류학회지 21(4): 273–282.

최기철. 1986 (15 Jun.) 강원의 자연–담수어 편. 강원도교육위원회. 정문사 389pp.

최기철. 1991 (5 Jan.), 민물고기를 찾아서. 한길사 396pp.

최시원, 이수정, 김진구 2021. 강원도에서 채집된 등가시치아목 1미기록종, *Cryptacanthodes bergi* 자어의 분자동정 및 형태기재. 한국수산과학회지 54(2): 188–193.

최여구, 1960. 대동강의 어류. 과학원통보, no. 1: 18–19.

최여구 1964. 조선의 어류. 과학출판사, 평양. 375+35p.

최 윤, 2009(Jul.), 한국 연근해 백상아리와 상어류의 분포. 한국어류학회지 21(suppl.): 44–51.

최 윤, 김지현, 박종영 2002 (30 Nov.), 한국의 바닷물고기. 교학사, 645pp.

최 윤, 노광석, 김병직, 2003a. 한국산 촉수속(농어목, 촉수과) 어류의 분류학적 연구. 한국어류학회지 15(1): 26–36.

최 윤, 오정규, 라혜강 2003b. 제주도 남부 해역의 어류상. 한국어류학회지 15(2): 120–126.

한경호, 황동식 2003. *Scartella cristata* (갈기베도라치: 국명신칭) 자치어의 형태발달. 한국어류학회지 15(1): 53–60.

한경호, 김춘철, 윤성민, 2003. 참복과 어류 1미기록종, *Takifugu oblongus* (폭포무늬복: 국명신칭)의 형태 및 골격. 한국어류학회지 15(3): 200–206.

한미경 2009. 조선시대 물고기 관계문헌에 대한 연구. 서지학연구 42집: 237–269.

황형규, 1999 (Dec.), 흰점독가시치, *Siganus canaliculatus* (Park)의 양식생물학적 연구. 박사학위논문(제주대학교 수산생물학과), 144p.

황형규, 박창범, 강용진, 이종하, 노섬, 이영돈, 2004. 흰점독가시치 (*Siganus canaliculatus*)의 생식소 발달. 한국수산과학회지 37(5): 393–399.

박종영

전북대학교 생물학과 및 동 대학원에서 석사 · 박사학위를 취득한 후 호주 Murdoch University에서 박사후 연수과정을 이수하였다. 전북대학교에서 조교수, 부교수, 정교수로 재직 중이며, 한국어류학회 편집위원장, 부회장, 회장을 역임하였다. 한국 담수어류의 분류, 생태를 연구하고 있으며『한국의 민물고기』,『한국의 바닷물고기』,『야외원색도감 한국의 민물고기』를 저술한 바 있다.

강언종

전북대학교 생물학과 및 동 대학원에서 석사 · 박사학위를 취득하였다. 국립수산과학원에서 담수어류 연구, 한중일 수산과학 연구 교류, 중국 수산과학연구원과 공동연구를 수행하였고, 내수면연구소장을 역임하였다. 퇴직 후 KOICA의 미얀마 수산기술 어드바이저로 활동하였고, 현재 전북대학교 기초과학연구원에 객원연구원으로 있다.『원색한국어류도감』,『담수어 생태양식(번역)』을 저술하였다.

남북한 어명 사전

지은이 박종영, 강언종
펴낸이 김동원
펴낸곳 전북대학교출판문화원

초판 1쇄 인쇄 2022. 12. 10.
초판 1쇄 발행 2022. 12. 20.

전북대학교출판문화원 전라북도 전주시 완산구 어진길 32 (풍남동2가)
전화 (063) 219-5319~5322
FAX (063) 219-5323
출판등록 2012년 8월 20일 제465-2012-000021호

값 29,800원

Annotated Checklist of South and North Korean Fishes

by Park Jong-Young, Kang Eon-Jong
Published by Jeonbuk National University Press, 2022
567, Baekje-daero, Deokjin-gu, Jeonju-si, Jeollabuk-do, Republic of Korea

ISBN 979-11-6372-186-4 93490